LES MÉTHODES NOUVELLES

DE LA

MÉCANIQUE CÉLESTE

PAR

H. POINCARÉ,

MEMBRE DE L'INSTITUT,
PROFESSEUR A LA FACULTÉ DES SCIENCES.

TOME I.

Solutions périodiques. — Non-existence des intégrales uniformes.
Solutions asymptotiques.

PARIS,

GAUTHIER-VILLARS ET FILS, IMPRIMEURS-LIBRAIRES
DU BUREAU DES LONGITUDES, DE L'ÉCOLE POLYTECHNIQUE,
Quai des Grands-Augustins, 55.

1892

LES MÉTHODES NOUVELLES

DE LA

MÉCANIQUE CÉLESTE.

16293   PARIS. — IMPRIMERIE GAUTHIER-VILLARS ET FILS,
Quai des Grands-Augustins, 55.

LES MÉTHODES NOUVELLES

DE LA

MÉCANIQUE CÉLESTE

PAR

H. POINCARÉ,

MEMBRE DE L'INSTITUT,
PROFESSEUR À LA FACULTÉ DES SCIENCES

TOME I.

Solutions périodiques. — Non-existence des intégrales uniformes.
Solutions asymptotiques.

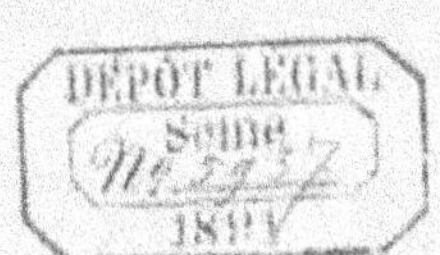

PARIS,

GAUTHIER-VILLARS ET FILS, IMPRIMEURS-LIBRAIRES
DU BUREAU DES LONGITUDES, DE L'ÉCOLE POLYTECHNIQUE,
Quai des Grands-Augustins, 55.

1892

LES MÉTHODES NOUVELLES

DE LA

MÉCANIQUE CÉLESTE.

TOME I.

INTRODUCTION.

Le Problème des trois corps a une telle importance pour l'Astronomie, et il est en même temps si difficile, que tous les efforts des géomètres ont été depuis longtemps dirigés de ce côté. Une intégration complète et rigoureuse étant manifestement impossible, c'est aux procédés d'approximation que l'on a dû faire appel. Les méthodes employées d'abord ont consisté à chercher des développements procédant suivant les puissances des masses. Au commencement de ce siècle, les conquêtes de Lagrange et de Laplace et, plus récemment, les calculs de Le Verrier, ont amené ces méthodes à un tel degré de perfection qu'elles ont pu suffire largement jusqu'ici aux besoins de la pratique. Je puis ajouter qu'elles y suffiront encore longtemps, malgré quelques divergences de détails; il est certain néanmoins qu'elles n'y suffiront pas toujours, un peu de réflexion le fait très aisément comprendre.

Le but final de la Mécanique céleste est de résoudre cette grande question de savoir si la loi de Newton explique à elle seule tous les phénomènes astronomiques; le seul moyen d'y parvenir est de faire des observations aussi précises que possible et de les comparer ensuite aux résultats du calcul. Ce calcul ne peut être qu'approximatif et il ne servirait à rien, d'ailleurs, de calculer plus de décimales que les observations n'en peuvent faire connaître. Il est donc inutile de demander au calcul plus de précision qu'aux observations; mais on ne doit pas non plus lui en demander moins.

"""

Aussi l'approximation dont nous pouvons nous contenter aujour-d'hui sera-t-elle insuffisante dans quelques siècles. Et, en effet, en admettant même, ce qui est très improbable, que les instruments de mesure ne se perfectionnent plus, l'accumulation seule des observations pendant plusieurs siècles nous fera connaître avec plus de précision les coefficients des diverses inégalités.

Cette époque, où l'on sera obligé de renoncer aux méthodes anciennes, est sans doute encore très éloignée; mais le théoricien est obligé de la devancer, puisque son œuvre doit précéder, et souvent d'un grand nombre d'années, celle du calculateur numérique.

Il ne faudrait pas croire que, pour obtenir les éphémérides avec une grande précision pendant un grand nombre d'années, il suffira de calculer un plus grand nombre de termes dans les développements auxquels conduisent les méthodes anciennes.

Ces méthodes, qui consistent à développer les coordonnées des astres suivant les puissances des masses, ont en effet un caractère commun qui s'oppose à leur emploi pour le calcul des éphémérides à longue échéance. Les séries obtenues contiennent des termes dits *séculaires*, où le temps sort des signes sinus et cosinus, et il en résulte que leur convergence pourrait devenir douteuse si l'on donnait à ce temps t une grande valeur.

La présence de ces termes séculaires ne tient pas à la nature du problème, mais seulement à la méthode employée. Il est facile de se rendre compte, en effet, que si la véritable expression d'une coordonnée contient un terme en

$$\sin \alpha mt,$$

α étant une constante et m l'une des masses, on trouvera, quand on voudra développer suivant les puissances de m, des termes séculaires

$$\alpha mt - \frac{\alpha^3 m^3 t^3}{6} + \dots,$$

et la présence de ces termes donnerait une idée très fausse de la véritable forme de la fonction étudiée.

C'est là un point dont tous les astronomes ont depuis longtemps le sentiment, et les fondateurs de la Mécanique céleste eux-mêmes, dans toutes les circonstances où ils ont voulu obtenir des formules applicables à longue échéance, comme par exemple dans le calcul des inégalités séculaires, ont dû opérer d'une autre manière et renoncer à développer simplement suivant les puissances des masses. L'étude des inégalités séculaires par le moyen d'un système d'équations différentielles linéaires à coefficients constants peut donc être regardée comme se rattachant plutôt aux méthodes nouvelles qu'aux méthodes anciennes.

Aussi tous les efforts des géomètres, dans la seconde partie de ce siècle, ont-ils eu pour but principal de faire disparaître les termes séculaires. La première tentative sérieuse qui ait été faite dans ce sens est celle de Delaunay, dont la méthode est encore appelée sans doute à rendre bien des services.

Nous citerons ensuite les recherches de M. Hill sur la théorie de la Lune (*American Journal of Mathematics*, t. I; *Acta mathematica*, t. VIII). Dans cette œuvre, malheureusement inachevée, il est permis d'apercevoir le germe de la plupart des progrès que la Science a faits depuis.

Mais le savant qui a rendu à cette branche de l'Astronomie les services les plus éminents est sans contredit M. Gyldén. Son œuvre touche à toutes les parties de la Mécanique céleste, et il utilise avec habileté toutes les ressources de l'Analyse moderne. M. Gyldén est parvenu à faire disparaître entièrement de ses développements tous les termes séculaires qui avaient tant gêné ses devanciers.

D'autre part, M. Lindstedt a proposé une autre méthode beaucoup plus simple que celle de M. Gyldén, mais d'une portée moindre, puisqu'elle cesse d'être applicable quand on se trouve en présence de ces termes, que M. Gyldén appelle *critiques*.

Grâce aux efforts de ces savants, la difficulté provenant des termes séculaires peut être regardée comme définitivement vaincue et les procédés nouveaux suffiront probablement pendant fort longtemps encore aux besoins de la pratique.

Tout n'est pas fait cependant. La plupart de ces développements ne sont pas convergents au sens que les géomètres donnent à ce mot. Sans doute, cela importe peu pour le moment, puisque l'on est assuré que le calcul des premiers termes donne une approximation très satisfaisante; mais il n'en est pas moins vrai que ces séries ne sont pas susceptibles de donner une approximation indéfinie. Il viendra donc aussi un moment où elles deviendront insuffisantes. D'ailleurs, certaines conséquences théoriques que l'on pourrait être tenté de tirer de la forme de ces séries ne sont pas légitimes à cause de leur divergence. C'est ainsi qu'elles ne peuvent servir à résoudre la question de la stabilité du système solaire.

La discussion de la convergence de ces développements doit attirer l'attention des géomètres, d'abord pour les raisons que je viens d'exposer et en outre pour la suivante : le but de la Mécanique céleste n'est pas atteint quand on a calculé des éphémérides plus ou moins approchées sans pouvoir se rendre compte du degré d'approximation obtenu. Si l'on constate, en effet, une divergence entre ces éphémérides et les observations, il faut que l'on puisse reconnaître si la loi de Newton est en défaut ou si tout peut s'expliquer par l'imperfection de la théorie. Il importe donc de déterminer une limite supérieure de l'erreur commise, ce dont on ne s'est peut-être pas assez préoccupé jusqu'ici. Or les méthodes qui permettent de discuter les convergences nous donnent en même temps cette limite supérieure, ce qui en accroît beaucoup l'importance et l'utilité. On ne devra donc pas s'étonner de la place que je leur accorderai dans cet Ouvrage, bien que je n'en aie peut-être pas tiré tout le parti qu'il eût convenu.

Je me suis moi-même occupé de ces questions et j'y ai consacré un Mémoire qui a paru dans le tome XIII des *Acta mathematica*; je m'y suis surtout efforcé de mettre en évidence les rares résultats relatifs au Problème des trois Corps, qui peuvent être établis avec la rigueur absolue qu'exigent les Mathématiques. C'est cette rigueur qui seule donne quelque prix à mes théorèmes sur les solutions périodiques, asymptotiques et doublement asymptotiques. On pourra y trouver, en effet, un terrain solide sur lequel on pourra s'appuyer avec confiance, et ce sera là un avantage précieux dans toutes les recherches, même dans celles où l'on ne sera pas astreint à la même rigueur.

Il m'a semblé, d'autre part, que mes résultats me permettaient de réunir dans une sorte de synthèse la plupart des méthodes nouvelles récemment proposées, et c'est ce qui m'a déterminé à entreprendre le présent Ouvrage.

Dans ce premier Volume, j'ai dû me borner à l'étude des solutions périodiques du premier genre, à la démonstration de la non-existence des intégrales uniformes, ainsi qu'à l'exposition et à la discussion des méthodes de M. Lindstedt.

Je consacrerai les Volumes suivants à la discussion des méthodes de M. Gyldén, à la théorie des invariants intégraux, à la question de la stabilité, à l'étude des solutions périodiques du second genre, des solutions asymptotiques et doublement asymptotiques, et enfin aux résultats que je pourrais obtenir d'ici à leur publication.

En outre, je serai forcé, sans aucun doute, de revenir, dans les Volumes suivants, sur les matières traitées dans le Tome Ier. La logique en souffrira un peu, il est vrai, mais il est impossible de faire autrement dans une branche de la Science qui est en voie de formation et où les progrès sont incessants. Je m'en excuse donc d'avance.

Une dernière remarque : on a l'habitude de mettre les résultats sous la forme la plus convenable au calcul des éphémérides en exprimant les coordonnées en fonctions explicites du temps. Cette façon de procéder présente évidemment de grands avantages, et je m'y suis conformé le plus souvent que j'ai pu; cependant, je ne l'ai pas fait toujours et j'ai mis fréquemment les résultats sous forme d'intégrales, c'est-à-dire sous forme de relations implicites entre les coordonnées seules ou entre les coordonnées et le temps. On peut se servir d'abord de ces relations pour vérifier les formules qui donnent explicitement les coordonnées. Mais ce n'est pas tout; le véritable but de la Mécanique céleste n'est pas de calculer les éphémérides, car on pourrait se contenter alors d'une prévision à brève échéance, mais de reconnaître si la loi de Newton est suffisante pour expliquer tous les phénomènes. A ce point de vue, les relations implicites dont je viens de parler peuvent rendre les mêmes services que les formules explicites; il suffit, en effet, d'y substituer les valeurs observées des coordonnées et de vérifier si elles sont satisfaites.

CHAPITRE I.

GÉNÉRALITÉS ET MÉTHODE DE JACOBI.

Généralités.

1. Avant d'aborder mon sujet principal, je suis obligé d'entrer dans certains détails préliminaires et de rappeler succinctement les principes fondamentaux des *Vorlesungen über Dynamik* de Jacobi et la théorie de Cauchy, relative à l'intégration des équations différentielles par les séries. Je vais donc consacrer ce premier Chapitre à l'exposition de la méthode de Jacobi, en me contentant le plus souvent d'énoncer des résultats dont la démonstration est bien connue.

Donnons d'abord quelques explications au sujet des notations et des dénominations qui seront employées dans tout ce Mémoire.

Les équations différentielles auxquelles nous aurons affaire seront de la forme suivante

$$(1) \qquad \frac{dx_1}{dt} = X_1, \qquad \frac{dx_2}{dt} = X_2, \qquad \ldots, \qquad \frac{dx_n}{dt} = X_n,$$

$X_1, X_2, \ldots, X_n$ étant des fonctions analytiques et uniformes des n variables $x_1, x_2, \ldots, x_n$. Quant à la variable indépendante t, que nous considérerons comme représentant le temps, nous supposerons le plus souvent qu'elle n'entre pas explicitement dans les fonctions X.

Le système (1) peut être considéré comme d'ordre n, puisqu'il équivaut à une équation différentielle unique d'ordre n; mais, si les fonctions X sont indépendantes de t, cet ordre peut être abaissé d'une unité. Il suffit pour cela d'éliminer le temps et d'écrire les équations (1) sous la forme

$$\frac{dx_1}{X_1} = \frac{dx_2}{X_2} = \ldots = \frac{dx_n}{X_n}.$$

Afin d'éviter toute confusion, nous fixerons, ainsi qu'il suit, le sens des mots *solution* et *intégrale*.

Si les équations (1) sont satisfaites quand on fait

$$(2) \qquad x_1 = \varphi_1(t), \qquad x_2 = \varphi_2(t), \qquad \ldots, \qquad x_n = \varphi_n(t),$$

nous dirons que les équations (2) définissent une *solution* particulière des équations (1).

Si une certaine fonction de $x_1, x_2, \ldots, x_n$,

$$F(x_1, x_2, \ldots, x_n),$$

demeure constante en vertu des équations (1), nous dirons que cette fonction F est une *intégrale* particulière du système (1).

Il est clair que la connaissance d'une intégrale permet d'abaisser d'une unité l'ordre du système.

Dans les problèmes de Dynamique, les équations (1) se présentent sous une forme plus particulière, connue sous le nom de *forme hamiltonienne* ou *canonique*.

Les variables se répartissent en deux séries; nous désignerons habituellement par

$$x_1, x_2, \ldots, x_p$$

les variables de la première série et par

$$y_1, y_2, \ldots, y_p$$

celles de la seconde série, et les équations différentielles s'écriront

$$(3) \qquad \frac{dx_i}{dt} = \frac{dF}{dy_i}, \qquad \frac{dy_i}{dt} = -\frac{dF}{dx_i} \qquad (i = 1, 2, \ldots, p),$$

F étant une fonction uniforme des $2p$ variables x et y.

Ces équations admettent une intégrale particulière qui est la fonction F elle-même et qui est connue sous le nom d'*intégrale des forces vives*.

On dit que $x_1, y_1, x_2, y_2, \ldots, x_p, y_p$ forment p paires de variables conjuguées.

Nous dirons, à l'exemple des Anglais, que le système (3) comporte p degrés de liberté. Ce système est d'ordre $2p$; mais la connaissance de l'intégrale des forces vives permet d'abaisser cet ordre d'une unité; le temps n'entrant pas explicitement dans les seconds membres des équations (3), nous pourrons, par l'élimination du temps, comme nous l'avons dit plus haut, abaisser encore l'ordre d'une unité, de sorte que finalement un système qui comporte p degrés de liberté peut toujours être ramené à l'ordre $2p - 2$.

On sait, par exemple, que s'il n'y a qu'un seul degré de liberté, le système peut être ramené à l'ordre 0, c'est-à-dire intégré complètement.

Exemples d'équations canoniques.

2. Le cas le plus simple des équations de la Dynamique est celui où l'on étudie le mouvement de q points matériels libres dans l'espace. Soient m_1 la masse du premier de ces points, x_1, x_2, x_3 ses coordonnées cartésiennes; soient de même m_2 la masse du second de ces points, x_4, x_5, x_6 ses coordonnées, et ainsi de suite; soient enfin m_q la masse du $q^{\text{ième}}$ point, x_{3q-2}, x_{3q-1} et x_{3q} ses coordonnées.

Projetons la quantité de mouvement du point m_1 sur les trois axes : soient y_1, y_2, y_3 les trois projections; soient de même y_4, y_5, y_6 les projections de la quantité de mouvement du point m_2, etc.; soient enfin, $y_{3q-2}, y_{3q-1}, y_{3q}$ les projections de la quantité de mouvement du point m_q.

Soient F_1, F_2, F_3 les composantes de la force qui agit sur m_1; soient F_4, F_5, F_6 les composantes de la force qui agit sur m_2, etc.; soient enfin $F_{3q-2}, F_{3q-1}, F_{3q}$ les composantes de la force qui agit sur m_q.

Nous supposerons que les composantes F ne dépendent que des $3q$ coordonnées x. S'il y a conservation de l'énergie, il existera une fonction V des coordonnées x, dite *fonction des forces* et telle que

$$F_i = \frac{dV}{dx_i}.$$

La demi-force vive T aura pour expression

$$T = \frac{y_1^2 + y_2^2 + y_3^2}{2 m_1} + \frac{y_4^2 + y_5^2 + y_6^2}{2 m_2} + \ldots + \frac{y_{3q-2}^2 + y_{3q-1}^2 + y_{3q}^2}{2 m_q},$$

et l'équation des forces vives pourra s'écrire

$$T - V = \text{const.}$$

Si je pose

$$T - V = F(x_1, x_2, \ldots, x_{3q}; y_1, y_2, \ldots, y_{3q}),$$

les équations du mouvement s'écriront

$$(1) \qquad \frac{dx_i}{dt} = \frac{dF}{dy_i}, \qquad \frac{dy_i}{dt} = -\frac{dF}{dx_i} \qquad (i = 1, 2, \ldots, 3q).$$

Ainsi les équations du mouvement de q points matériels libres comportent $3q$ degrés de liberté, toutes les fois que les forces ne dépendent que des positions de ces points dans l'espace, et qu'il y a conservation de l'énergie. En particulier, le Problème des trois Corps comportera 9 degrés de liberté. Nous verrons dans la suite que ce nombre peut être considérablement abaissé.

Si nos q points matériels se meuvent tous dans un même plan, la position de chacun de ces points sera définie non plus par trois coordonnées, mais par deux seulement. Le nombre des degrés de liberté sera par conséquent réduit à $2q$.

Ainsi, lorsque les orbites des trois corps seront planes et situées toutes trois dans un même plan, le Problème des trois Corps (que nous appellerons alors *Problème des trois Corps dans le plan*) ne comportera plus que 6 degrés de liberté seulement.

Le cas où il n'y a qu'un degré de liberté étant immédiatement intégrable, nous nous attacherons surtout au cas qui se présente immédiatement après, c'est-à-dire au cas où il n'y a que 2 degrés de liberté. La plupart des résultats qui suivront ne s'appliqueront qu'à ce cas relativement simple.

Dans beaucoup de problèmes mécaniques, le nombre des degrés de liberté peut en effet être réduit à 2. C'est ce qui arrive, par exemple, quand on étudie le mouvement d'un point matériel libre dans un plan ou, plus généralement, le mouvement d'un point matériel assujetti à rester sur une surface, toutes les fois que la force ne dépend que de la position de ce point. Nous citerons entre autres le problème célèbre du corps mobile attiré par deux centres fixes, lorsque la vitesse initiale du point mobile est dans le plan des trois corps.

Mais il est un cas un peu plus compliqué et dont l'importance est plus grande pour ce qui va suivre.

Soient dans un plan deux axes rectangulaires mobiles $O\xi$ et $O\eta$, animés d'un mouvement de rotation uniforme autour de l'origine O. Soit n la vitesse angulaire de ce mouvement de rotation. Soit P un point mobile se mouvant dans ce même plan, dont les coordonnées, par rapport à ces deux axes, s'appelleront ξ et η, et dont la masse sera prise pour unité.

Soit V la fonction des forces dépendant seulement de ξ et de η, de telle façon que les projections sur $O\xi$ et $O\eta$ de la force qui agit sur le point P soient respectivement $\dfrac{dV}{d\xi}$ et $\dfrac{dV}{d\eta}$.

Les équations du mouvement relatif du point P par rapport aux axes mobiles $O\xi$ et $O\eta$ s'écriront

$$(2) \quad \begin{cases} \dfrac{d^2\xi}{dt^2} - 2n\dfrac{d\eta}{dt} = \dfrac{dV}{d\xi} + n^2\xi, \\[2mm] \dfrac{d^2\eta}{dt^2} + 2n\dfrac{d\xi}{dt} = \dfrac{dV}{d\eta} + n^2\eta, \end{cases}$$

d'où l'on déduit l'intégrale suivante, dite *de Jacobi*,

$$\frac{1}{2}\left[\left(\frac{d\xi}{dt}\right)^2 + \left(\frac{d\eta}{dt}\right)^2\right] - V - \frac{n^2}{2}(\xi^2 + \eta^2) = \text{const.},$$

qui n'est autre chose que l'intégrale des forces vives dans le mouvement relatif.

Je dis que ces équations peuvent être ramenées à la forme canonique, le nombre des degrés de liberté étant égal à 2.

Posons, en effet,

$$\xi = x_1, \qquad \eta = x_2,$$

$$\frac{d\xi}{dt} - nx_2 = y_1, \qquad \frac{d\eta}{dt} + n\xi = y_2,$$

$$F = \frac{1}{2}(y_1 + nx_2)^2 + \frac{1}{2}(y_2 - nx_1)^2 - V - \frac{n^2}{2}(x_1^2 + x_2^2),$$

les équations (2) deviendront

$$\frac{dx_1}{dt} = \frac{dF}{dy_1}, \qquad \frac{dx_2}{dt} = \frac{dF}{dy_2}, \qquad \frac{dy_1}{dt} = -\frac{dF}{dx_1}, \qquad \frac{dy_2}{dt} = -\frac{dF}{dx_2},$$

C. Q. F. D.

Un des cas particuliers du Problème des trois Corps rentre dans la question que nous venons de traiter.

Supposons que l'une des trois masses soit infiniment petite, de telle sorte que le mouvement des deux autres masses n'étant pas

troublé reste képlérien. Tel serait, par exemple, le cas du mouvement d'une petite planète en présence de Jupiter et du Soleil.

Imaginons que l'excentricité des orbites des deux grandes masses
soit nulle, de telle façon que ces deux masses décrivent d'un mouvement uniforme deux circonférences concentriques autour du centre
de gravité commun supposé fixe.

Supposons enfin que, l'inclinaison des orbites étant nulle, la petite masse se meuve constamment dans le plan de ces deux circonférences.

Le centre de gravité du système, qui est le centre commun des
deux circonférences, peut toujours être supposé fixe ; nous le prendrons pour origine ; par cette origine nous ferons passer deux axes
mobiles $O\xi$ et $O\eta$; l'axe $O\xi$ sera la droite qui joint les deux grandes
masses ; l'axe $O\eta$ sera perpendiculaire à $O\xi$.

On voit :

1° Que ces deux axes sont animés d'un mouvement de rotation
uniforme ;

2° Que les deux grandes masses sont fixes par rapport aux axes
mobiles.

Nous avons donc à étudier le mouvement relatif d'un point mobile, par rapport à deux axes mobiles, sous l'attraction de deux centres, fixes par rapport à ces axes. Nous retombons donc sur la question que nous venons de traiter.

Ainsi, dans ce cas particulier, les équations du Problème des trois
Corps peuvent être ramenées à la forme canonique avec deux degrés
de liberté seulement.

Passons maintenant à une équation que l'on rencontre souvent
dans la théorie des perturbations et dont M. Gyldén fait un usage
fréquent.

Soit

$$(3) \qquad \frac{d^2 x}{dt^2} = f(x, t).$$

Cette équation peut aussi être ramenée à la forme canonique.

En effet, $f(x, t)$ peut toujours être regardée comme la dérivée
par rapport à x d'une certaine fonction $\varphi(x, t)$, de telle sorte que

$$f = \frac{d\varphi}{dx}.$$

Si maintenant nous posons

$$x = x_1, \qquad \frac{dx}{dt} = y_1, \qquad t = y_2,$$

$$F = \frac{y_1^2}{2} - \varphi(x_1, y_2) - x_2,$$

l'équation (3) pourra être remplacée par les équations canoniques (3) du numéro précédent avec 2 degrés de liberté seulement.

C. Q. F. D.

Je citerai encore un dernier exemple. Considérons un corps solide pesant, suspendu à un point fixe, et étudions les oscillations de ce corps. Pour définir complètement la position de ce corps, il faut se donner trois conditions ; il faut connaître en effet les trois angles d'Euler formés par un système d'axes invariablement liés au corps avec un système d'axes fixes.

Le problème comportera donc 3 degrés de liberté ; mais nous verrons plus loin que ce nombre peut être réduit à 2.

J'en ai dit assez pour faire voir combien de problèmes mécaniques se ramènent à l'intégration d'un système canonique comportant 2 degrés de liberté et pour faire comprendre l'importance de ces systèmes ; il est donc inutile de multiplier davantage les exemples.

Premier théorème de Jacobi.

3. Jacobi a montré que l'intégration des équations canoniques

$$(1) \qquad \frac{dx_i}{dt} = \frac{dF}{dy_i}, \qquad \frac{dy_i}{dt} = -\frac{dF}{dx_i}$$

se ramène à l'intégration d'une équation aux dérivées partielles

$$(2) \qquad F(x_1, x_2, \ldots, x_p; y_1, y_2, \ldots, y_p) = h_1,$$

où h_1 est une constante arbitraire et où $y_1, y_2, \ldots, y_p$ sont supposées représenter les dérivées partielles de la fonction inconnue.

Soit, en effet,

$$S(x_1, x_2, \ldots, x_p; h_1, h_2, \ldots, h_p)$$

une solution de l'équation (2) contenant, outre la constante h_1,

$p-1$ constantes d'intégration

$$h_1, \quad h_2, \quad \ldots, \quad h_p,$$

de telle façon que l'on ait, quels que soient les h,

$$F\left(x_1, x_2, \ldots, x_p; \frac{dS}{dx_1}, \frac{dS}{dx_2}, \ldots, \frac{dS}{dx_p}\right) = h_1.$$

Jacobi a démontré que l'intégrale générale des équations (1) peut s'écrire

$$(4) \quad \begin{cases} \dfrac{dS}{dx_i} = y_i & (i = 1, 2, \ldots, p); \\[2mm] \dfrac{dS}{dh_i} = h'_i & (i = 2, 3, \ldots, p); \\[2mm] \dfrac{dS}{dh_1} = t + h'_1. \end{cases}$$

Les $2p$ constantes d'intégration sont alors

$$h_1, \quad h_2, \quad \ldots, \quad h_p,$$
$$h'_1, \quad h'_2, \quad \ldots, \quad h'_p.$$

Un autre théorème dont nous aurons à faire usage est celui de Poisson.

Soient U et V deux fonctions quelconques des x et des y. Convenons d'écrire

$$[U, V] = \sum_{i=1}^{i=p} \left(\frac{dU}{dx_i} \frac{dV}{dy_i} - \frac{dU}{dy_i} \frac{dV}{dx_i} \right).$$

Soient maintenant F_1 et F_2 deux intégrales des équations (1).

On voit immédiatement qu'on exprimera que F_1 est une intégrale des équations (1) en écrivant

$$[F, F_1] = 0;$$

F_2 étant aussi une intégrale, on aura également

$$[F, F_2] = 0.$$

Poisson a démontré que l'expression $[F_1, F_2]$ est également une intégrale des équations (1). C'est ainsi que, dans le problème des n corps, si l'on suppose que F_1 et F_2 soient les premiers membres de la première et de la seconde équation des aires, $[F_1, F_2]$ sera le premier membre de la troisième équation des aires.

Deuxième théorème de Jacobi ; changements de variables.

4. Nous ne conserverons pas d'ordinaire comme variables indépendantes les coordonnées rectangulaires, et les composantes des quantités de mouvement. Nous en choisirons de mieux appropriées à notre objet, en nous efforçant toutefois de conserver aux équations la forme canonique.

Voyons donc comment on peut changer de variables sans altérer la forme canonique des équations (1).

Soit

$$S(y_1, y_2, \ldots, y_p; h_1, h_2, \ldots, h_p)$$

une fonction quelconque des p variables y et des p variables nouvelles h.

Posons maintenant

$$(4) \qquad x_i = \frac{dS}{dy_i}, \qquad k_i = \frac{dS}{dh_i}.$$

Les équations (4) seront regardées comme définissant les relations qui lient les variables anciennes

$$x_1, x_2, \ldots, x_q,$$
$$y_1, y_2, \ldots, y_q$$

aux variables nouvelles

$$h_1, h_2, \ldots, h_q,$$
$$k_1, k_2, \ldots, k_q.$$

Jacobi a démontré que, si l'on fait ce changement de variables, les équations resteront canoniques, et cela quelle que soit la fonction S.

Changements de variables remarquables.

5. Sauf un cas exceptionnel, tous les changements de variables qui n'altèrent pas la forme canonique peuvent être déduits du pro-

cédé du n° 4. Il est cependant des cas où il est plus simple
d'opérer autrement. Nous en allons donner deux exemples.

Supposons que l'on ait les équations canoniques

$$(1) \qquad \frac{dx_i}{dt} = \frac{dF}{dy_i}, \qquad \frac{dy_i}{dt} = -\frac{dF}{dx_i}$$

et que l'on fasse le changement de variables suivant

$$(2) \qquad \begin{cases} x_i = \alpha_{i,1} x'_1 + \alpha_{i,2} x'_2 + \ldots + \alpha_{n,1} x'_n, \\ y_i = \beta_{i,1} y'_1 + \beta_{i,2} y'_2 + \ldots + \beta_{n,1} y'_n. \end{cases}$$

Comment doit-on choisir les constantes α et β pour que les équations restent canoniques quand on prend comme variables nouvelles
les x_i et les y_i.

Si nous désignons par

$$\delta x_1, \quad \delta x_2, \quad \ldots, \quad \delta x_n; \quad \delta y_1, \quad \delta y_2, \quad \ldots, \quad \delta y_n$$

des accroissements virtuels des x et des y, que nous multipliions
les équations (1) respectivement par δy_i et $-\delta x_i$, et que nous ajou-
tions, il viendra

$$\sum \left(\frac{dx_i}{dt} \delta y_i - \frac{dy_i}{dt} \delta x_i \right) = \delta F.$$

Pour que les équations restent canoniques après la substitution (2), il faut donc et il suffit que l'on ait identiquement

$$(3) \qquad \sum \left(\frac{dx_i}{dt} \delta y_i - \frac{dy_i}{dt} \delta x_i \right) = \sum \left(\frac{dx'_i}{dt} \delta y'_i - \frac{dy'_i}{dt} \delta x'_i \right).$$

Comme les dx_i dépendent seulement des dx'_i, les δy_i des $\delta y'_i$, les
dy_i des dy'_i, les δx_i des $\delta x'_i$, on devra avoir identiquement

$$(4) \qquad \Sigma \, dx_i \, \delta y_i = \Sigma \, dx'_i \, \delta y'_i, \qquad \Sigma \, dy_i \, \delta x_i = \Sigma \, dy'_i \, \delta x'_i.$$

Les relations (2) étant linéaires, les dx_i sont liés aux dx'_i, et
les δx_i aux $\delta x'_i$ par les mêmes relations qui lient les x_i aux x'_i. De
même pour les dy_i, δy_i, y_i, dy'_i, $\delta y'_i$, y_i.

Les relations (4) subsisteront donc quand on y remplacera dx_i
et δx_i par x_i, et dy_i et δy_i par y_i, dx'_i et $\delta x'_i$ par x'_i, etc. On devra
donc avoir

$$(5) \qquad \Sigma \, x_i \, y_i = \Sigma \, x'_i \, y'_i.$$

La réciproque est vraie et la relation (5) entraîne les relations (3) et (4).

Ainsi la condition nécessaire et suffisante pour que les équations restent canoniques, c'est que l'on ait identiquement

$$\Sigma x_i y_i = \Sigma x'_i y'_i.$$

Quelle est maintenant la condition pour que ces équations restent canoniques et qu'en même temps on ait

$$\alpha_{k,i} = \beta_{k,i}?$$

Je dirai qu'un changement linéaire de variables, tel que (2), est *orthogonal*, si l'on a identiquement

$$\Sigma x_i^2 = \Sigma x_i'^2,$$

c'est-à-dire si l'on a

$$\sum_{i=1}^{i=n} \alpha_{ki}^2 = 1, \qquad \sum_{i=1}^{i=n} \alpha_{ki}\alpha_{h,i} = 0.$$

Cette dénomination se justifie d'elle-même, puisque, dans le cas où le nombre des variables est 2 ou 3, et où l'on peut regarder les x ou les x' comme les coordonnées d'un point dans le plan ou dans l'espace, une pareille substitution n'est autre chose qu'un changement rectangulaire de coordonnées.

Cela posé, *si l'on fait subir aux x et aux y une même substitution orthogonale*, on aura

$$\Sigma x_i^2 = \Sigma x_i'^2, \qquad \Sigma y_i^2 = \Sigma y_i'^2,$$
$$\Sigma (x_i + y_i)^2 = \Sigma (x'_i + y'_i)^2,$$

d'où

$$\Sigma x_i y_i = \Sigma x'_i y'_i.$$

Les équations resteront donc canoniques.

6. Les équations resteront encore canoniques si l'on fait un changement de variables portant seulement sur x_1 et sur y_1, par exemple, et si l'on pose

$$x_1 = \varphi(x'_1, y'_1), \qquad y_1 = \psi(x'_1, y'_1),$$

et que l'on prenne pour variables nouvelles x'_1 et y'_1, au lieu de x_1 et de y_1; ces équations resteront canoniques, dis-je, pourvu que le déterminant fonctionnel, ou jacobien, de x_1 et y_1 par rapport à x'_1 et y'_1 soit égal à 1.

Ainsi, si l'on pose

$$x_1 = \sqrt{2\rho}\cos\omega, \qquad y_1 = \sqrt{2\rho}\sin\omega,$$

la forme canonique des équations ne sera pas altérée et les variables ρ et ω seront conjuguées comme l'étaient x_1 et y_1.

7. Nous avons défini plus haut le changement de variables

$$\frac{dS}{dy_i} = x_i, \qquad \frac{dS}{dh_i} = h_i,$$

qui n'altère pas la forme canonique des équations, quand S est une fonction quelconque des y_i et des h_i.

Cette forme n'est pas altérée non plus si l'on permute les x_i avec les y_i et si l'on change en même temps F en $-F$.

Si donc S est une fonction quelconque de

$$x_1, \; x_2, \; \ldots, \; x_p, \; h_1, \; h_2, \; \ldots, \; h_p$$

et si l'on pose

$$y_i = \frac{dS}{dx_i}, \qquad h_i = \frac{dS}{dh_i},$$

la forme canonique des équations ne sera pas altérée quand on prendra pour variables nouvelles les h_i et les h_i, et qu'on changera en même temps F en $-F$.

Elle ne sera pas altérée non plus si l'on change

$$y_1, \; y_2, \; \ldots, \; y_p \; \text{et} \; F$$

en

$$\lambda y_1, \; \lambda y_2, \; \ldots, \; \lambda y_p \; \text{et} \; \lambda F,$$

λ étant une constante quelconque.

Considérons donc encore une fonction S des x_i et des h_i, et posons

$$\lambda y_i = \frac{dS}{dx_i}, \qquad h_i = \frac{dS}{dh_i},$$

la forme canonique ne sera pas altérée, si l'on prend pour variables nouvelles les h_i et les h'_i, et qu'on change en même temps F en $-\lambda F$.

Mouvement képlérien.

8. Appliquons les principes qui précèdent au mouvement képlérien.

Dans tout ce qui va suivre, nous supposerons toujours que les unités aient été choisies de telle sorte que l'attraction des deux unités de masse à l'unité de distance soit égale à l'unité de force ou, en d'autres termes, que la constante de Gauss soit égale à 1.

Considérons donc le mouvement d'une masse mobile sous l'action d'une masse fixe située à l'origine des coordonnées et égale à M. Soient x_1, x_2, x_3 les coordonnées de la masse mobile, et y_1, y_2, y_3 les composantes de la vitesse; si nous posons

$$F = \frac{y_1^2 + y_2^2 + y_3^2}{2} - \frac{M}{\sqrt{x_1^2 + x_2^2 + x_3^2}},$$

les équations du mouvement s'écrivent

$$(1) \qquad \frac{dx_i}{dt} = \frac{dF}{dy_i}, \qquad \frac{dy_i}{dt} = -\frac{dF}{dx_i}.$$

D'après le n° 3, l'intégration de ces équations est ramenée à celle de l'équation aux dérivées partielles

$$(2) \qquad \left(\frac{dS}{dx_1}\right)^2 + \left(\frac{dS}{dx_2}\right)^2 + \left(\frac{dS}{dx_3}\right)^2 - \frac{2M}{\sqrt{x_1^2 + x_2^2 + x_3^2}} = 2h,$$

où h est une constante arbitraire. Posons

$$x_1 = r \sin\omega \cos\varphi, \qquad x_2 = r \sin\omega \sin\varphi, \qquad x_3 = r \cos\omega;$$

l'équation deviendra

$$\left(\frac{dS}{dr}\right)^2 + \frac{1}{r^2}\left(\frac{dS}{d\omega}\right)^2 + \frac{1}{r^2 \sin^2\omega}\left(\frac{dS}{d\varphi}\right)^2 - \frac{2M}{r} = 2h.$$

On peut satisfaire à cette équation en introduisant deux constantes arbitraires G et Θ, et en faisant

$$(3)\quad \begin{cases} \dfrac{dS}{d\varphi} = \Theta\sqrt{M}, & \left(\dfrac{dS}{d\omega}\right)^2 + \dfrac{\Theta^2 M}{\sin^2\omega} = G^2 M, \\ \left(\dfrac{dS}{dr}\right)^2 + \dfrac{G^2 M}{r^2} = \dfrac{2M}{r} + 2h. \end{cases}$$

La fonction S ainsi définie dépendra de r, ω, φ, G, Θ, h ou, ce qui revient au même, de x_1, x_2, x_3, G, Θ, h, et la solution générale des équations (1) s'écrira

$$y_i = \frac{dS}{dx_i}, \qquad h' + t = \frac{dS}{dh}, \qquad g = \frac{dS}{dG}, \qquad \theta = \frac{dS}{d\Theta},$$

h', g et θ étant trois nouvelles constantes arbitraires. Si nous posons

$$L = \sqrt{\frac{-M}{2h}}, \qquad h = -\frac{M}{2L^2}, \qquad n = \frac{M}{L^3}, \qquad l = n(t + h'),$$

nous pourrons écrire

$$\frac{dS}{dL} = \frac{dS}{dh}\frac{dh}{dL} = (h' + t)\frac{M}{L^3} = n(h' + t) = l.$$

Les constantes d'intégration sont alors au nombre de six, à savoir

$$L, \quad G, \quad \Theta, \quad h', \quad g, \quad \theta.$$

Il est aisé d'apercevoir la signification de ces constantes et de les exprimer en fonctions de celles qui sont habituellement employées. Si a, e et i désignent le grand axe, l'excentricité et l'inclinaison, on a

$$L = \sqrt{a}, \qquad G = \sqrt{a(1 - e^2)}, \qquad \Theta = G\cos i.$$

D'autre part, θ est la longitude du nœud, $g + \theta$ celle du périhélie, n est le moyen mouvement et l n'est autre chose que l'anomalie moyenne.

Si la masse mobile, au lieu d'être soumise à l'attraction de la masse M, était soumise à d'autres forces, nous pourrions néanmoins construire la fonction S et définir ensuite six variables nouvelles

$$(4)\quad \begin{cases} L, & G, & \Theta, \\ l, & g, & \theta, \end{cases}$$

en fonction des x_i et des y_i par les équations

$$(1) \qquad y_i = \frac{dS}{dx_i}, \qquad \frac{dS}{dL} = l, \qquad \frac{dS}{dG} = g, \qquad \frac{dS}{d\Theta} = \theta;$$

seulement L, G, Θ, g et θ ne seraient plus des constantes.

Nous pouvons nous servir alors des six variables (1) pour définir la position et la vitesse de la masse mobile. Nous donnerons à ces variables (1) le nom de *variables képlériennes*. Il importe de remarquer que la définition de ces variables képlériennes dépend de l'origine à laquelle la masse mobile est rapportée et de la valeur choisie pour M.

Si la masse mobile est une planète qui est soumise à l'action prépondérante de la masse M et à diverses forces perturbatrices, on voit que ces variables képlériennes ne sont autre chose que ce que les astronomes appellent les *éléments osculateurs* de cette planète.

Dans le cas particulier où l'orbite du corps m_1 est plane, on peut prendre, comme variables nouvelles,

$$L = \sqrt{a}, \qquad G = \sqrt{a(1 - e^2)}$$

avec l'anomalie moyenne l et la longitude du périhélie g. Les variables képlériennes ne sont plus alors qu'au nombre de 4.

Il importe de faire quelques remarques au sujet de l'emploi de ces variables képlériennes : remarquons d'abord que les variables anciennes

$$x_1, \quad x_2, \quad x_3, \quad y_1, \quad y_2, \quad y_3$$

et la situation du corps m_1 ne changent pas quand on augmente l, g ou θ de 2π, sans toucher aux autres variables. Ces variables anciennes sont donc des fonctions périodiques de l, g et θ.

En second lieu, on doit toujours avoir

$$L^2 \geqq G^2 \geqq \Theta^2.$$

Enfin, si $G = \pm \Theta$, les variables anciennes et la situation du corps m_1 ne dépendent plus de θ; et, si $L = \pm G$, elles ne dépendent plus de g.

Cas particulier du Problème des trois Corps.

9. Revenons au cas particulier du Problème des trois Corps dont il a été question plus haut.

Deux masses égales, la première à $1 - \mu$, la seconde à μ, décrivent deux circonférences concentriques autour de leur centre de gravité commun supposé fixe. La distance constante de ces deux masses est prise pour unité de longueur, de telle façon que les rayons des deux circonférences soient respectivement μ et $1 - \mu$, que le moyen mouvement soit égal à l'unité.

Supposons maintenant que dans le plan de ces deux circonférences se meuve une troisième masse, infiniment petite et attirée par les deux premières.

Nous prendrons pour origine O le centre commun des deux circonférences, et nous pourrons rapporter la position de la troisième masse, soit à deux axes rectangulaires fixes Ox_1 et Ox_2, soit à deux axes mobiles $O\xi$ et $O\eta$ définis comme au n° 2. Le moyen mouvement des deux premières masses étant égal à 1, nous pouvons supposer que l'angle de $O\xi$ et de Ox_1 (c'est-à-dire la longitude de la masse μ) est égal à t.

Comme la constante de Gauss est supposée égale à 1, la fonction des forces se réduit à

$$V = \frac{m_1 \mu}{r_1} + \frac{m_1(1 - \mu)}{r_2},$$

en appelant m_1 la masse infiniment petite du troisième corps, r_1 la distance des deux corps m_1, μ, et r_2 la distance du corps m_1 au corps de masse $1 - \mu$, de telle façon que

$$r_1^2 = z_1^2 = (\xi + \mu - 1)^2 = [x_1 - (1 - \mu)\sin t]^2 + [x_1 - (1 - \mu)\cos t]^2,$$
$$r_2^2 = z_2^2 = (\xi + \mu)^2 = [x_1 + \mu \sin t]^2 + [x_2 + \mu \cos t]^2.$$

L'équation des forces vives s'écrit alors

$$\frac{x_1'^2}{2 m_1} + \frac{x_2'^2}{2 m_1} - V = \text{const.}$$

Convenons d'appeler $- m_1 R$ le premier membre de cette équation. R sera une fonction de x_1, x_2, de y_1, y_2 et de t, et les équations du mouvement s'écriront

$$\frac{dx_1}{dt} = -\frac{d(m_1 R)}{dy_1}, \qquad \frac{dx_2}{dt} = -\frac{d(m_1 R)}{dy_2},$$

$$\frac{dy_1}{dt} = \frac{d(m_1 R)}{dx_1}, \qquad \frac{dy_2}{dt} = \frac{d(m_1 R)}{dx_2}.$$

Remplaçons les variables x_1, y_1, x_2, y_2 par leurs valeurs en fonctions des variables képlériennes L, G, l, g, ainsi qu'il a été dit dans le numéro précédent. R deviendra une fonction de L, G, l, g et t, et les équations du mouvement s'écriront

$$\frac{dL}{dt} = \frac{dR}{dl}, \qquad \frac{dl}{dt} = -\frac{dR}{dL},$$

$$\frac{dG}{dt} = \frac{dR}{dg}, \qquad \frac{dg}{dt} = -\frac{dR}{dG}.$$

Ces équations seraient déjà de la forme canonique si R ne dépendait que des quatre variables képlériennes, mais R est aussi fonction de t; il faut donc transformer ces équations, de façon que le temps n'y entre plus explicitement. Pour cela, voyons comment R dépend de t.

On voit aisément que R peut être regardée comme une fonction de L, G, l et $g - t$. Si, en effet, on augmente g et t d'une même quantité, sans toucher aux autres variables, on ne change ni ξ, ni η, ni r_1, ni r_2, ni $y_1^2 + y_2^2$, ni par conséquent R.

Il résulte de là que

$$\frac{dR}{dt} + \frac{dR}{dg} = 0.$$

Si alors nous posons

$$x_1 = L, \qquad x_2 = G,$$
$$y_1 = l, \qquad y_2 = g - t,$$
$$F = R + G,$$

F ne dépendra plus que de x_1, x_2, y_1 et y_2, et les équations du mouvement, qui s'écriront

$$(1) \qquad \frac{dx_i}{dt} = \frac{dF}{dy_i}, \qquad \frac{dy_i}{dt} = -\frac{dF}{dx_i},$$

seront canoniques.

C'est sous cette forme que nous écrirons ordinairement les équations de ce problème.

Lorsque la masse μ est supposée nulle, la masse $1-\mu$ devient égale à 1 et est ramenée à l'origine; r_2 se réduit à $\sqrt{x_1^2+x_2^2}$, la fonction des forces V se réduit à $\frac{m_1}{r_2}$, et l'on trouve

$$R = \frac{1}{2a} = \frac{1}{2L^2} = \frac{1}{2x_1'^2}$$

et

$$F = \frac{1}{2x_1'^2} + x_2'.$$

Quand μ n'est pas nul, on voit immédiatement que F peut se développer suivant les puissances croissantes de μ, ce qui nous permet d'écrire

$$F = F_0 + \mu F_1 + \ldots.$$

On voit que

$$F_0 = \frac{1}{2x_1'^2} + x_2'$$

est indépendant de y_1' et de y_2'.

De plus, F_1 dépendra à la fois des quatre variables; mais cette fonction sera périodique par rapport à y_1' et y_2', et elle ne changera pas quand l'une de ces deux variables augmentera de 2π.

Observons enfin que, si $x_1' = +x_2'$, l'excentricité est nulle et le mouvement direct, et que F_1 ne dépend plus alors que de x_1', x_2' et $y_1' + y_2'$.

Au contraire, si $x_1' = -x_2'$, l'excentricité est nulle, mais le mouvement rétrograde, et F_1 ne dépend plus que de x_1', x_2' et $y_1' - y_2'$.

Emploi des variables képlériennes.

10. Soient x_1, x_2, x_3 les coordonnées rectangulaires d'un point; y_1, y_2, y_3 les composantes de sa vitesse; m sa masse. Soit Vm la fonction des forces, de sorte que les composantes de la force appliquée au point soient

$$m\frac{dV}{dx_1}, \quad m\frac{dV}{dx_2}, \quad m\frac{dV}{dx_3}.$$

Si nous posons

$$F = \tfrac{1}{2}(y_1^2 + y_2^2 + y_3^2) + V,$$

les équations du mouvement du point prendront la forme canonique

$$\frac{dx_i}{dt} = \frac{dF}{dy_i}, \quad \frac{dy_i}{dt} = -\frac{dF}{dx_i}.$$

Nous avons défini au n° 8 une certaine fonction

$$S(x_1, x_2, x_3, G, \theta, L).$$

Nous avons vu que, si l'on fait le changement de variables défini par les équations

$$\frac{dS}{dx_1} = y_1, \quad \frac{dS}{dG} = g, \quad \frac{dS}{d\theta} = \eta, \quad \frac{dS}{dL} = l,$$

les variables nouvelles ne sont autre chose que les variables képlériennes que nous venons de définir.

En vertu du théorème du n° 7, les équations conserveront la forme canonique et s'écriront

$$\frac{dL}{dt} = -\frac{dF}{dl}, \quad \frac{dG}{dt} = -\frac{dF}{dg}, \quad \frac{d\theta}{dt} = -\frac{dF}{d\eta},$$

$$\frac{dl}{dt} = \frac{dF}{dL}, \quad \frac{dg}{dt} = \frac{dF}{dG}, \quad \frac{d\eta}{dt} = \frac{dF}{d\theta}.$$

Il peut arriver que, la force restant constamment dans le plan des $x_1 x_2$, il en soit de même du point mobile.

Dans ce cas on aura constamment

$$G = \theta,$$

et la fonction F dépendra seulement de G, L, l et de la longitude du périhélie $g + \theta = \varpi$; on aura

$$\frac{dF}{dg} = \frac{dF}{d\theta} = \frac{dF}{d\varpi}.$$

Nous poserons, pour conserver la symétrie,

$$G + \theta = H.$$

le nombre des variables képlériennes sera réduit de six à quatre, à savoir H, L, ϖ et l, et les équations deviennent

$$\frac{dL}{dt} = \frac{dF}{dl}, \qquad \frac{dH}{dt} = -\frac{dF}{d\varpi},$$
$$\frac{dl}{dt} = \frac{dF}{dL}, \qquad \frac{d\varpi}{dt} = \frac{dF}{dH}.$$

Cas général du Problème des trois Corps.

11. Venons au cas général du Problème des trois Corps; soient ABC le triangle formé par les trois corps; a, b, c les côtés de ce triangle; m_1, m_2, m_3 les masses des trois corps.

La fonction des forces s'écrit alors

$$\frac{m_2 m_3}{a} + \frac{m_3 m_1}{b} + \frac{m_1 m_2}{c}.$$

Nous appellerons la fonction des forces $V\mu$, μ désignant une constante quelconque que nous nous réservons de déterminer plus complétement dans la suite.

Je supposerai que le centre de gravité du système des trois corps est fixe et j'appellerai D le centre de gravité du système des deux corps A et B.

Je considérerai deux systèmes d'axes mobiles :

Le premier système, toujours parallèle aux axes fixes, aura son origine en A.

Le second système, également parallèle aux axes fixes, aura son origine en D.

J'appellerai x_1, x_2, x_3 les coordonnées du point B par rapport aux premiers axes mobiles ; x_4, x_5 et x_6 les coordonnées du point C par rapport au second système d'axes mobiles.

La force vive totale aura alors pour expression

$$\frac{m_1 m_2}{m_1 + m_2} \left(\frac{dx_1^2}{dt^2} + \frac{dx_2^2}{dt^2} + \frac{dx_3^2}{dt^2} \right) + \frac{(m_1 + m_2) m_3}{m_1 + m_2 + m_3} \left(\frac{dx_4^2}{dt^2} + \frac{dx_5^2}{dt^2} + \frac{dx_6^2}{dt^2} \right)$$

(*voir* TISSERAND, *Mécanique céleste*, Chap. IV).

Si alors nous posons

$$\beta\mu = \frac{m_1 m_2}{m_1 + m_2}, \qquad \beta'\mu = \frac{(m_1 + m_2) m_3}{m_1 + m_2 + m_3},$$

$$F = \frac{T}{\mu} - V = \frac{y_1^2 + y_2^2 + y_3^2}{2\beta} + \frac{y_4^2 + y_5^2 + y_6^2}{2\beta'} - V,$$

$$y_1 = \beta \frac{dx_1}{dt}, \qquad y_2 = \beta \frac{dx_2}{dt}, \qquad y_3 = \beta \frac{dx_3}{dt},$$

$$y_4 = \beta' \frac{dx_4}{dt}, \qquad y_5 = \beta' \frac{dx_5}{dt}, \qquad y_6 = \beta' \frac{dx_6}{dt},$$

les équations prendront la forme canonique

$$\frac{dx_i}{dt} = \frac{dF}{dy_i}, \qquad \frac{dy_i}{dt} = -\frac{dF}{dx_i}.$$

Reprenons la fonction

$$S(x_1, x_2, x_3; L, G, \Theta),$$

définie par les équations (4) du n° 8.

Construisons-la d'abord en faisant

$$M = m_1 + m_2.$$

Posons ensuite

$$(1) \qquad \frac{dS}{dL} = l, \qquad \frac{dS}{dG} = g, \qquad \frac{dS}{d\Theta} = \theta.$$

Construisons ensuite cette même fonction S en faisant

$$M = m_1 + m_2 + m_3;$$

appelons

$$S'(x_4, x_5, x_6; L', G', \Theta')$$

la fonction ainsi construite et posons

$$(2) \qquad \frac{dS'}{dL'} = l', \qquad \frac{dS'}{dG'} = g', \qquad \frac{dS'}{d\Theta'} = \theta'.$$

Soit ensuite

$$\Sigma = \beta S + \beta' S'.$$

Les dérivées de Σ par rapport à $L, G, \Theta, L', G', \Theta'$ seront respectivement $\beta l, \beta g, \beta\theta; \beta' l', \beta' g', \beta'\theta'$.

Si nous posons de plus

$$(3) \qquad y_i = \frac{dZ}{dx_i},$$

les équations (1), (2) et (3) définiront les douze variables anciennes x et y en fonctions de douze variables nouvelles, que je répartirai en deux séries de la manière suivante :

$$(4) \qquad \begin{cases} \beta L, & \beta G, & \beta \Theta, & \beta' L', & \beta' G', & \beta' \Theta', \\ l, & g, & \theta, & l', & g', & \theta'. \end{cases}$$

Le théorème des n°s 4 et 7 montre alors que la forme canonique des équations n'est pas altérée.

Il est aisé de se rendre compte de la signification de ces variables nouvelles.

Tout se passe comme si deux masses, égales respectivement à $\beta\mu$ et à $\beta'\mu$, avaient pour coordonnées par rapport à des axes *fixes*, la première x_1, x_2, x_3, la seconde x_4, x_5, x_6 et comme si ces deux masses fictives étaient soumises à des forces admettant la fonction des forces $V\mu$.

Si alors, à un instant quelconque, les forces appliquées à la première masse fictive venaient à disparaître, et qu'elles soient remplacées par l'attraction d'une masse $m_1 + m_2$ placée à l'origine, cette masse se mouvrait suivant les lois de Képler et les éléments de ce mouvement képlérien seraient L, G, Θ, l, g et θ.

De même, si la seconde masse fictive n'était plus soumise qu'à l'attraction d'une masse fixe $m_1 + m_2 + m_3$ placée à l'origine, les éléments du mouvement képlérien qu'elle prendrait alors seraient L', G', Θ', l', g' et θ'.

Observons que F ne dépend pas seulement des variables (4), mais de m_1, m_2, m_3 et de μ.

En général, m_2 et m_3 seront très petits, de sorte qu'on pourra poser

$$m_2 = \alpha_2 \mu, \qquad m_3 = \alpha_3 \mu,$$

en regardant μ comme petit, et conservant le plus souvent à α_2, α_3, β et β' des valeurs finies ; F, qui pourra alors être regardé comme une fonction des variables (4) de m_1, α_2, α_3 et de μ, pourra alors avec avantage être développé suivant des puissances croissantes de μ

$$F = F_0 + F_1 \mu + \ldots.$$

Si l'on fait $\mu = 0$, il vient

$$V = \frac{x_1 m_1}{b} + \frac{x_2 m_1}{c}, \qquad \beta = x_2, \qquad \beta' = x_3,$$

et

$$F = F_0 = \frac{\beta^2}{2(\beta L)^2} + \frac{\beta'^2}{2(\beta' L')^2} + \frac{x_2^2}{2(\beta L)^2} + \frac{x_3^2}{2(\beta' L')^2};$$

F ne dépend plus alors d'aucune des variables de la seconde série l, g, ϑ, l', g', ϑ'; j'ajouterai que, quel que soit μ, F est une fonction périodique de période 2π par rapport à ces variables de la seconde série.

Disons quelques mots de certains cas particuliers. Si les trois corps restent constamment dans le plan des x_1, x_2, on aura $G = \Theta$, $G' = \Theta'$ et F ne dépendra que de $g + \vartheta$ et $g' + \vartheta'$, de sorte qu'on n'aura plus que quatre couples de variables conjuguées

$$\beta L, \quad \beta G = \beta \Theta = \beta H, \quad \beta' L', \quad \beta' G' = \beta' \Theta' = \beta' H',$$
$$l, \quad g + \vartheta = m, \quad l', \quad g' + \vartheta' = m',$$

ainsi qu'il a été dit au n° 10.

12. Reprenons la notation du n° 11 et les équations de ce numéro. Je vais mettre ces équations sous une forme nouvelle qui me sera utile dans la suite.

Considérons d'abord le cas particulier où les inclinaisons sont nulles et où les trois corps se meuvent dans un même plan.

Posons

$$(1) \quad \begin{cases} \beta L = \Lambda, & \beta H = \Lambda - H, & l + \varpi = \lambda, & \varpi = -h, \\ \beta' L' = \Lambda', & \beta' H' = \Lambda' - H', & l' + \varpi' = \lambda', & \varpi' = -h'. \end{cases}$$

Il vient

$$\frac{d\lambda}{dt} = -\frac{dF}{d(\beta L)} - \frac{dF}{d(\beta H)} = -\frac{dF}{d\Lambda}, \qquad \frac{dh}{dt} = \frac{dF}{d(\beta H)} = -\frac{dF}{dH},$$
$$\frac{d\Lambda}{dt} = \frac{dF}{dH} = \frac{dF}{d\lambda}, \qquad \frac{dH}{dt} = \frac{dF}{d\vartheta} = \frac{dF}{d\varpi} = \frac{dF}{dh}.$$

On voit ainsi que les nouvelles variables Λ, H, Λ', H', λ, h, λ', h' sont encore conjuguées et par conséquent que le changement de variables (1) n'altère pas la forme canonique des équations.

Venons maintenant au cas général et reprenons les notations du n° 11.

Posons

$$(2)\quad \begin{cases} \beta L = \Lambda, & \beta G = \Lambda - H, \quad \beta \Theta = \Lambda - H - Z, \\ \beta' L' = \Lambda', & \beta' G' = \Lambda' - H', \quad \beta' \Theta' = \Lambda' - H' - Z', \\ \lambda = l + g + \theta, & h = -g - \theta, \quad \zeta = -\theta, \\ \lambda' = l' + g' + \theta', & h' = -g' - \theta', \quad \zeta' = -\theta'. \end{cases}$$

On vérifierait, comme ci-dessus, que ce changement de variables (2) n'altère pas la forme canonique des équations.

Cette forme canonique ne sera pas altérée non plus, d'après la remarque du n° 6, si nous faisons

$$(3)\quad \begin{cases} \sqrt{2H}\cos h = \xi, & \sqrt{2H}\sin h = \eta, \\ \sqrt{2H'}\cos h' = \xi', & \sqrt{2H'}\sin h' = \eta', \\ \sqrt{2Z}\cos \zeta = p, & \sqrt{2Z}\sin \zeta = q, \\ \sqrt{2Z'}\cos \zeta' = p', & \sqrt{2Z'}\sin \zeta' = q'. \end{cases}$$

Les équations restent canoniques et les deux séries de variables conjuguées sont les suivantes :

$$(4)\quad \begin{cases} \Lambda, & \Lambda', & \xi, & \xi', & p, & p', \\ \lambda, & \lambda', & \eta, & \eta', & q, & q'. \end{cases}$$

Voici quel avantage peut avoir le choix des variables (4).

La fonction F, exprimée à l'aide de ces variables, est développable tant suivant les puissances de $\xi, \xi', \eta, \eta', p, p', q, q'$ que suivant les cosinus et sinus des multiples de λ et de λ', les coefficients dépendant d'ailleurs d'une manière quelconque de Λ et de Λ'.

En effet, d'après les définitions des variables précédentes, on a

$$H = \Lambda\left(1 - \sqrt{1 - e^2}\right), \qquad Z = \beta G(1 - \cos i);$$

on déduit de là :

1° Que H est développable suivant les puissances de e^2, le premier terme du développement étant un terme en e^2 ;

2° Que e^2 est développable suivant les puissances de H, le premier terme étant en H;

3° Que $\frac{e}{\sqrt{H}}$ est développable suivant les puissances de H;

4° Que de même i^2 est développable suivant les puissances de

$$\frac{Z}{3G}, \quad \frac{Z}{\lambda - \Pi}.$$

5° Que $\dfrac{i}{\sqrt{Z}}$ est développable suivant les puissances de $\dfrac{Z}{\lambda - \Pi}$ et par conséquent suivant les puissances de Z et de Π.

Or on a

$$\frac{e}{\sqrt{\Pi}} = \frac{e\cos h\sqrt{i}}{\xi} = \frac{e\sin h\sqrt{i}}{\eta}, \quad \frac{i}{\sqrt{Z}} = \frac{i\cos\zeta\sqrt{i}}{p} = \frac{i\sin\zeta\sqrt{i}}{q}.$$

Donc $e\cos h$, $e\sin h$, $i\cos\zeta$, $i\sin\zeta$ sont développables suivant les puissances de ξ, η, p et q; de même $e'\cos h'$, $e'\sin h'$, $i'\cos\zeta'$, $i'\sin\zeta'$ sont développables suivant les puissances de ξ', η', p' et q'.

Mais la forme du développement de la fonction perturbatrice est bien connue.

Elle est développable suivant les puissances croissantes des excentricités et des inclinaisons et suivant les cosinus des multiples de λ, λ', h, h', ζ et ζ', et un terme quelconque du développement est de la forme suivante (Tisserand, *Mécanique céleste*, t. I, p. 307)

$$Ne^{\mu_1}e'^{\mu_2}i^{\mu_3}i'^{\mu_4}\cos(m_1\lambda + m_2\lambda' + m_3 h + m_4 h' + m_5\zeta + m_6\zeta').$$

les μ_i étant des entiers positifs ou nuls et les m_i des entiers quelconques. On a d'ailleurs

$$\mu_i = |m_i| + \text{un nombre pair}$$

et, d'autre part,

$$m_1 + m_2 = m_3 + m_4 = m_5 + m_6.$$

On peut conclure de là que la fonction perturbatrice est développable suivant les puissances de

$$e\cos h, \quad e\sin h, \quad i\cos\zeta, \quad i\sin\zeta,$$
$$e'\cos h', \quad e'\sin h', \quad i'\cos\zeta', \quad i'\sin\zeta',$$

et, par conséquent, suivant les puissances de

$$(1) \qquad \xi, \quad \xi', \quad \eta, \quad \eta', \quad p, \quad p', \quad q, \quad q'.$$

Je puis observer de plus que le développement de

$$\frac{e\cos h}{\xi},\quad \frac{e\sin h}{\eta},\quad \frac{i\cos\zeta}{p},\quad \frac{i\sin\zeta}{q},\quad \ldots$$

ne contient que des puissances paires des variables (5); j'en conclurai que le développement de F sera de la forme suivante

$$\sum \mathrm{N}\,\xi^{\mu_1}\eta^{\nu_1}\xi'^{\mu_2}\eta'^{\nu_2}p^{\mu_3}q^{\nu_3}p'^{\mu_4}q'^{\nu_4}\,{\cos \atop \sin}\,(m_1\lambda + m_2\lambda'), \tag{6}$$

N étant un coefficient qui dépend seulement de Λ et Λ'.

Les nombres μ_i, ν_i sont des entiers positifs ou nuls, dont la somme

$$\mu_1 + \nu_1 + \mu_2 + \nu_2 + \mu_3 + \nu_3 + \mu_4 + \nu_4$$

est égale à $|m_1 + m_2|$ + un nombre pair positif ou nul.

J'ai laissé subsister dans l'expression (6) le double signe cos ou sin; on doit prendre le cosinus quand la somme

$$\nu_1 + \nu_2 + \nu_3 + \nu_4$$

est paire, et le sinus dans le cas contraire.

Il résulte de là que la fonction F ne change pas quand on change à la fois le signe des λ, des η et des q; et qu'elle ne change pas non plus quand on change λ et λ' en $\lambda + \pi$ et $\lambda' + \pi$, et qu'en même temps l'on change les signes des ξ, des η, des p et des q.

La fonction F jouit d'une autre propriété sur laquelle il est nécessaire d'attirer l'attention; elle ne change pas quand on change à la fois le signe de p, q, p' et q'.

Problème général de la Dynamique.

13. Nous sommes donc conduit à nous proposer le problème suivant :

Étudier les équations canoniques

$$\frac{dx_i}{dt} = \frac{d\mathrm{F}}{dy_i}, \qquad \frac{dy_i}{dt} = -\frac{d\mathrm{F}}{dx_i}, \tag{1}$$

en supposant que la fonction F peut se développer suivant les puissances d'un paramètre très petit μ de la manière suivante :

$$\mathrm{F} = \mathrm{F}_0 + \mu \mathrm{F}_1 + \mu^2 \mathrm{F}_2 + \ldots,$$

en supposant de plus que F_0 ne dépend que des x et est indépendant des y; et que F_1, F_2, ... sont des fonctions périodiques de période 2π par rapport aux y.

Réduction des équations canoniques.

14. Nous avons vu que l'intégration des équations (1) du numéro précédent peut se ramener à l'intégration d'une équation aux dérivées partielles

$$(2) \qquad F\left(x_1, x_2, \ldots, x_p; \frac{dS}{dx_1}, \frac{dS}{dx_2}, \ldots, \frac{dS}{dx_p}\right) = \text{const.}$$

Imaginons que l'on connaisse une intégrale des équations (1) et que cette intégrale s'écrive

$$F_1(x_1, x_2, \ldots, x_p; y_1, y_2, \ldots, y_p) = \text{const.};$$

cela veut dire que l'on aura identiquement

$$(3) \qquad [F, F_1] = 0.$$

Je me propose de démontrer que la connaissance de cette intégrale permet d'abaisser d'une unité le nombre des degrés de liberté.

En effet, l'équation (3) signifie qu'il existe une infinité de fonctions S satisfaisant à la fois à l'équation (2) et à l'équation

$$(4) \qquad F_1\left(x_1, x_2, \ldots, x_p; \frac{dS}{dx_1}, \frac{dS}{dx_2}, \ldots, \frac{dS}{dx_p}\right) = \text{const.}$$

Cela posé, entre les équations (2) et (4) éliminons $\dfrac{dS}{dx_1}$; il viendra

$$(5) \qquad \Phi\left(x_1, x_2, \ldots, x_p; \frac{dS}{dx_2}, \frac{dS}{dx_3}, \ldots, \frac{dS}{dx_p}\right) = 0.$$

Dans l'équation (5), $\dfrac{dS}{dx_1}$ n'entre pas; rien n'empêche alors de regarder x_1 non plus comme variable, mais comme un paramètre arbitraire; l'équation (5) devient alors une équation aux dérivées partielles à $p - 1$ variables indépendantes seulement.

H. P. — I.   3

Le problème se ramène ainsi à l'intégration des équations

$$\frac{dx_i}{dt} = \frac{d\Phi}{dy_i}, \qquad \frac{dy_i}{dt} = -\frac{d\Phi}{dx_i} \qquad (i = 2, 3, \ldots, p),$$

qui sont des équations canoniques ne comportant plus que $p-1$ degrés de liberté.

Ainsi, si, en général, on connaît une intégrale d'un système d'équations différentielles, on pourra abaisser l'ordre du système d'une unité; mais, si ce système est canonique, on pourra en abaisser l'ordre de deux unités.

Prenons pour exemple le problème du mouvement d'un corps pesant suspendu à un point fixe; nous avons vu que ce problème comporte 3 degrés de liberté; mais on connaît une intégrale qui est celle des aires; le nombre des degrés de liberté peut donc être abaissé à 2.

Qu'arrive-t-il maintenant lorsqu'on connaît, non plus une seule, mais q intégrales des équations (1)?

Soient

$$F_1, \quad F_2, \quad \ldots, \quad F_q$$

ces q intégrales, de sorte que

$$[F, F_1] = [F, F_2] = \ldots = [F, F_q] = 0.$$

Peut-on, à l'aide de ces intégrales, abaisser de q unités le nombre des degrés de liberté? Cela n'aura pas lieu en général; il faut pour cela que les $q+1$ équations aux dérivées partielles

$$(6) \quad F = \text{const.}, \quad F_1 = \text{const.}, \quad F_2 = \text{const.}, \quad \ldots, \quad F_q = \text{const.}$$

soient compatibles; ce qui exige les conditions

$$(7) \qquad [F_i, F_k] = 0 \qquad (i, k = 1, 2, \ldots, q).$$

Si les conditions (7) sont remplies, on éliminera entre les équations (6)

$$\frac{dS}{dx_1}, \quad \frac{dS}{dx_2}, \quad \ldots, \quad \frac{dS}{dx_q},$$

et l'on arrivera à une équation aux dérivées partielles $\Phi = 0$, où ces q dérivées n'entreront plus et que l'on pourra considérer comme dépendant seulement des $p - q$ variables indépendantes

$$x_{q+1}, \quad x_{q+2}, \quad \ldots, \quad x_p,$$

tandis que les q premières variables

$$x_1, \quad x_2, \quad \ldots, \quad x_q$$

seront regardées comme des paramètres arbitraires.

On sera ainsi conduit à un système réduit d'équations canoniques ne comportant plus que $p - q$ degrés de liberté.

Reprenons, par exemple, le Problème des trois Corps en conservant les notations du commencement du n° **2**. Nous avons vu que le nombre des degrés de liberté est égal à 9.

Mais nous avons les trois premières intégrales du mouvement du centre de gravité qui peuvent s'écrire

$$(8) \qquad \begin{cases} F_1 = y_1 + y_4 + y_7 = \text{const.}, \\ F_2 = y_2 + y_5 + y_8 = \text{const.}, \\ F_3 = y_3 + y_6 + y_9 = \text{const.} \end{cases}$$

Il est aisé de vérifier que

$$[F_2, F_3] = [F_3, F_1] = [F_1, F_2] = 0.$$

Le nombre des degrés de liberté peut donc être abaissé à 6.

Si l'on se borne au cas du Problème des trois Corps dans le plan, le nombre primitif des degrés de liberté n'est plus que de 6. Mais il n'y a plus que deux analogues à 8. Après la réduction, il y aura donc seulement 4 degrés de liberté.

Imaginons maintenant que l'on connaisse, outre les q intégrales $F_1, F_2, \ldots, F_q$, une autre intégrale F_{q+1}; pourra-t-on en déduire une intégrale du système réduit? Cette question peut s'énoncer autrement.

On connaît une équation aux dérivées partielles

$$F_{q+1} = \text{const.}$$

compatible avec l'équation

$$F = \text{const.};$$

sera-t-elle encore compatible avec le système

$$(6) \qquad F_1 = \text{const.}, \qquad F_2 = \text{const.}, \qquad \ldots, \qquad F_q = \text{const.?}$$

On voit tout de suite que la condition nécessaire et suffisante pour qu'il en soit ainsi, c'est que l'on ait

$$[F_1, F_{q+1}] = [F_2, F_{q+1}] = \ldots = [F_q, F_{q+1}] = 0.$$

Revenons, par exemple, au Problème des trois Corps et considérons les trois intégrales des aires

$$(9) \quad \begin{cases} F_1 = x_1 y_2 - x_2 y_1 + x_3 y_4 - x_4 y_3 + x_5 y_6 - x_6 y_5 = \text{const.}, \\ F_2 = x_3 y_1 - x_1 y_3 + x_4 y_5 - x_5 y_4 + x_2 y_3 - x_3 y_2 = \text{const.}, \\ F_3 = x_1 y_2 - x_2 y_1 + x_3 y_4 - x_4 y_3 + x_5 y_6 - x_6 y_5 = \text{const.} \end{cases}$$

Il est aisé de vérifier que l'on a

$$\begin{array}{lll} [F_1, F_1] = 0, & [F_2, F_1] = + F_3, & [F_3, F_1] = - F_2, \\ [F_1, F_2] = - F_3, & [F_2, F_2] = 0, & [F_3, F_2] = + F_1, \\ [F_1, F_3] = + F_2, & [F_2, F_3] = - F_1, & [F_3, F_3] = 0. \end{array}$$

On ne diminue pas la généralité du problème en supposant que le centre de gravité est fixe, c'est-à-dire que les constantes qui entrent dans les derniers membres des équations (8) sont toutes trois nulles.

On aura alors

$$F_1 = F_2 = F_3 = 0$$

et, par conséquent,

$$[F_i, F_k] = 0 \qquad (i = 1, 2, 3; \; k = 4, 5, 6),$$

ce qui montre que les intégrales des aires sont encore des intégrales du système réduit.

Pour terminer, je vais chercher à réduire autant que possible le nombre des degrés de liberté dans le Problème des trois Corps, en tenant compte à la fois des intégrales du centre de gravité et de celles des aires.

Dans le cas particulier où les trois corps se meuvent dans un plan, nous avons vu que le nombre des degrés de liberté pouvait être ramené à 4, en tenant compte des équations (8). Le problème

ainsi réduit comporte encore une intégrale qui est celle des aires,
ce qui permet de réduire à 3 le nombre des degrés de liberté.

Dans le cas général, il est aisé de voir que l'on a

$$[F_1, F_4] = F_6, \qquad [F_6, F_5] = F_4, \qquad [F_5, F_4] = F_2.$$

Les trois crochets n'étant pas nuls, la connaissance des trois intégrales des aires ne permet pas de réduire de 3 le nombre des degrés
de liberté.

Mais il est aisé de voir que toutes les fois qu'un système canonique admettra trois intégrales

$$F_1, \quad F_2, \quad F_3,$$

il sera toujours possible de trouver deux combinaisons de ces
intégrales

$$\varphi(F_1, F_2, F_3),$$
$$\psi(F_1, F_2, F_3),$$

telles que

$$[\varphi, \psi] = 0,$$

ce qui permettra de réduire de deux unités le nombre des degrés
de liberté.

Dans le cas qui nous occupe, ces combinaisons s'aperçoivent
immédiatement ; il suffira de prendre F_1 et

$$\varphi = F_1^2 - F_2^2 - F_3^2.$$

On aura alors identiquement

$$[\varphi, F_1] = 0.$$

Il n'y aura plus ainsi, toute réduction faite, que 4 degrés de
liberté.

Si l'on se rappelle qu'un système canonique comportant p degrés
de liberté peut être ramené à l'ordre $2p - 2$, on devra conclure
que le Problème des trois Corps dans le cas général comporte 4 degrés de liberté et peut être ramené au sixième ordre.

Dans le cas du mouvement plan, il comporte 3 degrés de liberté
et peut être ramené au quatrième ordre.

Dans le cas particulier du n° 9, il comporte 2 degrés de liberté,
et peut être ramené au second ordre.

Réduction du Problème des trois Corps.

15. Il s'agit de faire effectivement cette réduction.

Envisageons d'abord le cas où les trois corps se meuvent dans un même plan. Nous avons vu que le nombre des degrés de liberté pouvait alors être réduit à 3. Cherchons à opérer effectivement cette réduction.

Nous avons vu que les équations du mouvement pouvaient s'écrire

$$\frac{dL}{dt}=\frac{dF}{\beta\, dl},\quad \frac{dH}{dt}=\frac{dF}{\beta\, d\varpi},\quad \frac{dL'}{dt}=\frac{dF}{\beta'\, dl'},\quad \frac{dH'}{dt}=\frac{dF}{\beta'\, d\varpi'},$$

$$\frac{dl}{dt}=-\frac{dF}{\beta\, dL},\quad \frac{d\varpi}{dt}=-\frac{dF}{\beta\, dH},\quad \frac{dl'}{dt}=-\frac{dF}{\beta'\, dL'},\quad \frac{d\varpi'}{dt}=-\frac{dF}{\beta'\, dH'}.$$

On a d'ailleurs

$$\frac{dF}{d\varpi}+\frac{dF}{d\varpi'}=0,$$

d'où l'intégrale des aires

$$\beta H+\beta' H'=C,$$

C étant une constante.

Posons

$$\beta H=\mathrm{H},\quad \beta' H'=C-\mathrm{H},\quad \varpi-\varpi'=h,$$

d'où (si l'on remplace H et H' par leurs valeurs en fonction de C et de H)

$$(1)\qquad \frac{dF}{d\mathrm{H}}=\frac{dF}{\beta\, dH}-\frac{dF}{\beta'\, dH'},\qquad \frac{dF}{dh}=\frac{dF}{d\varpi}=-\frac{dF}{d\varpi'},$$

et les équations du mouvement deviendront

$$\frac{d(\beta L)}{dt}=\frac{dF}{dl},\quad \frac{d(\beta' L')}{dt}=\frac{dF}{dl'},\quad \frac{d\mathrm{H}}{dt}=\frac{dF}{dh},$$

$$\frac{dl}{dt}=-\frac{dF}{d(\beta L)},\quad \frac{dl'}{dt}=-\frac{dF}{d(\beta' L')},\quad \frac{dh}{dt}=-\frac{dF}{d\mathrm{H}}.$$

Il n'y a plus que 3 degrés de liberté.

16. Passons au cas général où le nombre des degrés de liberté doit être réduit à 4. Les équations s'écrivent alors

$$\frac{dL}{dt} = \frac{dF}{\beta\, dl}, \qquad \frac{dG}{dt} = \frac{dF}{\beta\, dg}, \qquad \frac{d\Theta}{dt} = \frac{dF}{\beta\, d\theta},$$
$$\frac{dL'}{dt} = \frac{dF}{\beta'\, dl'}, \qquad \frac{dG'}{dt} = \frac{dF}{\beta\, dg'}, \qquad \frac{d\Theta'}{dt} = \frac{dF}{\beta'\, d\theta'},$$
$$\frac{dl}{dt} = -\frac{dF}{\beta\, dL}, \qquad \frac{dg}{dt} = -\frac{dF}{\beta\, dG}, \qquad \frac{d\theta}{dt} = -\frac{dF}{\beta\, d\Theta},$$
$$\frac{dl'}{dt} = -\frac{dF}{\beta'\, dL'}, \qquad \frac{dg'}{dt} = -\frac{dF}{\beta'\, dG'}, \qquad \frac{d\theta'}{dt} = -\frac{dF}{\beta\, d\Theta'}.$$

On a d'ailleurs les trois intégrales des aires qui, si l'on prend comme premier plan de coordonnées le plan du maximum des aires, s'écrivent

$$\beta\Theta + \beta'\Theta' = C, \qquad \theta = \theta',$$
$$\beta^2(G^2 - \Theta^2) = \beta'^2(G'^2 - \Theta'^2).$$

On a d'ailleurs

$$\frac{dF}{d\theta} + \frac{dF}{d\theta'} = 0,$$

ce qui montre que F ne dépend de θ et de θ' que par leur différence $\theta - \theta'$; mais, comme cette différence est nulle, en vertu des intégrales des aires, F peut être regardée comme ne dépendant plus ni de θ ni de θ'.

On trouve également

$$\theta = \theta',$$

d'où

$$\frac{d\theta}{dt} = \frac{d\theta'}{dt},$$

d'où

$$(2) \qquad \frac{dF}{\beta\, d\Theta} = \frac{dF}{\beta'\, d\Theta'}.$$

Posons maintenant

$$(3) \qquad \begin{cases} G = \Gamma, \qquad G' = \Gamma', \\ \quad \text{d'où} \\ \beta\Theta + \beta'\Theta' = C, \qquad \beta^2\Gamma^2 - \beta'^2\Gamma'^2 = C(\beta\Theta - \beta'\Theta') \end{cases}$$

et

$$(4) \qquad \beta\Theta = \frac{C}{2} + \frac{\beta^2\Gamma^2}{2C} - \frac{\beta'^2\Gamma'^2}{2C}, \qquad \beta'\Theta' = \frac{C}{2} + \frac{\beta'^2\Gamma'^2}{2C} - \frac{\beta^2\Gamma^2}{2C},$$

d'où

$$\frac{dF}{d\Gamma}=\frac{dF}{dG}\frac{dG}{d\Gamma}+\frac{dF}{d\theta}\frac{d\theta}{d\Gamma}+\frac{dF}{d\theta'}\frac{d\theta'}{d\Gamma}$$

ou

$$\frac{dF}{d\Gamma}=\frac{dF}{dG}+\frac{dF}{d\theta}\frac{\beta\Gamma}{C}+\frac{dF}{d\theta'}\frac{\beta^2\Gamma}{\beta' C}$$

ou enfin, en vertu de l'équation (2),

$$\frac{dF}{d\Gamma}=\frac{dF}{dG}$$

et de même

$$\frac{dF}{d\Gamma'}=\frac{dF}{dG'}.$$

La constante des aires C peut être regardée comme une donnée de la question.

Si donc dans F on remplace G, G', Θ et Θ' par leurs valeurs (3) et (4), F ne dépend plus que de L, L', l, l', g, g', Γ et Γ', et les équations du mouvement peuvent s'écrire

$$\frac{dL}{dt}=\frac{dF}{\beta\, dl},\quad \frac{d\Gamma}{dt}=\frac{dF}{\beta\, dg},\quad \frac{dL'}{dt}=\frac{dF}{\beta'\, dl'},\quad \frac{d\Gamma'}{dt}=\frac{dF}{\beta'\, dg'},$$

$$\frac{dl}{dt}=-\frac{dF}{\beta\, dL},\quad \frac{dg}{dt}=-\frac{dF}{\beta\, d\Gamma},\quad \frac{dl'}{dt}=-\frac{dF}{\beta'\, dL'},\quad \frac{dg'}{dt}=-\frac{dF}{\beta'\, d\Gamma'},$$

et il n'y a plus que 4 degrés de liberté.

Forme de la fonction perturbatrice.

17. Il importe de voir quelle est la forme de la fonction F quand on adopte les variables des deux numéros précédents.

Supposons d'abord que l'on prenne les variables du n° 15 et que les trois corps se meuvent dans un même plan; la fonction F ne dépendant que des distances des trois corps sera développable suivant les cosinus et les sinus des multiples de $l-l'-h$; les coefficients de ce développement seront eux-mêmes développables suivant les puissances croissantes de

$$e\cos l,\quad e\sin l,\quad e'\cos l',\quad e'\sin l',$$

en désignant par e et e' les excentricités; enfin les coefficients de ces nouveaux développements seront eux-mêmes des fonctions uniformes de L et de L'.

Je poserai, pour abréger,

$$\beta L = A, \qquad \beta' L' = A';$$

il vient alors, d'après la définition de H,

$$c = \frac{1}{A}\sqrt{A^2 - H^2}, \qquad c' = \frac{1}{A'}\sqrt{A'^2 - (H - C)^2}.$$

Ajoutons que F ne change pas quand l, l' et h changent de signe; par conséquent, si l'on développe F suivant les cosinus et les sinus des multiples de ces trois variables, le développement ne pourra contenir que des cosinus.

On aura donc finalement

$$F = \Sigma A (A^2 - H^2)^{\frac{p}{2}} [A'^2 - (H - C)^2]^{\frac{q}{2}} \cos(m_1 l + m_2 l' + m_3 h).$$

p et q sont des entiers positifs, m_1, m_2 et m_3 des entiers quelconques, A est un coefficient qui ne dépend que de A et de A'. De plus $|m_3 - m_1|$ est au plus égal à p et n'en peut différer que d'un nombre pair; de même, $|m_3 - m_2|$ est au plus égal à q et n'en peut différer que d'un nombre pair.

Un pareil développement est valable quand $A - H$ et $A' - (C - H)$ sont suffisamment petits; on voit que pour

$$A = H$$

tous les termes s'annulent, sauf ceux pour lesquels $m_3 = m_1$.

De même, si l'on a

$$A' = C - H,$$

tous les termes s'annulent, sauf ceux pour lesquels $m_3 = - m_2$.

Par conséquent, si l'on a à la fois

$$A = H, \qquad A' = C - H,$$

tous les termes s'annuleront, sauf ceux pour lesquels

$$m_3 = m_1 = - m_2,$$

de sorte que F devient une fonction de $l - l' + h$.

Si, dans un des termes du développement de F, on fait

$$A = -H, \qquad A' = H - C,$$

ce terme s'annulera encore, à moins que

$$m_2 = m_1 = \cdots = m_N.$$

On pourrait être tenté de conclure que, pour

$$A = -H, \qquad A' = H - C,$$

F est encore une fonction de $l - l' + h$; il n'en est rien, car le développement n'est valable que pour les petites valeurs de $A - H$ et $A' - C + H$. Un raisonnement analogue à celui qui précède prouve, au contraire, que pour $A = -H, A' = H - C$, F est fonction de $l - l' - h$ et non pas de $l - l' + h$.

Dans le cas où la valeur de $A - H$ est extrêmement petite, il peut être avantageux de faire un changement de variables particulier.

On a identiquement

$$Al - Hh = A(l + h) - h(A - H);$$

la forme canonique, en vertu du n° 5, n'est donc pas altérée quand on remplace les variables

$$A, \quad A', \quad H,$$
$$l, \quad l', \quad h,$$

par les suivantes

$$A, \quad A', \quad A - H;$$
$$l - h, \quad l', \quad -h.$$

Posons maintenant

$$l - h = \lambda'', \qquad \sqrt{2(A - H)}\cos h = \xi'', \qquad -\sqrt{2(A - H)}\sin h = \eta'';$$

en vertu du n° 6 la forme canonique des équations subsiste, quand on prend pour variables

$$A, \quad A', \quad \xi'',$$
$$\lambda'', \quad l', \quad \eta''.$$

On a l'avantage que la fonction F, qui reste périodique en l' et en l', est développable suivant les puissances de ξ'' et η'' quand ces deux variables sont assez petites.

18. Prenons maintenant les variables du n° 16, c'est-à-dire

$$\beta L = A, \qquad \beta' L' = A', \qquad \beta \Gamma = H, \qquad \beta' \Gamma' = H',$$
$$l, \qquad\qquad l', \qquad\qquad g, \qquad\qquad g'.$$

Les variables H et H' sont manifestement assujetties à certaines inégalités; on a

$$H < A\sqrt{1 - e^2},$$

d'où

$$(1) \qquad\qquad A^2 > H^2.$$

De même

$$(2) \qquad\qquad A'^2 > H'^2.$$

On a, d'autre part, en vertu de l'équation des aires,

$$H\cos i + H'\cos i' = C, \qquad H\sin i + H'\sin i' = 0,$$

C étant la constante des aires qui doit être regardée comme une des données de la question. On en déduit les inégalités

$$(3) \qquad \begin{cases} |H| + |H'| > |C|, \\ |H| - |H'| < |C|. \end{cases}$$

Voyons maintenant comment la fonction F dépend de nos variables.

Pour les valeurs de H voisines de A, la fonction F n'est plus holomorphe par rapport à H; elle n'est plus développable suivant les puissances entières de $A - H$, mais suivant celles de $\sqrt{A - H}$.

On peut alors employer avec avantage les variables suivantes. Posons

$$l + g = \lambda'', \qquad \sqrt{3(A - H)}\cos g = \xi'', \qquad \sqrt{3(A - H)}\sin g = \eta'',$$

les équations conserveront la forme canonique, si l'on prend comme variables indépendantes

$$\begin{aligned} &A, \quad A', \quad \xi'', \quad H', \\ &\lambda'', \quad l', \quad \eta'', \quad g'; \end{aligned}$$

de plus, la fonction F sera alors développable suivant les puissances entières de ξ'' et de η''.

On opérerait d'une manière analogue si l'on avait à envisager des valeurs de H' très voisines de A'.

Qu'arrivera-t-il maintenant si les valeurs de H et de H' sont très voisines des limites que leur assignent les inégalités (3), c'est-à-dire si les inclinaisons sont petites ou nulles?

Supposons, par exemple, que $H + H' = C$.

Nous avons vu, au n° 12, que F est développable suivant les puissances croissantes des variables $\xi, \xi', \tau, \tau', p, p', q, q'$ de ces paragraphes; c'est-à-dire suivant les puissances croissantes de

$$\sqrt{\tfrac{3}{2}L - \tfrac{3}{2}G}, \quad \sqrt{\tfrac{3}{2}L - \tfrac{3}{2}G'}, \quad \sqrt{\tfrac{3}{2}G - \tfrac{3}{2}\theta}, \quad \sqrt{\tfrac{3}{2}G' - \tfrac{3}{2}\theta'},$$

si les inclinaisons sont nulles; on a

$$G = \theta, \qquad G' = \theta',$$

et les deux derniers radicaux s'annulent, mais il n'en est pas de même des deux premiers; la fonction F est alors holomorphe en $G, G', \sqrt{\tfrac{3}{2}G - \tfrac{3}{2}\theta}, \sqrt{\tfrac{3}{2}G' - \tfrac{3}{2}\theta'}$.

Mais nous avons vu au n° 12 que F ne change pas quand p, p', q, q' changent de signe à la fois, ou, ce qui revient au même, quand les deux radicaux $\sqrt{\tfrac{3}{2}G - \tfrac{3}{2}\theta}$ et $\sqrt{\tfrac{3}{2}G' - \tfrac{3}{2}\theta'}$ changent de signe à la fois.

Donc, pour les valeurs très petites ou nulles des inclinaisons, F est holomorphe par rapport à G et à G' d'une part, et par rapport à $\sqrt{\left(\tfrac{3}{2}G - \tfrac{3}{2}\theta\right)\left(\tfrac{3}{2}G' - \tfrac{3}{2}\theta'\right)}$ d'autre part.

Mais nous avons

$$G = \frac{H}{\beta}, \quad G' = \frac{H'}{\beta'}, \quad \theta = \frac{1}{2\beta}\left(C - \frac{H^2 - H'^2}{C}\right), \quad \theta' = \frac{1}{2\beta'}\left(C + \frac{H^2 - H'^2}{C}\right),$$

d'où

$$\sqrt{\left(\tfrac{3}{2}G - \tfrac{3}{2}\theta\right)\left(\tfrac{3}{2}G' - \tfrac{3}{2}\theta'\right)} = \frac{1}{2C}\sqrt{\left[(H - C)^2 - H'^2\right]\left[(H - C)^2 - H'^2\right]}$$

ou

$$\sqrt{\left(\tfrac{3}{2}G - \tfrac{3}{2}\theta\right)\left(\tfrac{3}{2}G' - \tfrac{3}{2}\theta'\right)} = \frac{H + H' - C}{2C}\sqrt{(H - C - H')(H' - C - H)}.$$

Ces égalités montrent que

$$G, \quad G', \quad \sqrt{\left(\tfrac{3}{2}G - \tfrac{3}{2}\theta\right)\left(\tfrac{3}{2}G' - \tfrac{3}{2}\theta'\right)}$$

et, *par conséquent,* F restent holomorphes en H et en H' pour H + H' = C.

Relations invariantes.

19. Nous avons considéré au n° 1, à l'égard du système

$$(1) \qquad \frac{dx_i}{dt} = X_i,$$

d'une part ses solutions, d'autre part ses intégrales. Mais il nous reste à parler de certaines équations qui se rapportent à ce système et qui peuvent être regardées comme tenant pour ainsi dire le milieu entre les solutions et les intégrales. Je vais définir ces équations que j'appellerai *relations invariantes.*

Soit φ une fonction quelconque de $x_1, x_2, \ldots, x_n$; on aura

$$\frac{d\varphi}{dt} = \frac{d\varphi}{dx_1}X_1 + \frac{d\varphi}{dx_2}X_2 + \ldots + \frac{d\varphi}{dx_n}X_n.$$

Considérons maintenant un système d'équations

$$(2) \qquad \begin{cases} \varphi_1(x_1, x_2, \ldots, x_n) = 0, \\ \varphi_2(x_1, x_2, \ldots, x_n) = 0, \\ \ldots \ldots \ldots \ldots \ldots \ldots \ldots \\ \varphi_p(x_1, x_2, \ldots, x_n) = 0, \end{cases}$$

et supposons que ces équations entraînent comme conséquence les suivantes

$$\frac{d\varphi_i}{dx_1}X_1 + \frac{d\varphi_i}{dx_2}X_2 + \ldots + \frac{d\varphi_i}{dx_n}X_n = 0;$$

on en conclura que

$$\frac{d\varphi_i}{dt} = 0.$$

Par conséquent, *si les équations* (2) *sont satisfaites pour une valeur quelconque de t, elles le seront pour toutes les valeurs de t*: c'est pourquoi nous appellerons le système (2) système de *relations invariantes*, et l'on conçoit quelle importance peut avoir la connaissance d'un semblable système.

Supposons maintenant que le système soit canonique et revenons au système (1) du n° 7 et à l'équation

$$(3) \qquad F\left(x_1, x_2, \ldots, x_p, \frac{dS}{dx_1}, \frac{dS}{dx_2}, \ldots, \frac{dS}{dx_p}\right) = \text{const.},$$

qui y est corrélative.

La connaissance d'une solution particulière de cette équation (3) nous fournira un système de relations invariantes.

Soit, en effet, S cette solution ; considérons le système

$$(4) \qquad y_1 = \frac{dS}{dx_1}, \qquad y_2 = \frac{dS}{dx_2}, \qquad \ldots, \qquad y_p = \frac{dS}{dx_p},$$

je dis que ce sera un système de relations invariantes par rapport aux équations canoniques (1).

On trouve, en effet, en différentiant l'équation (3),

$$(5) \qquad \frac{dF}{dx_i} + \frac{dF}{dy_1}\frac{d^2S}{dx_1 dx_i} + \frac{dF}{dy_2}\frac{d^2S}{dx_2 dx_i} + \ldots + \frac{dF}{dy_p}\frac{d^2S}{dx_p dx_i} = 0.$$

Posons

$$q_i = y_i - \frac{dS}{dx_i},$$

de manière à ramener le système (4) à la forme (2),

$$(2) \qquad q_1 = q_2 = \ldots = q_p = 0,$$

il viendra

$$\frac{dq_i}{dy_i} = 1, \qquad \frac{dq_i}{dy_k} = 0 \quad (i \neq k), \qquad \frac{dq_i}{dx_k} = -\frac{d^2S}{dx_i dx_k},$$

d'où

$$\frac{dq_i}{dt} = \sum_k \frac{dq_i}{dy_k}\frac{dy_k}{dt} + \sum_k \frac{dq_i}{dx_k}\frac{dx_k}{dt} = \sum_k \left(\frac{dq_i}{dx_k}\frac{dF}{dy_k} - \frac{dq_i}{dy_k}\frac{dF}{dx_k} \right),$$

ce qui montre que les équations (5) se réduisent à

$$\frac{dq_i}{dt} = 0 \quad (i = 1, 2, \ldots, p).$$

Or c'est là précisément, d'après ce que nous venons de voir, la condition pour que le système (ζ) soit un système de relations invariantes.

J'ajouterai que, dans le cas où il n'y a que deux degrés de liberté, tout système de *deux* relations invariantes peut être obtenu de cette manière.

CHAPITRE II.

INTÉGRATION PAR LES SÉRIES.

Définitions et lemmes divers.

20. La méthode de Cauchy, pour démontrer l'existence de l'intégrale des équations différentielles, a été appliquée par d'autres géomètres à la démonstration d'un grand nombre de théorèmes. Comme cette méthode et ces théorèmes nous seront utiles dans la suite, je suis forcé d'y consacrer un Chapitre préliminaire. Pour cette exposition, je ferai usage d'une notation que j'ai déjà introduite dans un autre Mémoire et qui m'évitera des longueurs et des redites.

Soient $\varphi(x, y)$ et $\psi(x, y)$ deux séries développées suivant les puissances croissantes de x et de y; supposons que chacun des coefficients de la série ψ soit réel et positif et plus grand en valeur absolue que le coefficient correspondant de la série φ; nous écrirons alors

$$\varphi(x, y) \ll \psi(x, y)$$

où, s'il est nécessaire de mettre en évidence les variables par rapport auxquelles se fait le développement,

$$\varphi \ll \psi \qquad (\operatorname{arg} x, y).$$

On voit sans peine que, si $\varphi(x, y)$ est une série qui converge pour certaines valeurs de x et de y (représentant, par conséquent, une fonction de x et de y, holomorphe pour $x = y = 0$), on pourra toujours trouver deux nombres réels et positifs M et α, tels que

$$\varphi(x, y) \ll \frac{M}{(1-\alpha x)(1-\alpha y)} \ll \frac{M}{1-\alpha(x+y)},$$

Dans le cas où la fonction φ s'annule pour $x = y = o$, on peut écrire

$$\varphi \ll \frac{Mz(x+y)}{1-z(x+y)}$$
$$\ll \frac{Mz(x+y)[1-z(x+y)]}{1-z(x+y)},$$

Supposons que φ, outre les arguments x et y, par rapport auxquels on la suppose développée, dépende en outre d'une autre variable t ; les nombres M et α seront des fonctions généralement continues de t ; si ces deux nombres ne s'annulent pour aucune des valeurs de t envisagées, on pourra leur assigner une limite inférieure ; on pourra donc donner à M et α des valeurs *constantes* assez grandes pour que les inégalités précédentes subsistent.

21. Le calcul des inégalités définies dans le numéro précédent repose sur les principes suivants, que je me borne à énoncer sans démonstration, à cause de leur évidence :

1° Si la série ψ converge, il en sera de même de la série φ toutes les fois qu'on aura

$$\varphi \ll \psi.$$

2° On peut additionner un nombre quelconque d'inégalités de même sens

$$\varphi_1 \ll \psi_1, \quad \varphi_2 \ll \psi_2, \quad \ldots \quad \varphi_n \ll \psi_n.$$

3° Si l'on a un nombre infini d'inégalités de même sens,

$$\varphi_0 \ll \psi_0, \quad \varphi_1 \ll \psi_1, \quad \ldots \quad \varphi_n \ll \psi_n, \quad \ldots \text{ ad inf. (arg. } x, y),$$

on pourra écrire, en introduisant un argument nouveau,

$$\varphi_0 + \lambda \varphi_1 + \lambda^2 \varphi_2 + \ldots \ll \psi_0 + \lambda \psi_1 + \lambda^2 \psi_2 + \ldots \quad \text{(arg. } x, y, \lambda).$$

4° On peut multiplier deux inégalités de même sens.

5° Si l'on a

$$\varphi(x_1, x_2, \ldots, x_n) \ll \psi(x_1, x_2, \ldots, x_n) \quad \text{(arg. } x_1, x_2, \ldots, x_n)$$

et, d'autre part,

$$f_1(x, y) \ll g_1(x, y), \quad f_2(x, y) \ll g_2(x, y),$$
$$\ldots \ldots \ldots \ldots \ldots \ldots \ldots \ldots \ldots \ldots \ldots$$
$$f_n(x, y) \ll g_n(x, y) \quad \text{(arg. } x, y),$$

H. P. – I.   4

on pourra, dans l'inégalité (1), à la place de $x_1, x_2, \ldots, x_n$, substituer dans le premier membre $f_1, f_2, \ldots, f_q$ et dans le second membre $\theta_1, \theta_2, \ldots, \theta_n$. On pourra donc écrire

$$\varphi[f_1(x, y), f_2(x, y), \ldots, f_q(x, y)] < \psi[\theta_1(x, y), \theta_2(x, y) \ldots \theta_n(x, y)] \qquad (\text{arg. } x, y).$$

6° Il est permis de différentier l'inégalité

$$(1) \qquad\qquad \varphi(x, y) < \psi(x, y) \qquad (\text{arg. } x, y),$$

par rapport à l'un des deux arguments x et y.

7° Il est permis d'intégrer une inégalité; mais cela peut s'entendre de deux manières; on peut d'abord intégrer l'inégalité (1) par rapport à l'un des deux arguments x et y, *en prenant o comme limite inférieure d'intégration.*

On trouve alors

$$\int_0^x \varphi(x, y)\, dx < \int_0^x \psi(x, y)\, dx.$$

Il va sans dire que, dans le calcul des intégrales, y doit momentanément être regardée comme une constante.

8° Mais il peut arriver également que les fonctions φ et ψ dépendent non seulement des deux arguments x et y, mais d'une autre variable t, sans qu'on la regarde comme développée suivant les puissances de cette variable.

Supposons que l'inégalité (1) soit vraie pour toutes les valeurs de t comprises entre t_0 et t_1; on pourra intégrer cette inégalité par rapport à t, en regardant x et y comme des constantes, et écrire

$$\int \varphi(x, y, t)\, dt < \int \psi(x, y, t)\, dt \qquad (\text{arg. } x, y),$$

pourvu, bien entendu, que les limites d'intégration soient comprises entre t_0 et t_1.

22. Considérons une fonction

$$\varphi(x, y),$$

développée suivant les puissances de x et de y. Il arrivera souvent que x et y dépendront d'un certain paramètre u et qu'on pourra les développer suivant les puissances de ce paramètre. Écrivons donc

$$(1) \qquad \begin{cases} x = x_0 + \mu x_1 + \mu^2 x_2 + \ldots, \\ y = y_0 + \mu y_1 + \mu^2 y_2 + \ldots. \end{cases}$$

Supposons que, dans la fonction φ, on substitue à la place de x et de y leurs développements (1); alors φ deviendra une fonction de μ, de $x_0, x_1, \ldots, x_p, \ldots$ ad inf.; et de $y_0, y_1, \ldots, y_p, \ldots$ ad inf.; de plus elle pourra être développée suivant les puissances de μ, de sorte qu'on aura

$$\varphi = \varphi_0 + \mu\varphi_1 + \mu^2\varphi_2 + \ldots.$$

On voit aisément que φ_0 ne dépend que de x_0 et y_0; φ_1 de x_0, y_0, x_1 et y_1, ...; et, en général, φ_p de $x_0, x_1, \ldots, x_p; y_0, y_1, \ldots, y_p$.

Supposons maintenant que l'on ait

$$\varphi(x, y) < \psi(x, y) \qquad (\text{arg. } x, y).$$

Dans ψ substituons, à la place de x et de y, leurs développements (1), de sorte que l'on ait

$$\psi = \psi_0 + \mu\psi_1 + \mu^2\psi_2 + \ldots.$$

On voit aisément qu'il vient

$$\begin{aligned} &\varphi_0 < \psi_0, \qquad (\text{arg. } x_0, y_0), \\ &\varphi_1 < \psi_1, \qquad (\text{arg. } x_0, y_0; x_1, y_1), \\ &\ldots\ldots\ldots \qquad \ldots\ldots\ldots\ldots\ldots\ldots\ldots\ldots\ldots\ldots\ldots\ldots, \\ &\varphi_p < \psi_p, \qquad (\text{arg. } x_0, x_1, \ldots, x_p; y_0, y_1, \ldots, y_p). \end{aligned}$$

On s'en rend compte en appliquant le cinquième principe du numéro précédent, ce qui montre que

$$\varphi < \psi \quad (\text{arg. } \mu, x_0, x_1, \ldots \text{ ad inf.}; y_0, y_1, \ldots, \text{ ad inf.}).$$

Nous conviendrons d'écrire, pour abréger, $\varphi_p(x_i, y_i)$, au lieu de $\varphi_p(x_0, x_1, \ldots, x_p; y_0, y_1, \ldots, y_p)$.

Théorème de Cauchy.

23. Le théorème de Cauchy se trouve aujourd'hui dans tous les Traités classiques; aussi me bornerais-je à l'énoncer sans démonstration si je ne me proposais de le compléter en quelques points.

Considérons les équations différentielles

$$(1) \quad \frac{dx}{dt} = \theta(x,y,z,\mu), \quad \frac{dy}{dt} = \varphi(x,y,z,\mu), \quad \frac{dz}{dt} = \psi(x,y,z,\mu).$$

Je suppose que les fonctions φ et ψ sont développées suivant les puissances croissantes de la variable indépendante x, des deux fonctions inconnues y et z et d'un paramètre arbitraire μ.

En supposant que la variable indépendante t n'entre pas dans les seconds membres des équations (1), je ne diminue pas la généralité, car un système d'ordre n, où la variable indépendante entre explicitement, peut toujours être remplacé par un système d'ordre $n+1$ où cette variable indépendante n'entre pas.

Soient, en effet, par exemple,

$$\frac{dx}{dt} = \varphi(x,y,t),$$
$$\frac{dy}{dt} = \psi(x,y,t),$$

il est manifeste que ces deux équations peuvent être remplacées par les trois suivantes

$$\frac{dx}{dt} = \varphi(x,y,z),$$
$$\frac{dy}{dt} = \psi(x,y,z),$$
$$\frac{dz}{dt} = 1.$$

Je me propose de démontrer qu'il existe trois séries convergentes développées suivant les puissances de t, de μ, de x_0, y_0, z_0, qui satisfont aux équations (1), quand on les y substitue à la place de x, de y et de z, et qui se réduisent respectivement à x_0, à y_0 et à z_0 pour $t = 0$.

Ainsi, au lieu de développer seulement, comme le faisait Cauchy, par rapport à la variable indépendante x, je développe en outre par rapport au paramètre μ et par rapport aux valeurs initiales x_0, y_0, z_0. Mais je dois auparavant démontrer deux nouveaux lemmes.

24. Soient

$$(1) \quad \begin{cases} \dfrac{dx}{dt} = \varphi(x, y, t, \mu), \\[2mm] \dfrac{dy}{dt} = \psi(x, y, t, \mu) \end{cases}$$

deux équations différentielles, où φ et ψ sont des séries ordonnées, suivant les puissances des fonctions inconnues x et y, de la variable t et d'un paramètre arbitraire μ.

Il est aisé de vérifier qu'il existe deux séries

$$(2) \qquad f(t, \mu), \quad f_1(t, \mu),$$

ordonnées selon les puissances de t et de μ, s'annulant avec t, et qui, substituées dans les équations (1) à la place de x et de y, d'après les règles ordinaires du calcul, satisfont formellement à ces équations.

En cherchant à déterminer les coefficients de ces séries f et f_1 par la méthode des coefficients indéterminés, on trouve qu'un coefficient quelconque de f (ou de f_1) est un polynôme entier à coefficients positifs par rapport aux divers coefficients de φ et de ψ.

Considérons donc d'autres équations de même forme que (1)

$$(1\,bis) \quad \begin{cases} \dfrac{dx}{dt} = \varphi'(x, y, t, \mu), \\[2mm] \dfrac{dy}{dt} = \psi'(x, y, t, \mu), \end{cases}$$

et qui soient telles que

$$\varphi \ll \varphi', \quad \psi \ll \psi' \qquad (\arg. x, y, t, \mu);$$

si les séries

$$(2\,bis) \qquad f(t, \mu), \quad f'(t, \mu)$$

sont ordonnées suivant les puissances de t et de μ, s'annulent avec t et satisfont formellement aux équations (1 bis) quand on les substitue à la place de x et de y, il est permis de conclure que

$$f \ll f', \quad f_1 \ll f_1' \qquad (\arg. t, \mu).$$

25. Reprenons les équations (1) du numéro précédent; supposons que φ et ψ soient développables suivant les puissances de x,

y et μ pour toutes les valeurs de t comprises entre o et t_1 ($t_1 > 0$) [nous conviendrons de ne considérer que les valeurs de t comprises entre ces deux limites]. Je ne suppose pas d'ailleurs que φ et ψ soient développables suivant les puissances de t.

Il existera alors des séries

$$f(t, \mu), \quad f_1(t, \mu)$$

qui seront ordonnées suivant les puissances de μ (le coefficient d'une puissance quelconque de μ étant une fonction de t, qui peut ne pas être développable suivant les puissances de t), qui s'annuleront et qui satisferont formellement aux équations (1).

Comment peut-on déterminer les coefficients des deux séries f et f_1?

Soient x_m le coefficient de μ^m dans f, et y_m celui de μ^m dans f_1.

On trouve alors, pour déterminer x_m et y_m, les équations suivantes

$$\frac{dx_0}{dt} = \varphi(x_0, y_0, t, 0), \qquad \frac{dy_0}{dt} = \psi(x_0, y_0, t, 0),$$

$$\frac{dx_1}{dt} = \frac{d\varphi}{dx_0} x_1 + \frac{d\varphi}{dy_0} y_1 + X_1, \qquad \frac{dy_1}{dt} = \frac{d\psi}{dx_0} x_1 + \frac{d\psi}{dy_0} y_1 + Y_1,$$

$$\dots\dots\dots\dots \qquad \dots\dots\dots\dots$$

$$\frac{dx_m}{dt} = \frac{d\varphi}{dx_0} x_m + \frac{d\varphi}{dy_0} y_m + X_m, \qquad \frac{dy_m}{dt} = \frac{d\psi}{dx_0} x_m + \frac{d\psi}{dy_0} y_m + Y_m,$$

X_m et Y_m étant développées suivant les puissances de

$$x_1, \; y_1, \; x_2, \; y_2, \; \dots, \; x_{m-1}, \; y_{m-1}$$

et dépendant, d'autre part, de x_0, y_0 et de t.

D'ailleurs, dans $\frac{d\varphi}{dx_0}$, $\frac{d\varphi}{dy_0}$, $\frac{d\psi}{dx_0}$, $\frac{d\psi}{dy_0}$, x, y et μ doivent être remplacés par x_0, y_0 et o.

Soient maintenant des équations

$$(1\,bis) \qquad \begin{cases} \dfrac{dx}{dt} = \varphi'(x, y, t, \mu), \\[2mm] \dfrac{dy}{dt} = \psi'(x, y, t, \mu), \end{cases}$$

telles que

$$\varphi \prec \varphi', \qquad \psi \prec \psi' \qquad (\text{arg. } x, y \text{ et } \mu, \text{ mais non arg. } t).$$

Soient

$$f(t, \mu) = x_0 + \mu x_1 + \mu^2 x_2 + \dots,$$
$$f_1(t, \mu) = y_0 + \mu y_1 + \mu^2 y_2 + \dots,$$

les séries ordonnées suivant les puissances de μ et s'annulant avec t, qui satisfont formellement aux équations (1 bis).

Il viendra

$$\frac{dx_0}{dt} = \varphi(x_0, y_0, t, 0), \qquad \frac{dy_0}{dt} = \psi(x_0, y_0, t, 0),$$

$$\dots\dots\dots\dots\dots\dots\dots \qquad \dots\dots\dots\dots\dots\dots\dots$$

$$\frac{dx_m}{dt} = \frac{d\varphi}{dx_0} x_m + \frac{d\varphi}{dy_0} y_m + X_m; \qquad \frac{dy_m}{dt} = \frac{d\psi}{dx_0} x_m + \frac{d\psi}{dy_0} y_m + Y_m.$$

A l'origine des temps, on aura

$$x_0 = x_m = 0, \qquad y_0 = y_m = 0$$

et d'ailleurs

(2) $$|\varphi| < \Phi', \qquad |\psi| < \Psi'$$

d'où

(3) $$\left|\frac{dx_0}{dt}\right| < \frac{dX_0}{dt}, \qquad \left|\frac{dy_0}{dt}\right| < \frac{dY_0}{dt}$$

X_0 et Y_0, pour les petites valeurs positives de t, sont donc positifs et plus grands en valeur absolue que x_0 et y_0.

J'écris donc

(4) $$|x_0| < X_0, \qquad |y_0| < Y_0.$$

Les inégalités (4) ne pourraient cesser d'être satisfaites sans que les inégalités (3) cessassent les premières de l'être. Mais il ne pourra en être ainsi; car les inégalités (4), jointes aux inégalités (2), entraînent les inégalités (3) comme conséquences. Donc les inégalités (4) subsisteront toutes les fois que

$$0 < t < t_1.$$

Je suppose qu'on ait démontré de même que

(5) $$\begin{cases} |x_1| < X_1, & |x_2| < X_2, & \dots & |x_{m-1}| < X_{m-1} \\ |y_1| < Y_1, & |y_2| < Y_2, & \dots & |y_{m-1}| < Y_{m-1} \end{cases}$$

et je me propose de démontrer que

$$|x_m| < x'_m, \qquad |y_m| < y'_m.$$

En effet, on conclut des inégalités (5) que

$$\left|\frac{d\varphi}{dx_0}\right| < \frac{d\varphi'}{dx'_0}, \qquad \left|\frac{d\varphi}{dy_0}\right| < \frac{d\varphi'}{dy'_0}, \qquad \left|\frac{d\psi}{dy_0}\right| < \frac{d\psi'}{dy'_0}, \qquad \left|\frac{d\psi}{dx_0}\right| < \frac{d\psi'}{dx'_0},$$

$$|X_m| < X'_m, \qquad |Y_m| < Y'_m.$$

Nous devons donc conclure que les inégalités

$$|x_m| < x'_m, \qquad |y_m| < y'_m$$

entraînent les suivantes :

$$\left|\frac{dx_m}{dt}\right| < \frac{dx'_m}{dt}, \qquad \left|\frac{dy_m}{dt}\right| < \frac{dy'_m}{dt}.$$

Un raisonnement tout semblable à celui qui précède montrerait ensuite que l'on a

$$|x_m| < x'_m, \qquad |y_m| < y'_m \qquad \text{pour} \quad 0 < t < t_1.$$

Ces inégalités peuvent d'ailleurs s'écrire

$$f < f', \qquad f_1 < f'_1 \qquad (\text{arg. } \mu, \text{ mais non arg. } t).$$

26. Reprenons les équations (1) du n° 23.

$$(1) \qquad \frac{dx}{dt} = \theta(x, y, z, \mu), \qquad \frac{dy}{dt} = \varphi(x, y, z, \mu), \qquad \frac{dz}{dt} = \psi(x, y, z, \mu).$$

Ces équations sont satisfaites formellement par certaines séries

$$(3) \qquad \begin{cases} x = f_1(t, x_0, y_0, z_0, \mu), \\ y = f_2(t, x_0, y_0, z_0, \mu), \\ z = f_3(t, x_0, y_0, z_0, \mu), \end{cases}$$

développées suivant les puissances croissantes de t, x_0, y_0, z_0, μ, et se réduisant respectivement à x_0, y_0 et z_0 pour $t = 0$.

Pour démontrer la convergence de ces séries, comparons-les aux séries obtenues en partant d'équations différentes.

On peut toujours trouver trois nombres réels positifs M, α et β, tels qu'en posant

$$(1) \qquad \theta' = \varphi' = \psi' = \frac{M}{(1-\beta\mu)[1-\alpha(x+y+z)]},$$

on ait

$$\left.\begin{array}{l} \theta \ll \theta' \\ \varphi \ll \varphi' \\ \psi \ll \psi' \end{array}\right\} \quad (\arg x, y, z, \mu).$$

Envisageons les équations

$$(2\,bis) \qquad \left\{\begin{array}{l} \dfrac{dx}{dt} = \theta, \\[2mm] \dfrac{dy}{dt} = \varphi, \\[2mm] \dfrac{dz}{dt} = \psi, \end{array}\right.$$

qui peuvent aussi s'écrire

$$(3\,bis) \qquad \frac{dx}{dt} = \frac{dy}{dt} = \frac{dz}{dt} = \frac{M}{(1-\beta\mu)[1-\alpha(x+y+z)]}.$$

On peut satisfaire à ces équations par des séries analogues aux séries (3), ordonnées comme elles suivant les puissances de t, x_0, y_0, z_0 et μ, et se réduisant comme elles à x_0, y_0 et z_0 pour $t = 0$.

Les principes du n° **21** montrent que les séries (3) convergeront toutes les fois que les séries (3 *bis*) convergeront elles-mêmes.

Or les équations (2 *bis*) s'intègrent aisément, et l'on trouve que les équations (3 *bis*), qui en sont les intégrales, peuvent s'écrire

$$x = x_0 + \frac{1}{3\alpha}(S - \sqrt{S^2 - ht}),$$

$$y = y_0 + \frac{1}{3\alpha}(S - \sqrt{S^2 - ht}),$$

$$z = z_0 + \frac{1}{3\alpha}(S - \sqrt{S^2 - ht}),$$

où nous avons posé, pour abréger,

$$S = 1 - \alpha(x_0 + y_0 + z_0), \qquad h = \frac{6\alpha M}{1-\beta\mu}.$$

Ces séries, développées suivant les puissances de μ, t, x_0, y_0, z_0, convergent pourvu que

$$|\mu|, \quad |t|, \quad |x_0|, \quad |y_0|, \quad |z_0|$$

soient assez petits.

Il en sera donc de même des séries (3).

c. q. f. d.

Extension du théorème de Cauchy.

27. Les considérations développées au n° 26 montrent la possibilité de développer les solutions d'une équation différentielle, suivant les puissances d'un paramètre arbitraire μ; *mais seulement pour les valeurs de la variable indépendante t dont le module est assez petit.* Nous allons chercher maintenant à nous affranchir de cette restriction.

Considérons les équations suivantes

$$(1) \qquad \frac{dx}{dt} = \varphi(x, y, t, \mu), \qquad \frac{dy}{dt} = \psi(x, y, t, \mu).$$

Je suppose donc de nouveau que la variable t entre explicitement dans les équations.

Soient

$$x = \theta(t, \mu), \qquad y = \varpi(t, \mu)$$

telle des solutions des équations (1) qui est telle que les valeurs initiales de x et de y, pour $t = 0$, soient nulles.

Je suppose que, pour toutes les valeurs de t comprises entre 0 et t_0, les deux fonctions φ et ψ puissent se développer suivant les puissances de

$$\mu, \quad x - \theta(t, 0), \quad y - \varpi(t, 0)$$

(les coefficients des développements étant des fonctions d'ailleurs quelconques de t).

Cette condition peut s'énoncer d'une autre manière : lorsque pour un certain système de valeurs de x, y, t et μ, l'une des fonctions φ et ψ cesse d'être holomorphe, on dit que ce système de valeurs correspond à un point singulier des équations (1). Par conséquent, nous pouvons énoncer la condition qui précède en disant, dans un langage assez incorrect, mais commode, que la solution particulière

$$\mu = 0, \qquad x = \theta(t, o), \qquad y = \omega(t, o)$$

ne va passer par aucun point singulier.

Je dis que, si cette condition est remplie, $\theta(t, \mu)$, $\omega(t, \mu)$ pourront, pour toutes les valeurs de t comprises entre o et t_0, être développées suivant des puissances de μ (je dis de μ et non pas de t et de μ), pourvu que $|\mu|$ soit assez petit.

J'observe d'abord que l'on peut, sans restreindre la généralité, supposer que les fonctions φ et ψ s'annulent identiquement quand on y fait

$$x = y = \mu = o$$

ou, ce qui revient au même, que l'on a identiquement

$$\theta(t, o) = \omega(t, o) = o.$$

Si, en effet, cela n'était pas, on changerait de variables en posant

$$x' = x - \theta(t, o), \qquad y' = y - \omega(t, o)$$

et l'on serait ramené au cas que nous venons d'énoncer; car les équations transformées admettraient comme solution, pour $\mu = o$,

$$x' = o, \qquad y' = o.$$

Faisons donc cette hypothèse; les fonctions φ et ψ seront développables suivant les puissances de x, y et μ; mais je ne les suppose pas développées suivant les puissances de t.

Nous pourrons trouver des séries (3) développées suivant les puissances de μ et qui, substituées à la place de x et de y, satisferont formellement aux équations (1). De plus, ces séries s'annuleront pour

$$t = o.$$

Pour démontrer la convergence de ces séries, formons des équations analogues aux équations (2 *bis*) du n° **26**.

Les fonctions φ et ψ sont développables suivant les puissances de x, y et μ, pourvu que

$$o < t < t_0.$$

Quand t variera de o à t_0, les rayons de convergence de ces développements varieront également; mais on pourra leur assigner une limite inférieure. On pourra donc, d'après le n° 20, trouver deux nombres positifs M et α, tels que, pour toutes les valeurs de t comprises entre o et t_0, on ait

$$\varphi < \varphi', \qquad \psi < \psi' \qquad (\text{arg. } x, y, \mu)$$

en posant

$$\varphi' = \psi' = \frac{M(x + y + \mu)[1 - \alpha(x + y + \mu)]}{1 - \alpha(x + y + \mu)}.$$

Formons alors les équations

$$(\text{1 bis}) \qquad \frac{dx}{dt} = \varphi', \qquad \frac{dy}{dt} = \psi'.$$

Nous pouvons satisfaire à ces équations par des séries (3 *bis*) de même forme que les séries (3), et qui satisfont formellement à ces équations.

D'après le n° 25, les séries (3) convergeront pourvu que les séries (3 *bis*) convergent.

Or, si nous posons

$$x + y + \mu = S,$$

nos équations donnent

$$x = y = \frac{S - \mu}{2}$$

et

$$\frac{dS}{dt} = \frac{\alpha M S (S + 1)}{1 - S}$$

ou

$$\alpha M \, dt = \frac{dS}{S} - \frac{\alpha \, dS}{S + 1},$$

d'où, puisque $S = \mu$ pour $t = 0$,

$$\alpha M t = L \frac{S}{(S + 1)^\alpha} - L \frac{\mu}{(\mu + 1)^\alpha}.$$

On vérifiera sans peine que S et, par conséquent, x et y peuvent se développer suivant les puissances de μ et que le développement converge pour toutes les valeurs de t pourvu que $|\mu|$ soit suffisam-

ment petit; on peut en conclure que les séries (3 *bis*) et les séries
(5) convergent. C. Q. F. D.

Applications au Problème des trois Corps.

28. Les résultats du numéro précédent subsistent évidemment
quand, au lieu d'un seul paramètre arbitraire μ, on en a plusieurs.
Voici l'usage que nous allons faire de ce résultat : nous n'avons,
dans le n° **27**, envisagé que la solution particulière pour laquelle
les valeurs initiales de x et de y sont nulles.

Supposons que nous considérions la solution particulière pour
laquelle ces valeurs initiales sont x_0 et y_0, et que nous nous proposions de développer cette solution suivant les puissances de x_0,
y_0 et μ.

Mais nous pouvons encore aller plus loin : reprenons les
équations (1) du numéro précédent, et envisageons la solution
particulière telle que

$$x = x_0, \quad y = y_0$$

pour $t = 0$; cherchons ensuite à développer les valeurs de x et de
y pour $t = t_0 + \tau$ suivant les puissances de x_0, y_0, μ et τ.

Posons ensuite

$$x' = x - x_0, \quad y' = y - y_0, \quad t' = t\frac{t_0 + \tau}{t_0};$$

les équations (1) deviendront

$$\frac{dx'}{dt'} = \frac{t_0}{t_0 + \tau}\,\varphi\left(x' + x_0, y' + y_0, t'\frac{t_0 + \tau}{t_0}, \mu\right),$$

$$\frac{dy'}{dt'} = \frac{t_0}{t_0 + \tau}\,\psi\left(x' + x_0, y' + y_0, t'\frac{t_0 + \tau}{t_0}, \mu\right).$$

Nous pourrons y regarder x', y' et t' comme les variables et μ,
τ, x_0, y_0 comme quatre paramètres arbitraires.

La solution particulière que nous envisageons est telle que,
pour $t = 0$, on a

$$x = x_0, \quad y = y_0$$

et, par conséquent,

$$x' = y' = 0.$$

Nous avons, d'ailleurs, à calculer les valeurs de x' et de y' pour $t = t_0 + \tau$, c'est-à-dire pour $t' = t_0$.

Nous retombons donc sur le cas étudié au numéro précédent, et nous voyons que x et y sont développables suivant les puissances de x_0, y_0, τ et μ, pourvu que les modules de ces quantités soient assez petits. Il y a à cela une seule condition, c'est que la solution particulière, pour laquelle les valeurs initiales de x et de y sont nulles, et dans laquelle on suppose de plus $\mu = 0$, ne passe par aucun point singulier.

Appliquons cela aux équations du n° 13

$$\frac{dx_i}{dt} = \frac{dF}{dy_i}, \qquad \frac{dy_i}{dt} = -\frac{dF}{dx_i},$$

où

$$F = F_0 + \mu F_1 + \mu^2 F_2 + \dots,$$

et où F_0 ne dépend pas des y.

F sera une fonction des x et des y qui ne cessera d'être holomorphe qu'en certains points singuliers. Il pourra se faire que, si l'on donne aux x les valeurs suivantes

$$x_1 = x_1^0, \qquad x_2 = x_2^0, \qquad \dots, \qquad x_p = x_p^0,$$

la fonction F reste holomorphe pour toutes les valeurs des y.

Imaginons alors que l'on se propose le problème suivant :

Envisageant la solution particulière, telle que, pour $t = 0$, on ait

$$x_1 = x_1^0 + \xi_1, \qquad x_2 = x_2^0 + \xi_2, \qquad \dots, \qquad x_p = x_p^0 + \xi_p,$$
$$y_1 = y_1^0 + \eta_1, \qquad y_2 = y_2^0 + \eta_2, \qquad \dots, \qquad y_p = y_p^0 + \eta_p,$$

et considérant en particulier les valeurs des variables pour

$$t = t_0 + \tau,$$

développer ces valeurs suivant les puissances de μ, de τ, des ξ et des η.

Ce développement sera possible; en effet, si l'on fait à la fois

$$\mu = \tau = \xi_i = \eta_i = 0,$$

la solution particulière envisagée se réduit à

$$x_i = x_i^0, \qquad y_i = n_i t + y_i^0,$$

(où n_i est la valeur de $-\dfrac{dF_0}{dx_i}$ pour $x_i = x_i^0$), et, d'après ce que nous venons de supposer, cette solution ne passe par aucun point singulier.

Voyons ce qui arrive dans le cas particulier du Problème des trois Corps. La fonction F ne peut cesser d'être holomorphe que si deux des trois corps viennent à se choquer. La solution particulière que nous considérons représente, dans le cas de $\mu = 0$, l'ensemble de deux ellipses képlériennes décrites par les deux petites masses sous l'attraction d'une masse égale à 1 placée à l'origine. Pour qu'un choc puisse se produire, il faudrait que ces deux ellipses se coupassent; or c'est ce qui n'arrive jamais dans les applications astronomiques.

Nous arrivons donc à cette conclusion :

Dans le Problème des trois Corps, nous définirons la situation du système par les douze variables définies au n° 11.

On se donne les valeurs $x_i^0 + \xi_i$, $y_i^0 + \eta_i^0$ de ces variables pour $t = 0$, et l'on demande quelles seront les valeurs de ces mêmes variables à l'époque $t_1 = \tau$.

Nous venons de voir que ces valeurs sont développables suivant les puissances des masses, des ξ_i, des η_i et de τ.

Il n'y a qu'un cas d'exception, qui est le suivant : supposons que, pour $t = 0$, les valeurs initiales des variables soient x_i^0 et y_i^0, et que, les masses étant supposées nulles, le mouvement se continue ensuite d'après les lois de Képler, si, dans ces conditions, un choc se produisait avant l'époque t_0, ce que nous venons de dire ne serait plus vrai.

On pourrait calculer de la sorte une limite inférieure du temps pendant lequel il est permis de développer les coordonnées des planètes suivant les puissances des masses; mais la limite ainsi obtenue serait beaucoup trop éloignée de la limite précise pour que ce calcul présentât de l'intérêt.

Emploi des séries trigonométriques.

29. Les séries de puissances ne sont pas les seules qui puissent servir à l'intégration des équations différentielles; on se sert également des séries trigonométriques. Je veux en dire ici quel-

ques mots avant d'aborder les équations aux dérivées partielles.

On sait qu'une fonction de x périodique et de période 2π peut se développer en une série de la forme suivante

$$F(x) = A_0 + A_1 \cos x + A_2 \cos 2x + \ldots + A_n \cos nx + \ldots$$
$$+ B_1 \sin x + B_2 \sin 2x + \ldots + B_n \sin nx + \ldots$$

J'ai montré dans le *Bulletin astronomique* (novembre 1886) que, si la fonction $f(x)$ est finie et continue, ainsi que ses $p - 1$ premières dérivées, et si sa $(p-1)^{ième}$ dérivée est finie, mais peut devenir discontinue en un nombre limité de points, on peut trouver un nombre positif K, tel que l'on ait, quelque grand que soit n,

$$|n^p A_n| < K, \qquad |n^p B_n| < K.$$

Si $f(x)$ est une fonction analytique, elle sera finie et continue ainsi que toutes ses dérivées. On pourra donc trouver un nombre K, tel que

$$|n^3 A_n| < K, \qquad |n^3 B_n| < K.$$

Il résulte de là que la série

$$|A_0| + |A_1| + |A_2| + \ldots + |A_n| + \ldots$$
$$+ |B_1| + |B_2| + \ldots + |B_n| + \ldots$$

converge et, par conséquent, que la série (1) est absolument et uniformément convergente.

Cela posé, considérons un système d'équations différentielles linéaires

$$(2) \quad \begin{cases} \dfrac{dx_1}{dt} = \varphi_{1,1} x_1 + \varphi_{1,2} x_2 + \ldots + \varphi_{1,n} x_n, \\[2mm] \dfrac{dx_2}{dt} = \varphi_{2,1} x_1 + \varphi_{2,2} x_2 + \ldots + \varphi_{2,n} x_n, \\[2mm] \cdots\cdots\cdots\cdots\cdots\cdots\cdots\cdots\cdots\cdots \\[2mm] \dfrac{dx_n}{dt} = \varphi_{n,1} x_1 + \varphi_{n,2} x_2 + \ldots + \varphi_{n,n} x_n. \end{cases}$$

Les n^2 coefficients $\varphi_{i,k}$ sont des fonctions de t périodiques et de période 2π.

Les équations (2) ne changent donc pas quand on change t en $t + 2\pi$. Cela posé, soient

$$(3)\quad \begin{cases} x_1 = \psi_{1,1}(t), & x_2 = \psi_{1,2}(t), & \ldots, & x_n = \psi_{1,n}(t); \\ x_1 = \psi_{2,1}(t), & x_2 = \psi_{2,2}(t), & \ldots, & x_n = \psi_{2,n}(t) \\ & & & \\ x_1 = \psi_{n,1}(t), & x_2 = \psi_{n,2}(t), & \ldots, & x_n = \psi_{n,n}(t) \end{cases}$$

n solutions, linéairement indépendantes, des équations (2).

Les équations ne changent pas quand on change t en $t + 2\pi$, et les n solutions deviendront

$$\begin{aligned} x_1 &= \psi_{1,1}(t + 2\pi), & \ldots, & & x_n &= \psi_{1,n}(t + 2\pi), \\ x_1 &= \psi_{2,1}(t + 2\pi), & \ldots, & & x_n &= \psi_{2,n}(t + 2\pi), \\ x_1 &= \psi_{n,1}(t + 2\pi), & \ldots, & & x_n &= \psi_{n,n}(t + 2\pi). \end{aligned}$$

Elles devront donc être des combinaisons linéaires des n solutions (3), de sorte qu'on aura

$$(4)\quad \begin{cases} \psi_{1,1}(t + 2\pi) = A_{1,1}\,\psi_{1,1}(t) + A_{1,2}\,\psi_{2,1}(t) + \ldots + A_{1,n}\,\psi_{n,1}(t), \\ \psi_{2,1}(t + 2\pi) = A_{2,1}\,\psi_{1,1}(t) + A_{2,2}\,\psi_{2,1}(t) + \ldots + A_{2,n}\,\psi_{n,1}(t), \\ \\ \psi_{n,1}(t + 2\pi) = A_{n,1}\,\psi_{1,1}(t) + A_{n,2}\,\psi_{2,1}(t) + \ldots + A_{n,n}\,\psi_{n,1}(t), \end{cases}$$

les A étant des coefficients constants.

On aura d'ailleurs de même (avec les mêmes coefficients)

$$\psi_{1,2}(t + 2\pi) = A_{1,1}\,\psi_{1,2}(t) + A_{1,2}\,\psi_{2,2}(t) + \ldots + A_{1,n}\,\psi_{n,2}(t).$$

Cela posé, formons l'équation en S

$$(5)\quad \begin{vmatrix} A_{1,1} - S & A_{1,2} & \ldots & A_{1,n} \\ A_{2,1} & A_{2,2} - S & \ldots & A_{2,n} \\ \ldots & \ldots & \ldots & \ldots \\ A_{n,1} & A_{n,2} & \ldots & A_{n,n} - S \end{vmatrix} = 0.$$

Soit S_1 l'une des racines de cette équation. D'après la théorie des substitutions linéaires, il existera toujours n coefficients constants

$$B_1, B_2, \ldots, B_n.$$

tels que si l'on pose

$$\theta_{1,1}(t) = B_1\varphi_{1,1}(t) + B_2\varphi_{2,1}(t) + \ldots + B_n\varphi_{n,1}(t),$$

et de même

$$\theta_{1,i}(t) = B_1\varphi_{1,i}(t) + B_2\varphi_{2,i}(t) + \ldots + B_n\varphi_{n,i}(t),$$

on ait

$$\theta_{1,1}(t+2\pi) = S_1\theta_{1,1}(t)$$

et de même

$$\theta_{1,i}(t+2\pi) = S_1\theta_{1,i}(t).$$

Posons

$$S_1 = e^{2\alpha_1\pi},$$

il viendra

$$e^{-\alpha_1(t+2\pi)}\theta_{1,1}(t+2\pi) = S_1 e^{-2\alpha_1\pi} e^{-\alpha_1 t}\theta_{1,1}(t) = e^{-\alpha_1 t}\theta_{1,1}(t).$$

Cette équation exprime que

$$e^{-\alpha_1 t}\theta_{1,1}(t)$$

est une fonction périodique que nous pourrons développer en une série trigonométrique

$$\lambda_{1,1}(t).$$

Si les fonctions périodiques $\varphi_{i,k}(t)$ sont analytiques, il en sera de même des solutions des équations différentielles (2) et de $\lambda_{1,1}(t)$. La série $\lambda_{1,1}(t)$ sera donc absolument et uniformément convergente.

De même

$$e^{-\alpha_1 t}\theta_{1,i}(t)$$

sera une fonction périodique que l'on pourra représenter par une série trigonométrique

$$\lambda_{1,i}(t).$$

Nous avons donc une solution particulière des équations (2) qui s'écrit

$$(6)\qquad x_1 = e^{\alpha_1 t}\lambda_{1,1}(t),\quad x_2 = e^{\alpha_1 t}\lambda_{1,2}(t),\quad \ldots,\quad x_n = e^{\alpha_1 t}\lambda_{1,n}(t).$$

A chaque racine de l'équation (5) correspond une solution de la forme (6).

Si l'équation (5) a toutes ses racines distinctes, nous aurons n solutions de cette forme linéairement indépendantes, et la solution générale s'écrira

$$(7) \quad \begin{cases} x_1 = C_1 e^{\alpha_1 t} \lambda_{1,1}(t) + C_2 e^{\alpha_2 t} \lambda_{2,1}(t) + \ldots + C_n e^{\alpha_n t} \lambda_{n,1}(t), \\ x_2 = C_1 e^{\alpha_1 t} \lambda_{1,2}(t) + C_2 e^{\alpha_2 t} \lambda_{2,2}(t) + \ldots + C_n e^{\alpha_n t} \lambda_{n,2}(t), \\ \cdots\cdots\cdots\cdots\cdots\cdots\cdots\cdots\cdots\cdots\cdots\cdots \\ x_n = C_1 e^{\alpha_1 t} \lambda_{1,n}(t) + C_2 e^{\alpha_2 t} \lambda_{2,n}(t) + \ldots + C_n e^{\alpha_n t} \lambda_{n,n}(t). \end{cases}$$

Les C sont des constantes d'intégration, les α sont des constantes et les λ sont des séries trigonométriques absolument et uniformément convergentes.

Voyons maintenant ce qui arrive quand l'équation (5) a une racine double, par exemple quand $\alpha_1 = \alpha_2$. Reprenons la formule (7), faisons-y

$$C_3 = C_4 = \ldots = C_n = 0,$$

et faisons-y tendre α_2 vers α_1. Il vient

$$x_1 = e^{\alpha_1 t} [C_1 \lambda_{1,1}(t) + C_2 e^{(\alpha_2 - \alpha_1)t} \lambda_{2,1}(t)]$$

ou, en posant

$$C_1' = C_1 - C_2,$$
$$C_2' = \frac{C_2}{\alpha_2 - \alpha_1},$$

il viendra

$$x_1 = e^{\alpha_1 t} \left[C_1' \lambda_{1,1}(t) + C_2' \frac{e^{(\alpha_2 - \alpha_1)t} \lambda_{2,1}(t) - \lambda_{1,1}(t)}{\alpha_2 - \alpha_1} \right].$$

Il est clair que la différence

$$\lambda_{2,1}(t) - \lambda_{1,1}(t)$$

s'annulera pour $\alpha_2 = \alpha_1$. Nous pourrons donc poser

$$\lambda_{2,1}(t) = \lambda_{1,1}(t) + (\alpha_2 - \alpha_1) \lambda'(t).$$

Il vient ainsi

$$x_1 = e^{\alpha_1 t} \left[C_1' \lambda_{1,1} + C_2' \lambda_{1,1} \frac{e^{(\alpha_2 - \alpha_1)t} - 1}{\alpha_2 - \alpha_1} + C_2' \lambda'(t) e^{(\alpha_2 - \alpha_1)t} \right],$$

et à la limite (pour $\alpha_2 = \alpha_1$).

$$x_1 = C_1' e^{\alpha_1 t} \lambda_{1,1} + C_2' e^{\alpha_1 t} [t \lambda_{1,1} + \lim \lambda'(t)].$$

On verrait que la limite $\lambda'(t)$ pour $x_1 = x$, est encore une série trigonométrique absolument et uniformément convergente.

Ainsi l'effet de la présence d'une racine double dans l'équation (5) a été d'introduire dans la solution des termes de la forme suivante

$$e^{\alpha t}\, t\, \lambda(t),$$

$\lambda(t)$ étant une série trigonométrique.

On verrait sans peine qu'une racine triple introduirait des termes de la forme

$$e^{\alpha t}\, t^2\, \lambda(t),$$

et ainsi de suite.

Je n'insiste pas sur tous ces points de détail. Ces résultats sont bien connus par les travaux de MM. Floquet, Callandreau, Bruns, Stieltjes, et, si j'ai donné ici la démonstration *in extenso* pour le cas général, c'est que son extrême simplicité me permettait de le faire en quelques mots.

Fonctions implicites.

30. Si l'on a $n + p$ quantités $y_1, y_2, \ldots, y_n; x_1, x_2, \ldots, x_p$ entre lesquelles ont lieu n relations

$$(7) \quad \begin{cases} f_1(y_1, y_2, \ldots, y_n; x_1, x_2, \ldots, x_p) = 0, \\ f_2(y_1, y_2, \ldots, y_n; x_1, x_2, \ldots, x_p) = 0, \\ \cdots\cdots\cdots\cdots\cdots\cdots\cdots\cdots\cdots\cdots\cdots \\ f_n(y_1, y_2, \ldots, y_n; x_1, x_2, \ldots, x_p) = 0, \end{cases}$$

si les f sont développables suivant les puissances des x et des y et s'annulent avec ces $n + p$ variables;

Si enfin le déterminant fonctionnel des f par rapport aux y n'est pas nul quand les x et les y s'annulent à la fois;

On pourra tirer des équations (7) les n inconnues y sous la forme des séries développées suivant les puissances de $x_1, x_2, \ldots, x_n$.

Considérons, en effet, x_1 comme la seule variable indépendante, $x_2, x_3, \ldots, x_n$ comme des paramètres arbitraires : nous pourrons remplacer les équations (7) par les n équations différentielles

$$\frac{df_i}{dy_1}\frac{dy_1}{dx_1} + \frac{df_i}{dy_2}\frac{dy_2}{dx_1} + \ldots + \frac{df_i}{dy_n}\frac{dy_n}{dx_1} + \frac{df_i}{dx_1} = 0 \qquad (i = 1, 2, \ldots, n)$$

Nous sommes ainsi ramenés au cas dont nous venons de nous occuper.

En particulier, si $f(y, x_1, x_2, \ldots, x_n)$ est une fonction développable suivant les puissances de y et des x, si pour

$$y = x_1 = x_2 = \ldots = x_n = 0,$$

on a

$$f = 0, \qquad \frac{df}{dy} \gtrless 0,$$

et si y est défini par l'égalité

$$f = 0,$$

y sera développable suivant les puissances des x.

31. Ce résultat peut s'énoncer d'une autre manière; considérons en effet une équation algébrique quelconque

$$f(x) = 0.$$

Si, pour une certaine valeur x_0 de x, $f(x)$ s'annule sans que sa dérivée s'annule, on dit que x_0 est une racine simple de l'équation; c'est au contraire une racine multiple d'ordre n si f s'annule, ainsi que ses $n - 1$ premières dérivées.

De même, si l'on a un système quelconque d'équations algébriques, trois par exemple, à savoir

$$f_1(x, y, z) = 0,$$
$$f_2(x, y, z) = 0,$$
$$f_3(x, y, z) = 0,$$

on dit que

$$x = x_0, \qquad y = y_0, \qquad z = z_0$$

est une solution simple de ce système si pour ces valeurs f_1, f_2, f_3 s'annulent sans que leur jacobien ou déterminant fonctionnel s'annule.

On peut conserver la même dénomination quand f_1, f_2 et f_3, au lieu d'être des polynômes entiers en x, y, z, sont des fonctions holomorphes en x, y, z.

Le résultat du numéro précédent peut alors s'énoncer comme il suit : si l'on a p équations (où les inconnues sont $y_1, y_2, \ldots, y_p$)

$$
\begin{gathered}
f_1(y_1, y_2, \ldots, y_p;\ x_1, x_2, \ldots, x_n) = 0, \\
f_2(y_1, y_2, \ldots, y_p;\ x_1, x_2, \ldots, x_n) = 0, \\
\cdots\cdots\cdots\cdots\cdots\cdots\cdots\cdots \\
f_p(y_1, y_2, \ldots, y_p;\ x_1, x_2, \ldots, x_n) = 0,
\end{gathered}
$$

dont les premiers membres sont holomorphes, si, pour

$$x_1 = x_2 = \ldots = x_n = 0,$$

le système de valeurs

$$y_1 = y_2 = \ldots = y_p = 0$$

est une solution *simple* des équations, les y peuvent se développer suivant les puissances croissantes des x. Si donc on donne aux x des valeurs suffisamment petites, nos équations admettront encore une solution réelle.

Points singuliers algébriques.

32. Considérons une équation

$$f(y, x) = 0, \tag{1}$$

et supposons que, pour

$$x = y = 0,$$

f s'annule ainsi que ses $m-1$ premières dérivées par rapport à y. Alors, pour $x = 0$, la valeur 0 de y est une solution d'ordre m de l'équation.

On démontre qu'il existe m développements convergents de y suivant les puissances positives et fractionnaires de x, s'annulant avec x et satisfaisant à l'équation (*voir* les travaux classiques de M. Puiseux sur les équations algébriques).

Mais ces m développements convergents se répartissent en groupes de la manière suivante.

Soit

$$y = \alpha_1 x^{\frac{1}{p}} + \alpha_2 x^{\frac{2}{p}} + \ldots + \alpha_n x^{\frac{n}{p}} + \ldots \tag{2}$$

un de ces développements, et soit λ une racine $p^{\text{ième}}$ de l'unité.

Le développement

$$y = a_1 \lambda x^b + a_2 \lambda^2 x_2^b + \ldots + a_k \lambda^k x^{\frac{k}{b}} + \ldots$$

satisfera également à l'équation (1). On pourra donc déduire du
développement (2) $p - 1$ autres développements qui formeront
avec lui un groupe; je dirai que ce groupe est d'ordre p.

La somme des ordres de tous les groupes est manifestement égale
à m.

Supposons qu'il y ait q_p groupes d'ordre p, la somme de leurs
ordres sera $q_p p$, et l'on aura

$$q_1 + 2q_2 + \ldots + pq_p + \ldots = m.$$

Les coefficients des pq_p développements appartenant à des
groupes d'ordre p seront donnés par des équations algébriques
d'ordre pq_p.

Si pq_p est impair, ces équations auront au moins une racine
réelle et un des développements au moins aura ses coefficients
réels; comme de plus p est impair, si pq_p est impair, la valeur
correspondante de y sera encore réelle.

Mais, si m est impair, l'une au moins des quantités pq_p est im-
paire; l'une au moins des valeurs de y doit donc être réelle.

Si donc m est impair, l'équation (1) admettra encore au moins
une solution réelle pour les petites valeurs de x.

J'ajouterai que les nombres de solutions réelles pour les petites
valeurs négatives de x sont tous deux de même parité que m; j'entends parler des solutions réelles qui s'annulent avec x.

Élimination.

33. Considérons maintenant une équation

$$(1) \qquad f(y, x_1, x_2, \ldots, x_h) = o$$

et imaginons que, quand y et les x s'annulent, f s'annule ainsi que
ses $m - 1$ premières dérivées par rapport à y, sans que la dérivée
$m^{\text{ième}}$ s'annule.

Au début de ma Thèse inaugurale sur les fonctions définies par
les équations aux dérivées partielles (Paris, Gauthier-Villars, 1879),

j'ai démontré qu'une pareille équation peut être transformée en
une autre de la forme suivante

$$\varphi(y, x_1, x_2, \ldots, x_p) = 0,$$

où φ est un polynôme de degré m en y, où le coefficient de y^m
est égal à 1, et où les autres coefficients sont holomorphes par
rapport aux x.

Si l'on suppose $m = 1$, cette équation x se réduit à

$$y - \text{fonction holomorphe des } x = 0,$$

et l'on retombe sur le théorème du n° 30.

J'ai démontré également dans cette même Thèse (lemme IV,
p. 14) que :

Si $\varphi_1, \varphi_2, \ldots, \varphi_p$ sont p fonctions holomorphes en $z_1, z_2, \ldots,$
z_p ; $x_1, x_2, \ldots, x_p$; si ces fonctions s'annulent quand on annule
tous les z et tous les x ; si les équations

$$\varphi_1 = \varphi_2 = \ldots = \varphi_p = 0$$

restent distinctes quand on annule tous les x ; si enfin on définit
les z en fonction des x par les équations

$$(2) \qquad\qquad \varphi_1 = \varphi_2 = \ldots = \varphi_p = 0,$$

les p fonctions ainsi définies sont algébroïdes ; ce qui veut dire,
dans le langage de la Thèse citée, que les équations (2) peuvent être
remplacées par p autres équations

$$\psi_1 = 0, \qquad \psi_2 = 0, \qquad \ldots \qquad \psi_p = 0$$

de même forme, mais dont les premiers membres sont des polynômes entiers par rapport aux z.

Cela posé, soient deux équations simultanées

$$(3) \qquad\qquad \begin{cases} \varphi(x, y, z) = 0, \\ \psi(x, y, z) = 0, \end{cases}$$

définissant y et z en fonction de x ; je suppose que les premiers
membres soient holomorphes en x, y et z et s'annulent avec ces
trois variables.

De deux choses l'une, ou bien, quand on annulera x, les deux

équations resteront distinctes; on pourra alors, d'après ce que nous
venons de voir, remplacer ces deux équations par deux autres
équivalentes

$$\varphi_1(x, y, z) = 0,$$
$$\psi_1(x, y, z) = 0,$$

dont les premiers membres seront des polynômes entiers en y et
z; on peut alors, entre ces deux équations devenues algébriques,
par rapport aux deux inconnues y et z, éliminer z, par exemple, et
arriver à une équation unique

$$F(x, y) = 0,$$

ou bien, quand on annulera x, les deux équations (3) cesseront
d'être distinctes.

Mais alors deux cas pourront se présenter.

Ou bien on pourra trouver un nombre z, tel que les équations (3) restent distinctes quand on fera $x = z_1$.

Alors, si nous posons $x' = x - z_1$, les équations restent distinctes pour $x' = o$ et l'on retombe sur le cas précédent; on peut
éliminer z entre les deux équations (3) et les réduire à une équation
unique entre x' et y ou, ce qui revient au même, entre x et y.

Ou bien on ne pourra pas trouver un pareil nombre z; mais cela
ne peut arriver que si les équations (3) ne sont pas distinctes :
sauf ce cas exceptionnel, l'élimination sera donc toujours possible.

Plus généralement, soient

$$(4) \qquad \begin{cases} \varphi_1(z_1, z_2, \ldots, z_p; x) = 0, \\ \varphi_2(z_1, z_2, \ldots, z_p; x) = 0, \\ \ldots \ldots \ldots \ldots \ldots \ldots \ldots \\ \varphi_p(z_1, z_2, \ldots, z_p; x) = 0 \end{cases}$$

p équations dont les premiers membres soient holomorphes et qui
définissent les z en fonctions de x; si ces équations sont distinctes,
on pourra toujours éliminer $z_2, z_3, \ldots, z_p$ entre ces p équations
et les ramener à une équation unique de même forme

$$(5) \qquad F(x, z_1) = 0.$$

Je suppose que les équations (4) soient encore distinctes pour
$x = o$ et, par conséquent, que F ne soit pas divisible par x.

Je suppose que $\varphi_1, \varphi_2, \ldots, \varphi_p$ s'annulent avec les z et avec x, de sorte que

$$(6) \qquad z_1 = z_2 = \ldots = z_p = 0$$

est une solution du système (4) pour $x = 0$, et que $z_1 = 0$ est une solution de l'équation (5).

Si $z_1 = 0$ est une solution d'ordre m de l'équation (5), je dirai également que la solution (6) est une solution d'ordre m du système (4).

Si la solution est d'ordre impair, nous pourrons affirmer que l'équation (5) et, par conséquent, le système (4) admettent encore des solutions réelles pour les petites valeurs de x.

Théorème sur les maxima.

34. Soit $F(z_1, z_2, \ldots, z_p)$ une fonction quelconque holomorphe par rapport aux z; on sait qu'on trouvera tous les maxima de cette fonction en résolvant le système

$$(4) \qquad \frac{dF}{dz_1} = \frac{dF}{dz_2} = \ldots = \frac{dF}{dz_p} = 0;$$

mais on sait également que toutes les solutions de ce système ne correspondent pas à des maxima.

Je dis qu'une condition nécessaire, mais non suffisante bien entendu, pour qu'une solution puisse correspondre à un maximum de F, c'est que cette solution soit d'ordre impair.

La chose est évidente si l'on n'a qu'une seule variable z_1 et une seule équation

$$\frac{dF}{dz_1} = 0.$$

On sait, en effet, qu'il ne peut y avoir de maximum si la première dérivée de F qui ne s'annule pas n'est pas d'ordre pair.

Étendons le même résultat au cas général et, pour fixer les idées, considérons le cas de deux variables seulement z_1 et z_2. Regardons z_1 et z_2 comme les coordonnées d'un point dans un plan; nous pouvons toujours supposer que l'on ait pris pour origine le point qui correspond au maximum, de façon que ce maximum ait lieu pour

$$z_1 = z_2 = 0.$$

On pourra alors décrire autour de l'origine une courbe fermée C très petite, et telle qu'en tous ces points on ait

$$F(z_1, z_2) < F(0, 0).$$

Mais il y a plus : nous pouvons supposer que cette courbe ait pour équation

$$F(z_1, z_2) = F(0, 0) - \lambda^2,$$

λ étant une constante très petite, et qu'à l'intérieur de cette courbe fermée C on ait

$$F(z_1, z_2) > F(0, 0) - \lambda^2;$$

par conséquent, quand on franchira la courbe C en allant de l'extérieur à l'intérieur, F ira en augmentant.

Ce qu'il s'agit d'établir, c'est que

$$z_1 = z_2 = 0$$

est une solution d'ordre impair du système

$$\frac{dF}{dz_1} = \frac{dF}{dz_2} = 0;$$

mais cela revient à dire ce qui suit : soit

$$F(z_1, z_2, \mu)$$

une fonction de z_1 et de z_2 qui se réduise à $F(z_1, z_2)$ pour $\mu = 0$.

Le système

$$(1) \qquad \frac{dF}{dz_1} = \frac{dF}{dz_2} = 0$$

a, pour $\mu = 0$, une solution multiple qui est

$$z_1 = z_2 = 0;$$

mais on peut toujours choisir la fonction $F(z_1, z_2, \mu)$ [qui ne nous est donnée que pour $\mu = 0$, et qui reste arbitraire pour les autres valeurs de μ], de telle façon que, pour les valeurs de μ différentes de zéro, ce même système n'ait plus que des solutions simples. Eh bien, ce qu'il s'agit d'établir, c'est que, si μ est assez petit, il y a, dans l'intérieur de la courbe C, un nombre impair de ces solutions simples.

Dans mon Mémoire *Sur les courbes définies par les équations différentielles* [IVᵉ Partie, Chap. XVIII (*Journal de Liouville*, 4ᵉ série, t. II, p. 177)], j'ai eu l'occasion d'étudier la distribution de points singuliers d'un système d'équations différentielles et de définir pour cela l'indice kroneckérien d'une courbe fermée ou d'une surface fermée par rapport à ce système d'équations différentielles.

Le système que nous aurons à considérer ici est le suivant

$$(2) \qquad \frac{dz_1}{\left(\dfrac{dV}{dz_1}\right)} = \frac{dz_2}{\left(\dfrac{dV}{dz_2}\right)}$$

et, plus généralement,

$$\frac{dz_1}{\left(\dfrac{dV}{dz_1}\right)} = \frac{dz_2}{\left(\dfrac{dV}{dz_2}\right)} = \cdots = \frac{dz_n}{\left(\dfrac{dV}{dz_n}\right)}$$

Les points singuliers du système (2) seront les solutions du système (1).

Nous aurons à calculer l'indice kroneckérien de la courbe fermée C par rapport au système (2). On peut vérifier qu'il est égal à 1 pour μ = 0, et l'on en conclura qu'il sera encore égal à 1 pour les petites valeurs de μ, puisqu'il ne peut varier que si une des solutions du système (1) vient à franchir cette courbe C.

Le nombre des points singuliers positifs du système (2), situés à l'intérieur de C, est donc égal au nombre des points singuliers négatifs plus un.

Le nombre total des points singuliers, c'est-à-dire le nombre total des solutions du système (1) supposées simples, situées à l'intérieur de C, est donc impair.   C. Q. F. D.

Ce raisonnement s'applique sans changement au cas où il y a plus de deux variables.

Nouvelles définitions.

35. Je ne parlerai pas pour le moment, afin de ne pas trop allonger ces préliminaires, de l'application des méthodes de Cauchy aux équations aux dérivées partielles, bien que je me réserve de revenir plus tard sur cette question.

Je terminerai ce Chapitre en donnant une nouvelle extension à la notation $\ll$ du n° 20.

Soient $\varphi(x, y, t)$, $\psi(x, y, t)$ deux séries ordonnées suivant les puissances croissantes de x et de y, de telle façon que les coefficients soient des fonctions périodiques de t, développées suivant le sinus ou le cosinus des multiples de t ou, ce qui revient au même, suivant les puissances positives et négatives de e^{it}.

Considérons donc le développement de φ et de ψ suivant les puissances de x, y et e^{it}; si chaque coefficient de ψ est réel, positif et plus grand en valeur absolue que le coefficient correspondant de φ, nous écrirons

$$\varphi \ll \psi \qquad (\text{arg. } x, y, e^{it}).$$

Si la série ψ est convergente pour

$$x = |x_0|, \qquad y = |y_0|, \qquad t = 0,$$

la série φ convergera pour

$$x = x_0, \qquad y = y_0, \qquad t = \text{quantité réelle quelconque.}$$

J'ajoute qu'il suffit que la série ψ converge quand $t = 0$ pour qu'elle converge quel que soit t.

Si la série $\varphi(x, y, t)$ converge et si elle représente une fonction analytique, il résulte de ce que nous avons vu au numéro précédent que la convergence est absolue et uniforme.

On peut donc trouver une constante α réelle et positive et une fonction M de t, périodiques et de période 2π, qui soient telles :

1° Que le développement de M, suivant les puissances positives et négatives de e^{it}, ait tous ses coefficients réels et positifs.

2° Que l'on ait

$$\varphi \ll \frac{M}{1 - \alpha(x + y)} \qquad (\text{arg. } x, y, e^{\pm it}).$$

On aura donc *a fortiori*, quel que soit t,

$$\varphi < \frac{M_0}{1 - 2(x+y)} \qquad (\arg. x, y).$$

M_0 étant la valeur de M pour $t = 0$.

En effet, soit

$$\varphi = \Sigma A x^m y^n e^{pti};$$

il viendra

$$\frac{d^2\varphi}{dt^2} = -\Sigma A p^2 x^m y^n e^{pti}.$$

Cette série devra converger, par hypothèse, pour toutes les valeurs réelles de t et pour les valeurs de x et y qui sont intérieures au cercle de convergence. Supposons, par exemple, que la convergence ait lieu pour

$$x = y = \frac{1}{2}.$$

Les termes de la série devront être limités en valeur absolue, de sorte qu'on pourra écrire, en appelant K une constante positive,

$$|A| < \frac{2^{m+n}}{p^2} K.$$

Si nous posons

$$M = \sum \frac{K e^{pti}}{p^2},$$

il viendra

$$\varphi < \frac{M}{(1-2x)(1-2y)} < \frac{M}{1-2(x+y)}.$$

CHAPITRE III.

SOLUTIONS PÉRIODIQUES.

36. Soit

$$(1) \qquad \frac{dx_i}{dt} = X_i \qquad (i = 1, 2, \ldots, n)$$

un système d'équations différentielles, où les X sont des fonctions uniformes données de $x_1, x_2, \ldots, x_n$.

Soit maintenant

$$(2) \qquad x_1 = \varphi_1(t), \qquad x_2 = \varphi_2(t), \qquad \ldots, \qquad x_n = \varphi_n(t),$$

une solution particulière de ce système. Imaginons qu'à l'époque T les n variables x_i reprennent leurs valeurs initiales, de telle façon que l'on ait

$$\varphi_i(0) = \varphi_i(T).$$

Il est clair qu'à cette époque T on se retrouvera identiquement dans les mêmes conditions qu'à l'époque o et, par conséquent, qu'on aura, quel que soit t,

$$\varphi_i(t) = \varphi_i(t + T).$$

En d'autres termes, les fonctions φ_i seront des fonctions périodiques de t.

On dit alors que la solution (2) est une *solution périodique* des équations (1).

Supposons maintenant que les fonctions X_i dépendent non seulement des x_i, mais du temps t. J'imagine, de plus, que les X_i seront des fonctions périodiques de t et que la période soit égale à T. Alors, si les fonctions φ_i sont telles que

$$\varphi_i(0) = \varphi_i(T),$$

on pourra encore en conclure que

$$\varphi_i(t) = \varphi_i(t+T),$$

et la solution (2) sera encore périodique.

Voici un autre cas un peu plus compliqué. Supposons de nouveau que les fonctions X_i ne dépendent plus que des x, mais qu'elles soient des fonctions périodiques des p premières x, à savoir de $x_1, x_2, \ldots, x_p$, de telle sorte que les X_i ne changent pas quand on change x_1 en $x_1 + 2\pi$, ou bien x_2 en $x_2 + 2\pi$, ..., ou bien x_p en $x_p + 2\pi$.

Imaginons maintenant que l'on ait

$$\varphi_1(T) = \varphi_1(0) + 2k_1\pi, \quad \varphi_2(T) = \varphi_2(0) + 2k_2\pi, \quad \ldots, \quad \varphi_p(T) = \varphi_p(0) + 2k_p\pi,$$
$$\varphi_{p+1}(T) = \varphi_{p+1}(0), \quad \varphi_{p+2}(T) = \varphi_{p+2}(0), \quad \ldots, \quad \varphi_n(T) = \varphi_n(0),$$

$k_1, k_2, \ldots, k_p$ étant des entiers.

A l'époque T, les p premières variables x auront augmenté d'un multiple de 2π, les $n-p$ dernières n'auront pas changé; les X_i n'auront donc pas changé, et l'on se retrouvera dans les mêmes conditions qu'à l'époque 0. On aura donc

$$\varphi_i(t+T) = \varphi_i(t) + 2k_i\pi \qquad (i = 1, 2, \ldots, p),$$
$$\varphi_i(t+T) = \varphi_i(t) \qquad (i = p+1, p+2, \ldots, n).$$

Nous conviendrons encore de dire que la solution (2) est une solution périodique.

Enfin il peut arriver qu'un changement convenable de variables fasse apparaître des solutions périodiques qu'on ne rencontrait pas avec les variables anciennes.

Reprenons, par exemple, les équations (2) du n° 2

$$\frac{d^2\xi}{dt^2} - 2n\frac{d\eta}{dt} = \frac{dV}{d\xi} + n^2\xi,$$
$$\frac{d^2\eta}{dt^2} + 2n\frac{d\xi}{dt} = \frac{dV}{d\eta} + n^2\eta.$$

Il s'agit, on se le rappelle, du mouvement d'un point rapporté à deux axes mobiles $O\xi$ et $O\eta$ et soumis à une force dont les composantes suivant ces deux axes sont $\frac{dV}{d\xi}$ et $\frac{dV}{d\eta}$.

Dans beaucoup d'applications, V ne dépend que de ξ et de η

et les équations admettent des solutions particulières telles, que ξ et η soient des fonctions périodiques de t, la période étant égale à T.

Si l'on avait rapporté le point à des axes fixes Ox et Oy, on aurait eu

$$x = \xi \cos nt - \eta \sin nt,$$
$$y = \xi \sin nt + \eta \cos nt.$$

et x et y n'auraient pas été des fonctions périodiques de t, à moins que T ne soit commensurable avec $\dfrac{2\pi}{n}$.

On fait donc apparaître une solution périodique en passant des axes fixes aux axes mobiles.

Le problème que nous allons traiter ici est le suivant :

Supposons que, dans les équations (1), les fonctions X_i dépendent d'un certain paramètre μ ; supposons que dans le cas de $\mu = o$ on ait pu intégrer les équations, et qu'on ait reconnu ainsi l'existence d'un certain nombre de solutions périodiques. Dans quelles conditions aura-t-on le droit d'en conclure que les équations comportent encore des solutions périodiques pour les petites valeurs de μ ?

Prenons pour exemple le Problème des trois corps : nous sommes convenus plus haut (n° 11) d'appeler $x_2\mu$ et $x_3\mu$ les masses des deux plus petits corps, μ étant très petit, x_2 et x_3 finis. Pour $\mu = o$ le problème est intégrable, chacun des deux petits corps décrivant autour du troisième une ellipse keplérienne ; il est aisé de voir alors qu'il existe une infinité de solutions périodiques. Nous verrons plus loin qu'il est permis d'en conclure que le Problème des trois corps comporte encore une infinité de solutions périodiques, pourvu que μ soit suffisamment petit.

Il semble d'abord que ce fait ne puisse être d'aucun intérêt pour la pratique. En effet, il y a une probabilité nulle pour que les conditions initiales du mouvement soient précisément celles qui correspondent à une solution périodique. Mais il peut arriver qu'elles en diffèrent très peu, et cela a lieu justement dans les cas où les méthodes anciennes ne sont plus applicables. On peut alors avec avantage prendre la solution périodique comme première approximation, comme *orbite intermédiaire*, pour employer le langage de M. Gyldén.

Il y a même plus : voici un fait que je n'ai pu démontrer rigoureusement, mais qui me paraît pourtant très vraisemblable.

Étant données des équations de la forme définie dans le n° **13** et une solution particulière quelconque de ces équations, on peut toujours trouver une solution périodique (dont la période peut, il est vrai, être très longue), telle que la différence entre les deux solutions soit aussi petite qu'on le veut, pendant un temps aussi long qu'on le veut. D'ailleurs, ce qui nous rend ces solutions périodiques si précieuses, c'est qu'elles sont, pour ainsi dire, la seule brèche par où nous puissions essayer de pénétrer dans une place jusqu'ici réputée inabordable.

37. Reprenons les équations

$$(1) \qquad \frac{dx_i}{dt} = X_i \qquad (i = 1, 2, \ldots, n),$$

en supposant que les X_i soient des fonctions des n inconnues $x_1, x_2, \ldots, x_n$, du temps t, et d'un paramètre arbitraire μ.

Supposons, de plus, que ces fonctions soient périodiques par rapport à t et que la période soit 2π.

Imaginons que, pour $\mu = 0$, ces équations admettent une solution périodique de période 2π.

$$x_i = \varphi_i(t),$$

de telle sorte que

$$\varphi_i(0) = \varphi_i(2\pi).$$

Cherchons si les équations (1) admettront encore une solution périodique de période 2π quand μ ne sera plus nul, mais très petit.

Considérons maintenant une solution quelconque.

Soit $\varphi_i(0) + \beta_i$ la valeur de x_i pour $t = 0$; soit $\varphi_i(0) + \beta_i + \psi_i$ la valeur de x_i pour $t = 2\pi$.

Les ψ_i seront, d'après le théorème du n° **27**, des fonctions holomorphes de μ et des β_i, et ces fonctions s'annuleront pour

$$\mu = \beta_1 = \beta_2 = \ldots = \beta_n = 0.$$

Pour écrire que la solution est périodique, il faut écrire les équations

$$(1) \qquad \psi_1 = \psi_2 = \ldots = \psi_n = 0.$$

Si le déterminant fonctionnel ou jacobien des ψ, par rapport aux β, n'est pas nul pour $\mu = \beta_i = 0$, le théorème du n° 30 nous apprend que l'on peut résoudre ces n équations par rapport aux β et que l'on trouve

$$\beta_i = \theta_i(\mu),$$

$\theta_i(\mu)$ étant développable suivant les puissances de μ et s'annulant avec μ.

On doit en conclure que, pour les valeurs de μ suffisamment petites, les équations différentielles admettent encore une solution périodique.

Cela est vrai si le jacobien des ψ n'est pas nul ou, en d'autres termes, si pour $\mu = 0$ les équations (1) admettent le système

$$\beta_1 = \beta_2 = \ldots = \beta_n = 0$$

comme solution *simple*.

Qu'arrivera-t-il maintenant si cette solution est multiple?

Supposons qu'elle soit multiple d'ordre m. Soient m_1 le nombre des solutions du système (1) pour les petites valeurs positives de μ, et m_2 le nombre des solutions de ce même système pour les petites valeurs négatives de μ; j'entends parler des solutions qui sont telles, que β_1, β_2, …, β_n tendent vers 0 avec μ.

D'après ce que nous avons vu aux n°s 32 et 33, les trois nombres m, m_1 et m_2 sont de même parité. Si donc m est impair, on sera assuré qu'il existe encore des solutions périodiques pour les petites valeurs de μ tant positives que négatives.

Si m_1 n'est pas égal à m_2, la différence ne peut être qu'un nombre pair; il peut donc arriver que, quand on fait croître μ d'une façon continue, un certain nombre de solutions périodiques disparaissent au moment où μ change de signe (ou plus généralement, puisque rien ne distingue la valeur $\mu = 0$ des autres valeurs de μ, au moment où μ passera par une valeur quelconque μ_0); mais ce nombre doit toujours être pair.

Une solution périodique ne peut donc disparaître qu'après s'être confondue avec une autre solution périodique.

En d'autres termes, *les solutions périodiques disparaissent par couples à la façon des racines réelles des équations algébriques.*

D'après le n° 33, on peut éliminer entre les équations (1) les $n-1$ variables $\beta_1, \beta_2, \beta_3, \ldots, \beta_{n-1}$, et obtenir une équation unique

$$(2) \qquad \Phi(\beta_n, \mu) = 0$$

dont le premier membre est holomorphe en β_n et μ et s'annule avec ces variables.

Si l'on regarde un instant β_n et μ comme les coordonnées d'un point dans un plan, cette équation représente une courbe passant par l'origine ; à chacun des points de cette courbe correspond une solution périodique.

On pourra donc se rendre compte de toutes les circonstances qui peuvent se présenter en étudiant la forme de cette courbe dans le voisinage de l'origine.

Un cas particulier intéressant est celui où, pour $\mu = 0$, les équations différentielles admettent une infinité de solutions périodiques.

Soit

$$x_1 = \varphi_1(t, h), \qquad x_2 = \varphi_2(t, h), \qquad \ldots \qquad x_n = \varphi_n(t, h)$$

un système de solutions périodiques, contenant une constante arbitraire h. Quelle que soit cette constante, les fonctions φ_i sont périodiques de période 2π par rapport à t, et elles satisfont aux équations différentielles quand on les y substitue à la place des x, et qu'on fait $\mu = 0$.

Dans ce cas, pour $\mu = 0$, les équations (1) ne sont plus distinctes, et l'équation (2) doit se réduire à une identité.

Alors la fonction Φ doit contenir μ en facteur et se réduire à $\mu \Phi_1$, de telle façon que la courbe (2) se décompose en une droite $\mu = 0$ et une autre courbe $\Phi_1 = 0$.

A chaque point de cette courbe $\Phi_1 = 0$ correspond une solution périodique, de sorte que l'étude de cette courbe nous fera connaître les diverses circonstances qui pourront se présenter.

Mais cette courbe $\Phi_1 = 0$ ne passe pas toujours par l'origine. *Nous devons donc avant tout disposer de la constante arbitraire h de façon que cette courbe passe par l'origine.*

Un autre cas particulier qui me semble digne d'intérêt est le suivant : Supposons qu'on ait reconnu par un moyen quelconque que la courbe $\Phi = 0$ présente une branche B passant par l'origine. À chacun des points de cette branche correspondra une solution périodique. Imaginons de plus que l'on sache d'une manière quelconque que la branche B n'est pas tangente à la droite $\mu = 0$; supposons enfin que le déterminant fonctionnel des ψ par rapport aux β soit nul. On en conclura que

$$\frac{d\Phi}{d\beta_n} = 0,$$

et, comme la branche B par hypothèse n'est pas tangente à la droite $\mu = 0$, on devra avoir

$$\frac{d\Phi}{d\mu} = 0.$$

Cela montre que la courbe $\Phi = 0$ présente à l'origine un point multiple; par conséquent une ou plusieurs branches de courbe autres que B vont passer par l'origine. *Sauf des cas exceptionnels sur lesquels nous aurons à revenir plus tard*, une au moins de ces branches est réelle.

Il existera donc, en dehors des solutions périodiques correspondant à la branche B, un autre système de solutions périodiques, et les solutions des deux systèmes se confondront en une seule pour $\mu = 0$. Voici une circonstance où ce cas se présentera.

Nous avons appelé plus haut

$$\varphi_i(0) + \beta_i$$

la valeur de x_i pour $t = 0$ et

$$\varphi_i(0) + \beta_i + \psi_i$$

la valeur de x_i pour $t = 2\pi$.

Appelons de même

$$\varphi_i(0) + \beta_i + \psi_i'$$

la valeur de x_i pour $t = 2k\pi$, k étant entier.

Je suppose que, pour $\mu = \beta_1 = \beta_2 = \ldots = \beta_n = 0$, le déterminant fonctionnel des ψ par rapport aux β, que j'appelle Δ, ne s'annule pas, tandis que le déterminant fonctionnel des ψ' par rapport aux β, que j'appelle Δ', s'annule.

De ce que Δ ne s'annule pas, on peut conclure qu'il existe une solution périodique, de période 2π, qui se réduit à

$$x_i = \varphi_i(t)$$

pour $\mu = 0$. Si nous construisons la courbe

$$\Phi = 0$$

correspondant aux solutions périodiques ainsi définies, cette courbe passera par l'origine, et sa tangente ne sera pas la droite $\mu = 0$, puisque Δ n'est pas nul.

Mais une solution de période 2π peut aussi être regardée également comme une solution périodique de période $2k\pi$.

Cherchons donc les solutions périodiques de période $2k\pi$. Pour cela, nous aurons à résoudre les équations

$$\psi_1 = \psi_2 = \ldots = \psi_n = 0.$$

En éliminant entre ces équations $\beta_1, \beta_2, \ldots, \beta_{n-1}$, nous obtiendrons une équation unique

$$\Phi'(\beta_n, \mu) = 0,$$

qui, d'après nos conventions, représentera une courbe passant par l'origine.

Nous devons retrouver nos solutions de période 2π; donc la courbe $\Phi = 0$ sera une des branches de la courbe $\Phi' = 0$ (Φ' sera donc divisible par Φ), et cette branche ne touchera pas la droite $\mu = 0$.

De plus, comme Δ' est nul, on aura

$$\frac{d\Phi'}{d\beta_n} = 0.$$

Donc l'origine est un point multiple de la courbe $\Phi' = 0$. Il existe donc des solutions de période $2k\pi$, distinctes de la solution de période 2π et se confondant avec elle pour $\mu = 0$.

Il y a quelques cas d'exception sur lesquels nous reviendrons dans la suite.

J'ai encore à parler du cas où les équations (1) du n° 36 admettent une intégrale

$$\mathrm{F}(x_1, x_2, \ldots, x_n, t) = \text{const.}$$

dont le premier membre (que j'écrirai, pour abréger, $F[x_i, t]$) est fonction périodique de t de période 2π.

Je dis que dans ce cas les équations

$$(1) \qquad \psi_1 = \psi_2 = \ldots = \psi_n = 0,$$

ne seront pas distinctes en général.

En effet, on aura identiquement

$$(2) \quad F[\varphi_i(0) + \beta_i; 0] = F[\varphi_i(0) + \beta_i + \psi_i; 2\pi] = F[\varphi_i(0) + \beta_i + \psi_i; 0].$$

Considérons donc l'équation

$$(3) \qquad F[\varphi_i(0) + \beta_i + \psi_i, 0] - F[\varphi_i(0) + \beta_i, 0] = 0.$$

Le premier membre est développable suivant les puissances des ψ_i, des β_i et de μ; de plus il s'annule quand les ψ_i s'annulent.

Supposons que l'on n'ait pas

$$\frac{dF}{dx_n} = 0$$

pour $x_i = \varphi_i(0)$, $\mu = 0$.

La dérivée du premier membre de (3) par rapport à ψ_n ne s'annulera pas pour

$$\psi_i = 0, \qquad \beta_i = 0, \qquad \mu = 0.$$

Donc, en vertu du théorème du n° 30, nous pourrons tirer de l'équation (3)

$$\psi_n = \theta\,(\psi_1, \psi_2, \ldots, \psi_{n-1}; \beta_1, \beta_2, \ldots, \beta_n, \mu),$$

θ étant une série développée suivant les puissances de ψ_1, ψ_2, ... ψ_{n-1}; β_1, β_2, ... β_n et μ et s'annulant quand on a à la fois

$$\psi_1 = \psi_2 = \ldots = \psi_{n-1} = 0.$$

La $n^{\text{ième}}$ des équations (1) est donc une conséquence des $n-1$ premières.

Si l'on avait

$$\frac{dF}{dx_n} = 0, \qquad \frac{dF}{dx_1} \lessgtr 0$$

pour $x_i = \varphi_i(0)$, ce serait la première des équations (1) qui serait une conséquence des $n-1$ dernières.

Dans tous les cas les équations (1) ne seraient pas distinctes.

Il n'y aurait d'exception que si l'on avait à la fois

$$\frac{dF}{dx_1} = \frac{dF}{dx_2} = \ldots = \frac{dF}{dx_n} = 0$$

pour $x_i = \varphi_i(0)$, $\mu = 0$.

On supprimera donc l'une des équations (1), par exemple

$$\psi_n = 0,$$

$\left(\text{si } \dfrac{dF}{dx_n} \gtrless 0 \right)$, et l'on résoudra par rapport aux β le système

$$\psi_1 = \psi_2 = \ldots = \psi_{n-1} = 0,$$

auquel on adjoindra une $n^{\text{ième}}$ équation choisie arbitrairement, par exemple

$$\beta_i = \text{const. arbitraire} \qquad \text{ou} \qquad F = C$$

(C étant une constante donnée).

Pour chaque valeur de μ il y a donc une infinité de solutions périodiques de période 2π; si toutefois on regarde la constante C (à laquelle est égalée F) comme une donnée de la question il n'y en a plus qu'une en général.

Si, au lieu d'une intégrale uniforme, nous en avions deux

$$F\,(x_1,\ x_2,\ \ldots,\ x_n,\ t) = \text{const.},$$
$$F_1(x_1,\ x_2,\ \ldots,\ x_n,\ t) = \text{const.},$$

les deux dernières équations (1) seraient une conséquence des $n - 2$ premières, pourvu que le jacobien

$$\frac{dF}{dx_1}\frac{dF_1}{dx_{n-1}} - \frac{dF}{dx_{n-1}}\frac{dF_1}{dx_n}$$

ne soit pas nul pour $x_i = \varphi_i(0)$, $\mu = 0$.

On pourrait alors supprimer ces deux dernières équations

$$\psi_{n-1} = \psi_n = 0,$$

et les remplacer par deux autres équations choisies arbitrairement

Cas où le temps n'entre pas explicitement dans les équations.

38. Dans ce qui précède, nous avons supposé que les fonctions $X_1, X_2, \ldots, X_n$, qui entrent dans les équations différentielles (1), dépendent du temps t. Les résultats seraient modifiés si le temps t n'entre pas dans ces équations.

Il y a d'abord entre les deux cas une différence qu'il est impossible de ne pas apercevoir. Nous avions supposé dans ce qui précède que les X_i étaient des fonctions périodiques du temps et que la période était 2π; il en résultait que, si les équations admettaient une solution périodique, la période de cette solution devait être égale à 2π ou à un multiple de 2π. Si, au contraire, les X_i sont indépendants de t, la période d'une solution périodique peut être quelconque.

En second lieu, si les équations (1) admettent une solution périodique (et si les X ne dépendent pas de t), elles en admettent une infinité.

Si, en effet,

$$x_1 = \varphi_1(t), \quad x_2 = \varphi_2(t), \quad \ldots, \quad x_n = \varphi_n(t)$$

est une solution périodique des équations (1), il en sera de même, quelle que soit la constante h, de

$$x_1 = \varphi_1(t + h), \quad x_2 = \varphi_2(t + h), \quad \ldots \quad x_n = \varphi_n(t + h).$$

Ainsi le cas sur lequel nous nous sommes étendus d'abord et dans lequel, pour $\mu = 0$, les équations (1) admettent une solution périodique et une seule, ne peut se présenter si les X ne dépendent pas de t.

Plaçons-nous donc dans le cas où le temps t n'entre pas explicitement dans les équations (1) et supposons que pour $\mu = 0$ ces équations admettent une solution périodique de période T

$$(4) \qquad x_1 = \varphi_1(t), \quad x_2 = \varphi_2(t), \quad \ldots \quad x_n = \varphi_n(t).$$

Soit $\varphi_i(0) + \beta_i$ la valeur de x_i pour $t = 0$; soit $\varphi_i(0) + \beta_i + \psi_i$ la valeur de x_i pour $t = T + \tau$.

Les ψ_i seront des fonctions holomorphes de μ, de $\beta_1, \beta_2, \ldots, \beta_n$ et de τ s'annulant avec ces variables.

Nous avons donc à résoudre par rapport aux $n+1$ inconnues

$$\beta_1, \beta_2, \ldots, \beta_n, \tau$$

les n équations

$$(5) \qquad \psi_1 = \psi_2 = \ldots = \psi_n = 0.$$

Nous avons une inconnue de trop; nous pouvons donc poser arbitrairement, par exemple,

$$\beta_n = 0.$$

Nous tirerons ensuite des équations (5), $\beta_1, \beta_2, \ldots, \beta_{n-1}$ et τ en fonctions holomorphes de μ s'annulant avec μ. Cela est possible, à moins que le déterminant

$$\begin{vmatrix} \dfrac{d\psi_1}{d\beta_1} & \dfrac{d\psi_1}{d\beta_2} & \ldots & \dfrac{d\psi_1}{d\beta_{n-1}} & \dfrac{d\psi_1}{d\tau} \\[2mm] \dfrac{d\psi_2}{d\beta_1} & \dfrac{d\psi_2}{d\beta_2} & \ldots & \dfrac{d\psi_2}{d\beta_{n-1}} & \dfrac{d\psi_2}{d\tau} \\[2mm] \ldots & \ldots & \ldots & \ldots & \ldots \\[2mm] \dfrac{d\psi_n}{d\beta_1} & \dfrac{d\psi_n}{d\beta_2} & \ldots & \dfrac{d\psi_n}{d\beta_{n-1}} & \dfrac{d\psi_n}{d\tau} \end{vmatrix}$$

ne soit nul pour $\mu = \psi_i = \tau = 0$.

Si ce déterminant était nul, au lieu de poser arbitrairement $\beta_n = 0$, on poserait, par exemple, $\beta_i = 0$, et la méthode ne serait en défaut que si tous les déterminants contenus dans la matrice

$$\begin{Vmatrix} \dfrac{d\psi_1}{d\beta_1} & \dfrac{d\psi_1}{d\beta_2} & \ldots & \dfrac{d\psi_1}{d\beta_n} & \dfrac{d\psi_1}{d\tau} \\[2mm] \dfrac{d\psi_2}{d\beta_1} & \dfrac{d\psi_2}{d\beta_2} & \ldots & \dfrac{d\psi_2}{d\beta_n} & \dfrac{d\psi_2}{d\tau} \\[2mm] \ldots & \ldots & \ldots & \ldots & \ldots \\[2mm] \dfrac{d\psi_n}{d\beta_1} & \dfrac{d\psi_n}{d\beta_2} & \ldots & \dfrac{d\psi_n}{d\beta_n} & \dfrac{d\psi_n}{d\tau} \end{Vmatrix}$$

étaient nuls à la fois. (Il est à remarquer que le déterminant obtenu en supprimant la dernière colonne de cette matrice est toujours nul pour $\mu = \beta_i = \tau = 0$.)

Comme en général tous ces déterminants ne seront pas nuls à la fois, les équations (1) admettront, pour les petites valeurs de μ, une solution périodique de période $T + \tau$.

Appelons
$$\Delta_1, \quad \Delta_2, \quad \ldots \quad \Delta_n, \quad \Delta_{n+1}$$
les déterminants contenus dans cette matrice; Δ_i sera le déterminant obtenu en y supprimant la $i^{\text{ème}}$ colonne.

La solution périodique, qui nous a servi de point de départ et qui appartient aux équations (1) pour $\mu = 0$, s'écrivait, on se le rappelle,
$$x_i = \varphi_i(t).$$

Je désigne par $\varphi_i'(t)$ la dérivée de cette fonction $\varphi_i(t)$ et voici ce que je me propose de démontrer :

Si $\varphi_n(o)$ n'est pas nul, le déterminant Δ_n ne peut s'annuler sans que tous les déterminants
$$\Delta_1, \quad \Delta_2, \quad \ldots \quad \Delta_n, \quad \Delta_{n-1}$$
s'annulent à la fois.

En effet, supposons que tous ces déterminants ne soient pas nuls à la fois et que Δ_n soit nul, je dis que $\varphi_n'(o)$ sera nul.

Les équations différentielles ne contenant pas le temps explicitement, admettront encore pour $\mu = 0$ la solution périodique
$$x_i = \varphi_i(t+h),$$
quelle que soit la constante h.

Si donc on fait
$$\tau = 0, \quad \mu = 0, \quad \beta_i = \varphi_i(h) - \varphi_i(o),$$
les ψ s'annuleront, quelle que soit h.

Cela aura lieu encore si h est infiniment petit, ce qui donne les relations
$$(6) \qquad \frac{d\psi_i}{d\beta_1}\varphi_1'(o) + \frac{d\psi_i}{d\beta_2}\varphi_2'(o) + \ldots + \frac{d\psi_i}{d\beta_n}\varphi_n'(o)$$
$$(i = 1, 2, \ldots, n).$$

Ces relations (66) montrent d'abord que Δ_{n+1} est nul.

De plus, il ne pourra pas y avoir entre les quantités
$$\frac{d\psi_i}{d\beta_k}, \quad \frac{d\psi_i}{d\tau},$$

d'autres relations linéaires de la même forme, c'est-à-dire de la forme

$$(2) \qquad A_1 \frac{d\psi_i}{d\beta_1} + A_2 \frac{d\psi_i}{d\beta_2} + \ldots + A_n \frac{d\psi_i}{d\beta_n} + A_{n+1} \frac{d\psi_i}{d\tau} = 0$$
$$(i = 1, 2, \ldots, n).$$

Sans cela, en effet, tous les déterminants Δ_i s'annuleraient à la fois.

Nous avons supposé que Δ_n est nul. Or ce déterminant n'est autre chose que le déterminant fonctionnel de $\psi_1, \psi_2, \ldots, \psi_n$ et β_n par rapport à $\beta_1, \beta_2, \ldots, \beta_n$ et τ. Dire que ce déterminant est nul, c'est donc dire que l'on a entre les dérivées des ψ des relations de la forme (2) et que l'on a de plus

$$A_1 \frac{d\beta_n}{d\beta_1} + A_2 \frac{d\beta_n}{d\beta_2} + \ldots + A_n \frac{d\beta_n}{d\beta_n} + A_{n+1} \frac{d\beta_n}{d\tau} = 0,$$

c'est-à-dire

$$A_n = 0.$$

Or il ne peut y avoir d'autres relations de la forme (2) que les relations (1). On a donc

$$A_n = \varphi'_n(0)$$

et, par conséquent,

$$\varphi'_n(0) = 0.$$

Si donc $\varphi'_n(0)$ n'est pas nul (et l'on peut toujours le supposer; car, s'il n'en était pas ainsi, un changement de variables approprié suffirait pour nous ramener à ce cas), il est inutile d'envisager tous les déterminants Δ_i : la considération de Δ_n suffit.

Si Δ_n n'est pas nul, on résoudra par rapport aux β les équations

$$(3) \qquad \psi_1 = \psi_2 = \ldots = \psi_n = \beta_n = 0.$$

Il semble d'abord que l'introduction arbitraire de l'équation $\beta_n = 0$ diminue la généralité et qu'on ne peut trouver ainsi que les solutions périodiques, qui sont telles que β_n soit nul pour $t = 0$. Mais on trouvera les autres en changeant t en $t + h$, h étant une constante quelconque.

Si, au contraire, Δ_n est nul, on éliminera $\beta_2, \beta_3, \ldots, \beta_n$ et τ

entre les équations (3), et l'on obtiendra une équation unique

$$\Phi(\beta_1, \mu) = 0,$$

analogue à l'équation de même forme du numéro précédent.

Cette équation pourra être regardée comme représentant une courbe passant par l'origine, et l'étude de cette courbe fera connaître toutes les circonstances qui pourront se présenter.

Nous rencontrerons d'ailleurs absolument les mêmes particularités que dans le numéro précédent.

Par exemple, les solutions périodiques, quand on fera varier μ d'une manière continue, ne pourront disparaître que par couples, à la façon des racines des équations algébriques.

Il pourra aussi arriver que, si l'on fait $\mu = 0$ et $\beta_n = 0$, il existe une infinité de solutions périodiques. Alors Φ est divisible par μ, et l'on peut écrire

$$\Phi = \mu \Phi_1,$$

de telle façon que la courbe $\Phi = 0$ se décompose en deux, la droite $\mu = 0$ et la courbe $\Phi_1 = 0$. On aura, dans ce cas, avantage à remplacer l'équation

$$\Phi = 0$$

par l'équation

$$\Phi_1 = 0.$$

Il arrivera même que quelques-unes des fonctions ψ_i soient divisibles par μ; de telle façon que, par exemple,

$$\psi_1 = \mu \psi_1', \qquad \psi_2 = \mu \psi_2', \qquad \psi_3 = \mu \psi_3',$$

ψ_1', ψ_2', ψ_3' étant des fonctions holomorphes de μ, des β et de τ.

On aura alors avantage à remplacer les équations (3) par les suivantes :

$$\beta_n = 0, \qquad \psi_1' = \psi_2' = \psi_3' = 0, \qquad \psi_4 = \psi_5 = \ldots = \psi_n = 0.$$

Nous en verrons des exemples dans la suite.

Si l'on suppose qu'il existe une intégrale

$$F(x_1, x_2, \ldots, x_n) = \text{const.},$$

les équations (3) ne sont plus distinctes et on les remplacera avec avantage par les suivantes

$$\beta_n = 0, \qquad F - C = \lambda \mu, \qquad \psi_4 = \psi_5 = \ldots = \psi_n = 0.$$

où

$$C = F[\varphi_1(0), \varphi_2(0), \ldots, \varphi_n(0)],$$

pendant que λ est une constante quelconque.

On pourra aussi remplacer les équations (3) par les suivantes :

$$\beta_n = 0, \quad \tau = 0, \quad \psi_2 = \psi_3 = \ldots = \psi_n = 0;$$

d'où cette conséquence importante : dans le cas général, il n'y a pas, pour les petites valeurs de μ, de solution périodique ayant même période T que pour $\mu = 0$; au contraire, s'il existe une intégrale F = const., on pourra trouver, pourvu que μ soit assez petit, une solution périodique ayant précisément pour période T.

En effet, si l'on n'a pas

$$\frac{dF}{dx_1} = 0$$

pour

$$x_i = \varphi_i(0),$$

les équations

$$\psi_2 = \psi_3 = \ldots = \psi_n = 0$$

entraînent $\psi_1 = 0$.

Voici une autre circonstance que nous avons rencontrée dans le numéro précédent et que nous retrouverons ici.

Soient β_i la valeur de x_i pour $t = 0$, $\beta_i + \psi_i$ la valeur de x_i pour $t = T + \tau$, et $\beta_i + \psi_i'$ la valeur de x_i pour $t = kT + \tau$, k étant un entier.

Imaginons que le déterminant fonctionnel des ψ_i par rapport à $\beta_1, \beta_2, \ldots, \beta_{n-1}, \tau$ ne soit pas nul, mais que le déterminant fonctionnel des ψ_i' soit nul.

Éliminons $\beta_2, \beta_3, \ldots, \beta_n$ et τ entre les équations

$$\psi_i = 0, \quad \beta_n = 0;$$

nous obtiendrons l'équation unique

$$\Phi(\beta_1, \mu) = 0,$$

que nous regarderons comme représentant une courbe ; cette courbe a un point simple à l'origine.

Éliminons maintenant $\beta_2, \beta_3, \ldots, \beta_n$ et τ entre les équations

$$\psi_i' = 0, \quad \beta_n = 0.$$

il viendra

$$\Phi'(\beta_1, \mu) = 0.$$

On verrait, comme au numéro précédent, que Φ' est divisible par Φ. La courbe $\Phi = 0$ peut donc être regardée comme une des branches de la courbe $\Phi' = 0$; comme le déterminant fonctionnel des ψ_i est nul, on doit avoir

$$\frac{d\Phi'}{d\beta_1} = 0.$$

Donc, ou bien la courbe $\Phi' = 0$ a plusieurs branches passant par l'origine, ou bien la tangente doit être la droite $\mu = 0$.

Mais nous connaissons déjà l'une des branches de la courbe $\Phi' = 0$, savoir $\Phi = 0$, et nous savons que la tangente à cette branche n'est pas la droite $\mu = 0$. Donc la courbe $\Phi' = 0$ a d'autres branches passant par l'origine.

Ce qui veut dire que les équations différentielles admettent des solutions périodiques dont la période est peu différente de $k\,T$, qui sont distinctes des solutions périodiques de période T pour les petites valeurs de μ, mais qui se confondent avec elles pour $\mu = 0$.

Application au Problème des trois corps.

39. Le Problème des trois corps admet-il des solutions périodiques?

Reprenons les notations du n° 11 et désignons les trois masses par m_1, $\alpha_2 \mu$ et $\alpha_3 \mu$. Si l'on fait $\mu = 0$, c'est-à-dire si les deux petites masses sont regardées comme nulles, la grande masse sera fixe et chacune des deux petites décrira autour de la grande une ellipse képlérienne.

Il est clair alors que, si les moyens mouvements de ces deux petites masses sont commensurables entre eux, au bout d'un certain temps, tout le système se retrouvera dans sa situation initiale et, par conséquent, la solution sera périodique.

Ce n'est pas tout : au lieu de rapporter les trois masses à des axes fixes (ou à des axes mobiles qui restent constamment parallèles aux axes fixes, comme dans le n° 11), on peut les rapporter à des axes mobiles animés d'un mouvement de rotation uniforme.

Il peut se faire alors que les coordonnées des trois masses, par rapport aux axes fixes, ne soient pas des fonctions périodiques du temps, tandis que les coordonnées par rapport aux axes mobiles seront, au contraire, des fonctions périodiques du temps (cf. n° 36).

Supposons maintenant que $\mu = 0$; les deux petites masses décriront des ellipses képlériennes; supposons que ces deux ellipses soient dans un même plan, dans le plan des x, x_2, par exemple, et que leur excentricité soit nulle. Le mouvement des deux petites masses sera alors circulaire et uniforme; soient n et n' les moyens mouvements de ces deux masses ($n' > n$).

Supposons que l'origine du temps ait été choisie au moment d'une conjonction de telle sorte que la longitude initiale des deux masses soit nulle.

Au bout du temps $\dfrac{2\pi}{n'-n}$, ces longitudes seront devenues respectivement

$$\frac{2\pi n}{n'-n} \qquad \text{et} \qquad \frac{2\pi n'}{n'-n}$$

et leur différence sera égale à 2π.

Les deux masses se retrouvant en conjonction, les trois corps seront de nouveau dans la même situation relative. Tout le système aura seulement tourné d'un angle égal à $\dfrac{2\pi n}{n'-n}$.

Si donc l'on rapporte le système à des axes mobiles tournant d'un mouvement uniforme avec une vitesse angulaire égale à n, les coordonnées des trois corps par rapport à ces axes mobiles seront des fonctions périodiques du temps de période $\dfrac{2\pi}{n'-n}$.

A ce point de vue, et d'après ce que nous avons dit à la fin du n° 36, cette solution pourra encore être regardée comme périodique.

Ainsi dans le cas-limite où $\mu = 0$, le problème des trois corps admet des solutions périodiques. Avons-nous le droit d'en conclure qu'il en admettra encore pour les petites valeurs de μ? C'est ce que les principes des n°⁽ˢ⁾ 37 et 38 vont nous permettre de décider.

La première solution périodique qui ait été signalée pour le cas où $\mu > 0$ est celle qu'a découverte Lagrange et où les trois corps décrivent des ellipses képlériennes semblables, pendant que leurs distances mutuelles restent dans un rapport constant (Cf. LAPLACE, *Mécanique céleste*, Livre X, Chapitre VI). Ce cas est trop bien étudié pour que nous ayons à y revenir.

M. Hill, dans ses très remarquables recherches sur la théorie de la Lune (*American Journal of Mathematics*, T. I), en a étudié une autre, dont l'importance est beaucoup plus grande au point de vue pratique.

J'ai repris la question dans le *Bulletin astronomique* (T. I, p. 65) et j'ai été conduit à distinguer trois sortes de solutions périodiques : pour celles de la première sorte, les inclinaisons sont nulles et les excentricités très petites ; pour celles de la deuxième sorte, les inclinaisons sont nulles et les excentricités finies ; enfin, pour celles de la troisième sorte, les inclinaisons ne sont plus nulles.

Pour les unes comme pour les autres, les distances mutuelles des trois Corps sont des fonctions périodiques du temps ; au bout d'une période, les trois Corps se retrouvent donc dans la même situation relative, tout le système ayant seulement tourné d'un certain angle. Il faut donc, pour que les coordonnées des trois Corps soient des fonctions périodiques du temps, qu'on les rapporte à un système d'axes mobiles animés d'un mouvement de rotation uniforme.

La vitesse de ce mouvement de rotation est finie pour les solutions de la première sorte et très petite pour celles des deux dernières sortes.

Solutions de la première sorte.

40. Je vais reproduire ici ce que j'ai exposé au sujet de ces trois sortes de solutions. Je commencerai par celles de la première sorte, qui contiennent, comme cas particulier, celle de M. Hill.

Reprenons les notations du n° 11. Soient A, B, C les trois masses, que je supposerai rester constamment dans un même plan. Soit D le centre de gravité de A et de B. Soient x_1 et x_2 les coordonnées de B par rapport à des axes parallèles aux axes fixes ayant leur origine en A ; soient x_3 et x_4 les coordonnées de C par rapport à des axes parallèles aux axes fixes et ayant leur origine en D.

H. P. — I. 7

Adoptons les variables du n° 12, c'est-à-dire les variables

$$\Lambda, \quad \Lambda', \quad \xi, \quad \xi', \quad p, \quad p',$$
$$\lambda, \quad \lambda', \quad \eta, \quad \eta', \quad q, \quad q'.$$

Ici, le mouvement se passant dans un plan, on aura

$$p = p' = q = q' = o.$$

Les distances mutuelles des trois Corps et les dérivées de ces distances par rapport au temps sont des fonctions de

$$(1) \qquad \begin{cases} \Lambda, & \Lambda', & \xi\cos\lambda - \eta\sin\lambda, & \xi\sin\lambda + \eta\cos\lambda, \\ & \xi'\cos\lambda' - \eta'\sin\lambda', & \xi'\sin\lambda' + \eta'\cos\lambda' \end{cases}$$

et de $\lambda' - \lambda$.

Pour que la solution soit périodique, il faut donc qu'au bout d'une période les variables (1) reprennent leurs valeurs primitives et que $\lambda' - \lambda$ augmente d'un multiple de 2π; dans l'espèce, $\lambda' - \lambda$ augmentera de 2π.

Si l'on fait $\mu = o$, le mouvement est képlérien; supposons, de plus, que les valeurs initiales de λ, λ', ξ, η, ξ', η' soient nulles; alors le mouvement sera circulaire et uniforme.

Si les valeurs initiales Λ_0 et Λ'_0 de Λ et de Λ' sont choisies de telle sorte que les moyens mouvements soient n et n', la solution sera périodique de période $\dfrac{2\pi}{n'-n}$.

Ne supposons plus maintenant que μ soit nul, et considérons une solution quelconque; nous pourrons choisir l'origine du temps au moment d'une conjonction et prendre pour origine des longitudes la longitude de cette conjonction.

Les valeurs initiales de λ et de λ' seront nulles.

Soient $\Lambda_0 + \beta_1$, $\Lambda'_0 + \beta_2$ les valeurs initiales de Λ et de Λ'.

Soient ξ_0, η_0, ξ'_0, η'_0 les valeurs initiales de ξ, η et ξ', η'.

Ce seront aussi les valeurs initiales des quatre dernières variables (1).

Soit maintenant $2\pi + \psi_0$ la valeur de $\lambda' - \lambda$ au bout de la période

$$\frac{2\pi}{n'-n}.$$

Soit, au bout de cette même période,

$$\Lambda_0 + \beta_1 + \psi_1, \quad \Lambda'_0 + \beta_2 + \psi_2,$$

les valeurs de Λ et Λ', et

$$\xi_0 + \psi_3, \quad \eta_0 + \psi_4, \quad \xi'_0 + \psi_5, \quad \eta'_0 + \psi_6$$

les valeurs des quatre dernières variables (1).

Pour que la solution soit périodique, il faut que

$$\psi_0 = \psi_1 = \psi_2 = \psi_3 = \psi_4 = \psi_5 = \psi_6 = 0.$$

Ces équations ne sont pas distinctes ; les équations différentielles du mouvement admettent en effet deux intégrales : celle des forces vives et celle des aires. Le jacobien de ces deux intégrales par rapport à Λ et Λ' n'est pas nul pour

$$\mu = 0, \quad \xi = \eta = \xi' = \eta' = 0.$$

Les équations $\psi_1 = \psi_2 = 0$ sont donc une conséquence des cinq autres.

Nous avons donc à résoudre le système

$$(2) \qquad \psi_0 = \psi_3 = \psi_4 = \psi_5 = \psi_6 = 0,$$

auquel nous adjoindrons l'équation des forces vives $F = C$, où nous regarderons la constante C comme une donnée de la question.

Il faut donc que nous considérions le déterminant fonctionnel des premiers membres de ces six équations par rapport aux six variables

$$\beta_1, \quad \beta_2, \quad \xi_0, \quad \eta_0, \quad \xi'_0, \quad \eta'_0$$

et que nous démontrions que ce déterminant ne s'annule pas pour

$$\mu = \beta_1 = \beta_2 = \xi_0 = \eta_0 = \xi'_0 = \eta'_0 = 0.$$

Or, pour $\mu = 0$, on a

$$F = F_0 = \frac{\gamma}{(\Lambda_0 + \beta_1)^2} + \frac{\gamma'}{(\Lambda'_0 + \beta_2)^2},$$

γ et γ' étant des constantes dépendant des masses,

$$\psi_0 = \frac{2\pi}{n' - n}\left[n'\left(1 + \frac{\beta_2}{\Lambda'_0}\right)^{-3} - n\left(1 + \frac{\beta_1}{\Lambda_0}\right)^{-3}\right],$$

$$\psi_3 = \xi_0(\cos\lambda_0 - 1) - \eta_0 \sin\lambda_0, \quad \psi_4 = \xi_0 \sin\lambda_0 + \eta_0(\cos\lambda_0 - 1),$$

$$\psi_5 = \xi'_0(\cos\lambda'_0 - 1) - \eta'_0 \sin\lambda'_0, \quad \psi_6 = \xi'_0 \sin\lambda'_0 + \eta'_0(\cos\lambda'_0 - 1).$$

où

$$\lambda_0 = \frac{2n\pi}{n'-n}\left(1+\frac{\beta_1}{\Lambda_0}\right)^{-3}, \qquad \lambda_3 = \frac{2n'\pi}{n'-n}\left(1+\frac{\beta_2}{\Lambda_0}\right)^{-3}$$

λ_0 et λ_3 désignent donc les valeurs des deux longitudes à la fin de la période, de telle façon que

$$2\pi + \psi_0 = \lambda_3 - \lambda_0.$$

On voit ainsi que, pour $\mu = 0$, Γ et ψ_0 dépendent seulement de β_1 et β_2; ψ_1 et ψ_4 de β_1, ξ_0 et z_0; ψ_2 et ψ_5 de β_2, ξ_0 et z_0.

Notre déterminant fonctionnel est donc le produit de trois autres :
1° Celui de Γ_0 et ψ_0 par rapport à β_1 et β_2;
2° Celui de ψ_1 et ψ_4 par rapport à ξ_0 et z_0;
3° Celui de ψ_2 et ψ_5 par rapport à ξ_0 et z_0.

Le premier de ces trois déterminants ne s'annule que pour $\Lambda_0 = -\Lambda_0$, $n = -n'$; cela n'a d'ailleurs pas d'importance, parce que, s'il s'annule, au lieu d'adjoindre au système (2) l'équation des forces vives, on y adjoindra toute autre équation arbitrairement choisie entre β_1 et β_2; quoi qu'il en soit, le cas de $n = -n'$ présentant des difficultés de diverse nature et n'ayant pas d'importance au point de vue des applications, nous le laisserons de côté.

2° Le second déterminant se réduit à

$$(1 - \cos\lambda_0)^2 + \sin^2\lambda_0.$$

Il ne peut donc s'annuler que si λ_0 est multiple de 2π.
Pour

$$\beta_1 = \beta_2 = \xi_0 = z_0 = \psi_0 = \Lambda_0 = 0,$$

on a

$$\lambda_0 = \frac{2n\pi}{n'-n}.$$

Notre déterminant ne s'annulera donc que si n est multiple de $n'-n$.

3° De même le troisième déterminant ne s'annulera que si n', et par conséquent n, est multiple de $n'-n$.

En conséquence :
Pour toutes les valeurs de la constante des forces vives C, qui est égale à

$$\left(\frac{n}{2}\right)^{\frac{2}{3}}\frac{1}{\gamma} + \left(\frac{n'}{2}\right)^{\frac{2}{3}}\frac{1}{\gamma'},$$

et pour les petites valeurs de μ, le problème des trois Corps admettra une solution périodique de la première sorte dont la période sera $\dfrac{2\pi}{n'-n}$.

Il n'y aura d'exception que si n est multiple de $n'-n$ ou si $n = -n'$.

Il y a une quadruple infinité de solutions périodiques de la première sorte; nous pouvons en effet, si μ est assez petit, choisir arbitrairement :

1° La période $\dfrac{2\pi}{n'_0 - n_0} = T$;

2° La constante C;

3° Le moment de la conjonction, que nous avions pris dans le calcul précédent pour origine du temps;

4° La longitude de la conjonction, que nous avions prise pour origine des longitudes, de sorte que nous avons, pour chaque valeur de μ, ∞^4 solutions périodiques.

On peut retrouver ces solutions de la manière suivante :

Supposons qu'à l'origine des temps on ait

$$\lambda = \lambda' = \eta = \eta' = 0;$$

les trois Corps seront en conjonction et leurs vitesses seront perpendiculaires à la droite qui les joint; cette droite sera d'ailleurs l'axe Ax, qui se confondra à cet instant avec l'axe Dx_3. Il résulte immédiatement de cette symétrie de la position des trois corps à l'instant O les conséquences suivantes :

Les valeurs des rayons vecteurs, à l'instant t et à l'instant $-t$, seront les mêmes; les valeurs des longitudes à l'instant t et à l'instant $-t$ seront égales et de signe contraire.

Nous dirons alors qu'à l'époque o les trois corps se trouvent en *conjonction symétrique*.

Nous avons supposé qu'il y a conjonction symétrique au temps o et qu'à ce moment la longitude commune des trois corps est nulle; nous avons ainsi déterminé quatre des éléments osculateurs λ, λ', η et η'; il nous en reste encore quatre qui sont arbitraires, à savoir, A, A', ξ et ξ'. Nous en disposerons de façon qu'à l'instant $\dfrac{T}{2}$ il y ait de nouveau conjonction symétrique et que la longitude commune des trois Corps soit $\dfrac{n\pi}{n'-n}$, ou plus exactement que l'on ait (en appelant v et v' les longitudes vraies)

$$v = \frac{n\pi}{n'-n}, \qquad v' = \frac{n'\pi}{n'-n} - \pi.$$

Il ne s'agit donc pas, à proprement parler, d'une conjonction symétrique, mais d'une *opposition symétrique*.

Pour qu'il y ait conjonction (ou opposition) symétrique, il faut, comme nous venons de le voir, quatre conditions; nous aurons donc quatre équations pour déterminer nos quatre éléments restés arbitraires. Ces quatre équations pourront être résolues si le déterminant fonctionnel correspondant n'est pas nul; or il ne l'est pas en général; c'est ce qu'on verrait par un calcul facile, tout semblable à celui qui précède et qu'il est inutile de reproduire ici.

Ainsi les rayons vecteurs ont même valeur à l'époque t et à l'époque $-t$; même valeur encore à l'époque t et à l'époque $\mathrm{T}-t$ (puisqu'il y a encore conjonction symétrique à l'époque $\dfrac{\mathrm{T}}{2}$). Quant à la différence des longitudes, ses valeurs aux époques t et $-t$ (ou bien encore aux époques t et $\mathrm{T}-t$) sont égales et de signe contraire. Donc les distances mutuelles des trois corps sont des fonctions périodiques dont la période est T. Ces solutions, qui présentent alternativement des conjonctions et des oppositions symétriques sont donc des solutions périodiques.

On pourrait croire que les solutions périodiques ainsi définies sont moins générales que celles dont nous avions d'abord démontré l'existence. Il n'en est rien; il y en a aussi une quadruple infinité; car nous pouvons choisir arbitrairement l'époque de la conjonction et de l'opposition, et la longitude des trois corps au moment de cette conjonction et de cette opposition; il reste donc quatre arbitraires; ce qui montre que toutes les solutions de la première sorte rentrent dans cette même catégorie. Si l'on choisit convenablement l'époque o, il y a, pour toutes les solutions de la première sorte, conjonction symétrique au début de chaque période et opposition symétrique au milieu de chaque période.

On peut encore s'en rendre compte de la façon suivante :

Il est toujours permis de supposer que l'origine des temps ait été choisie de telle sorte que les valeurs initiales de λ et de λ' soient nulles. Il suffit pour cela de prendre pour origine des temps l'époque d'une conjonction et pour origine des longitudes la longitude de cette conjonction.

D'autre part, les équations du problème des trois corps présentent une symétrie telle qu'elles ne changent pas quand on change t en $-t$, ou bien quand on change simultanément λ en $-\lambda$ et λ' en $-\lambda'$.

Si donc il y a solution périodique quand les valeurs initiales des variables $\Lambda, \Lambda', \lambda, \lambda', \xi, \eta, \xi', \eta'$ seront $\Lambda_0 + \beta_1, \Lambda'_0 + \beta_2, 0, 0, \xi_0, \eta_0, \xi'_0, \eta'_0$, il y aura encore solution périodique quand ces valeurs initiales seront

$$\Lambda_0 + \beta_1, \quad \Lambda'_0 + \beta_2, \quad 0, \quad 0, \quad \xi_0, \quad -\eta_0, \quad \xi'_0, \quad -\eta'_0.$$

Les équations (3) ne changent donc pas quand on y change η_0 et η'_0 en $-\eta_0$ et $-\eta'_0$.

Or ces équations (3) ne comportent qu'une seule solution; on devra donc avoir

$$\eta'_0 = \eta'_0 = 0,$$

ce qui veut dire qu'à l'origine des temps il y a conjonction symétrique.   C. Q. F. D.

Les ∞^2 solutions périodiques de la première sorte sont liées les unes aux autres par des relations simples. On peut passer de l'une à l'autre : 1° en changeant l'origine des temps; 2° en changeant l'origine des longitudes; 3° en changeant simultanément les unités de longueur et de temps de façon que l'unité de longueur soit multipliée par $k^{\frac{2}{3}}$ quand celle de temps est multipliée par k. Tous ces changements n'altèrent pas la forme des équations et, par conséquent, ne peuvent que changer les solutions périodiques les unes dans les autres. Il n'y a donc en réalité qu'une *simple* infinité de solutions périodiques *réellement* distinctes; chacune de ces solutions réellement distinctes est caractérisée par le rapport

$$\frac{n'_0}{n'_0 - n_0},$$

ou, ce qui revient au même, par la différence entre la longitude d'une conjonction symétrique et celle de l'opposition qui la suit.

Recherches de M. Hill sur la Lune.

41. Il y a un cas particulier où les solutions de la première
sorte se simplifient : c'est celui où l'une des masses, la masse m,
par exemple, est infiniment petite. Le mouvement de C par rapport à A restant alors képlérien, il ne peut y avoir de conjonction
symétrique que quand C passe au périhélie ou à l'aphélie, à
moins que le mouvement de C ne soit circulaire. Mais la longitude d'une conjonction symétrique devrait donc différer de la
longitude de l'opposition symétrique qui la suit immédiatement
d'un angle qui devrait être un multiple de π. Or il n'en sera pas
ainsi, à moins que $\dfrac{n_0}{n_0 - n_3}$ ne soit entier, cas que nous avons précisément exclu. Nous devons donc conclure que le mouvement
de C est circulaire.

La simplicité est plus grande encore si l'on suppose que la
masse de C est beaucoup plus grande que celle de A et que la distance de AC est très grande (ce qui est le cas dans la théorie de
la Lune). Si nous supposons AC infiniment grand et la masse de
C infiniment grande, de façon que la vitesse angulaire de C sur
son orbite reste finie; si, en même temps, on rapporte la masse
B à deux axes mobiles, à savoir à un axe $A\xi$ coïncidant avec AC
et à un axe $A\eta$ perpendiculaire au premier, les équations du mouvement deviendront, comme M. Hill l'a démontré,

$$(1)\qquad \left\{ \begin{aligned}
&\frac{d^2\xi}{dt^2} - 2n\,\frac{d\eta}{dt} - \left(\frac{\mu}{r^3} - 3n^2 \right)\xi = 0\\[2mm]
&\frac{d^2\eta}{dt^2} - 2n\,\frac{d\xi}{dt} + \frac{\mu}{r^3}\,\eta = 0;
\end{aligned} \right.$$

n désigne la vitesse angulaire de C.

Les solutions périodiques de la première sorte subsistent encore dans ce cas et ce sont celles dont M. Hill a reconnu le premier l'existence, ainsi que je l'ai dit plus haut.

Elles comportent des conjonctions et des oppositions symétriques qui ne peuvent avoir lieu que sur l'axe des ξ. Mais elles
comportent encore d'autres situations remarquables que l'on
pourrait appeler des quadratures symétriques; dans ces situations

l'angle BAC est droit et la vitesse du point B par rapport au point A est perpendiculaire à BA.

En effet, les équations comportent une symétrie telle qu'elles ne changent pas quand on change ξ en $-\xi$; les solutions périodiques ne doivent donc pas changer non plus quand on change ξ en $-\xi$; si donc on envisage la trajectoire *relative* du point B par rapport au système des axes mobiles $A\xi$ et $A\eta$, cette trajectoire est une courbe fermée (puisque la solution est périodique) qui est symétrique à la fois par rapport à $A\xi$ et par rapport à $A\eta$.

Si, au contraire, tout en supposant le mouvement de C circulaire et en prenant pour axe des ξ la droite AC, on n'avait pas supposé la distance AC infinie (si, en d'autres termes, on avait, en faisant la théorie de la Lune, tenu compte de la parallaxe du Soleil en continuant de négliger l'inclinaison des orbites et l'excentricité du Soleil), cette trajectoire relative aurait encore été une courbe fermée symétrique par rapport à l'axe des ξ, mais elle n'aurait plus été symétrique par rapport à l'axe des η.

Les équations (1) admettent une intégrale qui s'écrit

$$\frac{1}{2}\left(\frac{d\xi}{dt}\right)^2 + \frac{1}{2}\left(\frac{d\eta}{dt}\right)^2 - \frac{\mu}{x} - \frac{3}{2}n^2\xi^2 = C.$$

M. Hill a étudié comment varient les solutions de la première sorte quand on fait augmenter C; il a reconnu que la trajectoire relative est une courbe fermée symétrique dont la forme rappelle grossièrement celle d'une ellipse dont le grand axe serait l'axe des η. Quand C est très petite, cette sorte d'ellipse diffère très peu d'un cercle et son excentricité augmente rapidement avec C. Pour les grandes valeurs de C, la courbe commence à différer beaucoup d'une ellipse, mais le rapport du grand axe au petit continue à croître avec C; enfin, pour une certaine valeur de C, que j'appellerai C_0, la courbe présente deux points de rebroussement situés sur l'axe des η. C'est ce que M. Hill appelle l'orbite de la « Moon of maximum lunation ». Son calcul, fondé, tantôt sur l'emploi des séries, tantôt sur l'emploi des quadratures mécaniques, est beaucoup trop long pour trouver place ici; je dirai seulement que M. Hill a construit exactement la courbe point par point pour diverses valeurs de C, et en particulier pour $C = C_0$.

Il ne peut donc y avoir aucune espèce de doute au sujet de l'exactitude de ses résultats.

Il est aisé de se rendre compte de la signification de ces points de rebroussement. Je suppose qu'à un instant quelconque la vitesse relative de la masse B par rapport aux axes mobiles devienne nulle, de façon qu'on ait à la fois

$$\frac{d\xi}{dt} = \frac{d\eta}{dt} = 0;$$

il est clair que la trajectoire relative présentera un point de rebroussement. C'est ce qui arrive pour la « Moon of maximum lunation » de M. Hill.

M. Hill s'exprime ensuite comme il suit :

« *The Moon of the last line* (c'est-à-dire the Moon of maximum lunation) *is, of the class of satellites considered in this Chapter, that which, having the longest lunation, is still able to appear at all angles with the Sun and then undergo all possible phases.* Whether this class of satellites is properly to be prolonged beyond this Moon, can only be decided by further employment of mechanical quadratures. But it is at least certain that the orbits, if they do exist, *do not intersect the line of quadratures* and that the Moons describing them would make oscillations to and for, never departing as much as 90° from the points of conjunction or of opposition. »

Ce n'est là, de la part de l'auteur, qu'une simple intuition ne reposant sur aucun calcul ou raisonnement. De simples considérations de continuité analytique me permettent d'affirmer que cette intuition l'a trompé.

On peut d'abord se demander si les solutions de la première sorte existent encore pour $C > C_0$, ou, en d'autres termes, si la classe de satellites étudiée par M. Hill peut être prolongée au delà de la Lune de lunaison maximum. Supposons, à cet effet, qu'à l'origine des temps la masse B (c'est-à-dire la Lune) soit en quadrature (sur l'axe des η), et que sa vitesse relative par rapport aux axes mobiles soit perpendiculaire à l'axe des η.

J'appelle ξ_0, ξ_0', η_0, η_0' les valeurs initiales de ξ, $\frac{d\xi}{dt} = \xi'$, η, et $\frac{d\eta}{dt} = \eta'$. Dans le cas de la Lune de lunaison maximum de M. Hill,

on a
$$\xi_0 = \xi'_0 = \eta'_0 = 0,$$

et j'appelle η_0^0 la valeur correspondante de η_0.

Au bout d'un temps T, égal au quart d'une période, cette Lune se trouvera en conjonction symétrique, et l'on aura

$$\eta_1 = 0, \qquad \xi'_1 = 0.$$

Considérons maintenant une autre solution particulière de nos équations différentielles, et soient

$$0, \quad \xi_0, \quad \eta_0, \quad 0$$

les valeurs initiales de

$$\xi, \quad \xi', \quad \eta, \quad \eta',$$

de telle façon qu'à l'origine des temps on soit en quadrature symétrique.

Considérons les valeurs de η et de ξ' au bout du temps $T + \tau$, et soient
$$\eta = f_1(T + \tau, \xi_0, \eta_0),$$
$$\xi' = f_2(T + \tau, \xi_0, \eta_0).$$

f_1 et f_2 seront développables suivant les puissances de τ, de ξ_0 et de $\eta_0 - \eta_0^0$, et s'annuleront pour

$$\tau = \xi_0 = 0, \qquad \eta_0 = \eta_0^0.$$

Si l'on a

$$(2) \qquad\qquad f_1 = f_2 = 0,$$

on sera, au bout du temps $T + \tau$, en conjonction symétrique, et la solution sera périodique de période $4T + 4\tau$.

On peut tirer des équations (2) τ et η_0 en fonctions de ξ_0, et τ et η_0 seront développables suivant les puissances de ξ_0.

Il n'y aurait d'exception en vertu du n° 30 que si le déterminant fonctionnel de f_1 et f_2 par rapport à τ et η_0 s'annulait précisément pour

$$\tau = \xi_0 = 0, \qquad \eta_0 = \eta_0^0.$$

Il est extrêmement invraisemblable qu'il en soit ainsi ; quelques doutes pourraient cependant encore subsister, si les quadratures mécaniques de M. Hill ne prouvaient nettement le contraire. Voici, en effet, comment M. Hill a procédé pour déterminer η_0^0; il a calculé, pour différentes valeurs de T et de η_0, les fonctions

$$f_1(\mathrm{T}, 0, \eta_0), \quad f_2(\mathrm{T}, 0, \eta_0),$$

et il a déterminé ensuite par interpolation les valeurs de T et de η_0, pour lesquelles ces deux fonctions s'annulent. Si le déterminant fonctionnel de f_1 et de f_2 s'annulait précisément pour ces valeurs, l'interpolation serait devenue impossible par les procédés ordinaires. Nous devons donc conclure que la classe de satellites découverte par M. Hill peut être prolongée au delà de la Lune de lunaison maximum.

Que devient donc, au delà de cette Lune, la forme de l'orbite? Les valeurs de ξ et de η dépendent du temps t et du paramètre ξ_0, puisque l'autre valeur initiale η_0 est donnée en fonction de ξ_0' par les équations (2).

Si ξ_0' et t sont assez petits, ξ et η sont développables suivant les puissances de ces deux variables. De plus, par raison de symétrie, ξ ne contiendra que des puissances impaires de t, et η ne contiendra que des puissances paires de t. Nous aurons donc

$$\xi = \xi_0' t + \frac{\xi_0'''}{6} t^3 + \frac{\xi_0^{V}}{120} t^5 + \ldots,$$

$\xi_0^{(n)}$ étant la valeur initiale de la dérivée $n^{\text{ième}}$ de ξ.

Si ξ_0' et t sont assez petits, je puis, sans erreur sensible, réduire ξ à ses deux premiers termes; de plus, ξ_0''' est développable suivant les puissances croissantes de ξ_0'; mais, comme ξ_0' est très petit, je puis réduire ξ_0''' à la valeur que prend cette quantité pour $\xi_0' = 0$. Or, pour $\xi_0' = 0$, on a

$$\xi_0''' = \frac{-2\mu a}{(\eta_0^0)^3};$$

il vient donc

$$\xi = \xi_0' t - \frac{\mu a}{3(\eta_0^0)^3} t^3. \tag{3}$$

Pour les Lunes considérées par M. Hill et dont la lunaison est moindre que celle de la Lune de lunaison maximum, ξ_0' est négatif, les deux termes du second membre de (3) sont de même signe, et ξ ne peut s'annuler pour des valeurs très petites de t, si ce n'est pour $t = 0$.

Au contraire, pour les satellites nouveaux dont il s'agit et que l'on rencontre après la Lune de lunaison maximum, ξ_0 est positif et ξ s'annule pour

$$t = 0, \qquad t = \pm \frac{1}{3}\sqrt{\frac{4\xi_0}{\mu A}}.$$

Il y a donc trois valeurs de t très petites pour lesquelles ξ s'annule, c'est-à-dire trois quadratures à des époques très rapprochées.

La trajectoire relative pour $C > C_0$ présente donc la forme représentée par la figure ci-contre.

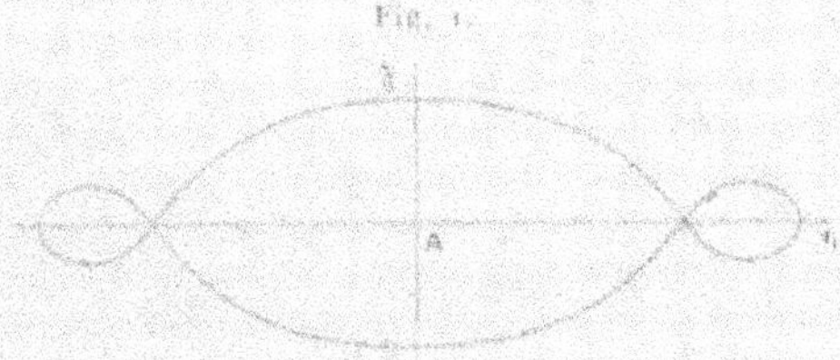

Fig. 1.

Dans le cours d'une période, la masse B se trouve six fois en quadrature, car sa trajectoire relative coupe l'axe des η en deux points doubles et en deux points simples.

Ainsi M. Hill se trompe en supposant que cette sorte de satellites ne seraient jamais en quadrature; *il y aurait, au contraire, trois quadratures entre deux syzygies consécutives.*

Ce n'est pas qu'il n'existe des solutions périodiques pour lesquelles la masse B ne peut jamais être en quadrature : nous les étudierons plus loin, au n° 52 ; mais ces solutions ne sont pas la continuation analytique de celles dont M. Hill a fait si magistralement l'étude dans l'*American Journal*.

Les mêmes résultats sont encore vrais quand on ne néglige pas la parallaxe du Soleil, sauf que la symétrie par rapport à l'axe des η disparaît.

Application au problème général de la Dynamique.

42. Nous allons maintenant, avant d'aborder l'étude des solutions périodiques de la deuxième et de la troisième sorte, étudier

d'une façon plus générale les solutions périodiques des équations de la Dynamique.

Reprenons les équations du n° 13,

$$(1) \qquad \frac{dx_i}{dt} = \frac{dF}{dy_i}, \qquad \frac{dy_i}{dt} = -\frac{dF}{dx_i}$$

et les hypothèses de ce numéro. La fonction F est développée suivant les puissances d'un paramètre très petit μ, de sorte que

$$F = F_0 + \mu F_1 + \mu^2 F_2 + \dots;$$

F est fonction périodique des y, F_0 est fonction des x seulement. Je supposerai, pour fixer les idées, qu'il n'y a que 3 degrés de liberté. Il est aisé d'intégrer ces équations quand $\mu = o$ et que $F = F_0$.

En effet, F_0 ne dépendant pas des y, ces équations se réduisent à

$$\frac{dx_i}{dt} = o, \qquad \frac{dy_i}{dt} = -\frac{dF_0}{dx_i} = n_i.$$

Les x_i et par conséquent les n_i sont donc des constantes.

Ainsi, les équations (1) admettent pour solution, quand $\mu = o$,

$$x_1 = a_1, \qquad x_2 = a_2, \qquad x_3 = a_3,$$
$$y_1 = n_1 t + \varpi_1, \qquad y_2 = n_2 t + \varpi_2, \qquad y_3 = n_3 t + \varpi_3,$$

les a et les ϖ étant des constantes d'intégration, et les n des fonctions des a.

Il est clair que, si

$$n_1 T, \quad n_2 T, \quad n_3 T$$

sont multiples de 2π, cette solution est périodique de période T.

Supposons maintenant que μ cesse d'être nul, et imaginons que, dans une certaine solution, les valeurs des x et des y pour $t = o$ soient respectivement

$$x_1 = a_1 + \beta_1, \quad x_2 = a_2 + \beta_2, \quad x_3 = a_3 + \beta_3,$$
$$y_1 = \varpi_1 + \beta_4, \quad y_2 = \varpi_2 + \beta_5, \quad y_3 = \varpi_3 + \beta_6.$$

Supposons que, dans cette même solution, les valeurs des x et des y pour $t = \mathrm{T}$ soient

$$\begin{aligned}
x_1 &= a_1 + \beta_1 \phantom{+ n_1\mathrm{T}} + \psi_1,\\
x_2 &= a_2 + \beta_2 \phantom{+ n_1\mathrm{T}} + \psi_2,\\
x_3 &= a_3 + \beta_3 \phantom{+ n_1\mathrm{T}} + \psi_3,\\
y_1 &= \varpi_1 + n_1 \mathrm{T} + \beta_4 + \psi_4,\\
y_2 &= \varpi_2 + n_2 \mathrm{T} + \beta_5 + \psi_5,\\
y_3 &= \varpi_3 + n_3 \mathrm{T} + \beta_6 + \psi_6.
\end{aligned}$$

La condition pour que cette solution soit périodique de période T, c'est que l'on ait

$$(12) \qquad \psi_1 = \psi_2 = \psi_3 = \psi_4 = \psi_5 = \psi_6 = 0.$$

Les six équations (12) ne sont pas distinctes. En effet, comme $\mathrm{F} = \text{const.}$ est une intégrale des équations (1), et que d'ailleurs F est périodique par rapport aux y, on a

$$\begin{aligned}
\mathrm{F}(a_i + \beta_i, \varpi_i + \beta_{i+3}) &= \mathrm{F}(a_i + \beta_i + \psi_i, \varpi_i + n_i\mathrm{T} + \beta_{i+3} + \psi_{i+3})\\
&= \mathrm{F}(a_i + \beta_i + \psi_i, \varpi_i + \beta_{i+3} + \psi_{i+3}).
\end{aligned}$$

Il nous suffira donc de satisfaire à cinq des équations (12). Je supposerai, de plus,

$$\varpi_1 = \beta_4 = 0.$$

Il suffit, pour cela, de choisir l'origine du temps de telle sorte que y_1 soit nul pour $t = 0$.

Il est aisé de voir que les ψ_i et les ψ_{i+3} sont des fonctions holomorphes de μ et des β, s'annulant quand toutes ces variables s'annulent.

Il s'agit donc de démontrer que l'on peut tirer des cinq dernières équations (12) les β_i en fonctions de μ.

Remarquons que, quand μ est nul, on a identiquement

$$\psi_1 = \psi_2 = \psi_3 = 0.$$

Par conséquent, ψ_1, ψ_2 et ψ_3, développés suivant les puissances de μ et des β, contiennent μ en facteur. Nous supprimerons ce facteur μ, et nous écrirons par conséquent les cinq équations (12) que nous avons à résoudre sous la forme

$$(13) \qquad \frac{\psi_2}{\mu} = \frac{\psi_3}{\mu} = \psi_4 = \psi_5 = \psi_6 = 0.$$

Pour $\mu = 0$, on connaît la solution générale des équations (1); on trouve donc aisément

$$\psi_4 = -T \frac{d}{d\beta_1} F_0(\alpha_1 + \beta_1, \alpha_2 + \beta_2, \alpha_3 + \beta_3),$$

$$\psi_5 = -T \frac{d}{d\beta_2} F_0(\alpha_1 + \beta_1, \alpha_2 + \beta_2, \alpha_3 + \beta_3),$$

$$\psi_6 = -T \frac{d}{d\beta_3} F_0(\alpha_1 + \beta_1, \alpha_2 + \beta_2, \alpha_3 + \beta_3).$$

Le déterminant fonctionnel de ψ_4, ψ_5 et ψ_6 par rapport à β_1, β_2 et β_3 est donc égal, au facteur près $-T^3$, au *hessien* de F_0 par rapport aux x.

Je me propose maintenant d'exprimer $\frac{\psi_1}{\mu}$, $\frac{\psi_2}{\mu}$ et $\frac{\psi_3}{\mu}$ en fonctions de β_1, β_2 et β_3, en supposant $\mu = 0$ et en même temps

$$\beta_1 = \beta_2 = \beta_3 = 0.$$

Or on trouve

$$\frac{d}{dt}\left(\frac{x_i - \alpha_i}{\mu}\right) = \frac{dF_1}{dy_i} + \mu \frac{dF_2}{dy_i} + \mu^2 \frac{dF_3}{dy_i} + \ldots,$$

d'où

$$\frac{\psi_i}{\mu} = \int_0^T \frac{dF_1}{dy_i} dt + \mu \int_0^T \frac{dF_2}{dy_i} dt + \ldots \qquad (i = 1, 2, 3),$$

ou, pour $\mu = 0$,

$$(3) \qquad \frac{\psi_i}{\mu} = \int_0^T \frac{dF_1}{dy_i} dt.$$

Puisque nous supposons $\mu = 0$ et en même temps

$$\beta_1 = \beta_2 = \beta_3 = 0,$$

et si l'on se rappelle que $\varpi_1 = \beta_4 = 0$, nous devons, dans le second membre de l'équation (3), remplacer x_1, x_2, x_3, y_1, y_2, y_3 respectivement par

$$\alpha_1, \quad \alpha_2, \quad \alpha_3, \quad n_1 t, \quad n_2 t + \varpi_2 + \beta_5, \quad n_3 t + \varpi_3 + \beta_6.$$

Alors $\frac{dF_1}{dy_i}$ devient une fonction périodique de t.

Nous pouvons écrire

$$F_1 = \Sigma A \sin(m_1 y_1 + m_2 y_2 + m_3 y_3 + h),$$

m_1, m_2, m_3 étant des entiers positifs, pendant que A et h sont des fonctions des x indépendantes des y.

Il vient alors

$$F_1 = \Sigma A \sin \omega, \qquad \frac{dF_1}{dy_i} = \Sigma A\, m_i \cos \omega = \frac{dF_1}{dm_i},$$

où l'on a posé, pour abréger,

$$\omega = t(m_1 n_1 + m_2 n_2 + m_3 n_3) + h + m_2(\varpi_2 + \beta_2) + m_3(\varpi_3 + \beta_3).$$

F_1 devient ainsi une fonction périodique de t de période T; c'est également une fonction périodique de période 2π par rapport à $\varpi_2 + \beta_2$ et à $\varpi_3 + \beta_3$.

Je désignerai par $[F_1]$ la valeur moyenne de la fonction périodique F_1, de telle façon que

$$[F_1] = \frac{1}{T} \int_0^T F_1\, dt = SA \sin \omega,$$

le signe S signifiant que la sommation doit être étendue à tous les termes tels que

$$m_1 n_1 + m_2 n_2 + m_3 n_3 = 0.$$

Il vient alors

$$\frac{y_i}{\mu} = T \frac{d[F_1]}{d\varpi_i}, \qquad \frac{d}{d\beta_{k+2}} \left(\frac{y_i}{\mu}\right) = T \frac{d^2[F_1]}{d\varpi_i\, d\varpi_k},$$

On en conclut :

1° Qu'il est toujours possible de choisir ϖ_2 et ϖ_3 de telle façon que les équations

$$\frac{y_2}{\mu} = \frac{y_3}{\mu} = 0$$

soient satisfaites pour $\beta_2 = \beta_3 = 0$.

En effet, la fonction $[F_1]$, qui est finie, est périodique en ϖ_2 et en ϖ_3; elle admet donc un maximum et un minimum; on aura, pour ce maximum ou ce minimum,

$$\frac{d[F_1]}{d\varpi_2} = \frac{d[F_1]}{d\varpi_3} = 0,$$

et, par conséquent,

$$\frac{y_2}{\mu} = \frac{y_3}{\mu} = 0.$$

C. Q. F. D.

2° Que le déterminant fonctionnel de $\frac{\psi_2}{\mu}$ et $\frac{\psi_3}{\mu}$, par rapport à β_5 et β_6, est égal à T^4 multiplié par le hessien de $[F_1]$ par rapport à ϖ_2 et à ϖ_3.

Il résulte de là que l'on peut choisir les constantes ϖ_2 et ϖ_3 de façon à satisfaire aux équations (13). Il reste, pour établir l'existence des solutions périodiques, à faire voir que le déterminant fonctionnel de ces équations, c'est-à-dire

$$\frac{\partial\left(\dfrac{\psi_2}{\mu}, \dfrac{\psi_3}{\mu}, \psi_4, \psi_5, \psi_6\right)}{\partial(\beta_1, \beta_2, \beta_3, \beta_5, \beta_6)},$$

n'est pas nul.

Or, pour $\mu = 0$, ψ_4, ψ_5 et ψ_6 ne dépendent que de β_1, β_2, β_3 et non de β_5 et de β_6. Ce déterminant fonctionnel est donc le produit de deux autres

$$\frac{\partial\left(\dfrac{\psi_2}{\mu}, \dfrac{\psi_3}{\mu}\right)}{\partial(\beta_5, \beta_6)} \quad \text{et} \quad \frac{\partial(\psi_4, \psi_5, \psi_6)}{\partial(\beta_1, \beta_2, \beta_3)}.$$

Or nous venons de calculer ces deux déterminants fonctionnels, et nous avons vu qu'ils sont égaux, à un facteur constant près, l'un au hessien de $[F_1]$ par rapport à ϖ_2 et à ϖ_3, l'autre au hessien de F_0 par rapport aux x.

Donc, *si aucun de ces deux hessiens n'est nul, les équations* (1) *admettront des solutions périodiques pour les petites valeurs de μ.*

Nous allons maintenant chercher à déterminer, non plus seulement les solutions périodiques de période T, mais les solutions de période peu différente de T. Nous avons pris pour point de départ les trois nombres n_1, n_2, n_3; nous aurions pu tout aussi bien choisir trois autres nombres, n'_1, n'_2, n'_3, pourvu qu'ils soient commensurables entre eux, et nous serions arrivés à une solution périodique dont la période T' aurait été le plus petit commun multiple de $\dfrac{2\pi}{n'_1}$, $\dfrac{2\pi}{n'_2}$, $\dfrac{2\pi}{n'_3}$.

Si nous prenons en particulier

$$n'_1 = n_1(1+\varepsilon), \qquad n'_2 = n_2(1+\varepsilon), \qquad n'_3 = n_3(1+\varepsilon),$$

es trois nombres n'_1, n'_2, n'_3 seront commensurables entre eux,
puisqu'ils sont proportionnels aux nombres n_1, n_2 et n_3.

Ils nous conduiront donc à une solution périodique de période

$$t + \tau = \frac{T}{1 + \tau},$$

de telle façon que nous aurons

$$(14) \qquad x_i = \varphi_i(t, \mu, z), \qquad y_i = \psi_i(t, \mu, z),$$

les φ_i et les ψ_i étant des fonctions développables suivant les puissances de μ et de z, et périodiques en t, mais de façon que la période dépende de z.

Si dans F nous remplaçons les x_i et les y_i par leurs valeurs (14),
F doit devenir une constante indépendante du temps [puisque
F $=$ const. est une des intégrales des équations (1)]. Mais cette
constante, qui est dite *constante des forces vives*, dépendra de μ
et de z, et pourra être développée suivant les puissances croissantes
de ces variables.

Si la constante des forces vives B est une donnée de la question, l'équation

$$F(\mu, z) = B$$

peut être regardée comme une relation qui lie z à μ. Si donc nous
nous donnons arbitrairement B, il existera toujours une solution
périodique, quelle que soit la valeur choisie pour cette constante ;
mais la période dépendra de z et par conséquent de μ.

Un cas plus particulier que celui que nous venons de traiter en
détail est celui où il n'y a que 2 degrés de liberté. F ne dépend
alors que de quatre variables, x_1, y_1, x_2, y_2, et la fonction $[F_1]$
ne dépend plus que d'une seule variable ϖ_2. Les relations (6) se
réduisent alors à

$$(15) \qquad \frac{d[F_1]}{d\varpi_2} = 0,$$

et le hessien de $[F_1]$ se réduit à $\dfrac{d^2[F_1]}{d\varpi_2^2}$; d'où cette conclusion :

A chacune des racines simples de l'équation (15) correspond
une solution périodique des équations (1), qui existe pour toutes
les valeurs de μ suffisamment petites.

Je pourrais même ajouter qu'il en est encore de même pour chacune des racines d'ordre impair.

L'existence des solutions périodiques une fois démontrée, il reste à faire voir que ces solutions peuvent se développer suivant les puissances de μ et s'écrire

$$x_i = \theta_{i,0}(t) + \mu\theta_{i,1}(t) + \mu^2\theta_{i,2}(t) + \dots \qquad (i = 1, 2, \dots, n),$$

$\theta_{i,0}(t)$, $\theta_{i,1}(t)$, ..., étant des fonctions périodiques de t développables selon les sinus et cosinus des multiples de

$$\frac{2\pi t}{T + \tau}.$$

D'après le théorème du n° 28, nous aurons

$$x_i = H_i[t - t_1, \mu, x_1^0 - \varphi_1(0), x_2^0 - \varphi_2(0), \dots, x_n^0 - \varphi_n(0)],$$

si $x_1^0, x_2^0, \dots, x_n^0$ sont les valeurs initiales de $x_1, x_2, \dots, x_n$ pour $t = 0$.

H_i sera développable suivant les puissances de

$$t - t_1, \quad \mu \quad \text{et} \quad x_i^0 - \varphi_i(0),$$

si μ est assez petit et si t est assez voisin de t_1 et x_i^0 de $\varphi_i(0)$.

Nous prendrons

$$t = t_1 + \frac{t_1\tau}{T}.$$

De plus, nous prendrons

$$x_i^0 - \varphi_i(0) = \beta_i.$$

Nous choisirons les β_i et τ de façon à obtenir une solution périodique, c'est-à-dire de façon à satisfaire aux équations (9). Nous venons de voir que, si τ et les β_i satisfont à ces équations (9), on pourra développer τ, β_1, β_2, ..., β_n suivant les puissances croissantes de μ, et que τ et les β_i s'annuleront avec μ.

On aura donc

$$x_i = H_i\left(\frac{t_1\tau}{T}, \mu, \beta_1, \beta_2, \dots, \beta_n\right) = K_i(\mu),$$

K_i étant une fonction développée suivant les puissances de μ.

K_i ne dépend pas seulement de μ, il dépend encore de t_1; nous écrirons donc

$$x_i = K_i(t_1, \mu),$$

en rappelant toutefois que K_i est développé suivant les puissances de μ, mais non pas suivant celles de t_1.

Cela posé, quand on augmente t_1 de T, on augmente t de $T + \tau$, et, comme on s'est arrangé de manière à avoir une solution périodique de période $T + \tau$, x_i ne doit pas changer; on a donc

$$(10) \qquad K_i(t_1 + T, \mu) = K_i(t_1, \mu).$$

K_i étant développable suivant les puissances de μ, on peut écrire

$$K_i(t_1, \mu) = \theta_{i,0} + \theta_{i,1}\mu + \theta_{i,2}\mu^2 + \dots,$$

$\theta_{i,0}, \theta_{i,1}, \theta_{i,2}, \dots$, ne dépendant que de t_1. L'identité (10) montre alors que $\theta_{i,0}$ ne change pas quand on change t_1 en $t_1 + T$. Donc $\theta_{i,0}$ est une fonction périodique et peut se développer suivant les sinus et les cosinus des multiples de

$$\frac{2\pi t_1}{T} = \frac{2\pi t}{T + \tau}.$$

c. q. f. d.

Cas où le hessien est nul.

13. Il peut y avoir difficulté dans le cas où le hessien de F_0 est nul.

Voici comment il est permis, dans un assez grand nombre de cas, de tourner la difficulté.

Supposons que le hessien de F_0 par rapport aux variables x soit nul, mais que l'on puisse trouver une fonction de F_0, que l'on appellera $\varphi(F_0)$ et dont le hessien ne soit pas nul.

Nous allons transformer les équations (1) de la manière suivante.

Ces équations admettent l'intégrale des forces vives qui s'écrit

$$F = C.$$

Soit φ' la dérivée de la fonction φ, on aura pour $F = C$

$$\varphi'(F) = \varphi'(C),$$

et $\varphi'(C)$ sera une constante qui pourra être regardée comme connue, si l'on suppose que les conditions initiales du mouvement soient données et permettent par conséquent de calculer la constante C.

Les équations (1) peuvent alors s'écrire

$$\frac{dx_i}{dt} = \frac{d[\varphi(F)]}{\varphi'(C)dy_i}, \qquad \frac{dy_i}{dt} = -\frac{d[\varphi(F)]}{\varphi'(C)dx_i},$$

Elles conservent la même forme, mais la fonction F_0 est remplacée par $\varphi(F_0)$ dont le hessien n'est pas nul.

Prenons, par exemple, le cas particulier du problème des trois Corps étudiés au n° 6, celui où l'une des masses est nulle et où les deux autres se meuvent circulairement.

Dans ce cas, nous avons trouvé

$$F_0 = \frac{-1}{2x_1^2} + x_2;$$

on a donc

$$\frac{d^2F_0}{dx_1^2} = \frac{d^2F_0}{dx_1 dx_1} = 0.$$

Notre hessien est donc identiquement nul; mais, si nous prenons

$$\varphi(F_0) = F_0^3 = -\frac{1}{2x_1^2} + \frac{x_2^3}{x_1^2} + x_2^3,$$

le hessien de $\varphi(F_0)$ est égal à

$$\frac{6}{x_1^4}$$

et est différent de o.

Ainsi tout ce qui précède est applicable à ce cas particulier du problème des trois Corps qui possède des solutions périodiques pour les petites valeurs de μ.

Considérons au contraire le cas général du problème des trois Corps traité au n° 11.

Nous avons trouvé que ce problème pouvait être ramené à la forme canonique, les deux séries de variables étant

$$\beta L, \quad \beta G, \quad \beta \theta, \quad \beta L', \quad \beta G', \quad \beta \theta,$$
$$\ell, \quad g, \quad \theta, \quad \ell', \quad g', \quad \theta.$$

La fonction F peut se développer suivant les puissances de μ

$$F = F_0 + F_1 \mu + F_2 \mu^2 + \ldots.$$

et l'on a

$$F_0 = \frac{\beta^3}{2(\beta L)^2} + \frac{\beta'^3}{2(\beta' L')^2}.$$

Si, pour reprendre les notations employées dans ce Chapitre, nous désignons les deux séries de variables conjuguées par

$$x_1, \quad x_2, \quad x_3, \quad x_4, \quad x_5, \quad x_6,$$
$$y_1, \quad y_2, \quad y_3, \quad y_4, \quad y_5, \quad y_6,$$

de telle sorte que

$$x_1 = \beta L, \qquad x_4 = \beta' L',$$

il viendra

$$F_0 = \frac{\beta^3}{2 x_1^2} + \frac{\beta'^3}{2 x_4^2},$$

le hessien de F_0 sera manifestement nul.

Si nous considérons une fonction quelconque $\varphi(F_0)$, cette fonction ne dépendra encore que de x_1 et de x_4, et son hessien sera encore nul. L'artifice que nous avons employé plus haut n'est donc plus applicable et les raisonnements du présent numéro ne suffisent plus pour établir l'existence des solutions périodiques.

C'est là l'origine des difficultés que nous chercherons à vaincre dans les n°s 46 à 48.

Ces difficultés proviennent encore, comme on vient de le voir, de ce que F_0 ne dépend que de x_1 et de x_4; c'est-à-dire de ce que l'on a

$$\frac{dF_0}{dx_3} = \frac{dF_0}{dx_4} = \frac{dF_0}{dx_5} = \frac{dF_0}{dx_6} = 0$$

ou encore, si $\mu = 0$,

$$\frac{dy_3}{dt} = \frac{dy_4}{dt} = \frac{dy_5}{dt} = \frac{dy_6}{dt} = 0.$$

Ces équations signifient que dans le mouvement képlérien les périhélies et les nœuds sont fixes.

Or, avec toute autre loi d'attraction que celle de Newton, les périhélies et les nœuds ne seraient plus fixes.

Donc, avec une loi différente de la loi newtonienne, on ne rencontrerait plus, dans la recherche des solutions périodiques du problème des trois Corps, la difficulté que je viens de signaler et à laquelle seront consacrés plus loin les n°s 46 à 48.

Calcul direct des séries.

44. Nous venons de démontrer que les équations (1) du n° 43 admettent des solutions périodiques, et que ces solutions peuvent être développées suivant les puissances de μ.

Cherchons maintenant à former effectivement ces développements, dont nous avons ainsi démontré d'avance l'existence et la convergence.

Je commence par observer qu'on peut, dans le calcul de ces développements, introduire une importante modification. Nous avons introduit plus haut trois nombres

$$n_1, \quad n_2, \quad n_3$$

tels que

$$n_1 \mathrm{T}, \quad n_2 \mathrm{T}, \quad n_3 \mathrm{T}$$

soient multiples de 2π, et par conséquent commensurables entre eux. Ces trois nombres caractérisent la solution périodique envisagée.

Je dis que l'on peut toujours, quand on étudie une solution périodique particulière, supposer que

$$n_2 = n_3 = 0.$$

Supposons, en effet, qu'il n'en soit pas ainsi. Nous changerons de variables en posant

$$
\begin{aligned}
y_1 &= \alpha_1 y'_1 + \alpha_2 y'_2 + \alpha_3 y'_3, & x'_1 &= \alpha_1 x_1 + \beta_1 x_2 + \gamma_1 x_3, \\
y_2 &= \beta_1 y'_1 + \beta_2 y'_2 + \beta_3 y'_3, & x'_2 &= \alpha_2 x_1 + \beta_2 x_2 + \gamma_2 x_3, \\
y_3 &= \gamma_1 y'_1 + \gamma_2 y'_2 + \gamma_3 y'_3, & x'_3 &= \alpha_3 x_1 + \beta_3 x_2 + \gamma_3 x_3.
\end{aligned}
$$

Les équations (avec les nouvelles variables x' et y') conserveront la forme canonique.

Si, de plus, les α, les β, les γ sont entiers et que leur déterminant soit égal à 1, la fonction F, périodique par rapport aux y, sera également périodique par rapport aux y'.

Si nous appelons n'_1, n'_2, n'_3 ce que deviennent les trois nombres caractéristiques n_1, n_2 et n_3 après le changement de variables, ces trois nombres nous seront donnés par les équations

$$n_1 = \alpha_1 n_1' + \alpha_2 n_2' + \alpha_3 n_3',$$
$$n_2 = \beta_1 n_1' + \beta_2 n_2' + \beta_3 n_3',$$
$$n_3 = \gamma_1 n_1' + \gamma_2 n_2' + \gamma_3 n_3';$$

comme n_1, n_2 et n_3 sont commensurables entre eux, on peut évidemment choisir les entiers α, β et γ de telle sorte que

$$n_2' = n_3' = 0.$$

Il est donc toujours permis de supposer

$$n_2 = n_3 = 0;$$

c'est ce que nous ferons désormais.

Nous allons donc chercher à satisfaire aux équations (1) en faisant

$$(2)\qquad \begin{cases} x_1 = x_1^0 + \mu x_1^1 + \mu^2 x_1^2 + \ldots, \\ x_2 = x_2^0 + \mu x_2^1 + \mu^2 x_2^2 + \ldots, \\ x_3 = x_3^0 + \mu x_3^1 + \mu^2 x_3^2 + \ldots, \\ y_1 = y_1^0 + \mu y_1^1 + \mu^2 y_1^2 + \ldots, \\ y_2 = y_2^0 + \mu y_2^1 + \mu^2 y_2^2 + \ldots, \\ y_3 = y_3^0 + \mu y_3^1 + \mu^2 y_3^2 + \ldots, \end{cases}$$

les x_i^j et les y_i^j étant des fonctions périodiques du temps de période T. Les x_i^0 sont des constantes telles que

$$\frac{d}{dx_i^0} F_0(x_1^0, x_2^0, x_3^0) = -n_i, \qquad n_2 = n_3 = 0,$$

et l'on a d'autre part

$$y_1^0 = n_1 t + \varpi_1,$$

d'où

$$y_2^0 = \varpi_2, \qquad y_3^0 = \varpi_3,$$

ϖ_1, ϖ_2 et ϖ_3 étant des constantes que nous nous réservons de déterminer plus complètement dans la suite.

L'origine du temps restant arbitraire, nous pourrons la choisir de telle façon que $y_1 = 0$ quel que soit μ pour $t = 0$. Il en résulte que y_1^0, y_1^1, y_1^2, … seront nuls à la fois pour $t = 0$ et que $\varpi_1 = 0$.

Dans F, à la place des x et des y, substituons leurs valeurs (2).

puis développons F suivant les puissances croissantes de μ, ainsi qu'il a été dit au n° **22**. Il viendra

$$F = \Phi_0 + \mu\Phi_1 + \mu^2\Phi_2 + \ldots$$

et l'on aura

$$\Phi_0 = F_0(x_1^0, x_2^0, x_3^0).$$

Il viendra ensuite (si l'on se souvient que $\dfrac{dF_0}{dx_1^0} = -n_1$ et que $n_2 = n_3 = 0$)

$$(3) \qquad \Phi_1 = F_1(x_1^0, x_2^0, x_3^0, y_1^0, y_2^0, y_3^0) - n_1 x_1^1.$$

Plus généralement, on aura

$$\Phi_k = \Theta_k - n_1 x_1^1 = \Theta_k - x_1^1 \frac{dF_0}{dx_1^0} + x_2^1 \frac{dF_0}{dx_2^0} + x_3^1 \frac{dF_0}{dx_3^0},$$

et Θ_k dépendra seulement

$$\text{des } x_1^0, \qquad \text{des } x_1^1, \qquad \ldots \qquad \text{et} \qquad \text{des } x_1^{k-1},$$
$$\text{des } y_1^0, \qquad \text{des } y_1^1, \qquad \ldots \qquad \text{et} \qquad \text{des } y_1^{k-1}.$$

Par rapport aux y_1^0, elle est périodique de période 2π.

Cela posé, les équations différentielles peuvent s'écrire, en égalant les puissances de même nom de μ,

$$\frac{dx_1^0}{dt} = \frac{dx_2^0}{dt} = \frac{dx_3^0}{dt} = 0, \qquad \frac{dy_1^0}{dt} = n_1, \qquad \frac{dy_2^0}{dt} = n_2, \qquad \frac{dy_3^0}{dt} = n_3.$$

On trouve ensuite

$$(4) \qquad \frac{dx_1^1}{dt} = \frac{dF_1}{dy_1^0}, \qquad \frac{dx_2^1}{dt} = \frac{dF_1}{dy_2^0}, \qquad \frac{dx_3^1}{dt} = \frac{dF_1}{dy_3^0}$$

et

$$(5) \qquad \frac{dy_1^1}{dt} = -\frac{d\Phi_1}{dx_1^0}, \qquad \frac{dy_2^1}{dt} = -\frac{d\Phi_1}{dx_2^0}, \qquad \frac{dy_3^1}{dt} = -\frac{d\Phi_1}{dx_3^0}.$$

et plus généralement

$$(4') \qquad \frac{dx_1^k}{dt} = \frac{d\Phi_k}{dy_1^0}$$

et

$$(5') \quad \frac{dy_1^k}{dt} = -\frac{d\Phi_k}{dx_1^0} = -\frac{d\Theta_k}{dx_1^0} - x_1^1 \frac{d^2F_0}{dx_1^0\,dx_1^0} - x_2^1 \frac{d^2F_0}{dx_2^0\,dx_1^0} - x_3^1 \frac{d^2F_0}{dx_3^0\,dx_1^0}.$$

Intégrons d'abord les équations (4). Dans F_1 nous remplacerons y_1^0, y_2^0, y_3^0 par leurs valeurs

$$n_1 t, \quad \varpi_2, \quad \varpi_3.$$

Alors les seconds membres des équations (4) sont des fonctions périodiques de t de période T; ces seconds membres peuvent donc être développés en séries procédant suivant les sinus et les cosinus des multiples de $\frac{2\pi t}{T}$. Pour que les valeurs de x_1^1, x_2^1 et x_3^1 tirées des équations (4) soient des fonctions périodiques de t, il faut et il suffit que ces séries ne contiennent pas de termes tout connus.

Je puis écrire, en effet,

$$F_1 = \Sigma A \sin(m_1 y_1^0 + m_2 y_2^0 + m_3 y_3^0 + h),$$

où m_1, m_2, m_3 sont des entiers positifs ou négatifs et où A et h sont des fonctions de x_1^0, x_2^0, x_3^0. J'écrirai, pour abréger,

$$F_1 = \Sigma A \sin \omega,$$

en posant

$$\omega = m_1 y_1^0 + m_2 y_2^0 + m_3 y_3^0 + h.$$

Je trouverai alors

$$\frac{dF_1}{dy_1^0} = \Sigma A\, m_1 \cos \omega, \quad \frac{dF_1}{dy_2^0} = \Sigma A\, m_2 \cos \omega, \quad \frac{dF_1}{dy_3^0} = \Sigma A\, m_3 \cos \omega$$

et

$$\omega = t m_1 n_1 + h + m_2 \varpi_2 + m_3 \varpi_3.$$

Parmi les termes de ces séries, je distinguerai ceux pour lesquels

$$m_1 = 0$$

et qui sont indépendants de t.

F_1 étant une fonction périodique de t, j'appellerai $[F_1]$ la valeur moyenne de cette fonction et j'aurai

$$[F_1] = S A \sin \omega, \quad (m_1 = 0,\ \omega = h + m_2 \varpi_2 + m_3 \varpi_3),$$

la sommation représentée par le signe S s'étendant à tous les termes de F_1, pour lesquels le coefficient de t est nul. Nous aurons alors

$$\frac{d[F_1]}{dm_2} = SA\, m_2 \cos\omega, \qquad \frac{d[F_1]}{dm_3} = SA\, m_3 \cos\omega.$$

Si donc on a

$$(6) \qquad \frac{d[F_1]}{dm_2} = \frac{d[F_1]}{dm_3} = 0,$$

il viendra, puisque d'ailleurs m_1 est nul,

$$(7) \qquad SA\, m_1 \cos\omega = 0, \qquad SA\, m_2 \cos\omega = 0, \qquad SA\, m_3 \cos\omega = 0.$$

Si donc les relations (6) sont satisfaites, les séries $\Sigma A m_i \cos\omega$ ne contiendront pas de terme tout connu, et les équations (4) nous donneront

$$z_1^1 = \sum \frac{A_1 \sin\omega}{n_1} + C_1^1, \qquad z_2^1 = \sum \frac{A m_2 \sin\omega}{m_1 n_1} + C_2^1,$$

$$z_3^1 = \sum \frac{A m_3 \sin\omega}{m_1 n_1} + C_3^1.$$

C_1^1, C_2^1 et C_3^1 étant trois nouvelles constantes d'intégration.

Il me reste à démontrer que l'on peut choisir les constantes ϖ_2 et ϖ_3 de façon à satisfaire aux relations (6). La fonction $[F_1]$ est une fonction périodique de ϖ_2 et de ϖ_3 qui ne change pas quand l'une de ces deux variables augmente de 2π. De plus elle est finie; elle aura donc au moins un maximum et un minimum. Il y a donc au moins deux manières de choisir ϖ_2 et ϖ_3 de façon à satisfaire aux relations (6).

Je pourrais même ajouter qu'il y en a au moins quatre, sans pouvoir toutefois affirmer qu'il en est encore de même quand le nombre de degrés de liberté est supérieur à 3.

Je vais maintenant chercher à déterminer, à l'aide des équations (5), les trois fonctions y_i^1 et les trois constantes C_i^1.

Nous pouvons regarder comme connus les x_i^0 et les y_i^0; les x_i^1 sont connus également aux constantes près C_i^1. Je puis donc écrire les équations (5) sous la forme suivante,

$$(8) \qquad \frac{dy_1^1}{dt} = H_1 - C_1^1 \frac{d^2 F_0}{dx_1^0\, dx_1^0} - C_2^1 \frac{d^2 F_0}{dx_2^0\, dx_1^0} - C_3^1 \frac{d^2 F_0}{dx_3^0\, dx_1^0}.$$

où les H_i représentent des fonctions entièrement connues développées en séries suivant les sinus et cosinus des multiples de $\frac{2\pi t}{T}$. Les coefficients de C_1^1, C_2^1 et C_3^1 sont des constantes que l'on peut regarder comme connues.

Pour que la valeur de y_i^1 tirée de cette équation soit une fonction périodique de t, il faut et il suffit que dans le second membre le terme tout connu soit nul. Si donc H_i^0 désigne le terme tout connu de la série trigonométrique H_i, je devrai avoir

$$(9) \qquad C_1^1 \frac{d^2 F_0}{dx_1^0\, dx_i^0} + C_2^1 \frac{d^2 F_0}{dx_2^0\, dx_i^0} + C_3^1 \frac{d^2 F_0}{dx_3^0\, dx_i^0} = H_i^0.$$

Les trois équations linéaires (9) déterminent les trois constantes C_1^1, C_2^1 et C_3^1.

Il n'y aurait d'exception que si le déterminant de ces trois équations était nul; c'est-à-dire si le hessien de F_0 par rapport à x_1^0, x_2^0 et x_3^0 était nul; nous exclurons ce cas.

Les équations (8) me donneront donc

$$y_i^1 = \int_0^t \frac{dy_i^1}{dt}\, dt + k_i^1$$

ou

$$y_1^1 = \tau_1^1 + k_1^1, \qquad y_2^1 = \tau_2^1 + k_2^1, \qquad y_3^1 = \tau_3^1 + k_3^1,$$

les τ_i^1 étant des fonctions périodiques de t entièrement connues et les k_i^1 étant trois nouvelles constantes d'intégration. Il résulte d'ailleurs des équations que je viens d'écrire que $\tau_1^1 = \tau_2^1 = \tau_3^1 = 0$ pour $t = 0$.

Venons maintenant aux équations (4') en y faisant $k = 2$ et $i = 1, 2, 3$ et cherchons à déterminer, à l'aide des trois équations ainsi obtenues, les trois fonctions x_i^2 et les trois constantes k_i^1.

Il est aisé de voir que nous avons

$$\Theta_2 = \Omega_2 + y_1^1 \frac{dF_1}{dy_1^0} + y_2^1 \frac{dF_1}{dy_2^0} + y_3^1 \frac{dF_1}{dy_3^0},$$

où Ω_2 dépend seulement des x_i^0, des y_i^0 et des x_i^1 et où l'on a, comme plus haut,

$$\frac{dF_1}{dy_i^0} = \Sigma A m_i \cos \varpi.$$

Les équations ($4'$) s'écrivent alors

$$\frac{dx_i^2}{dt} = \frac{d\Omega_2}{dy_i^0} - \sum_k y_k^1 \frac{d^2 F_1}{dy_k^0 \, dy_i^0}$$

ou

$$(10) \quad \frac{dx_i^2}{dt} = \mathrm{H}_i^1 - k_1^1 \Sigma \mathrm{A} m_1 m_i \sin\omega - k_2^1 \Sigma \mathrm{A} m_2 m_i \sin\omega - k_3^1 \Sigma \mathrm{A} m_3 m_i \sin\omega,$$

H_i^1 étant une fonction périodique de t, que l'on peut regarder comme entièrement connue. Pour que l'on puisse tirer de cette équation x_i^2 sous la forme d'une fonction périodique, il faut et il suffit que les seconds membres des équations (10), développés en séries trigonométriques, ne possèdent pas de termes tout connus. Nous devons donc disposer des quantités k_i^1 de manière à annuler ces termes tout connus. Nous serions ainsi conduits à trois équations linéaires entre les trois quantités k_i^1; mais, comme le déterminant de ces trois équations est nul, il y a une petite difficulté et je suis forcé d'entrer dans quelques détails.

Comme nous avons supposé plus haut que $y_1^1 = 0$ pour $t = 0$, nous aurons

$$k_1^1 = 0;$$

nous n'aurons plus alors que deux inconnues k_2^1 et k_3^1 et trois équations à satisfaire; mais ces trois équations ne sont pas distinctes, comme nous allons le voir.

Appelons, en effet, E_i le terme tout connu de H_i^1, ces trois équations s'écriront (si l'on se rappelle que le signe de sommation S se rapporte aux termes tels que $m_1 = 0$)

$$(11) \quad \begin{cases} \mathrm{E}_1 = 0, \\ \mathrm{E}_2 = k_2^1 \mathsf{S} \mathrm{A} m_2^2 \sin\omega \quad + k_3^1 \mathsf{S} \mathrm{A} m_3 m_2 \sin\omega, \\ \mathrm{E}_3 = k_2^1 \mathsf{S} \mathrm{A} m_2 m_3 \sin\omega + k_3^1 \mathsf{S} \mathrm{A} m_3^2 \sin\omega; \end{cases}$$

les deux dernières des équations (11) pourront aussi s'écrire

$$-\mathrm{E}_2 = k_2^1 \frac{d^2[\mathrm{F}_1]}{d\varpi_2^2} + k_3^1 \frac{d^2[\mathrm{F}_1]}{d\varpi_2 \, d\varpi_3},$$

$$-\mathrm{E}_3 = k_2^1 \frac{d^2[\mathrm{F}_1]}{d\varpi_2 \, d\varpi_3} + k_3^1 \frac{d^2[\mathrm{F}_1]}{d\varpi_3^2}.$$

De ces deux équations, on peut tirer k_2^1 et k_3^1, à moins que le hessien de $[F_1]$, par rapport à ϖ_2 et ϖ_3, ne soit nul. Si l'on donne aux k_i^1 les valeurs ainsi obtenues, les deux dernières équations (10) nous donneront x_2^2 et x_3^2 sous la forme suivante

$$x_2^2 = \xi_2^2 + C_2^2, \qquad x_3^2 = \xi_3^2 + C_3^2,$$

les ξ_i^2 étant des fonctions périodiques de t entièrement connues et les C_i^2 étant de nouvelles constantes d'intégration.

Pour trouver x_1^2 nous pouvons, au lieu d'employer la première des équations (10), nous servir des considérations suivantes :

Les équations (1) admettent une intégrale

$$F = B,$$

B étant une constante d'intégration que je supposerai développée suivant les puissances de μ en écrivant

$$B = B_0 + \mu B_1 + \mu^2 B_2 + \ldots,$$

de sorte que l'on a

$$\Phi_0 = B_0, \qquad \Phi_1 = B_1, \qquad \Phi_2 = B_2, \qquad \ldots,$$

$B_0, B_1, B_2, \ldots$ étant autant de constantes différentes.

Le premier membre de l'équation

$$\Phi_2 = B_2$$

dépend des x_i^0, des y_i^0, des x_i^1, des y_i^1, de x_2^2 et de x_3^2, qui sont des fonctions connues de t, et de x_1^2 que nous n'avons pas encore calculée. De cette équation, nous pourrons donc tirer x_1^2 sous la forme suivante

$$x_1^2 = \xi_1^2 + C_1^2;$$

ξ_1^2 sera une fonction périodique de t entièrement déterminée et C_1^2 est une constante qui dépend de B_2, de C_2^2 et de C_3^2.

Nous pouvons conclure de là que la première des équations (11) doit être satisfaite et par conséquent que ces trois équations (11) ne sont pas distinctes.

Prenons maintenant les équations (3') et faisons-y $k = 2$; nous obtiendrons trois équations qui nous permettront de déterminer

les constantes C_1^1, C_1^2 et C_1^3 et d'où l'on tirera en outre les y_1^0 sous
la forme

$$y_1^0 = \eta_1^0 + k_1^1, \qquad y_2^0 = \eta_2^0 + k_1^2, \qquad y_3^0 = \eta_3^0 + k_1^3,$$

les y étant des fonctions périodiques de t entièrement connues et
les k étant trois nouvelles constantes d'intégration.

Reprenons ensuite les équations ($4'$) en y faisant $k = 3$; si nous
supposons $k_1^2 = 0$, nous pourrons tirer des trois équations ainsi
obtenues, d'abord les deux constantes k_2^2 et k_3^3, puis les x_1^0 sous
forme

$$x_1^0 = \xi_1^0 + C_2^1.$$

les ξ étant des fonctions périodiques connues de t et les C_2^1 étant
trois nouvelles constantes d'intégration.

Et ainsi de suite.

Voilà un procédé pour trouver des séries ordonnées suivant les
puissances de μ, périodiques de période T par rapport au temps
et satisfaisant aux équations (1). *Ce procédé ne serait en défaut
que si le hessien de* F_0 *par rapport aux* x_1^0 *était nul ou si le
hessien de* $[F_1]$ *par rapport à* ϖ_2 *et* ϖ_3 *était nul.*

Démonstration directe de la convergence.

45. Il pourrait être utile de connaître une démonstration directe
de la convergence des séries que nous venons de former et dont
nous avions préalablement démontré, dans le n° 28, l'existence et
la convergence. Je donnerai d'abord cette démonstration directe
dans un cas particulier.

Soit

$$(1) \qquad \frac{d^2 y}{dx^2} + \mu f(x, y)$$

une équation différentielle; nous avons vu au n° 2 que cette équation (considérée par M. Gyldén, puis par M. Lindstedt dans leurs
recherches sur la Mécanique céleste) peut être regardée comme un
cas particulier des équations de la Dynamique avec 2 degrés de
liberté seulement.

Je supposerai que $f(x, y)$ peut être développé suivant les puissances croissantes de y, et que l'on a

$$f = f_0 + f_1 y + f_2 y^2 + \ldots,$$

$f_0, f_1, f_2, \ldots$ étant des fonctions de x que je supposerai périodiques et de période 2π. Je supposerai de plus que la valeur moyenne de f_0 est nulle,

$$[f_0] = 0.$$

Cela posé, je vais chercher à développer y suivant les puissances de μ, de telle sorte que

$$y = y_1 \mu + y_2 \mu^2 + \ldots + y_n \mu^n + \ldots.$$

En substituant cette valeur de y dans φ, il vient

$$\varphi = \varphi_0 + \mu \varphi_1 + \ldots + \mu^n \varphi_n + \ldots,$$

et les équations différentielles deviendront

$$\frac{d^2 y_0}{dx^2} = 0, \qquad \frac{d^2 y_1}{dx^2} = \varphi_0, \qquad \frac{d^2 y_2}{dx^2} = \varphi_1, \qquad \ldots, \qquad \frac{d^2 y_n}{dx^2} = \varphi_{n-1}.$$

Nous voulons que $y_1, y_2, \ldots$ soient des fonctions périodiques de x. Cela sera possible, pourvu que les valeurs moyennes des seconds membres soient nulles, c'est-à-dire que l'on ait

$$[\varphi_0] = 0, \qquad [\varphi_1] = 0, \qquad \ldots, \qquad [\varphi_n] = 0.$$

La première condition est remplie d'elle-même, car on a

$$[\varphi_0 = f_0, \qquad [\varphi_0] = [f_0] = 0.$$

D'autre part, il vient

$$\varphi_n = \theta_n + f_1 y_n,$$

θ_n ne dépendant que de $y_1, y_2, \ldots, y_{n-1}$.

Soit $[y_n]$ la valeur moyenne de y_n, et posons

$$y_n = \eta_n + [y_n],$$

de telle façon que η_n soit une fonction périodique de x, dont la valeur moyenne soit nulle.

Cela posé, imaginons que nous ayons déterminé par un calcul préalable

$$(\text{x}) \qquad \begin{cases} z_1, & z_2, & \dots, & z_n \\ [y_1], & [y_2], & \dots, & [y_{n-1}], \end{cases}$$

et, par conséquent aussi, $y_1, y_2, \dots, y_{n-1}$, et que nous nous proposions de calculer z_{n+1} et $[y_n]$.

La relation $[\gamma_n] = 0$ peut s'écrire

$$[\theta_n] + [f_1 z_n] + [f_1][y_n] = 0.$$

Dans cette équation $[\theta_n]$ et $[f_1 z_n]$ peuvent être regardés comme connus, puisque les quantités (x) sont connues; $[f_1]$ est une constante donnée; on peut donc en tirer $[y_n]$.

On a ensuite

$$\frac{d^2 z_{n+1}}{dx^2} = \frac{d^2 y_{n+1}}{dx^2} = \gamma_n.$$

Si je pose

$$y_n = \sum_{m=1}^{k} A_m \cos mx + \sum_{m=1}^{k} B_m \sin mx,$$

il viendra

$$z_{n+1} = -\sum \frac{A_m}{m^2} \cos mx - \sum \frac{B_m}{m^2} \sin mx.$$

Les z, les $[y]$ et les y peuvent donc se calculer de la sorte par récurrence.

Il résulte de là que, si ψ est une fonction périodique de x, telle que l'on ait, en reprenant la notation du n° 20, complétée au n° 35,

$$\gamma_n < \psi, \qquad (\text{arg } e^{ikx}),$$

on aura *a fortiori*

$$z_{n+1} < \psi, \qquad (\text{arg } e^{ikx}),$$

Nous écrirons dans ce qui va suivre

$$\theta = f - f_0 - f_1 y = f_2 y_1^2 + f_3 y_1^3 + \dots,$$

de telle sorte que

$$\mu(\theta)_1 + \mu^2(y)_2 + \mu^3(y)_3 + \dots = \theta_2 \mu^2 + \theta_3 \mu^3 + \dots + \theta_q \mu^q + \dots$$

Cela posé, soit f' une fonction de x et de y de même forme que f', c'est-à-dire telle que

$$f' = f'_0 + f'_1 y + f'_2 y^2 + \ldots,$$

$f'_0, f'_1, f'_2, \ldots$ étant des fonctions périodiques de x, et supposons de plus que l'on ait

$$f \ll f'(\arg y, e^{\pm ix}).$$

Si nous posons ensuite

$$f'(\mu y_1 + \mu^2 y_2 + \mu^3 y_3 + \ldots) = \varphi'_0 + \mu\varphi'_1 + \ldots + \mu^n \varphi'_n + \ldots,$$

il viendra

$$\varphi_n \ll \varphi'_n(\arg y_1, y_2, \ldots, y_n, e^{\pm ix}).$$

Nous poserons également

$$\theta' = f' - f'_0 - f'_1 y,$$

$$\theta'(\mu y_1 + \mu^2 y_2 + \mu^3 y_3 + \ldots) = \theta'_2 \mu^2 + \theta'_3 \mu^3 + \ldots + \theta'_n \mu^n + \ldots,$$

d'où

$$\theta_n \ll \theta'_n.$$

Nous écrirons enfin

$$\left| \frac{1}{[f_1]} \right| = \lambda.$$

Soient maintenant y', η' et z trois fonctions inconnues liées par la relation

$$y' = \eta' + z$$

et développées suivant les puissances de μ, de sorte que

$$y' = \mu y'_1 + \mu^2 y'_2 + \ldots,$$
$$\eta' = \mu \eta'_1 + \mu^2 \eta'_2 + \ldots,$$
$$z = \mu z_1 + \mu^2 z_2 + \ldots.$$

Définissons ces fonctions par les équations suivantes

$$(3) \qquad \begin{cases} \eta' = \mu f'(x, \eta' + z) \\ z = \lambda f'_1 \eta' + \lambda\theta'(x, \eta' + z); \end{cases}$$

on trouvera tout d'abord

$$\eta'_1 = \varphi'_0;$$

et comme on a, d'autre part,

$$\frac{d^2 z_1}{dx^2} = \varphi_1,$$

on en conclura

$$z_1 \ll y'_1 \ (\arg e^{-\alpha t}).$$

On trouve ensuite

$$z_1 = \lambda f_1 y_1$$

et, d'autre part,

$$[y_1] = \frac{-1}{[f_1]} [f_1 z_1],$$

d'où

$$[y_1] \ll z_1,$$
$$y_1 \ll y'_1.$$

Il vient ensuite

$$\varphi_2 = \psi_2(x, y_1)$$

et, d'autre part,

$$\frac{d^2 z_2}{dx^2} = \varphi_2(x, y_1)$$

d'où

$$\varphi_2 \ll z_2;$$

puis

$$z_2 = \lambda f_1 z_2 + \lambda \theta_2(x, y_1)$$

et, d'autre part,

$$[y_2] = \frac{-1}{[f_1]} [f_1 z_2] + \frac{1}{[f_1]} [\theta_2],$$

d'où

$$[y_2] \ll z_2, \quad y_2 \ll y'_2,$$

et ainsi de suite; la loi est manifeste, on aura

$$y_n \ll y'_n \quad (\arg e^{-\alpha t})$$

et

$$y \ll y' \quad (\arg \mu, e^{\alpha t}).$$

Si donc la série

$$y' = \mu y'_1 + \mu^2 y'_2 + \mu^3 y'_3 + \ldots$$

converge, la série

(4) $$y = \mu y_1 + \mu^2 y_2 + \ldots$$

convergera *a fortiori*. Il me reste donc à établir que la série y'

converge, ou, ce qui revient au même, que les équations (3) peuvent être résolues par rapport à z_1' et à z.

Or le déterminant fonctionnel relatif à ces équations (3) peut s'écrire

$$\frac{d(z_1 - \mu f'_z z - \lambda f_z x' - \lambda h')}{H(x_1, z)}$$

et sa valeur pour $z_1' = z = \mu = 0$ est égale à 1. Il n'est donc pas nul et, par conséquent, d'après le théorème du n° 30, les équations (3) peuvent être résolues.

Donc la série (4) converge.   C. Q. F. D.

Les équations traitées dans ce numéro sont un cas particulier de celles qui ont fait l'objet du numéro précédent. Une démonstration directe tout à fait analogue pourrait être donnée dans le cas général. Nous y reviendrons plus loin.

Examen d'un important cas d'exception.

45. D'après ce que nous venons de voir, les principes du n° 42 se trouvent en défaut quand le hessien de F_3 par rapport aux x est nul.

Examinons donc le cas où ce hessien est nul, et plus particulièrement le cas où F_3 est indépendant de quelques-unes des variables x.

Je supposerai, pour fixer les idées, qu'il y a quatre degrés de liberté, que deux des variables x_1 et x_2 entrent dans F_3, que les deux autres x_3 et x_4 n'y entrent pas, et enfin que le hessien de F_3 par rapport à x_1 et à x_2 n'est pas nul (le hessien par rapport à x_1, x_2, x_3 et x_4 est nul puisque $\dfrac{dF_3}{dx_3} = \dfrac{dF_3}{dx_4} = 0$). Pour $\mu = 0$, la solution générale des équations différentielles s'écrit

$$(1)\quad
\begin{cases}
x_1 = x_1^0, \quad x_2 = x_2^0, \quad x_3 = x_3^0, \quad x_4 = x_4^0, \quad y_1 = n_1^0 t + m_1, \\[2mm]
y_2 = n_2^0 t + m_2, \quad y_3 = m_3, \quad y_4 = m_4, \\[2mm]
n_1^0 = -\dfrac{dF_3}{dx_1}, \quad n_2^0 = -\dfrac{dF_3}{dx_2}, \quad n_3^0 = n_4^0 = 0,
\end{cases}$$

les x_i^0 et les m_i étant des constantes.

Si x_1^0 et x_2^0 ont été choisis de telle sorte que $n_1^0\mathrm{T}$ et $n_2^0\mathrm{T}$ soient multiples de 2π, la solution sera périodique de période T, et cela quelles que soient les valeurs initiales x_3^0, x_4^0, ϖ_1, ϖ_2, ϖ_3 et ϖ_4.

Considérons maintenant une solution quelconque pour une valeur quelconque de μ et soient

$$(2) \qquad x_i = x_i^0 + \beta_i, \qquad y_i = \varpi_i + \beta'_i$$

les valeurs initiales des x_i et des y_i pour $t = 0$. Soient

$$x_i = x_i^0 + \beta_i + \psi_i, \qquad y_i = n_i^0\mathrm{T} + \beta'_i + \psi'_i + \varpi_i$$

les valeurs des x_i et des y_i pour $t = \mathrm{T}$.

Pour que la solution soit périodique, il faut et il suffit que l'on ait

$$(3) \qquad \begin{cases} \psi_1 = \psi_2 = \psi_3 = \psi_4 = 0, \\ \psi'_1 = \psi'_2 = \psi'_3 = \psi'_4 = 0. \end{cases}$$

Je remarquerai :

1° Que je puis toujours choisir l'origine du temps de telle façon que la valeur initiale de y_1 soit nulle, aussi bien pour la solution périodique (1) que pour la solution qui correspond aux valeurs initiales (2). On aura donc

$$\varpi_1 = \beta'_1 = 0;$$

2° Que $\mathrm{F} = \mathrm{C}$ est une intégrale de nos équations différentielles et que $\frac{d\mathrm{F}}{dx_1}$ n'est pas nul $\left(\frac{d\mathrm{F}}{dx_1}\text{ est égal à } n_1^0\right)$. Les équations (3) ne sont donc pas distinctes et je puis supprimer la première d'entre elles,

$$\psi_1 = 0;$$

3° Que pour $\mu = 0$, on a identiquement

$$\psi_2 = \psi_3 = \psi_4 = \psi'_3 = \psi'_4 = 0;$$

que par conséquent ψ_2, ψ_3, ψ_4, ψ'_2, ψ'_3, ψ'_4 sont divisibles par μ. Je puis donc remplacer le système (3) par le suivant :

$$(4) \qquad \frac{\psi_2}{\mu} = \frac{\psi_3}{\mu} = \frac{\psi_4}{\mu} = \psi'_1 = \psi'_2 = \frac{\psi'_3}{\mu} = \frac{\psi'_4}{\mu} = 0.$$

Je me propose :

1° De déterminer

$$x_1^0, \quad x_2^0, \quad n_2, \quad n_3 \quad \text{et} \quad m_1$$

(x_1^0 et x_2^0 sont déjà supposés déterminés et m_1 est supposé nul), de façon que les équations (4) soient satisfaites pour

$$\mu = 0, \quad \beta_1 = 0, \quad \beta_2 = 0;$$

2° De rechercher si le déterminant fonctionnel des premiers membres du système (4) est nul, ou, en d'autres termes, si pour $\mu = 0$ la solution

$$\beta_2 = 0, \quad \beta_1 = 0$$

est une solution simple de ce système, ou pour le moins une solution d'ordre impair.

Pour cela, il faut que nous recherchions ce que deviennent les équations (4) pour $\mu = 0$.

Nous avons

$$\psi_2 = \int_0^T dy_2 = \int_0^T \frac{dF}{dy_1}\, dt$$

ou, puisque $\dfrac{dF_0}{dy_2} = 0$,

$$\frac{\psi_2}{\mu} = \int_0^T \frac{d}{dy_1}\left(\frac{F - F_0}{\mu}\right) dt,$$

ou, pour $\mu = 0$,

$$(5) \qquad \frac{\psi_2}{\mu} = \int_0^T \frac{dF_1}{dy_2}\, dt.$$

pour $\mu = 0$, on a

$$x_i = x_i^0 + \beta_1, \quad y_i = n_i t + \varpi_i + \beta_2$$

$$n_1 = -\frac{dF_0(x_1^0 + \beta_1,\ x_2^0 + \beta_2)}{d(x_2^0 + \beta_1)}, \quad n_2 = n_3 = 0.$$

Substituons ces valeurs des x_i et des y_i dans le second membre de l'équation (5).

Si nous faisons de plus $\beta_1 = \beta_2 = 0$, n_1 et n_2 se réduisent à n_1^0

et n_2^0, et la fonction F_1 devient une fonction périodique de t de période T; c'est, en outre, une fonction de $\varpi_2 + \beta_2$, $\varpi_3 + \beta_3$, $\varpi_4 + \beta_4$ qui est périodique et de période 2π; enfin elle dépend encore de $x_3^0 + \beta_3$ et $x_4^0 + \beta_4$. Nous pouvons écrire

$$F_1 = \Sigma A \cos(m_1 y_1 + m_2 y_2 + m_3 y_3 + m_4 y_4 + k),$$

m_1, m_2, m_3 et m_4 étant des entiers, A et k des fonctions des x_i. En effet, la fonction F_1 est par hypothèse périodique de période 2π par rapport aux y_i.

Après la substitution, il vient

$$F_1 = \Sigma A \cos(zt + \beta)$$

où

$$z = m_1 n_1^0 + m_2 n_2^0, \quad \beta = k + m_2(\varpi_2 + \beta_2) + m_3(\varpi_3 + \beta_3) + m_4(\varpi_4 + \beta_4).$$

Parmi les termes du développement de F_1, je distingue ceux pour lesquels z est nul et j'appelle R l'ensemble de ces termes, de telle sorte que

$$R = \Sigma A \cos\beta,$$

la sommation étant étendue à tous les termes pour lesquels on a

$$m_1 n_1^0 + m_2 n_2^0 = 0.$$

La fonction F_1 est une fonction périodique du temps de période T et R n'est autre chose que la valeur moyenne de cette fonction, de telle sorte que l'on a

$$TR = \int_{t_0}^{t} F_1 \, dt,$$

ou, en différentiant par rapport à ϖ_4,

$$T \frac{dR}{d\varpi_4} = \int_{t_0}^{t} \frac{dF_1}{d\varpi_4} \, dt;$$

mais on a

$$\frac{dF_1}{d\varpi_4} = \frac{dF_1}{dy_4} \frac{dy_4}{d\varpi_4} = \frac{dF_1}{dy_4}.$$

L'équation (5) devient donc

$$\frac{q_4}{\mu} = \frac{dR}{d\varpi_4} T,$$

on trouverait de même

$$\frac{\psi_3}{\mu} = \frac{dR}{d\varpi_3}T, \qquad \frac{\psi_4}{\mu} = \frac{dR}{d\varpi_4}T.$$

On trouve, par un calcul tout pareil,

$$\frac{\psi'_3}{\mu} = -\frac{\nu}{\mu}\int_0^T \frac{dF}{dx_3}\,dt = -\int_0^T \frac{d}{dx_3}\left(\frac{F-F_0}{\mu}\right)dt$$

ou, pour $\mu = 0$,

$$\frac{\psi'_3}{\mu} = -\int_0^T \frac{dF_1}{dx_3}\,dt = -T\frac{dR}{dx_3^0}$$

et de même

$$\frac{\psi'_4}{\mu} = -T\frac{dR}{dx_4^0}.$$

D'autre part, il vient

$$n_1^0 T + \psi_1 = -\int_0^T \frac{dF}{dx_1}\,dt$$

ou, pour $\mu = 0$,

$$n_1^0 T + \psi_1 = -\frac{dF_0}{d(x_1^0 + \beta_1)}T, \qquad \psi'_1 = (n_1 - n_1^0)T.$$

On trouve de même

$$\psi'_2 = (n_2 - n_2^0)T.$$

Nous voulons d'abord que pour

$$\mu = 0, \qquad \beta_i = 0, \qquad \beta'_i = 0$$

le système (4) soit satisfait. Or, si l'on a $\beta_1 = \beta_2 = 0$, n_1 et n_2 se réduisent à n_1^0 et n_2^0, ψ'_1 et ψ'_2 se réduisent à 0; de sorte que deux des équations (4) sont satisfaites d'elles-mêmes. Le système (4) se réduit simplement à

$$(6) \qquad \frac{dR}{dx_3^0} = \frac{dR}{dx_4^0} = \frac{dR}{d\varpi_2} = \frac{dR}{d\varpi_3} = \frac{dR}{d\varpi_4} = 0.$$

Ainsi, dans la fonction R, annulons les β_i et les β'_i; considérons ensuite R comme fonction de x_3^0, x_4^0, ϖ_2, ϖ_3, ϖ_4; si cette fonction admet un maximum ou un minimum et qu'on donne aux variables

x_1^0 et m_1 les valeurs qui correspondent à ce maximum ou à ce minimum, on satisfera aux équations (6).

Cette solution du système (6) nous conduit-elle à des solutions périodiques existant encore pour les petites valeurs de μ?

Il suffit pour cela que le déterminant fonctionnel des équations (4) ne s'annule pas pour

$$\mu = x_2 = \beta_2 = 0.$$

Or ψ_1 et ψ_2 ne dépendent (quand on fait $\mu = 0$) que de β_1 et β_2, car F_0 et ses deux diviseurs $-n_1$ et $-n_2$ ne sont fonctions que de $x_1^2 + \beta_1$ et $x_2^2 + \beta_2$.

Ce déterminant fonctionnel est donc le produit de deux autres.

1° De celui de ψ_1 et ψ_2 par rapport à β_1 et β_2 (mais ce n'est autre chose que le hessien de F_0 par rapport à x_1 et x_2, que nous supposons différent de 0).

2° De celui de

$$(7) \qquad \frac{\psi_1}{\mu}, \quad \frac{\psi_2}{\mu}, \quad \frac{\theta_1}{\mu}, \quad \frac{\theta_2}{\mu}, \quad \frac{\psi_3}{\mu}$$

par rapport à

$$\beta_1, \quad \beta_2, \quad \beta_3, \quad \beta_4, \quad \beta_5$$

Or les quantités (7) sont des fonctions de

$$x_1^2 + \beta_1, \quad x_2^2 + \beta_2, \quad m_1 + \beta_3, \quad m_2 + \beta_4, \quad m_3 - \beta_5$$

La dérivée de l'une quelconque des quantités (7) par rapport à β_i ou à β_j est égale à sa dérivée par rapport à x_i^0 ou à m_i.

Le déterminant cherché est donc le déterminant fonctionnel des quantités (7) par rapport à

$$(8) \qquad x_1^0, \quad x_2^0, \quad m_1, \quad m_2, \quad m_3$$

Mais nous devons calculer les valeurs de ce déterminant pour

$$\mu = \beta_2 = \beta_5 = 0.$$

Mais, quand μ, β_2 et β_5 s'annulent, les quantités (7) se réduisent aux premiers membres des équations (6).

Notre déterminant n'est donc autre chose que le hessien de R par rapport aux variables (8).

Si ce hessien n'est pas nul, nos équations différentielles admettront encore des solutions périodiques pour les petites valeurs de μ.

Ce résultat peut encore s'énoncer autrement.

Il existera des solutions périodiques pour les petites valeurs de μ, pourvu que les équations (6) admettent une solution *simple*. Mais il y a plus, il existera encore des solutions périodiques pourvu que les équations (6) admettent une solution d'ordre impair.

Mais, d'après le n° 34, à un maximum de la fonction R correspondra toujours une solution d'ordre impair des équations (6).

Donc, si la fonction R admet un maximum ou un minimum, nos équations différentielles admettront des solutions périodiques pour les petites valeurs de μ.

Solution de la deuxième sorte.

17. Appliquons ce qui précède au problème des trois Corps, en supposant d'abord que ces trois Corps se meuvent dans un même plan, et occupons-nous de déterminer les solutions périodiques de la deuxième sorte.

Adoptons les variables du n° 13, c'est-à-dire les variables

$$\beta L = \Lambda, \quad \beta' L' = \Lambda', \quad H.$$
$$l, \quad l', \quad h.$$

Une solution sera périodique si au bout d'une période Λ, Λ' et H ont repris leurs valeurs primitives, et si l, l' et h ont augmenté d'un multiple de 2π.

La fonction F est égale à

$$F = F_0 + \mu F_1 + \mu^2 F_2 + \dots$$

et F_0 ne dépend que de Λ et de Λ'.

Si donc on suppose $\mu = 0$ et qu'on appelle

$$\Lambda_0, \quad \Lambda'_0, \quad H_0,$$
$$l_0, \quad l'_0, \quad h$$

les valeurs initiales de nos six variables, quatre de ces six variables, Λ, Λ', H et h seront des constantes et l'on aura

$$\Lambda = \Lambda_0, \quad \Lambda' = \Lambda'_0, \quad H = H_0, \quad h = h_0.$$

Si, de plus, on pose

$$n = -\frac{dF_0}{d\Lambda_0}, \qquad n' = -\frac{dF_0}{d\Lambda'_0},$$

on aura

$$l = nt + l_0, \qquad l' = n't + l'_0.$$

Donc, pour $\mu = 0$, si Λ_0 et Λ'_0 ont été choisis de telle sorte que nT et $n'T$ soient multiples de 2π, la solution sera périodique de période 2π, quelles que soient d'ailleurs les constantes H_0, l_0, l'_0, h_0.

Voici la question que nous posons :

Est-il possible de choisir les constantes H_0, l_0, l'_0 et h_0 de telle sorte que, pour les petites valeurs de μ, les équations du mouvement admettent une solution périodique de période T et qui soit telle que les valeurs initiales des six variables soient respectivement

$$\Lambda_0 + \beta_1, \quad \Lambda'_0 + \beta_2, \quad H_0 + \beta_3,$$
$$l_0 + \beta_4, \quad l'_0 + \beta_5, \quad h_0 + \beta_6,$$

les β_i étant des fonctions de μ s'annulant avec μ.

Pour résoudre cette question, il suffit d'appliquer les principes du numéro précédent.

F_1 étant périodique en l, l' et h, nous pouvons écrire

$$F_1 = \Sigma A \cos(m_1 l + m_2 l' + m_3 h + k),$$

A et k étant des fonctions de Λ, Λ' et H.

Remplaçons dans F_1 les six variables

$$\Lambda, \quad \Lambda', \quad H,$$
$$l, \quad l', \quad h$$

par

$$\Lambda_0, \qquad \Lambda'_0, \qquad H_0,$$
$$l_0 + nt, \quad l'_0 + n't, \quad h_0,$$

il viendra

$$F_1 = \Sigma A \cos(\alpha t + \beta),$$

où

$$\alpha = m_1 n + m_2 n', \qquad \beta = k + m_1 l_0 + m_2 l'_0 + m_3 h_0.$$

F_1 est une fonction périodique de t ; soit R la valeur moyenne de cette fonction, de sorte que

$$R = \Sigma A \cos \beta.$$

la sommation étant étendue à tous les termes, tels que

$$z = 0, \quad \text{ou} \quad m_1 n + m_2 n' = 0.$$

D'après les principes du numéro précédent, on trouvera les valeurs cherchées de H_0, l_0, l'_0 et h_0 en résolvant le système

$$\frac{dR}{dH_0} = \frac{dR}{dl_0} = \frac{dR}{dl'_0} = \frac{dR}{dh_0} = 0.$$

Nous pouvons toujours supposer que l'origine du temps ait été choisie de telle sorte que $l_0 = 0$.

D'autre part, d'après la définition de la fonction R, on a

$$n \frac{dR}{dl_0} - n' \frac{dR}{dl'_0} = 0.$$

On peut donc remplacer le système précédent par le système plus simple

$$(1) \qquad \frac{dR}{dH_0} = \frac{dR}{dl'_0} = \frac{dR}{dh_0} = 0.$$

Il pourrait arriver que toutes les solutions du système (1) ne conviennent pas; mais il y a des solutions qui conviendront certainement : ce sont celles dont l'ordre de multiplicité est impair, et en particulier celles qui correspondent à un maximum ou à un minimum véritable de R.

Pour établir l'existence des solutions de la deuxième sorte, il me suffit donc de montrer que la fonction R a un maximum.

Or, cette fonction R est essentiellement finie; de plus elle est périodique en l_0 et h_0 : elle dépend encore de H_0; j'ajouterai qu'elle est développable suivant les puissances de

$$(2) \qquad \sqrt{\Lambda_0^2 - H_0^2} \quad \text{et} \quad \sqrt{\Lambda_0'^2 - (H_0 - C)^2},$$

C étant la constante des aires.

La fonction R ne sera donc réelle que si l'on a

$$(3) \qquad H_0^2 < \Lambda_0^2, \quad (H_0 - C)^2 < \Lambda_0'^2,$$

et H_0 devra toujours être compris entre ces deux limites. Je puis

toujours choisir une variable φ, telle que H_0 et les deux radicaux (2)
soient des fonctions doublement périodiques de φ.

Ainsi R est une fonction uniforme, périodique et finie, de trois
variables seulement (puisque A_0, A'_0 et C sont considérés comme
données, et que $l'_0 = 0$), à savoir de l_0, h_0 et φ.

Cette fonction admet donc au moins un maximum et un minimum, de sorte qu'il y a toujours au moins deux solutions périodiques de la deuxième sorte.

On sait que le développement de la fonction perturbatrice F,
ne contient que des cosinus, de sorte que la quantité que nous
venons d'appeler k est toujours nulle,

Si donc on fait

$$l_0 = l'_0 = h_0 = 0,$$

on aura

$$\frac{dR}{dl_0} = \frac{dR}{dh_0} = 0,$$

il restera à satisfaire à l'équation

$$\frac{dR}{dl_0} = 0$$

ou, ce qui revient au même, à

$$\frac{dR}{d\varphi} = 0.$$

Cela sera toujours possible, car R est une fonction périodique
de φ qui doit avoir au moins un maximum et un minimum.

Il existe donc toujours au moins deux solutions de la deuxième
sorte, pour lesquelles

$$l_0 = l'_0 = h_0 = 0.$$

Si $\mu = 0$, les valeurs initiales de l, l' et h sont donc nulles, ce
qui revient à dire qu'il y a *conjonction symétrique*.

Par un raisonnement tout pareil à celui du n° 40 (p. 102) on
en conclurait qu'il y a encore conjonction symétrique pour les
petites valeurs de μ, et que, si au début de la période on a conjonction symétrique, il en est encore de même au milieu de la période.

Parmi les solutions périodiques de la deuxième sorte, il y en a
donc toujours qui admettent des conjonctions (ou oppositions)

symétriques au commencement et au milieu de chaque période.

Une difficulté pourrait toutefois se présenter et je suis obligé d'en dire quelques mots.

La fonction R dépend de l_2, h_3, H_9, puisque nous considérons Λ_3 et Λ_9 comme donnés et que nous choisissons l_4 nul.

La fonction R est périodique en l_2 et en h_3; de plus, la troisième variable H_9 est soumise à certaines inégalités, par exemple à la suivante

$$\Lambda_9 > H_9.$$

Nous en avons conclu que la fonction R admet toujours un maximum et un minimum.

Mais on peut se demander ce qui arriverait si ce maximum était précisément atteint quand H_9 atteint une des limites qui lui sont assignées par les inégalités (3).

Les conclusions du n° 46 seraient-elles encore applicables?

On pourrait en douter, car, si R atteint son maximum pour $H_9 = \Lambda_9$ par exemple, la dérivée $\frac{dR}{dH_9}$ n'est pas nulle, elle est au contraire infinie.

Il est vrai que, pour le problème des trois Corps, on pourrait vérifier sans peine que le maximum de R n'a pas lieu pour cette valeur de H_9; mais, comme ce cas pourrait se présenter avec d'autres forces perturbatrices que celles que l'on envisage dans le problème des trois Corps, il n'est pas sans intérêt de l'examiner de plus près.

Supposons, par exemple, que l'on considère les valeurs de H_9 très voisines de Λ_9, nous pourrons adopter les variables du n° 17, c'est-à-dire les variables

$$\Lambda, \quad \Lambda', \quad \xi,$$
$$\lambda', \quad l'_2, \quad \eta'.$$

Appelons alors

$$\Lambda_9+\beta_1, \quad \Lambda'_9+\beta_2, \quad \xi_9+\beta_3$$
$$\lambda'_9+\beta_4, \quad l_9+\beta_5, \quad \eta'_9+\beta_6$$

les valeurs initiales de ces six variables et cherchons si l'on peut choisir ces valeurs initiales de telle façon que la solution soit périodique, les β_i seront des fonctions de μ qui devront s'annuler avec μ.

Pour cela, nous l'avons vu, il suffit de choisir

$$\lambda_0, \quad \xi_0^1 \quad \text{et} \quad \eta_0^1,$$

de telle façon que R soit maximum ou minimum; nous savons d'autre part que λ_0 et λ_0' doivent être regardés comme des données et que l'on peut toujours supposer que ζ_0 est nul. Si R atteint son maximum pour $\lambda_0 = H_0$, avec les nouvelles variables, ce maximum sera atteint pour

$$\xi_0^1 = \eta_0^1 = 0.$$

Mais cette fois il n'y a plus de difficulté, parce que R est une fonction holomorphe de ξ_0^1 et de η_0^1 développable suivant les puissances de ces variables, tandis que la difficulté provenait avec les anciennes variables de ce que R cesse d'être une fonction holomorphe de H_0 pour $\lambda_0 = H_0$ et est développable, non pas suivant les puissances entières de $\lambda_0 - H_0$, mais suivant celles de $\sqrt{\lambda_0 - H_0}$.

Les résultats du présent numéro subsisteraient donc alors même que la fonction R atteindrait son maximum pour $\lambda_0 = H_0$, ou plus généralement quand H_0 atteint l'une des limites qui lui sont assignées par les inégalités (3).

Solution de la troisième sorte.

48. Cherchons maintenant à déterminer les solutions périodiques de la troisième sorte, c'est-à-dire celles pour lesquelles les inclinaisons ne sont pas nulles.

Adoptons les variables du n° 16, c'est-à-dire

$$\beta L = \Lambda, \qquad \beta L' = \Lambda', \qquad \beta \Gamma = H, \qquad \beta \Gamma' = H',$$
$$l, \qquad\qquad l', \qquad\qquad g, \qquad\qquad g'.$$

Supposons d'abord $\mu = 0$ et soient

$$\Lambda_0, \quad \Lambda_0', \quad H_0, \quad H_0',$$
$$l_0, \quad l_0', \quad g_0, \quad g_0'$$

les valeurs initiales de ces huit variables. Si λ_0 et λ_0' sont choisis de telle sorte que

$$nT = -T\frac{dF_0}{d\Lambda_0}, \qquad n'T = -T\frac{dF_0}{d\Lambda'_0},$$

soient multiples de 2π, la solution sera périodique, quelles que soient les six constantes

$$H_0, \quad H'_0, \quad l_0, \quad l'_0, \quad g_0, \quad g'_0.$$

Peut-on choisir ces six constantes de telle façon que, pour les petites valeurs de μ, les équations du problème des trois Corps admettent une solution périodique de période T, qui soit telle que les valeurs initiales des huit variables soient des fonctions de μ qui se réduisent à

$$\Lambda_0, \quad \Lambda'_0, \quad H_0, \quad H'_0,$$
$$l_0, \quad l'_0, \quad g_0, \quad g'_0$$

pour $\mu = 0$.

Nous opérerons comme dans le numéro précédent. Nous supposerons d'abord que l'origine du temps ait été choisie de telle sorte que $l_0 = 0$.

Ensuite nous formerons, comme dans le numéro précédent, les fonctions F_1 et R.

D'après les résultats des deux numéros précédents, nous devons déterminer les cinq constantes H_0, H'_0, l'_0, g_0 et g'_0 de façon à rendre R maximum ou minimum.

A chaque maximum ou à chaque minimum de R correspondra une solution périodique.

R considéré comme fonction de l'_0, g_0 et g'_0 est une fonction périodique de période 2π. D'autre part, H_0 et H'_0 sont assujettis à certaines inégalités (3) que j'écrirai, comme au n° 18.

$$(3) \qquad \begin{cases} |\Lambda_0| > |H_0|, \quad |\Lambda'_0| > |H'_0|, \\ |H_0| - |H'_0| < C < |H_0| + |H'_0|. \end{cases}$$

Les deux variables H_0 et H'_0 ne peuvent donc varier que dans un champ limité.

La fonction R admettra donc forcément un maximum et un minimum auxquels devront correspondre des solutions périodiques.

H. P. — I.   10

Une difficulté peut néanmoins se présenter, comme dans le numéro précédent. Ne peut-il pas se faire que la fonction R atteigne son maximum au moment où les variables H_0 et H_0' atteignent les limites qui leur sont assignées par les inégalités (3)? Qu'arrive-t-il alors?

Supposons d'abord que le maximum soit atteint pour

$$H_0 = \Lambda_0.$$

Nous adopterons alors les variables du n° 18, c'est-à-dire

$$\lambda, \ \lambda', \ \xi^*, \ H,$$
$$\lambda'', \ l, \ \eta^*, \ g.$$

Nous poserons, en conséquence,

$$h_0^* = l_0 + g_0, \qquad \xi_0^* = \sqrt{2(\Lambda_0 - H_0)}\cos g_0, \qquad \eta_0^* = \sqrt{2(\Lambda_0 - H_0)}\sin g_0.$$

Nous verrons alors que R atteint son maximum pour

$$\xi_0^* = \eta_0^* = 0,$$

et, comme R est développable suivant les puissances de ξ_0^* et η_0^*, la difficulté sera levée.

Si donc le maximum est atteint pour $H_0 = \Lambda_0$, il n'en sera pas moins vrai qu'une solution périodique correspondra à ce maximum; il en sera encore de même pour la même raison si le maximum est atteint pour $H_0' = \Lambda_0'$.

Il reste à examiner le cas où le maximum serait atteint pour des valeurs de H_0 et H_0', satisfaisant à la condition

$$C = \pm H_0 \pm H_0';$$

mais ce cas est celui où les inclinaisons sont nulles; si donc le maximum est atteint pour de pareilles valeurs de H_0 et H_0', on retombe sur le cas des solutions de la deuxième sorte étudié dans le numéro précédent. A un pareil maximum correspond donc encore une solution périodique.

En résumé, nous avons démontré que la fonction R admet toujours au moins un maximum et un minimum et qu'à chacun de ces maxima et de ces minima correspond une solution périodique; une difficulté subsiste encore cependant.

Les solutions de la troisième sorte que nous étudions ici comprennent, comme cas particulier, les solutions de la deuxième sorte dont nous avons démontré plus haut l'existence.

On peut se demander s'il en existe d'autres; c'est ce qu'un examen plus approfondi va nous apprendre. Nous verrons que la fonction R a d'autres maxima et minima que ceux qui se produisent quand les inclinaisons sont nulles, et par conséquent qu'il existe des solutions de la troisième sorte distinctes de celles de la deuxième sorte.

A cet effet, examinons de plus près la forme de la fonction R. Nous avons à satisfaire, d'une part, aux relations

$$(4) \qquad \frac{dR}{dl_0} = \frac{dR}{dg_0} = \frac{dR}{dg'_0} = 0 ;$$

d'autre part, aux relations

$$(5) \qquad \frac{dR}{dH_0} = \frac{dR}{dH'_0} = 0.$$

Je dis qu'on satisfera aux conditions (4) en faisant

$$l_0 = g_0 = g'_0 = 0 ;$$

de sorte qu'on n'aura plus qu'à satisfaire aux équations (5), c'est-à-dire à rechercher les maxima et minima de R considérée comme fonction de H_0 et H'_0 seulement.

J'observe, en effet, que R est de la forme suivante (si l'on suppose, comme nous le faisons, $l'_0 = 0$, $\zeta = \zeta'$),

$$R = \Sigma A \cos(\gamma_1 l_0 + \gamma_2 g_0 + \gamma_3 g'_0),$$

A dépendant de A_0, A'_0, H_0, H'_0.

Si donc on suppose

$$l_0 = g_0 = g'_0 = 0,$$

on aura à la fois

$$\frac{dR}{dl_0} = \frac{dR}{dg_0} = \frac{\partial R}{\partial g'_0} = 0.$$

Imaginons que l'on change de variables en prenant pour variables nouvelles les excentricités e et e', et les inclinaisons i et i', c'est-à-dire en posant

$$\frac{H_0}{\beta} = G_0 = L_0\sqrt{1-e^2}, \qquad G_0' = L_0'\sqrt{1-e'^2} = \frac{H_0}{\beta},$$
$$\theta_0 = G_0\cos i, \qquad \theta_0' = G_0'\cos i'.$$

de telle sorte que l'une des équations des aires devienne

$$(6) \qquad \beta L_0\sqrt{1-e^2}\sin i + \beta' L_0'\sqrt{1-e'^2}\sin i' = 0,$$

et l'autre

$$(7) \qquad \beta L_0\sqrt{1-e^2}\cos i + \beta' L_0'\sqrt{1-e'^2}\cos i' = c.$$

Il s'agit maintenant de chercher les maxima de R considérée comme fonction de e, e', i et i', ces quatre variables étant supposées liées entre elles par les équations des aires (6) et (7). Nous pouvons donc écrire les équations auxquelles nous serons conduits et qui, jointes à (7), doivent déterminer e, e', i et i' sous la forme suivante (où k désigne une quantité auxiliaire) :

$$(8) \qquad \begin{cases} \dfrac{dR}{de} = k\beta L_0\, \dfrac{e\cos i}{\sqrt{1-e^2}}, \\[2ex] \dfrac{dR}{di} = k\beta L_0\sin i\sqrt{1-e^2}, \\[2ex] \dfrac{dR}{de'} = k\beta' L_0'\, \dfrac{e'\cos i'}{\sqrt{1-e'^2}}, \\[2ex] \dfrac{dR}{di'} = k\beta' L_0'\sin i'\sqrt{1-e'^2}. \end{cases}$$

Est-il possible de satisfaire à ces équations? Pour nous en rendre compte voyons quelle est la forme de la fonction R. J'observe d'abord que cette fonction ne dépend de i et de i' que par leur différence $i - i'$, de telle sorte que l'on a

$$\frac{dR}{di} + \frac{dR}{di'} = 0.$$

Ensuite R se présentera sous la forme d'une série développée suivant les puissances croissantes de e, e', i et i', de telle sorte que le terme général du développement sera de la forme suivante (à un coefficient près, ne dépendant que de L_0 et L_0') :

$$e^{h}e'^{h'}i^{l}i'^{l'}\cos(\gamma_1 l_0 + \gamma_2 l_0' + \gamma_3 g_0 + \gamma_4 g_0').$$

De plus on devra avoir, ainsi que je l'ai dit plus haut,

$$n\gamma_1 + n'\gamma_2 = 0$$

et, d'autre part,

$$|\gamma_1 + \gamma_2| < \alpha_1 + \alpha_2 + \alpha_3 + \alpha_4,$$

$$\alpha_3 > |\gamma_1 - \gamma_2|, \qquad \alpha_4 > |\gamma_2 + \gamma_4|.$$

Je dis que les termes de R, pour lesquels γ_1 et γ_2 ne seront pas nuls à la fois, seront du troisième degré au moins par rapport aux excentricités et aux inclinaisons, à moins que n ne soit multiple de $\dfrac{n-n'}{2}$.

En effet, soient deux nombres entiers γ_1 et γ_2 qui peuvent être positifs ou négatifs, mais qui ne sont pas nuls à la fois et qui satisfont aux égalités

$$n\gamma_1 + n'\gamma_2 = 0, \qquad |\gamma_1 + \gamma_2| = 0, 1 \text{ ou } 2.$$

Si nous posons

$$\gamma_1 + \gamma_2 = s, \qquad s = 0 \pm 1 \text{ ou } \pm 2,$$

il viendra

$$\gamma_1 = s\frac{n'}{n'-n}, \qquad \gamma_2 = s\frac{n}{n-n'}.$$

Je vois d'abord que s ne peut être nul, sans quoi γ_1 et γ_2 seraient nuls à la fois. Comme, d'autre part, γ_1 et γ_2 doivent être entiers, et que s est égal à ± 1 ou à ± 2, le nombre $\dfrac{2n}{n-n'}$ devrait être entier, ce qui veut dire que n devrait être multiple de $\dfrac{n-n'}{2}$. C'est ce que nous ne supposerons pas.

Donc, pour calculer R jusqu'aux termes du deuxième ordre inclusivement, il suffit de faire, dans F_1, $\gamma_1 = \gamma_2 = 0$, c'est-à-dire de ne conserver dans F_1 que les termes dits séculaires.

Or le calcul de ces termes a été fait depuis longtemps par les fondateurs de la *Mécanique céleste*. Je me bornerai donc à renvoyer par exemple à la *Mécanique céleste* de M. Tisserand (t. I, p. 406). On trouve alors

$$R = \tfrac{1}{2}A^{(0)} + \tfrac{1}{4}B^{(1)}[e^2 + e'^2 - (\iota - \iota')^2] - \tfrac{1}{2}B^{(2)}ee'\cos(g_0 - g'_0) + \Omega.$$

Les coefficients $A^{(0)}$, $B^{(1)}$ et $B^{(2)}$ qui ne dépendent que de L_0 et

L'_0 sont définis dans l'Ouvrage cité de M. Tisserand et Ω désigne un ensemble de termes du troisième degré au moins par rapport à e, e', i et i'.

La question est donc de rendre cette fonction R maximum ou minimum en supposant que e, e', i et i' sont liés par la relation

$$(7) \qquad \beta L_0 \sqrt{1-e^2}\cos i + \beta' L'_0 \sqrt{1-e'^2}\cos i' = G.$$

Les équations (8) peuvent alors s'écrire (en supposant, comme plus haut, $l_0 = g_0 = g'_0 = 0$),

$$(9)\quad\left\{\begin{aligned}
&\tfrac{1}{2}B^{(1)}e - \tfrac{1}{2}B^{(2)}e' + D_1 = k(\beta L_0 e + D_4),\\
&\tfrac{1}{2}B^{(3)}(i - i') + D_2 = k(\beta L_0 i + D_5),\\
&\beta L_0\sqrt{1-e^2}\sin i + \beta' L'_0\sqrt{1-e'^2}\sin i' = 0,\\
&\tfrac{1}{2}B^{(1)}e' - \tfrac{1}{2}B^{(2)}e + D_3 = k(\beta' L'_0 e' + D_6),
\end{aligned}\right.$$

les D_i désignant un ensemble de termes du second degré au moins par rapport à e, e', i et i'.

Quant à l'équation (7), elle s'écrira

$$(10)\qquad \beta L_0(e^2 + i^2) + \beta' L'_0(e'^2 + i'^2) + D_7 = \rho^2,$$

ρ^2 désignant une constante positive égale à

$$2\beta L_0 + 2\beta' L'_0 - 2G$$

et D_7 désignant un ensemble de termes du troisième degré au moins par rapport à e, e', i et i'.

Des équations (9) et (10) on peut tirer e, e', i et i' en séries développées suivant les puissances croissantes de ρ, et cela de six manières différentes.

Posons, en effet,

$$e = \varepsilon\rho, \qquad e' = \varepsilon'\rho, \qquad i = \iota\rho, \qquad i' = \iota'\rho;$$

substituons dans les équations (9), que nous diviserons par ρ, et dans les équations (10), que nous diviserons par ρ^2. Les deux membres de ces équations seront alors développés suivant les puissances croissantes de k, ε, ε', ι, ι' et ρ.

J'ajouterai même que les deux membres de ces équations pourront être développés suivant les puissances de ρ, $\varepsilon - \iota_0$, $\varepsilon' - \iota'_0$,

$\iota = \iota_0$, $\iota' = \iota'_0$, $h = h_0$ (si ces quantités sont assez petites en valeur absolue), quelles que soient les constantes ε_0, ε'_0, ι_0, ι'_0, h_0.

Pour $\rho = 0$, ces équations se réduisent à

$$(11)\quad \begin{cases} \frac{1}{4}B^{(1)}\varepsilon - \frac{1}{4}B^{(2)}\varepsilon' = k\beta L_0\varepsilon, \\ \frac{1}{4}B^{(1)}\varepsilon' - \frac{1}{4}B^{(2)}\varepsilon = k\beta' L'_0\varepsilon', \\ \frac{1}{4}B^{(1)}(\iota' - \iota) = k\beta L_0\iota, \\ \beta L_0\iota + \beta' L'_0\iota' = 0, \\ \beta L_0(\varepsilon^2 + \iota^2) + \beta' L'_0(\varepsilon'^2 + \iota'^2) = 1. \end{cases}$$

Les équations (11) comportent six solutions, à savoir :

$$(12)\quad \begin{cases} k = \frac{-1}{4}B^{(1)}\left(\frac{1}{\beta L_0} + \frac{1}{\beta' L'_0}\right), \quad \varepsilon = \varepsilon' = 0, \quad \iota = \frac{\beta' L'_0}{h}, \\ \iota' = \frac{-\beta L_0}{h}, \quad h = +\sqrt{\beta\beta' L_0 L'_0(\beta L_0 + \beta' L'_0)}, \\ k = \frac{-1}{4}B^{(1)}\left(\frac{1}{\beta L_0} + \frac{1}{\beta' L'_0}\right), \quad \varepsilon = \varepsilon' = 0, \quad \iota = \frac{\beta' L'_0}{h}, \\ \iota' = \frac{-\beta L_0}{h}, \quad h = -\sqrt{\beta\beta' L_0 L'_0(\beta L_0 + \beta' L'_0)}, \\ k = k_1, \quad \iota = \iota' = 0, \quad \varepsilon = \varepsilon_1, \quad \varepsilon' = \varepsilon'_1, \\ k = k_1, \quad \iota = \iota' = 0, \quad \varepsilon = -\varepsilon_1, \quad \varepsilon' = -\varepsilon'_1, \\ k = k_2, \quad \iota = \iota' = 0, \quad \varepsilon = \varepsilon_2, \quad \varepsilon' = \varepsilon'_2, \\ k = k_2, \quad \iota = \iota' = 0, \quad \varepsilon = -\varepsilon_2, \quad \varepsilon' = -\varepsilon'_2. \end{cases}$$

Chacune de ces six solutions est simple, d'où nous pouvons conclure, d'après ce que nous avons vu au n° 30, que l'on peut de six manières différentes développer ε, ε', ι et ι', et par conséquent e, e', i et i', suivant les puissances croissantes de ρ.

Nous pourrons donc écrire

$$(13)\quad e = f_{1\lambda}(\rho), \quad e' = f_{2\lambda}(\rho), \quad i = f_{3\lambda}(\rho), \quad i' = f_{4\lambda}(\rho),$$

l'indice λ pourra prendre les valeurs 1, 2, 3, 4, 5 et 6; on prendra $\lambda = 1$, quand on prendra pour point de départ la première des solutions (12); on prendra $\lambda = 2$ quand on choisira pour point de départ la seconde des solutions (12) et ainsi de suite.

Des six développements (13), les quatre derniers doivent être rejetés, car ils donnent

$$i = i' = 0,$$

et les solutions périodiques auxquelles ils conduiraient ne différeraient pas des solutions de la seconde sorte étudiées au numéro précédent. Mais les deux premiers peuvent être conservés et conduisent à des solutions périodiques nouvelles pour lesquelles les inclinaisons ne sont pas nulles, et que l'on peut appeler *solutions de la troisième sorte*.

Les deux développements ne conduisent pas d'ailleurs à deux solutions périodiques réellement distinctes.

Nous avons étudié plus spécialement les solutions pour lesquelles on a

$$l_0 = g_0 = g'_0;$$

ces équations expriment qu'il y a conjonction symétrique au début de la période dans le cas de $\mu = 0$.

Un raisonnement, tout semblable à celui du n° 40, montrerait que, pour toutes les valeurs de μ, il y a encore conjonction symétrique au début et au milieu de chaque période.

Cela ne veut pas dire qu'il n'existe pas également des solutions périodiques de la troisième sorte pour lesquelles il n'y ait pas de conjonction symétrique; il pourrait se faire, en effet, que la fonction R admît d'autres maxima ou minima que ceux qui correspondent au cas de $l_0 = g_0 = g'_0 = 0$. Il y aurait donc lieu de revenir sur cette question.

Applications des solutions périodiques.

49. Il est, comme nous l'avons dit, infiniment peu probable que, dans aucune application pratique, les conditions initiales du mouvement se trouvent être précisément celles qui correspondent à une solution périodique. Il semble donc que les considérations exposées dans ce Chapitre doivent nécessairement rester stériles. Il n'en est rien; elles ont déjà été utiles à l'Astronomie et je ne doute pas que les astronomes n'y aient souvent recours à l'avenir.

Je montrerai dans le Chapitre suivant comment on peut prendre une solution périodique comme point de départ d'une série d'approximations successives, et étudier ainsi les solutions qui en diffèrent fort peu. L'utilité des solutions périodiques paraîtra alors évidente.

Mais je veux, pour le moment, me placer à un point de vue un peu différent.

Supposons que, dans le mouvement d'un astre quelconque, il se présente une inégalité très considérable. Il pourra se faire que le mouvement véritable de cet astre diffère fort peu de celui d'un astre idéal dont l'orbite correspondrait à une solution périodique.

Il arrivera alors assez souvent que l'inégalité considérable dont nous venons de parler aura sensiblement le même coefficient pour l'astre réel et pour cet astre idéal; mais ce coefficient pourra se calculer beaucoup plus facilement pour l'astre idéal dont le mouvement est plus simple et l'orbite périodique.

C'est à M. Hill que nous devons la première application de ce principe. Dans sa théorie de la Lune, il remplace ce satellite dans une première approximation par une Lune idéale, dont l'orbite est périodique. Le mouvement de cette Lune idéale est alors celui qui a été décrit au n° 44, où nous avons parlé de ce cas particulier des solutions périodiques de la première sorte, dont nous devons la connaissance à M. Hill.

Il arrive alors que le mouvement de cette Lune idéale, comme celui de la Lune réelle, est affecté d'une inégalité considérable bien connue sous le nom de *variation*; le coefficient est à peu près le même pour les deux Lunes. M. Hill calcule sa valeur pour sa Lune idéale avec un grand nombre de décimales. Il faudrait, pour passer au cas de la nature, corriger le coefficient ainsi obtenu en tenant compte des excentricités, de l'inclinaison et de la parallaxe. C'est ce que M. Hill eût sans doute fait s'il avait achevé la publication de son admirable Mémoire.

Voici un autre cas qui se présentera souvent et sur lequel je désirerais attirer l'attention. Nous avons vu plus haut que les solutions périodiques de la première sorte cessent d'exister quand le rapport des moyens mouvements n et n' est égal à

$$\frac{n}{n'} = \frac{j-1}{j},$$

j étant un entier; c'est-à-dire quand $\dfrac{n'}{n'-n}$ est égal à un entier j.

Mais si le rapport $\dfrac{n'}{n'-n}$, sans être entier, est très voisin d'un entier, la solution périodique existe et elle présente alors une iné-

galité très considérable. Si les conditions initiales véritables du
mouvement diffèrent peu de celles qui correspondent à une semblable solution périodique, cette grande inégalité existera encore
et le coefficient en sera sensiblement le même; on pourra donc,
avec avantage, en calculer la valeur par la considération des solutions périodiques.

C'est ce qu'a fait M. Tisserand (*Bulletin astronomique*, t. III,
p. 415) dans l'étude du mouvement d'Hypérion (satellite de
Saturne). Le rapport du moyen mouvement de ce satellite à celui
de Titan est en effet très voisin de $\frac{3}{4}$.

Les mêmes considérations sont applicables à celles des petites
planètes dont le moyen mouvement est à peu près double de celui
de Jupiter, et qui ont été l'objet d'un remarquable travail de
M. Harzer, et à la planète Hilda, dont le moyen mouvement est à
peu près égal à $\frac{3}{2}$ fois celui de Jupiter.

M. Tisserand signale, en outre, dans le travail que nous citons,
le cas d'Uranus et de Neptune où le rapport des mouvements est
voisin de $\frac{1}{2}$. Dans tous ces cas, il existe une inégalité importante
et l'étude de cette inégalité peut être facilitée par la considération
des solutions périodiques de la première sorte.

Au contraire, les solutions périodiques de la deuxième et de la
troisième sorte n'ont pas encore reçu d'applications pratiques;
tout indique cependant qu'elles en auront un jour, et c'est ce qui
arriverait si les prévisions de Gauss au sujet de Pallas venaient à
se confirmer.

Satellites de Jupiter.

50. Mais l'exemple le plus frappant nous est fourni par Laplace
lui-même et par son admirable théorie des satellites de Jupiter.

Il existe, en effet, de véritables solutions périodiques de la première sorte quand, au lieu de trois corps, on en considère quatre
ou un plus grand nombre. Considérons, en effet, un corps central
de grande masse et trois autres petits corps de masse nulle circu-
lant autour du premier conformément aux lois de Képler. Imaginons que les excentricités et les inclinaisons soient nulles, de telle
façon que les mouvements soient circulaires. Supposons qu'il y
ait, entre les trois moyens mouvements n, n' et n'', une relation

linéaire à coefficients entiers

$$\alpha n + \beta n' + \gamma n'' = 0,$$

α, β et γ étant trois entiers, premiers entre eux, tels que

$$\alpha + \beta + \gamma = 0,$$

on pourra trouver alors trois entiers λ, λ' et λ'' tels que

$$\alpha\lambda + \beta\lambda' + \gamma\lambda'' = 0$$

et on aura

$$n = \lambda A + B, \qquad n' = \lambda' A + B, \qquad n'' = \lambda'' A + B,$$

A et B étant des quantités quelconques.

Au bout d'un temps T, les longitudes des trois corps auront augmenté de

$$\lambda A T + B T, \quad \lambda' A T + B T, \quad \lambda'' A T + B T,$$

et les différences de longitude du second et du troisième satellite avec le premier auront augmenté de

$$(\lambda - \lambda') A T, \quad (\lambda - \lambda'') A T.$$

Si donc on choisit T de telle sorte que AT soit multiple de 2π, les angles formés par les rayons vecteurs menés du corps central aux trois satellites auront repris leur valeur primitive. Ainsi la solution considérée pour $\mu = 0$ est périodique de période T.

Le problème comportera-t-il encore une solution périodique de période T quand on tiendra compte des actions mutuelles des trois petits corps, et que leur mouvement ne sera plus képlérien, ou en d'autres termes quand on donnera au paramètre μ non plus la valeur O, mais une valeur très petite?

Une analyse toute semblable à celle du n° 40 prouve qu'il en est effectivement ainsi; il y a une solution périodique de période T analogue aux solutions de la première sorte et où les orbites sont presque circulaires. Les trois petits corps sont, tant au début qu'au milieu de chaque période, en conjonction ou en opposition symétrique.

Laplace a démontré que les orbites de trois des satellites de
Jupiter diffèrent très peu de celles qu'ils suivraient dans une
pareille solution périodique, et les positions de ces trois petits
corps oscillent constamment autour des positions qu'ils auraient
dans cette solution périodique.

Solutions périodiques dans le voisinage d'une position d'équilibre.

31. Les solutions périodiques dont il a été question jusqu'ici
ne sont pas les seules dont il soit possible de démontrer l'existence.
Ainsi le problème des trois Corps comporte des solutions périodiques de la nature suivante : les deux petits corps décrivent autour
du grand des orbites très peu différentes de deux ellipses képlériennes E et E'; à un certain moment, ces deux petits corps passent très près l'un de l'autre et exercent l'un sur l'autre des perturbations considérables; puis ils s'éloignent de nouveau et décrivent
alors des orbites qui se rapprochent beaucoup de deux nouvelles
ellipses képlériennes E_1 et E_1, très différentes de E et de E'. Les
deux petits corps s'écartent très peu des ellipses E_1 et E_1 jusqu'à
ce qu'ils se trouvent encore une fois très près l'un de l'autre.
Ainsi le mouvement est presque képlérien, sauf à certains moments
où la distance des deux corps devient très petite et où il se produit
des perturbations très considérables, mais de très courte durée.
Il peut arriver que ces sortes de collisions se reproduisent pério-
diquement et de telle sorte qu'au bout d'un certain temps les deux
corps se retrouvent sur les ellipses E et E'. La solution est alors
périodique. Je reviendrai plus tard sur cette sorte de solutions
périodiques qui diffèrent complètement de celles que nous avons
étudiées dans ce Chapitre.

Je réserverai également à un autre volume les solutions périodiques que j'ai appelées du *second genre* et que j'ai définies dans
mon Mémoire du t. XIII des *Acta mathematica*, mais dont
l'étude ne peut précéder celle des invariants intégraux.

Il est toutefois une catégorie de solutions périodiques dont la
théorie se rattache à celle des solutions du second genre, mais
dont je veux cependant dire quelques mots ici, quitte à y revenir
avec plus de détails en temps et lieu.

Soit

$$(1) \qquad \frac{dx_1}{dt} = X_1, \qquad \frac{dx_2}{dt} = X_2, \qquad \ldots, \qquad \frac{dx_n}{dt} = X_n,$$

un système d'équations différentielles. Je suppose que les X_i sont développables suivant les puissances croissantes de $x_1, x_2, \ldots, x_n$ et d'un paramètre μ.

Je suppose de plus que pour

$$x_1 = x_2 = \ldots = x_q = 0$$

on ait à la fois (et quel que soit μ)

$$X_1 = X_2 = \ldots = X_q = 0.$$

Alors le système (1) admettra comme solution particulière

$$x_1 = 0, \qquad x_2 = 0, \qquad \ldots, \qquad x_q = 0,$$

et comme les valeurs de $x_1, x_2, \ldots, x_n$ sont constantes, cette solution pourra être regardée comme une solution périodique de période quelconque.

Je me propose d'étudier les solutions périodiques qui en diffèrent fort peu.

Soient $\beta_1, \beta_2, \ldots, \beta_n$ les valeurs initiales de $x_1, x_2, \ldots, x_n$; soient $\psi_1 + \beta_1, \psi_2 + \beta_2, \ldots, \psi_n + \beta_n$ les valeurs de ces mêmes variables pour $t = T$.

On peut développer $\psi_1, \psi_2, \ldots, \psi_n$ suivant les puissances de $\beta_1, \beta_2, \ldots, \beta_n$ et μ.

Considérons l'équation suivante en S

$$\begin{vmatrix} \dfrac{dX_1}{dx_1} - S & \dfrac{dX_1}{dx_2} & \cdots & \dfrac{dX_1}{dx_n} \\[2mm] \dfrac{dX_2}{dx_1} & \dfrac{dX_2}{dx_2} - S & \cdots & \dfrac{dX_2}{dx_n} \\[2mm] \cdots & \cdots & \cdots & \cdots \\[2mm] \dfrac{dX_n}{dx_1} & \dfrac{dX_n}{dx_2} & \cdots & \dfrac{dX_n}{dx_n} - S \end{vmatrix} = 0,$$

où l'on suppose qu'on ait fait

$$\mu = x_1 = x_2 = \ldots = x_n = 0.$$

Si cette équation n'a pas de racine multiple, j'appellerai $S_1, S_2, \ldots S_n$ ses n racines.

On vérifie alors que le déterminant fonctionnel des ψ par rapport aux β, quand on y fait

$$\mu = \beta_1 = \beta_2 = \ldots = \beta_n = 0,$$

devient égal à

$$\Delta = (e^{S_1 T} - 1)(e^{S_2 T} - 1)\ldots(e^{S_n T} - 1).$$

Pour que la solution considérée soit périodique de période T, il faut et il suffit que l'on ait

$$(2) \qquad \psi_1 = \psi_2 = \ldots = \psi_n = 0.$$

Ce système comporte une solution qui est évidente et qui est la suivante :

$$(3) \qquad \beta_1 = \beta_2 = \ldots = \beta_n = 0.$$

Cela ne nous apprend rien de nouveau, puisque nous savons déjà que $x_1 = x_2 = \ldots = x_n = 0$ peut être regardée comme une solution périodique des équations (1). En dehors de cette solution périodique évidente, ces équations en admettent-elles d'autres qui en soient distinctes tout en en différant très peu? En d'autres termes, les équations (2) peuvent-elles être satisfaites quand on y substitue à la place des β des fonctions de μ, qui sans être identiquement nulles, s'annulent pour $\mu = 0$?

Si le déterminant Δ n'est pas nul, la solution (3) est pour $\mu = 0$ une solution simple du système (2); donc, en dehors de la solution (3), le système (2) ne pourra être satisfait par des fonctions β s'annulant avec μ.

Si, au contraire, le déterminant Δ s'annule, on pourra trouver d'une ou de plusieurs manières des séries convergentes ordonnées suivant les puissances fractionnaires de μ, s'annulant avec cette variable et qui, substituées à la place des β, satisfont aux équations (2). Les séries ainsi définies ont-elles leurs coefficients réels? C'est ce qu'une discussion spéciale, sur laquelle je reviendrai quand je traiterai des solutions périodiques du second genre, pourrait seule nous apprendre; si ces séries ont leurs coefficients réels, elles définissent une catégorie nouvelle de solutions périodiques qui existent pour les petites valeurs de μ et pour lesquelles $x_1, x_2, \ldots$ et x_n ne prennent jamais que de très petites valeurs.

Pour que Δ s'annule, il faut et il suffit que l'un de ses facteurs s'annule, c'est-à-dire que l'on ait

$$e^{S_i T} = 1,$$

S_i étant une des racines de l'équation en S. Pour que cela soit possible, il faut que S_i soit imaginaire; l'équation en S admettra alors la racine imaginaire conjuguée S_j et on aura encore

$$e^{S_j T} = 1,$$

ce qui montre que deux des facteurs de Δ s'annuleront à la fois.

Lunes sans quadrature.

52. Comme application, reprenons les équations de M. Hill

$$(1) \quad \left\{ \begin{aligned} \frac{d^2\xi}{dt^2} - 2n\frac{d\eta}{dt} + \left(\frac{\mu}{r^3} - 3n^2\right)\xi &= 0 \\ \frac{d^2\eta}{dt^2} + 2n\frac{d\xi}{dt} + \frac{\mu\eta}{r^3} &= 0 \end{aligned} \right\} \qquad r^2 = \xi^2 + \eta^2.$$

Ces équations sont satisfaites si l'on fait

$$(2) \qquad \eta = 0, \qquad \xi = \sqrt[3]{\frac{\mu}{3n^2}}.$$

On voit que ξ et η sont alors des constantes; les équations (2) peuvent être regardées comme définissant une solution périodique des équations (1).

Il est aisé d'apercevoir la signification astronomique de cette solution. L'équation $\eta = 0$ signifie que la Lune est constamment en conjonction ou en opposition, et la seconde des équations (2) signifie que la distance de la Lune à la Terre est constante. Cette solution périodique n'est donc autre chose que celle qu'a définie Laplace dans sa *Mécanique céleste*, Livre VI, Chapitre X.

Mais nous nous proposons de déterminer les solutions périodiques qui en diffèrent fort peu, en appliquant les principes du numéro précédent.

Pour cela commençons par supposer que l'unité de longueur ait été choisie de telle sorte que

$$\frac{\mu}{3n^2} = 1, \qquad \mu = 3n^2.$$

et que l'unité de temps ait été choisie de telle sorte que

$$n = 1 + \alpha,$$

α étant un paramètre très petit.

Si nous posons $\xi = 1 + x$, le système (1) peut être remplacé par le suivant, qui est analogue au système (1) du numéro précédent.

$$\frac{dx}{dt} = x' \qquad \frac{dx'}{dt} = \alpha(1+\alpha)\eta + 3(1+\alpha)^2(x+1)\left(\frac{1}{r^3}-1\right),$$
$$\frac{d\eta}{dt} = \eta' \qquad \frac{d\eta'}{dt} = -\alpha(1+\alpha)x' - 3(1+\alpha)^2\frac{\eta}{r^3}.$$

Si nous formons ensuite l'équation en S du numéro précédent il vient

$$S^4 - 2S^2 - 27 = 0$$

Cette équation admet deux racines réelles et deux racines imaginaires

$$S_1 = \sqrt{-1}\sqrt{\sqrt{28}-1},$$
$$S_2 = -\sqrt{-1}\sqrt{\sqrt{28}-1}.$$

Si alors nous prenons

$$T = \frac{2\pi}{\sqrt{\sqrt{28}-1}},$$

il vient

$$e^{S_1 T} = e^{S_2 T} = 1.$$

Le déterminant Δ du numéro précédent est donc nul.

On peut donc former des séries ordonnées suivant les puissances fractionnaires de μ (ici ces séries seraient ordonnées suivant les puissances entières de $\sqrt{\mu}$) et qui, substituées à la place des β_i, satisfont aux équations (2) du numéro précédent. On vérifierait (et j'y reviendrai plus loin) que les coefficients de ces séries sont réels.

Les équations (1) de M. Hill admettent donc des solutions périodiques peu différentes de la solution (2). Dans ces solutions, τ reste très petit et la Lune, par conséquent, est toujours presque en opposition (ou en conjonction). M. Hill a donc eu raison d'annoncer qu'on peut imaginer une classe de satellites qui ne pourront jamais être en quadrature; seulement le procédé par lequel il avait cru pouvoir arriver à un résultat, qu'il avait pour ainsi dire deviné, n'était en aucune façon capable de l'y conduire; car cette classe de satellites n'est pas, comme il l'avait cru, la continuation analytique de celle qu'il avait étudiée d'abord d'une façon si approfondie et si brillante.

J'ajouterai que, dans cette catégorie de solutions périodiques, la Lune se trouve en opposition symétrique au commencement et au milieu de chaque période.

CHAPITRE IV.

EXPOSANTS CARACTÉRISTIQUES.

Équations aux variations.

53. Il y a peu de chances pour que, dans aucune application, les conditions initiales du mouvement soient exactement celles qui correspondent à une solution périodique; mais il peut arriver qu'elles en diffèrent fort peu. Si alors on considère les coordonnées des trois corps dans leur mouvement véritable, et, d'autre part, les coordonnées qu'auraient ces trois mêmes corps dans la solution périodique, la différence reste très petite au moins pendant un certain temps et l'on peut, dans une première approximation, négliger le carré de cette différence.

Soit

$$(1) \qquad \frac{dx_i}{dt} = X_i \qquad (i = 1, 2, \ldots, n)$$

un système d'équations différentielles où les X_i sont des fonctions données de $x_1, x_2, \ldots, x_n$.

Soit

$$(1\ bis) \qquad x_1 = \varphi_1(t), \qquad x_2 = \varphi_2(t), \qquad \ldots \qquad x_n = \varphi_n(t)$$

une solution quelconque de ces équations que nous appellerons *solution génératrice*.

Soit

$$(1\ ter) \qquad x_1 = \varphi_1(t) + \xi_1, \qquad x_2 = \varphi_2(t) + \xi_2, \qquad \ldots \qquad x_n = \varphi_n(t) + \xi_n$$

une solution peu différente de la première.

Si l'on néglige les carrés des ξ, on pourra écrire

$$(2) \qquad \frac{d\xi_i}{dt} = \frac{dX_i}{dx_1}\xi_1 + \frac{dX_i}{dx_2}\xi_2 + \ldots + \frac{dX_i}{dx_n}\xi_n \qquad (i = 1, 2, \ldots, n).$$

Les équations (2) seront ce que nous appellerons les *équations aux variations* des équations (1). On conçoit qu'on puisse dans une première approximation se servir de ces équations aux variations pour déterminer les ξ.

Ce qui précède suffit pour faire comprendre l'importance de ces équations aux variations. Nous allons donc en faire une étude détaillée, en insistant surtout sur les équations aux variations des équations de la Dynamique.

54. Reprenons les équations (1) du numéro précédent et les équations (2) qui en sont les équations aux variations.

Quand on connaît une solution des équations (1) contenant un certain nombre de constantes arbitraires, on peut en déduire des solutions particulières des équations (2).

Supposons, en effet, que les équations (1) soient satisfaites quand on y fait

$$(3)\quad\begin{cases} x_1 = \varphi_1(t, h_1, h_2, \ldots, h_p), \\ x_2 = \varphi_2(t, h_1, h_2, \ldots, h_p), \\ \cdots\cdots\cdots\cdots\cdots\cdots\cdots\cdots \\ x_n = \varphi_n(t, h_1, h_2, \ldots, h_p); \end{cases}$$

Je suppose que la solution génératrice s'obtienne en faisant dans ces équations (3)

$$h_1 = h_2 = \ldots = h_p = 0,$$

où $h_1, h_2, \ldots, h_p$ sont p constantes arbitraires.

Il est clair que les équations (2) admettront les p solutions particulières

$$\zeta_1 = \frac{d\varphi_1}{dh_1}, \quad \zeta_2 = \frac{d\varphi_2}{dh_1}, \quad \ldots \quad \zeta_n = \frac{d\varphi_n}{dh_1},$$

$$\zeta_1 = \frac{d\varphi_1}{dh_2}, \quad \zeta_2 = \frac{d\varphi_2}{dh_2}, \quad \ldots \quad \zeta_n = \frac{d\varphi_n}{dh_2},$$

$$\cdots\cdots\cdots\cdots\cdots\cdots\cdots\cdots\cdots\cdots\cdots$$

$$\zeta_1 = \frac{d\varphi_1}{dh_p}, \quad \zeta_2 = \frac{d\varphi_2}{dh_p}, \quad \ldots \quad \zeta_n = \frac{d\varphi_n}{dh_p},$$

Il faut, bien entendu, que dans ces dérivées $\dfrac{d\varphi_i}{dh_i}$ on fasse après la différentiation

$$h_1 = h_2 = \ldots = h_\mu = 0.$$

Supposons maintenant que l'on connaisse une intégrale des équations (1), et soit

$$F(x_1, x_2, \ldots, x_n) = \text{const.}$$

cette intégrale.

On aura, pour la solution (1 *bis*),

$$F[\varphi_1(t), \varphi_2(t), \ldots, \varphi_n(t)] = c,$$

et, pour la solution (1 *ter*),

$$F[\varphi_1(t) + \xi_1, \varphi_2(t) + \xi_2, \ldots, \varphi_n(t) + \xi_n] = c',$$

c et c' étant deux constantes numériques.

Si nous supposons que les ξ soient très petits, il en sera de même de $c' - c$ et, si l'on néglige les carrés de ces quantités, il vient

$$(4) \qquad \frac{dF}{dx_1}\xi_1 + \frac{dF}{dx_2}\xi_2 + \ldots + \frac{dF}{dx_n}\xi_n = c' - c = \text{const.}$$

Dans les dérivées partielles $\dfrac{dF}{dx_i}$ il faut, bien entendu, faire après la différentiation

$$x_1 = \varphi_1(t), \qquad x_2 = \varphi_2(t), \qquad \ldots, \qquad x_n = \varphi_n(t).$$

L'équation (4) nous donne alors une intégrale des équations (2); il importe d'observer que cette intégrale contiendra en général le temps explicitement.

Ainsi, si l'on connaît une intégrale des équations (1), on peut en déduire une intégrale des équations (2).

Application à la théorie de la Lune.

55. J'ai parlé plus haut, au n° 53, des applications possibles des équations aux variations et de leur utilité pour l'Astronomie. Un

exemple frappant nous en est fourni par l'admirable théorie de la Lune, de M. Hill.

J'ai dit au n° 41 comment ce savant astronome, après avoir formé les équations du mouvement de la Lune, étudie en détail une solution particulière de ces équations qui diffère assez peu de la solution correspondant aux véritables conditions initiales du mouvement. Cette solution est périodique et de celles que j'ai désignées dans le Chapitre précédent sous le nom de *solutions de la première sorte*.

S'en tenir à cette solution, cela revient à négliger à la fois non seulement la parallaxe et l'excentricité du Soleil, mais les inclinaisons des orbites et l'excentricité de la Lune.

Néanmoins cette première approximation nous fait connaître assez exactement, ainsi que je l'ai dit au n° 49, le coefficient de l'une des plus importantes inégalités de la Lune connue sous le nom de *variation*.

Soient maintenant

$$x_1 = \varphi_1(t), \quad x_2 = \varphi_2(t), \quad x_3 = \varphi_3(t) = 0$$

les coordonnées de la Lune dans cette solution particulière périodique.

Soient

$$x_1 = \varphi_1(t) - \xi$$

les véritables coordonnées de la Lune.

Dans une deuxième approximation, M. Hill néglige les carrés des ξ et il arrive ainsi à un système d'équations différentielles linéaires. En d'autres termes, il forme les équations aux variations en prenant pour solution génératrice la solution périodique qu'il avait d'abord étudiée.

Néanmoins cette seconde approximation lui donne quelques-uns des éléments les plus importants du mouvement de la Lune, à savoir le mouvement du périgée, celui du nœud et le coefficient de l'*évection*.

A la vérité, les résultats ne sont publiés qu'en ce qui concerne le mouvement du périgée (*Cambridge U. S. A.*, 1877, et *Acta mathematica*, t. VIII), mais le chiffre obtenu est extrêmement satisfaisant.

Équations aux variations de la Dynamique.

56. Soit F une fonction d'une double série de variables

$$x_1, x_2, \ldots, x_n,$$
$$y_1, y_2, \ldots, y_n,$$

et du temps t.

Supposons que l'on ait les équations différentielles

$$(1) \qquad \frac{dx_i}{dt} = \frac{dF}{dy_i}, \qquad \frac{dy_i}{dt} = -\frac{dF}{dx_i}.$$

Considérons deux solutions infiniment voisines de ces équations :

$$x_1, x_2, \ldots, x_n, y_1, y_2, \ldots, y_n$$

qui servira de solution génératrice et

$$x_1 + \xi_1, x_2 + \xi_2, \ldots, x_n + \xi_n, y_1 + \eta_1, y_2 + \eta_2, \ldots, y_n + \eta_n$$

les ξ et les η étant assez petits pour qu'on puisse négliger leurs carrés.

Les ξ et les η satisferont alors aux équations différentielles linéaires

$$(2) \qquad \begin{cases} \dfrac{d\xi_i}{dt} = \sum_k \dfrac{d^2F}{dy_i dx_k}\xi_k + \sum_k \dfrac{d^2F}{dy_i dy_k}\eta_k, \\[2ex] \dfrac{d\eta_i}{dt} = -\sum_k \dfrac{d^2F}{dx_i dx_k}\xi_k - \sum_k \dfrac{d^2F}{dx_i dy_k}\eta_k, \end{cases}$$

qui sont les équations aux variations des équations (1).

Soit ξ'_i, η'_i une autre solution de ces équations linéaires, de sorte que

$$(2') \qquad \begin{cases} \dfrac{d\xi'_i}{dt} = \sum_k \dfrac{d^2F}{dy_i dx_k}\xi'_k + \sum_k \dfrac{d^2F}{dy_i dy_k}\eta'_k, \\[2ex] \dfrac{d\eta'_i}{dt} = -\sum_k \dfrac{d^2F}{dx_i dx_k}\xi'_k - \sum_k \dfrac{d^2F}{dx_i dy_k}\eta'_k. \end{cases}$$

Multiplions les équations (2) et (2') respectivement par η'_i, $-\xi'_i$,

$-\eta_k$, ξ_i et faisons la somme de toutes ces équations, il viendra

$$\sum_i \left(\eta_i \frac{d\xi_i}{dt} - \xi_i \frac{d\eta_i}{dt} - \eta_i \frac{d\xi_i}{dt} - \xi_i \frac{d\eta_i}{dt} \right)$$

$$= \sum_i \sum_k \left(\xi_k \eta_i \frac{d^2F}{dy_i\,dx_k} - \eta_k \eta_i \frac{d^2F}{dy_i\,dy_k} + \xi_k \xi_i \frac{d^2F}{dx_i\,dx_k} + \eta_k \xi_i \frac{d^2F}{dx_i\,dy_k} \right)$$

$$- \sum_i \sum_k \left(\eta_k \xi_i \frac{d^2F}{dy_i\,dx_k} + \eta_k \eta_i \frac{d^2F}{dy_i\,dy_k} + \xi_k \xi_i \frac{d^2F}{dx_i\,dx_k} + \xi_k \eta_i \frac{d^2F}{dx_i\,dy_k} \right)$$

ou

$$\sum \frac{d}{dt} \left[\eta_i \xi_i - \xi_i \eta_i \right] = 0$$

ou enfin

$$(3) \qquad \eta_1 \xi_1 - \xi_1 \eta_1 + \eta_2 \xi_2 - \xi_2 \eta_2 + \ldots + \eta_n \xi_n - \xi_n \eta_n = \text{const.}$$

Voilà une relation qui lie entre elles deux solutions quelconques des équations linéaires (2).

Il est aisé de trouver d'autres relations analogues.

Considérons quatre solutions des équations (2)

$$\xi_i, \quad \xi_i', \quad \xi_i'', \quad \xi_i'''$$
$$\eta_i, \quad \eta_i', \quad \eta_i'', \quad \eta_i'''$$

Considérons ensuite la somme des déterminants

$$\sum_i \sum_k \begin{vmatrix} \xi_i & \xi_i' & \xi_i'' & \xi_i''' \\ \eta_i & \eta_i' & \eta_i'' & \eta_i''' \\ \xi_k & \xi_k' & \xi_k'' & \xi_k''' \\ \eta_k & \eta_k' & \eta_k'' & \eta_k''' \end{vmatrix}$$

où les indices i et k varient depuis 1 jusqu'à n. On vérifierait sans peine que cette somme est encore une constante.

Plus généralement, si l'on forme à l'aide de $2p$ solutions des équations (2) la somme de déterminants

$$\sum_{a_1 a_2 \ldots a_p} \left| \xi_{a_1} \eta_{a_1}, \xi_{a_2} \eta_{a_2}, \ldots \xi_{a_p} \eta_{a_p} \right|$$

$$(a_1, a_2, \ldots, a_p = 1, 2, \ldots, n),$$

cette somme sera une constante.

En particulier, le déterminant formé par les valeurs des $2n$ quantités ξ et η dans $2n$ solutions des équations (2) sera une constante.

Ces considérations permettent de trouver une solution des équations (2) quand on en connaît une intégrale et réciproquement.

Supposons, en effet, que

$$\xi_i = \alpha_i, \quad \eta_i = \beta_i$$

soit une solution particulière des équations (2) et désignons par ξ_i' et η_i' une solution quelconque de ces mêmes équations. On devra avoir

$$\Sigma(\xi_i'\beta_i - \eta_i'\alpha_i) = \text{const.},$$

ce qui sera une intégrale des équations (2).

Réciproquement, soit

$$\Sigma A_i \xi_i + \Sigma B_i \eta_i = \text{const.}$$

une intégrale des équations (2), on devra avoir

$$\sum_i \frac{dA_i}{dt}\xi_i + \sum_i \frac{dB_i}{dt}\eta_i + \sum_i A_i\left(\sum_k \frac{d^2F}{dy_i\,dx_k}\xi_k + \sum_k \frac{d^2F}{dy_i\,dy_k}\eta_k\right)$$
$$- \sum_i B_i\left(\sum_k \frac{d^2F}{dx_i\,dx_k}\xi_k + \sum_k \frac{d^2F}{dx_i\,dy_k}\eta_k\right) = 0,$$

d'où en identifiant

$$\frac{dA_i}{dt} = -\sum_k \frac{d^2F}{dy_k\,dx_i}A_k + \sum_k \frac{d^2F}{dx_k\,dx_i}B_k,$$
$$\frac{dB_i}{dt} = -\sum_k \frac{d^2F}{dy_k\,dy_i}A_k + \sum_k \frac{d^2F}{dx_k\,dy_i}B_k,$$

ce qui montre que

$$\xi_i = B_i, \quad \eta_i = -A_i$$

est une solution particulière des équations (2).

Si maintenant

$$\Phi(x_i, y_i, t) = \text{const.}$$

est une intégrale des équations (1),

$$\sum \frac{d\Phi}{dx_i}\xi_i + \sum \frac{d\Phi}{dy_i}\eta_i = \text{const.}$$

sera une intégrale des équations (2), et par conséquent

$$\xi_i = \frac{d\Phi}{dy_i}, \quad \eta_i = -\frac{d\Phi}{dx_i}$$

sera une solution particulière de ces équations.

Si $\Phi = \text{const.}$, $\Phi_1 = \text{const.}$ sont deux intégrales des équations (1), on aura

$$\sum\left(\frac{d\Phi}{dx_i}\frac{d\Phi_1}{dy_i} - \frac{d\Phi}{dy_i}\frac{d\Phi_1}{dx_i}\right) = \text{const.}$$

C'est le théorème de Poisson.

Considérons le cas particulier où les x désignent les coordonnées rectangulaires de n points dans l'espace; nous les désignerons par la notation à double indice

$$x_{1i}, \quad x_{2i}, \quad x_{3i}$$

le premier indice se rapportant aux trois axes rectangulaires de coordonnées et le second indice aux n points matériels. Soit m_i la masse du $i^{\text{ème}}$ point matériel. On aura alors

$$m_i\frac{d^2 x_{ki}}{dt^2} = \frac{dV}{dx_{ki}},$$

V étant la fonction des forces.

On aura alors pour l'équation des forces vives

$$F = \sum\frac{m_i}{2}\left(\frac{dx_{ki}}{dt}\right)^2 - V = \text{const.}$$

Posons ensuite

$$y_{ki} = m_i\frac{dx_{ki}}{dt},$$

d'où

$$(3) \qquad F = \sum\frac{y_{ki}^2}{2m_i} - V = \text{const.}$$

et

$$(1') \qquad \frac{dx_{ki}}{dt} = \frac{dF}{dy_{ki}}, \qquad \frac{dy_{ki}}{dt} = -\frac{dF}{dx_{ki}}.$$

Soit

$$(4) \qquad x_{ki} = \varphi_{ki}(t), \qquad y_{ki} = m_i\varphi_{ki}'(t)$$

une solution de ces équations (1'), une autre solution sera

$$x_{ki} = \varphi_{ki}(t+h), \qquad y_{ki} = m_i\varphi_{ki}'(t+h),$$

h étant une constante quelconque.

En regardant h comme infiniment petit, on obtiendra une solution des équations (2′) qui correspondent à (1′) comme les équations (2) correspondent à (1)

$$\xi_{ki} = h\varphi'_{ki}(t) = h\frac{y_{ki}}{m_i}, \qquad \eta_{ki} = hm_i\varphi''_{ki}(t) = h\frac{dV}{dx_{ki}},$$

h désignant un facteur constant très petit que l'on peut supprimer quand on ne considère que les équations linéaires (2′).

Connaissant une solution

$$\xi = \frac{y}{m}, \qquad \eta = \frac{dV}{dx}$$

de ces équations, on peut déduire une intégrale

$$\sum \frac{y\eta}{m} - \sum \frac{dV}{dx}\xi = \text{const.}$$

Mais cette même intégrale s'obtient très aisément en différentiant l'équation des forces vives (3).

Si les points matériels sont soustraits à toute action extérieure, on peut déduire de la solution (4) une autre solution

$$\begin{aligned} x_{1i} &= \varphi_{1i}(t) + h + kt, & y_{1i} &= m_i\varphi'_{1i}(t) + m_i k, \\ x_{2i} &= \varphi_{2i}(t), & y_{2i} &= m_i\varphi'_{2i}(t), \\ x_{3i} &= \varphi_{3i}(t), & y_{3i} &= m_i\varphi'_{3i}(t), \end{aligned}$$

h et k étant des constantes quelconques. En regardant ces constantes comme infiniment petites, on obtient deux solutions des équations (2′)

$$\xi_{1i} = 1, \qquad \xi_{2i} = \xi_{3i} = \eta_{1i} = \eta_{2i} = \eta_{3i} = 0,$$

$$\xi_{1i} = t, \qquad \xi_{2i} = \xi_{3i} = \eta_{2i} = \eta_{3i} = 0, \qquad \eta_{1i} = m_i.$$

On obtient ainsi deux intégrales de (2′)

$$\Sigma_i \eta_{1i} = \text{const.},$$

$$\Sigma \eta_{1i} t - \Sigma m_i \xi_{1i} = \text{const.}$$

On peut obtenir ces intégrales en différentiant les équations du mouvement du centre de gravité

$$\Sigma m_i x_{1i} - t \Sigma y_{1i} = \text{const.},$$

$$\Sigma y_{1i} = \text{const.}$$

Si l'on fait tourner la solution (4) d'un angle ω autour de l'axe des z, on obtient une autre solution

$$x_{1i} = \varphi_{1i} \cos\omega - \varphi_{2i} \sin\omega, \qquad \frac{y_{1i}}{m_i} = \varphi'_{1i} \cos\omega - \varphi'_{2i} \sin\omega,$$

$$x_{2i} = \varphi_{1i} \sin\omega + \varphi_{2i} \cos\omega, \qquad \frac{y_{2i}}{m_i} = \varphi'_{1i} \sin\omega + \varphi'_{2i} \cos\omega,$$

$$x_{3i} = \varphi_{3i}, \qquad \frac{y_{3i}}{m_i} = \varphi'_{3i}.$$

En regardant ω comme infiniment petit, on trouve comme solution de (2')

$$\xi_{1i} = -x_{2i}, \qquad \eta_{1i} = -y_{2i},$$
$$\xi_{2i} = x_{1i}, \qquad \eta_{2i} = y_{1i},$$
$$\xi_{3i} = 0, \qquad \eta_{3i} = 0,$$

d'où l'intégrale de (2')

$$\Sigma_i (x_{1i}\eta_{2i} - y_{1i}\xi_{2i} - x_{2i}\eta_{1i} + y_{2i}\xi_{1i}) = \text{const.},$$

que l'on pouvait obtenir aussi en différentiant l'intégrale des aires de (1')

$$\Sigma(x_{1i} y_{2i} - x_{2i} y_{1i}) = \text{const.}$$

Supposons maintenant que la fonction V soit homogène et de degré -1 par rapport aux x, ce qui est le cas de la nature.

Les équations (1') ne changeront pas quand on multipliera t par λ^3, les x par λ^2 et les y par λ^{-1}, λ étant une constante quelconque. De la solution (4) on déduira donc la solution suivante :

$$x_{ki} = \lambda^2 \varphi_{ki}\left(\frac{t}{\lambda^3}\right), \qquad y_{ki} = \lambda^{-1} m_i \varphi'_{ki}\left(\frac{t}{\lambda^3}\right).$$

Si l'on regarde λ comme très voisin de l'unité, on obtiendra comme solution des équations (2')

$$\xi_{ki} = 2\varphi_{ki} - 3t\varphi'_{ki}, \qquad \eta_{ki} = -m_i \varphi'_{ki} - 3m_i t \varphi''_{ki}$$

ou

$$(5) \qquad \xi_{ki} = 2x_{ki} - 3t\frac{y_{ki}}{m_i}, \qquad \eta_{ki} = -y_{ki} - 3t\frac{dV}{dx_{ki}}.$$

d'où l'intégrale suivante des équations (2'), laquelle, à la différence de celles que nous avons envisagées jusqu'ici, ne peut être obtenue en différentiant une intégrale connue des équations (1')

$$\Sigma(2x_{ki}\eta_{ki} + y_{ki}\xi_{ki}) = 3t\left[\sum\left(\frac{y_{ki}\eta_{ki}}{m_i} - \frac{dV}{dx_{ki}}\xi_{ki}\right)\right] + \text{const.}$$

Application de la théorie des substitutions linéaires.

57. Avant d'aller plus loin, je suis obligé de rappeler quelques-unes des propriétés des transformations linéaires qui nous seront utiles dans la suite.

Soit

$$(1)\qquad \begin{cases} \gamma_1 = a_1\beta_1 + a_2\beta_2 + a_3\beta_3, \\ \gamma_2 = b_1\beta_1 + b_2\beta_2 + b_3\beta_3, \\ \gamma_3 = c_1\beta_1 + c_2\beta_2 + c_3\beta_3 \end{cases}$$

une substitution linéaire qui lie les variables β aux variables γ. Le déterminant de cette substitution est

$$\Delta = \begin{vmatrix} a_1 & a_2 & a_3 \\ b_1 & b_2 & b_3 \\ c_1 & c_2 & c_3 \end{vmatrix},$$

et l'équation

$$(2)\qquad \begin{vmatrix} a_1 - S & a_2 & a_3 \\ b_1 & b_2 - S & b_3 \\ c_1 & c_2 & c_3 - S \end{vmatrix} = 0$$

est ce qu'on appelle l'équation en S de la substitution (1). Si l'on fait subir aux β et aux γ une même substitution linéaire, c'est-à-dire si l'on pose

$$\beta'_i = \lambda_{i,1}\beta_1 + \lambda_{i,2}\beta_2 + \lambda_{i,3}\beta_3,$$
$$\gamma'_i = \lambda_{i,1}\gamma_1 + \lambda_{i,2}\gamma_2 + \lambda_{i,3}\gamma_3,$$

les λ étant des constantes; les γ' et les β' seront liés entre eux par des relations linéaires de même forme que (1), et l'on aura

$$(3)\qquad \begin{cases} \gamma'_1 = a'_1\beta'_1 + a'_2\beta'_2 + a'_3\beta'_3, \\ \gamma'_2 = b'_1\beta'_1 + b'_2\beta'_2 + b'_3\beta'_3, \\ \gamma'_3 = c'_1\beta'_1 + c'_2\beta'_2 + c'_3\beta'_3. \end{cases}$$

La substitution linéaire (3) s'appellera alors la *transformée* de la substitution (1).

La théorie des substitutions linéaires nous apprend :

1° Que la nouvelle équation en S

$$\begin{vmatrix} a'_1 - S & a'_1 & a'_2 \\ b_1 & b'_2 - S & b'_3 \\ c_1 & c'_2 & c'_3 - S \end{vmatrix} = 0$$

ne diffère pas de l'ancienne équation en S (2);

2° Que si le déterminant Δ est nul ainsi que tous ses mineurs jusqu'aux mineurs de l'ordre p inclusivement, il en sera de même du déterminant

$$\Delta' = \begin{vmatrix} a'_1 & a'_2 & a'_3 \\ b'_1 & b'_2 & b'_3 \\ c'_1 & c'_2 & c'_3 \end{vmatrix}.$$

Les mineurs d'ordre p de Δ' sont, en effet, des combinaisons linéaires des mineurs d'ordre p de Δ;

3° Que l'on peut choisir les λ de façon à ramener la substitution (2) à une forme aussi simple que possible, dite *forme canonique*. Voici en quoi consiste cette forme :

Si l'équation en S a toutes ses racines simples, on peut annuler à la fois a'_2, a'_3, b'_1, b'_3, c'_1, c'_2.

Si l'équation en S a une racine double, on peut annuler à la fois a'_2, a'_3, b'_3, b'_1, c'_1; on a alors $b'_2 = c'_3$.

Si l'équation en S a une racine triple, on peut s'annuler à la fois a'_2, a'_3 et b'_3; on a alors $a'_1 = b'_2 = c'_3$.

Dans tous les cas, on peut toujours supposer que les λ ont été choisis, de telle sorte que

$$a'_2 = a'_3 = b'_3 = 0.$$

Si l'équation en S a une racine nulle, Δ est nul et réciproquement.

Supposons maintenant que Δ ait tous ses mineurs du premier ordre nuls; alors il en sera de même de Δ'. Mais, comme

$$a'_2 = a'_3 = b'_3 = 0,$$

il y a trois des mineurs de Δ' qui se réduisent à

$$a'_1 b'_2, \quad b'_2 c'_3, \quad a'_1 c'_3;$$

ils ne peuvent s'annuler que si deux des trois quantités a'_1, b'_2 et c'_3 sont nulles.

Mais ces trois quantités sont les trois racines de l'équation en S. Donc, si les mineurs de Δ sont tous nuls, l'équation en S a deux racines nulles.

La réciproque n'est pas vraie.

En effet, l'équation en S

$$\begin{vmatrix} 1-S & 0 & 0 \\ 0 & -S & 0 \\ 0 & 1 & -S \end{vmatrix} = 0$$

a deux racines nulles et tous ses mineurs ne sont pas nuls.

Nous avons supposé, pour fixer les idées, que nous avions affaire à une substitution linéaire portant sur trois variables seulement; mais le même raisonnement s'applique, quel que soit le nombre des variables.

Si le déterminant d'une substitution linéaire est nul, ainsi que tous ses mineurs du premier, du second, etc., du $(p-1)^{ième}$ ordre; l'équation en S aura p racines nulles.

58. Soient, comme dans le Chapitre précédent,

$$\frac{dx_i}{dt} = X_i \quad (i = 1, 2, \ldots, n)$$

un système d'équations différentielles. Soit

$$x_i = \varphi_i(t)$$

une solution périodique de ces équations de période T.

Soit, dans une solution voisine de cette solution périodique, $\varphi_i(0) + \beta_i$ la valeur de x_i pour $t = 0$, et $\varphi_i(0) + \beta_i + \psi_i$ la valeur de x_i pour $t = T + \tau$.

Envisageons le déterminant fonctionnel des ψ par rapport aux β

$$\begin{vmatrix} \frac{d\psi_1}{d\beta_1} & \frac{d\psi_1}{d\beta_2} & \cdots & \frac{d\psi_1}{d\beta_n} \\ \frac{d\psi_2}{d\beta_1} & \cdots & \cdots & \cdots \\ \cdots & \cdots & \cdots & \cdots \\ \frac{d\psi_n}{d\beta_1} & \cdots & \cdots & \frac{d\psi_n}{d\beta_n} \end{vmatrix}.$$

On peut le regarder comme le tableau des coefficients d'une substitution linéaire T.

Si l'on fait subir aux x un changement linéaire de variables, les β et les ψ subiront ce même changement linéaire, et la substitution linéaire T se changera dans la substitution transformée au sens du numéro précédent.

Nous pourrons donc choisir le changement linéaire de variables subi par les x, les β et les ψ de façon à simplifier autant que possible le tableau des coefficients de T, ainsi qu'il a été expliqué plus haut. Nous pouvons donc toujours supposer que l'on a fait un changement linéaire de variables tel que

$$(1) \qquad \frac{d\psi_i}{d\beta_k} = 0$$

toutes les fois que $i < k$.

Dans ce cas les racines de l'équation en S relative à la substitution T sont

$$\frac{d\psi_1}{d\beta_1}, \quad \frac{d\psi_2}{d\beta_2}, \quad \ldots, \quad \frac{d\psi_n}{d\beta_n}.$$

On peut d'ailleurs choisir le changement de variables que subissent les x, les β et les ψ de façon que ces racines de l'équation en S se présentent dans tel ordre que l'on veut. Si, par exemple, l'équation en S a deux racines nulles, on peut choisir ce changement de variables de telle façon que,

$$\frac{d\psi_{n-1}}{d\beta_{n-1}} = \frac{d\psi_n}{d\beta_n} = 0.$$

Si l'équation en S n'a qu'une racine égale à $\frac{d\psi_1}{d\beta_1}$, on pourra encore choisir le changement de variables, de telle sorte que l'on ait en outre

$$(2) \qquad \frac{d\psi_2}{d\beta_1} = \frac{d\psi_3}{d\beta_1} = \ldots = \frac{d\psi_n}{d\beta_1} = 0.$$

Supposons donc que l'équation en S ait une racine nulle et une seule; nous pourrons d'après ce qui précède supposer que cette racine nulle est $\frac{d\psi_1}{d\beta_1}$, de sorte que

$$\frac{d\psi_1}{d\beta_1} = 0.$$

et choisir en même temps le changement de variables, de façon à satisfaire aux conditions (1) et (2).

Si donc l'équation en S a une racine nulle et une seule, il est toujours permis de supposer que

$$\frac{d\psi_1}{d\beta_1} = \frac{d\psi_2}{d\beta_1} = \ldots = \frac{d\psi_n}{d\beta_1} = 0,$$

$$\frac{d\chi_1}{d\beta_1} = \frac{d\chi_2}{d\beta_1} = \ldots = \frac{d\chi_n}{d\beta_1} = 0.$$

Définition des exposants caractéristiques.

59. Soit

$$(1) \qquad \frac{dx_i}{dt} = X_i \qquad (i = 1, 2, \ldots, n)$$

un système d'équations différentielles où X_1, X_2, ..., X_n seront des fonctions données de x_1, x_2, ..., x_n. Nous pourrons supposer, ou bien que le temps t n'entre pas explicitement dans ces fonctions X_i, ou au contraire que ces fonctions X_i dépendent non seulement de x_1, x_2, ..., x_n, mais encore du temps t; mais dans ce dernier cas les X_i devront être des fonctions périodiques de t.

Imaginons que ces équations (1) admettent une solution périodique

$$x_i = \varphi_i(t).$$

Prenons cette solution comme solution génératrice et formons les équations aux variations (*voir* n° 53) des équations (1), en posant

$$x_i = \varphi_i(t) + \xi_i$$

et négligeant les carrés des ξ.

Ces équations aux variations s'écriront

$$(2) \qquad \frac{d\xi_i}{dt} = \frac{dX_i}{dx_1}\xi_1 + \frac{dX_i}{dx_2}\xi_2 + \ldots + \frac{dX_i}{dx_n}\xi_n.$$

Ces équations sont linéaires par rapport aux ξ, et leurs coefficients $\frac{dX_i}{dx_k}$ [quand on y a remplacé x_i par $\varphi_i(t)$] sont des fonctions périodiques de t. Nous avons donc à intégrer des équations linéaires à coefficients périodiques.

On a vu au n° **29** quelle est en général la forme des intégrales de ces équations; on obtient n intégrales particulières de la forme suivante

$$(3) \quad \left\{ \begin{array}{lll} \xi_1 = e^{\alpha_1 t}S_{11}, & \xi_2 = e^{\alpha_1 t}S_{21}, & \xi_n = e^{\alpha_1 t}S_{n1}, \\ \xi_1 = e^{\alpha_2 t}S_{12}, & \xi_2 = e^{\alpha_2 t}S_{22}, & \xi_n = e^{\alpha_2 t}S_{n2}, \\ \cdots & \cdots & \cdots \\ \xi_1 = e^{\alpha_n t}S_{1n}, & \xi_2 = e^{\alpha_n t}S_{2n}, & \xi_n = e^{\alpha_n t}S_{nn}, \end{array} \right.$$

les α étant des constantes et les S_{ik} des fonctions périodiques de t de même période que les $\varphi_i(t)$.

Les constantes α s'appellent les *exposants caractéristiques* de la solution périodique.

Si α est purement imaginaire de façon que son carré soit négatif, le module de $e^{\alpha t}$ est constant et égal à 1. Si au contraire α est réel, ou si α est complexe de telle façon que son carré ne soit pas réel, le module $e^{\alpha t}$ tend vers l'infini pour $t = +\infty$ ou pour $t = -\infty$. Si donc tous les α ont leurs carrés réels et négatifs, les quantités $\xi_1, \xi_2, \ldots, \xi_n$ resteront finies; je dirai alors que la solution périodique $x_i = \varphi_i(t)$ est stable; dans le cas contraire, je dirai que cette solution est instable.

Un cas particulier intéressant est celui où deux ou plusieurs des exposants caractéristiques α sont égaux entre eux. Dans ce cas les intégrales des équations (2) ne peuvent plus se mettre sous la forme (3). Si, par exemple,

$$\alpha_1 = \alpha_2,$$

les équations (2) admettraient deux intégrales particulières qui s'écriraient

$$\xi_i = e^{\alpha_1 t}S_{i,1}$$

et

$$\xi_i = t e^{\alpha_1 t}S_{i,1} + e^{\alpha_1 t}S_{i,2},$$

les $S_{i,1}$ et les $S_{i,2}$ étant des fonctions périodiques de t (*voir* n° **29**).

Si trois des exposants caractéristiques étaient égaux entre eux, on verrait apparaître, non seulement t, mais encore t^2 en dehors des signes trigonométriques et exponentiels.

H. P. — I. 12

Equation qui définit ces exposants.

60. Reprenons les équations (1) du numéro précédent; considérons une solution quelconque

$$x_i = \varphi_i(t) + \xi_i.$$

Soit T la période de la solution périodique génératrice $x_i = \varphi_i(t)$; soit $\varphi_i(0) + \beta_i$ la valeur de x_i pour $t = 0$, et $\varphi_i(\mathrm{T}) + \beta_i + \psi_i$ la valeur de x_i pour $t = \mathrm{T}$.

Comme les ψ_i s'annulent avec les β_i et sont développables suivant les puissances croissantes des β_i, nous pouvons écrire, par la formule de Taylor,

$$\psi_i = \frac{d\psi_i}{d\beta_1}\beta_1 + \frac{d\psi_i}{d\beta_2}\beta_2 + \ldots + \frac{d\psi_i}{d\beta_n}\beta_n + \ldots .$$

Si la solution considérée diffère assez peu de la solution périodique pour qu'on puisse négliger les carrés des ξ, on pourra également négliger les carrés des β et il restera

$$\psi_i = \frac{d\psi_i}{d\beta_1}\beta_1 + \frac{d\psi_i}{d\beta_2}\beta_2 + \ldots + \frac{d\psi_i}{d\beta_n}\beta_n \qquad (i = 1, 2, \ldots, n).$$

Considérons une des solutions particulières des équations aux variations (2), nous aurons pour $t = 0$

$$\xi_i = \beta_i$$

et pour $t = \mathrm{T}$

$$\xi_i = \beta_i + \psi_i.$$

Parmi ces solutions particulières, nous avons vu au n° 59 qu'il y en a n qui sont d'une forme remarquable : ce sont les solutions (3); soit

$$\xi_1 = e^{\alpha_k t} S_{1,k}, \quad \xi_2 = e^{\alpha_k t} S_{2,k}, \quad \ldots \quad \xi_n = e^{\alpha_k t} S_{n,k}$$

l'une de ces solutions (3), ou, en supprimant l'indice k pour abréger l'écriture,

$$\xi_i = e^{\alpha t} S_i(t).$$

Les fonctions $S_i(t)$ sont des fonctions périodiques de t, de période T; on a donc, pour $t = 0$,

$$\beta_i = S_i(0)$$

et, pour $t = T$,

$$\beta_i + \psi_i = e^{\alpha T} S_i(T) = e^{\alpha T} S_i(0) = e^{\alpha T} \beta_i$$

ou, en remplaçant ψ_i par sa valeur,

$$\beta_i(e^{\alpha T} - 1) = \frac{d\psi_i}{d\beta_1} \beta_1 + \frac{d\psi_i}{d\beta_2} \beta_2 + \ldots + \frac{d\psi_i}{d\beta_n} \beta_n \qquad (i = 1, 2, \ldots, n).$$

En éliminant $\beta_1, \beta_2, \ldots, \beta_n$ entre ces n équations, il vient

$$\begin{vmatrix} \dfrac{d\psi_1}{d\beta_1} + 1 - e^{\alpha T} & \dfrac{d\psi_1}{d\beta_2} & \dfrac{d\psi_1}{d\beta_n} \\[2mm] \dfrac{d\psi_2}{d\beta_1} & \dfrac{d\psi_2}{d\beta_2} + 1 - e^{\alpha T} & \dfrac{d\psi_2}{d\beta_n} \\[2mm] \ldots & \ldots & \ldots \\[2mm] \dfrac{d\psi_n}{d\beta_1} & \dfrac{d\psi_n}{d\beta_2} & \dfrac{d\psi_n}{d\beta_n} + 1 - e^{\alpha T} \end{vmatrix} = 0.$$

d'où la règle suivante :

Pour obtenir les exposants caractéristiques α, on forme le déterminant fonctionnel des ψ par rapport aux β; on forme l'équation en S correspondante; les racines de cette équation sont égales à $e^{\alpha T} - 1$.

Dans les dérivées partielles $\dfrac{d\psi_i}{d\beta_k}$ il va sans dire qu'il faut, après les différentiations, annuler tous les β_i.

Cas où le temps n'entre pas explicitement.

61. Quand le temps t n'entre pas explicitement dans les équations (1) du n° 59, l'un au moins des exposants caractéristiques est nul. Soit, en effet,

$$x_i = \varphi_i(t)$$

la solution génératrice; si l'on fait

$$x_i = \varphi_i(t + h),$$

h étant une constante quelconque, on aura encore une solution des équations (1); alors, d'après le n° 54, on aura une solution des équations aux variations, en faisant

$$(4) \qquad \xi_i = \frac{d\varphi_i}{dh} = \frac{d\varphi_i}{dt}.$$

Mais, φ_i étant une fonction périodique de t, il en sera de même de sa dérivée $\frac{d\varphi_i}{dt}$.

La solution (4) est bien de la forme (3) (c'est-à-dire égale à une exponentielle multipliée par une fonction périodique de t). Seulement ici l'exponentielle se réduit à l'unité et l'exposant caractéristique est égal à o.   C. Q. F. D.

D'ailleurs nous avons vu déjà au Chapitre précédent que, dans ce cas, le déterminant fonctionnel des ξ par rapport aux β est nul.

Nouvel énoncé du théorème des n° 37 et 38.

62. Nous avons, dans le n° 37, envisagé d'abord le cas où les équations (1) dépendent du temps t et d'un paramètre μ, et admettent pour $\mu = o$ une solution périodique et une seule. Nous avons vu que, si le déterminant fonctionnel

$$\Delta = \frac{\partial(\psi_1, \psi_2, \ldots, \psi_n)}{\partial(\beta_1, \beta_2, \ldots, \beta_n)} > o,$$

les équations admettront encore une solution périodique pour les petites valeurs de μ.

Ce déterminant peut s'écrire

$$\Delta = \begin{vmatrix} \dfrac{d\psi_1}{d\beta_1} & \dfrac{d\psi_1}{d\beta_2} & \cdots & \dfrac{d\psi_1}{d\beta_n} \\[2mm] \dfrac{d\psi_2}{d\beta_1} & \dfrac{d\psi_2}{d\beta_2} & \cdots & \dfrac{d\psi_2}{d\beta_n} \\[2mm] \cdots & \cdots & \cdots & \cdots \\[2mm] \dfrac{d\psi_n}{d\beta_1} & \dfrac{d\psi_n}{d\beta_2} & \cdots & \dfrac{d\psi_n}{d\beta_n} \end{vmatrix}.$$

Or les exposants caractéristiques α sont donnés par l'équation

$$\begin{vmatrix} \dfrac{d\psi_1}{d\beta_1}+1-e^{\alpha T} & \dfrac{d\psi_1}{d\beta_2} & \cdots & \dfrac{d\psi_1}{d\beta_n} \\[2mm] \dfrac{d\psi_2}{d\beta_1} & \dfrac{d\psi_2}{d\beta_2}+1-e^{\alpha T} & \cdots & \dfrac{d\psi_2}{d\beta_n} \\[2mm] \cdots & \cdots & \cdots & \cdots \\[2mm] \dfrac{d\psi_n}{d\beta_1} & \dfrac{d\psi_n}{d\beta_2} & \cdots & \dfrac{d\psi_n}{d\beta_n}+1-e^{\alpha T} \end{vmatrix} = 0.$$

Dire que Δ est nul, c'est donc dire que l'un des exposants caractéristiques est nul; de sorte que nous pouvons énoncer ainsi le premier des théorèmes démontrés au paragraphe précédent :

Si les équations (1) *qui dépendent d'un paramètre μ admettent pour $\mu = 0$ une solution périodique dont aucun des exposants caractéristiques ne soit nul, elles admettront encore une solution périodique pour les petites valeurs de μ.*

63. On peut arriver à un résultat analogue quand on suppose, comme au n° 38, que le temps n'entre pas explicitement dans les équations différentielles.

Nous avons vu au n° 38 que la condition suffisante pour qu'il y ait encore des solutions périodiques pour les petites valeurs de μ, c'est que pour $\mu = 0$ tous les déterminants contenus dans la matrice

$$\begin{Vmatrix} \dfrac{d\psi_1}{d\beta_1} & \dfrac{d\psi_1}{d\beta_2} & \cdots & \dfrac{d\psi_1}{d\beta_n} & \dfrac{d\psi_1}{d\tau} \\[2mm] \dfrac{d\psi_2}{d\beta_1} & \dfrac{d\psi_2}{d\beta_2} & \cdots & \dfrac{d\psi_2}{d\beta_n} & \dfrac{d\psi_2}{d\tau} \\[2mm] \cdots & \cdots & \cdots & \cdots & \cdots \\[2mm] \dfrac{d\psi_n}{d\beta_1} & \dfrac{d\psi_n}{d\beta_2} & \cdots & \dfrac{d\psi_n}{d\beta_n} & \dfrac{d\psi_n}{d\tau} \end{Vmatrix}$$

ne soient pas nuls à la fois.

Cela posé, considérons l'équation en S :

$$\begin{vmatrix} \dfrac{d\psi_1}{d\beta_1}-S & \dfrac{d\psi_1}{d\beta_2} & \cdots & \dfrac{d\psi_1}{d\beta_n} \\[2mm] \dfrac{d\psi_2}{d\beta_1} & \dfrac{d\psi_2}{d\beta_2}-S & \cdots & \dfrac{d\psi_2}{d\beta_n} \\[2mm] \cdots & \cdots & \cdots & \cdots \\[2mm] \dfrac{d\psi_n}{d\beta_1} & \dfrac{d\psi_n}{d\beta_2} & \cdots & \dfrac{d\psi_n}{d\beta_n}-S \end{vmatrix} = 0.$$

Ses racines sont, comme nous l'avons vu au n° 60, égales à $e^{\alpha T}-1$, T étant la période et α un exposant caractéristique. Le temps n'entrant pas explicitement dans les équations, un de ces exposants doit être nul d'après ce que nous avons vu au n° 61.

L'équation en S a donc au moins une racine nulle; *je dis que si elle n'en a qu'une, il y aura encore des solutions périodiques pour les petites valeurs de* μ.

En effet, d'après ce que nous avons vu au n° 58, il est toujours permis de supposer que

$$\frac{d\psi_1}{d\beta_1}=\frac{d\psi_1}{d\beta_2}=\frac{d\psi_1}{d\beta_3}=\ldots=\frac{d\psi_1}{d\beta_n}=0,$$
$$\frac{d\psi_1}{d\beta_1}=\frac{d\psi_2}{d\beta_1}=\frac{d\psi_3}{d\beta_1}=\ldots=\frac{d\psi_n}{d\beta_1}=0$$

Le premier membre de l'équation en S s'écrit

$$-S\begin{vmatrix}\frac{d\psi_2}{d\beta_2}-S & \frac{d\psi_2}{d\beta_3} & \ldots & \frac{d\psi_2}{d\beta_n}\\ \frac{d\psi_3}{d\beta_2} & \frac{d\psi_3}{d\beta_3}-S & \ldots & \frac{d\psi_3}{d\beta_n}\\ \ldots & \ldots & \ldots & \ldots\\ \frac{d\psi_n}{d\beta_2} & \frac{d\psi_n}{d\beta_3} & \ldots & \frac{d\psi_n}{d\beta_n}-S\end{vmatrix}.$$

Si donc l'équation en S n'a qu'une racine nulle, le déterminant fonctionnel δ de $\psi_2, \psi_3, \ldots, \psi_n$ par rapport à $\beta_2, \beta_3, \ldots, \beta_n$ ne sera pas nul.

Alors le déterminant obtenu en supprimant dans la matrice la première colonne se réduit à

$$\delta\,\frac{d\psi_1}{d\tau}.$$

Je dis qu'il n'est pas nul; en effet, $\frac{d\psi_1}{d\tau}$ ne peut s'annuler pour la raison suivante :

On ne peut pas avoir à la fois

$$\frac{d\psi_1}{d\tau}=\frac{d\psi_2}{d\tau}=\ldots=\frac{d\psi_n}{d\tau}=0.$$

S'il en était ainsi, cela voudrait dire que, si l'on considère la solution périodique

$$x_1 = \varphi_1(t), \qquad x_2 = \varphi_2(t), \qquad \ldots, \qquad x_n = \varphi_n(t),$$

qui correspond à $\mu = 0$ et qui nous sert de point de départ, on a pour $t = T$ (et par conséquent encore pour toutes les valeurs de t)

$$\frac{dx_1}{dt} = \frac{dx_2}{dt} = \ldots = \frac{dx_n}{dt} = 0,$$

de sorte que $\varphi_1(t)$, $\varphi_2(t)$, ..., $\varphi_n(t)$ seraient des constantes, ce que nous ne supposerons pas.

D'autre part, je dis que

$$\frac{d\psi_2}{d\tau} = \frac{d\psi_3}{d\tau} = \ldots = \frac{d\psi_n}{d\tau} = 0.$$

Nous avons, en effet, comme on l'a vu plus haut, page 91

$$\frac{d\psi_1}{d\tau}\frac{d\psi_i}{d\beta_1} + \frac{d\psi_2}{d\tau}\frac{d\psi_i}{d\beta_2} + \ldots + \frac{d\psi_n}{d\tau}\frac{d\psi_i}{d\beta_n} = 0 \qquad (i = 1, 2, \ldots, n).$$

Or $\dfrac{d\psi_i}{d\beta_1} = 0$; nous avons donc une série d'équations linéaires

$$\frac{d\psi_2}{d\tau}\frac{d\psi_i}{d\beta_2} + \ldots + \frac{d\psi_n}{d\tau}\frac{d\psi_i}{d\beta_n} = 0 \qquad (i = 2, 3, \ldots, n).$$

et, comme le déterminant de ces équations (c'est-à-dire δ) n'est pas nul, il vient

$$\frac{d\psi_2}{d\tau} = \frac{d\psi_3}{d\tau} = \ldots = \frac{d\psi_n}{d\tau} = 0.$$

Comme nous avons exclu le cas où $\varphi_1(t)$, $\varphi_2(t)$, ..., $\varphi_n(t)$ sont des constantes, cas qui sera examiné à part, au n° 68, nous en concluons que

$$\frac{d\psi_1}{d\tau} = 0. \qquad\qquad \text{C. Q. F. D.}$$

Ainsi, si les équations différentielles ne contiennent pas le temps explicitement, si elles admettent une solution périodique pour $\mu = 0$, l'un des exposants caractéristiques de cette solution sera toujours nul; si, de plus, aucun autre de ces exposants n'est nul, il y aura encore une solution périodique pour les petites valeurs de μ.

Cas où les équations admettent des intégrales uniformes.

64. Supposons que les équations

$$(1) \qquad \frac{dx_i}{dt} = X_i \qquad (i = 1, 2, \ldots, n),$$

où les X_i sont des fonctions uniformes de x_1, x_2, $\ldots$, x_n et de t, périodiques de période 2π par rapport à t, admettent une solution périodique de période 2π.

$$x_1 = \varphi_1(t), \qquad x_2 = \varphi_2(t), \qquad \ldots, \qquad x_n = \varphi_n(t),$$

de telle sorte que $\varphi_i(2\pi) = \varphi_i(o)$ est une intégrale indépendante du temps

$$F(x_1, x_2, \ldots, x_n) = \text{const.},$$

uniforme par rapport à x_1, x_2, $\ldots$, x_n. Je dis qu'un des exposants caractéristiques est nul, sauf dans un cas exceptionnel dont je parlerai plus loin.

Définissons, en effet, les quantités ψ et β comme au n° 37, et envisageons le déterminant fonctionnel des ψ par rapport aux β. Je dis que ce déterminant est nul.

En effet, on a identiquement

$$F[\varphi_i(o) + \beta_i + \psi_i] = F[\varphi_i(o) + \beta_i],$$

en écrivant, pour abréger, $F(x_i)$ au lieu de

$$F(x_1, x_2, \ldots, x_n).$$

En différentiant cette identité par rapport à β_k, on trouve

$$(2) \qquad \frac{dF}{dx_1}\frac{d\psi_1}{d\beta_k} + \frac{dF}{dx_2}\frac{d\psi_2}{d\beta_k} + \ldots + \frac{dF}{dx_n}\frac{d\psi_n}{d\beta_k} = o.$$

Il faut, dans $\dfrac{dF}{dx_1}$, $\dfrac{dF}{dx_2}$, $\ldots$, $\dfrac{dF}{dx_n}$, remplacer x_1, x_2, $\ldots$, x_n par $\varphi_1(o)$, $\varphi_2(o)$, $\ldots$, $\varphi_n(o)$.

Nous pouvons faire dans les équations (2) $i = 1, 2, \ldots, n$;

nous avons donc n équations linéaires par rapport aux n quantités

$$\frac{dF}{dx_1}, \quad \frac{dF}{dx_2}, \quad \dots, \quad \frac{dF}{dx_n}.$$

Alors de deux choses l'une : ou bien le déterminant de ces équations (2), c'est-à-dire le déterminant fonctionnel des ψ par rapport aux β, sera nul, et alors, d'après ce que nous avons vu au n° 62, l'un des exposants caractéristiques sera nul.

Ou bien on aura à la fois

$$(3) \qquad \frac{dF}{dx_1} = \frac{dF}{dx_2} = \dots = \frac{dF}{dx_n} = 0.$$

Ces équations devront être satisfaites pour

$$x_1 = \varphi_1(2\pi), \quad x_2 = \varphi_2(2\pi), \quad \dots, \quad x_n = \varphi_n(2\pi)$$

ou, ce qui revient au même, pour

$$x_1 = \varphi_1(0), \quad x_2 = \varphi_2(0), \quad \dots, \quad x_n = \varphi_n(0).$$

Mais l'origine du temps est restée entièrement arbitraire ; nous devons donc conclure que les équations (3) seront satisfaites, quel que soit t, pour

$$x_1 = \varphi_1(t), \quad x_2 = \varphi_2(t), \quad \dots, \quad x_n = \varphi_n(t).$$

On peut d'ailleurs s'en rendre compte de la manière suivante :

Supposons que les équations (3) soient satisfaites pour un système de valeurs de $x_1, x_2, \dots, x_n$, je dis qu'elles le seront encore pour un système infiniment voisin $x_1 + dx_1,\ x_2 + dx_2,\ \dots,\ x_n + dx_n$, pourvu que l'on ait, conformément aux équations différentielles,

$$\frac{dx_1}{X_1} = \frac{dx_2}{X_2} = \dots = \frac{dx_n}{X_n}.$$

En d'autres termes, je dis que les équations (3) entraînent les suivantes,

$$\frac{d^2F}{dx_i\,dx_1}X_1 + \frac{d^2F}{dx_i\,dx_2}X_2 + \dots + \frac{d^2F}{dx_i\,dx_n}X_n = 0$$

$$(i = 1, 2, \dots, n).$$

En effet, on a *identiquement* (puisque F est une intégrale des équations différentielles)

$$\frac{dF}{dx_1}X_1 + \frac{dF}{dx_2}X_2 + \ldots + \frac{dF}{dx_n}X_n = 0.$$

En différentiant cette identité par rapport à x_i, il vient

$$\sum_{k=1}^{k=n}\left(\frac{d^2F}{dx_i\,dx_k}X_k + \frac{dF}{dx_k}\frac{dX_k}{dx_i}\right) = 0$$

ou, en vertu des équations (3),

$$\sum_k \frac{d^2F}{dx_i\,dx_k}X_k = 0.$$

C. Q. F. D.

Ainsi, si les équations différentielles admettent une intégrale uniforme, l'un des exposants caractéristiques d'une solution périodique quelconque sera nul, à moins que toutes les dérivées partielles de l'intégrale ne s'annulent en tous les points de cette solution périodique. Cette dernière circonstance ne pourra se présenter qu'exceptionnellement.

65. Supposons encore que les équations différentielles (1) contiennent le temps explicitement et soient, par rapport à cette variable, des fonctions périodiques de période 2π.

Je dis que si les équations différentielles admettent deux intégrales uniformes, F et F_1, deux des exposants caractéristiques seront nuls.

On trouvera, en effet, comme dans le numéro précédent,

$$(2)\quad \begin{cases} \dfrac{dF}{dx_1}\dfrac{d\psi_1}{d\beta_i} + \dfrac{dF}{dx_2}\dfrac{d\psi_2}{d\beta_i} + \ldots + \dfrac{dF}{dx_n}\dfrac{d\psi_n}{d\beta_i} = 0, \\[2ex] \dfrac{dF_1}{dx_1}\dfrac{d\psi_1}{d\beta_i} + \dfrac{dF_1}{dx_2}\dfrac{d\psi_2}{d\beta_i} + \ldots + \dfrac{dF_1}{dx_n}\dfrac{d\psi_n}{d\beta_i} = 0 \end{cases}$$

$$(i = 1, 2, \ldots, n)$$

$$[x_1 = \varphi_1(0),\quad x_2 = \varphi_2(0),\quad \ldots,\quad x_n = \varphi_n(0)].$$

Nous pouvons en conclure que, non seulement le déterminant fonc-

tionnel des ψ par rapport aux β est nul, mais qu'il en est de même
de tous ses mineurs du premier ordre, à moins que l'on n'ait à la
fois

$$(3) \qquad \dfrac{\dfrac{d\mathrm{F}}{dx_1}}{\dfrac{d\mathrm{F}_1}{dx_1}} = \dfrac{\dfrac{d\mathrm{F}}{dx_2}}{\dfrac{d\mathrm{F}_1}{dx_2}} = \dots = \dfrac{\dfrac{d\mathrm{F}}{dx_n}}{\dfrac{d\mathrm{F}_1}{dx_n}}$$

Mais, d'après le n° 57, cela ne peut avoir lieu que si l'équation
en S, formée à l'aide du déterminant fonctionnel des ψ, a deux
racines nulles, c'est-à-dire (puisque ces racines sont égales à
$e^{\alpha T} - 1$) s'il y a deux exposants caractéristiques nuls.

Si donc il y a deux intégrales uniformes, il y aura deux exposants caractéristiques nuls, à moins que les équations (3) ne soient
satisfaites en tous les points de la solution périodique, ce qui évidemment ne peut arriver qu'exceptionnellement.

On démontrerait de même que s'il y a p intégrales uniformes,
$\mathrm{F}_1, \mathrm{F}_2, \dots, \mathrm{F}_p,$ p des exposants caractéristiques seront nuls à
moins que tous les déterminants contenus dans la matrice

$$\begin{vmatrix} \dfrac{d\mathrm{F}_1}{dx_1} & \dfrac{d\mathrm{F}_1}{dx_2} & \dots & \dfrac{d\mathrm{F}_1}{dx_n} \\ \dfrac{d\mathrm{F}_2}{dx_1} & \dfrac{d\mathrm{F}_2}{dx_2} & \dots & \dfrac{d\mathrm{F}_2}{dx_n} \\ \dots & \dots & \dots & \dots \\ \dfrac{d\mathrm{F}_p}{dx_1} & \dfrac{d\mathrm{F}_p}{dx_2} & \dots & \dfrac{d\mathrm{F}_p}{dx_n} \end{vmatrix}$$

ne s'annulent en tous les points de la solution périodique considérée.

66. Imaginons maintenant que le temps n'entre pas explicitement dans nos équations différentielles et, de plus, que ces équations
admettent une intégrale uniforme

$$\mathrm{F}(x_1, x_2, x_3, x_4) = \text{const.},$$

indépendante du temps t.

Je dis que deux exposants caractéristiques seront nuls.

Nous avons vu d'abord qu'un de ces exposants est toujours nul

quand le temps n'entre pas explicitement. Si de plus il y a une intégrale F, on aura, comme au n° 64,

$$F[\varphi_i(o) + \beta_i + \psi_i] = F[\varphi_i(o) + \beta_i],$$

et, en différentiant cette relation par rapport à β_i et à τ, il viendra

$$\frac{dF}{dx_1}\frac{d\psi_1}{d\beta_i} + \frac{dF}{dx_2}\frac{d\psi_2}{d\beta_i} + \cdots + \frac{dF}{dx_n}\frac{d\psi_n}{d\beta_i} = 0$$
$$(i = 1, 2, \ldots, n),$$

$$\frac{dF}{dx_1}\frac{d\psi_1}{d\tau} + \frac{dF}{dx_2}\frac{d\psi_2}{d\tau} + \cdots + \frac{dF}{dx_n}\frac{d\psi_n}{d\tau} = 0.$$

On en conclura ou bien que l'on a à la fois

$$\frac{dF}{dx_1} = \frac{dF}{dx_2} = \cdots = \frac{dF}{dx_n} = 0$$

pour tous les points de la solution périodique, ou bien que tous
les déterminants contenus dans la matrice

$$\begin{vmatrix} \dfrac{d\psi_1}{d\beta_1} & \dfrac{d\psi_1}{d\beta_2} & \cdots & \dfrac{d\psi_1}{d\beta_n} & \dfrac{d\psi_1}{d\tau} \\ \dfrac{d\psi_2}{d\beta_1} & \dfrac{d\psi_2}{d\beta_2} & \cdots & \dfrac{d\psi_2}{d\beta_n} & \dfrac{d\psi_2}{d\tau} \\ \cdots & \cdots & \cdots & \cdots & \cdots \\ \dfrac{d\psi_n}{d\beta_1} & \dfrac{d\psi_n}{d\beta_2} & \cdots & \dfrac{d\psi_n}{d\beta_n} & \dfrac{d\psi_n}{d\tau} \end{vmatrix}$$

sont nuls à la fois.

Or nous avons vu, au n° 63, que cela ne peut avoir lieu que si
deux exposants caractéristiques s'annulent.

67. Je me propose maintenant d'établir ce qui suit :

Supposons encore que le temps n'entre pas explicitement dans
nos équations différentielles; supposons que ces équations
admettent p intégrales analytiques et uniformes et où le temps
n'entre pas non plus explicitement. Soient $F_1, F_2, \ldots, F_p$ ces
p intégrales.

Alors, ou bien $p + 1$ exposants caractéristiques seront nuls, on bien tous les déterminants contenus dans la matrice

$$\left\| \frac{dF_i}{dx_k} \right\| \qquad (i = 1, 2, \ldots, p; \quad k = 1, \ldots, n)$$

seront nuls pour tous les points de la solution périodique génératrice.

Supposons, en effet, pour fixer les idées,

$$n = 4, \qquad p = 2.$$

Nous aurons alors les équations suivantes

$$\left.\begin{aligned} \frac{dF_1}{dx_1}\frac{d\varphi_1}{d\beta_i} + \frac{dF_1}{dx_2}\frac{d\varphi_2}{d\beta_i} + \frac{dF_1}{dx_3}\frac{d\varphi_3}{d\beta_i} + \frac{dF_1}{dx_4}\frac{d\varphi_4}{d\beta_i} &= 0, \\ \frac{dF_2}{dx_1}\frac{d\varphi_1}{d\beta_i} + \frac{dF_2}{dx_2}\frac{d\varphi_2}{d\beta_i} + \frac{dF_2}{dx_3}\frac{d\varphi_3}{d\beta_i} + \frac{dF_2}{dx_4}\frac{d\varphi_4}{d\beta_i} &= 0 \end{aligned}\right\} \quad (i = 1, 2, 3, 4),$$

$$\frac{dF_1}{dx_1}\frac{d\varphi_1}{d\tau} + \frac{dF_1}{dx_2}\frac{d\varphi_2}{d\tau} + \frac{dF_1}{dx_3}\frac{d\varphi_3}{d\tau} + \frac{dF_1}{dx_4}\frac{d\varphi_4}{d\tau} = 0,$$

$$\frac{dF_2}{dx_1}\frac{d\varphi_1}{d\tau} + \frac{dF_2}{dx_2}\frac{d\varphi_2}{d\tau} + \frac{dF_2}{dx_3}\frac{d\varphi_3}{d\tau} + \frac{dF_2}{dx_4}\frac{d\varphi_4}{d\tau} = 0.$$

De ces équations il est permis de conclure :

Ou bien que tous les déterminants contenus dans la matrice

$$\left\| \begin{matrix} \dfrac{dF_1}{dx_1} & \dfrac{dF_1}{dx_2} & \dfrac{dF_1}{dx_3} & \dfrac{dF_1}{dx_4} \\ \dfrac{dF_2}{dx_1} & \dfrac{dF_2}{dx_2} & \dfrac{dF_2}{dx_3} & \dfrac{dF_2}{dx_4} \end{matrix} \right\|$$

sont nuls à la fois; ou bien que tous les déterminants contenus dans la matrice

$$(1) \qquad \left\| \begin{matrix} \dfrac{d\varphi_1}{d\beta_1} & \dfrac{d\varphi_1}{d\beta_2} & \dfrac{d\varphi_1}{d\beta_3} & \dfrac{d\varphi_1}{d\beta_4} & \dfrac{d\varphi_1}{d\tau} \\ \dfrac{d\varphi_2}{d\beta_1} & \dfrac{d\varphi_2}{d\beta_2} & \dfrac{d\varphi_2}{d\beta_3} & \dfrac{d\varphi_2}{d\beta_4} & \dfrac{d\varphi_2}{d\tau} \\ \dfrac{d\varphi_3}{d\beta_1} & \dfrac{d\varphi_3}{d\beta_2} & \dfrac{d\varphi_3}{d\beta_3} & \dfrac{d\varphi_3}{d\beta_4} & \dfrac{d\varphi_3}{d\tau} \\ \dfrac{d\varphi_4}{d\beta_1} & \dfrac{d\varphi_4}{d\beta_2} & \dfrac{d\varphi_4}{d\beta_3} & \dfrac{d\varphi_4}{d\beta_4} & \dfrac{d\varphi_4}{d\tau} \end{matrix} \right\|$$

sont nuls à la fois, ainsi que leurs mineurs du premier ordre.

D'après ce que nous avons vu au n° 58, nous pouvons toujours supposer que

$$\frac{d\psi_i}{d\beta_k} = 0$$

pour

$$i < k.$$

D'autre part, tous les mineurs du déterminant obtenu en supprimant la dernière colonne de la matrice (1) devant être nuls, l'équation en S correspondante aura deux racines nulles : je puis donc supposer

$$\frac{d\psi_1}{d\beta_2} = \frac{d\psi_2}{d\beta_3} = 0.$$

Je me propose de démontrer que l'équation en S a une troisième racine nulle et, par conséquent, que l'on a

$$\frac{d\psi_1}{d\beta_1} = 0$$

ou

$$\frac{d\psi_2}{d\beta_2} = 0.$$

En effet, d'après la définition même des ψ_i, on a $\psi_i = 0$, si l'on fait

$$\beta_i = \varphi_i(h) - \varphi_i(0),$$

h étant une constante quelconque ; d'où en différentiant par rapport à h et faisant ensuite $h = 0$,

$$\sum \frac{d\psi_i}{d\beta_k} \varphi'_k(0) = 0.$$

Mais

$$\varphi'_k(0) = \frac{d\beta_k}{dz};$$

donc on a

$$(2) \qquad \frac{d\psi_i}{d\beta_1}\frac{d\beta_1}{dz} + \frac{d\psi_i}{d\beta_2}\frac{d\beta_2}{dz} + \frac{d\psi_i}{d\beta_3}\frac{d\beta_3}{dz} + \frac{d\psi_i}{d\beta_4}\frac{d\beta_4}{dz} = 0 \qquad (i = 1, 2, 3, 4)$$

En faisant $i = 1$, il vient

$$\frac{d\psi_1}{d\beta_1}\frac{d\beta_1}{dz} = 0.$$

d'où

$$\frac{d\psi_1}{d\beta_1} = a$$

ou

$$\frac{d\psi_1}{d\tau} = 0.$$

Dans le premier cas, le théorème est démontré; dans le second cas, écrivons l'équation (2) en faisant $i = 2$; il vient

$$\frac{d\psi_2}{d\beta_2}\,\frac{d\psi_2}{d\tau} = a$$

d'où

$$\frac{d\psi_2}{d\beta_2} = a$$

ou

$$\frac{d\psi_2}{d\tau} = 0.$$

Dans le premier cas, le théorème est démontré; dans le second cas, on a

$$\frac{d\psi_1}{d\tau} = \frac{d\psi_2}{d\tau} = 0,$$

d'où l'on peut conclure (puisque nous excluons le cas où tous les $\frac{d\psi_i}{d\tau}$ sont nuls à la fois) que $\frac{d\psi_1}{d\tau}$ et $\frac{d\psi_2}{d\tau}$ ne sont pas nuls tous deux. Formons les mineurs que l'on obtient en supprimant dans la matrice (1) les troisième et quatrième colonnes et la troisième ligne (ou bien les troisième et quatrième colonnes et la quatrième ligne). Ces deux mineurs devront être nuls, ce qui donne

$$\frac{d\psi_1}{d\beta_1}\,\frac{d\psi_2}{d\beta_2}\,\frac{d\psi_3}{d\tau} = \frac{d\psi_1}{d\beta_1}\,\frac{d\psi_2}{d\beta_2}\,\frac{d\psi_4}{d\tau} = 0,$$

d'où cette conclusion (puisque $\frac{d\psi_1}{d\tau}$ et $\frac{d\psi_2}{d\tau}$ ne sont pas nuls tous deux) que l'on a

$$\frac{d\psi_1}{d\beta_1} = 0.$$

ou

$$\frac{d\psi_2}{d\beta_2} = 0.$$

C. Q. F. D.

68. Nous avons exclu dans les numéros précédents le cas où

$$\varphi_1(t), \varphi_2(t), \ldots, \varphi_n(t)$$

sont des constantes, c'est-à-dire le cas où l'on a à la fois

$$\frac{d\varphi_1}{dt} = \frac{d\varphi_2}{dt} = \ldots = \frac{d\varphi_n}{dt} = 0.$$

Si l'on suppose toujours que le temps n'entre pas explicitement dans les équations différentielles, on a encore les équations

$$\frac{d\psi_1}{d\beta_1}\frac{d\beta_1}{dt} = \frac{d\psi_2}{d\beta_2}\frac{d\beta_2}{dt} = \ldots = \frac{d\psi_n}{d\beta_n}\frac{d\beta_n}{dt} = 0.$$

Mais ces équations n'entraînent plus, comme conséquence, que le déterminant fonctionnel des ψ par rapport au β est nul, ni que l'un des exposants caractéristiques est toujours nul.

Si les équations différentielles admettent p intégrales, on pourra donc seulement en conclure qu'il y a au moins p exposants caractéristiques nuls (et non plus $p - 1$) comme dans le cas où le temps entre explicitement dans les équations.

Cas des équations de la Dynamique.

69. Passons maintenant aux équations de la Dynamique

$$(1) \qquad \frac{dx_i}{dt} = \frac{dF}{dy_i}, \qquad \frac{dy_i}{dt} = -\frac{dF}{dx_i} \qquad (i = 1, 2, \ldots, n),$$

où je suppose que le temps n'entre pas explicitement. Elles admettront l'intégrale des forces vives

$$F = \text{const.}$$

Supposons que les équations (1) admettent une solution périodique de période 2π

$$x_i = \varphi_i(t), \qquad y_i = \psi_i(t),$$

et formons les équations aux variations en posant

$$x_i = \varphi_i(t) + \xi_i, \qquad y_i = \psi_i(t) + \eta_i.$$

Nous avons vu au n° 56 que si ξ_i, η_i et ξ'_i, η'_i sont deux solutions particulières quelconques des équations aux variations, on a

$$\sum_{i=1}^{n} (\xi_i \eta'_i - \xi'_i \eta_i) = \text{const.}$$

Je dis qu'il en résulte que les exposants caractéristiques sont deux à deux égaux et de signe contraire.

Soient en effet ξ_i^0 et η_i^0 les valeurs initiales de ξ_i et de η_i pour $t = 0$ dans une des solutions des équations aux variations; soient ξ'_i et η'_i les valeurs correspondantes de ξ_i et de η_i pour $t = 2\pi$. Il est clair que les ξ'_i et les η'_i seront des fonctions linéaires des ξ_i^0 et des η_i^0, de telle sorte que la substitution T qui change ξ_i^0 et η_i^0 en ξ'_i et η'_i sera une substitution linéaire.

Soit

$$\begin{vmatrix} a_{11} & a_{12} & \cdots & a_{1,2n} \\ a_{21} & a_{22} & \cdots & a_{2,2n} \\ \cdots & \cdots & \cdots & \cdots \\ a_{2n,1} & a_{2n,2} & \cdots & a_{2n,2n} \end{vmatrix}$$

le tableau des coefficients de cette substitution linéaire.

Formons l'équation en λ.

$$\begin{vmatrix} a_{11}-\lambda & a_{12} & \cdots & a_{1,2n} \\ a_{21} & a_{22}-\lambda & \cdots & a_{2,2n} \\ \cdots & \cdots & \cdots & \cdots \\ a_{2n,1} & a_{2n,2} & \cdots & a_{2n,2n}-\lambda \end{vmatrix} = 0,$$

Les $2n$ racines de cette équation seront ce qu'on appelle les $2n$ multiplicateurs de la substitution linéaire T. Mais cette substitution linéaire T ne peut pas être quelconque : il faut qu'elle n'altère pas la forme bilinéaire

$$\sum_i (\xi_i \eta'_i - \xi'_i \eta_i)$$

Pour cela, l'équation en λ doit être réciproque. En effet, la théorie des substitutions linéaires nous apprend que, si une substitution linéaire n'altère pas une forme quadratique, son équation en S doit être réciproque. Si donc on pose

$$\sum x_k e^{i\alpha_k z},$$

les quantités z devront être deux à deux égales et de signe contraire.
C. Q. F. D.

Nous reviendrons sur ce point au n° **70**.

70. Les équations (1) du numéro précédent admettent toujours l'intégrale dite des forces vives

$$F = \text{const.}$$

Je suppose qu'elles admettent, en outre, p intégrales uniformes

$$F_1 = \text{const.}, \qquad F_2 = \text{const.}, \qquad \ldots, \qquad F_p = \text{const.}$$

Je suppose, de plus, que les crochets deux à deux de ces intégrales soient nuls, c'est-à-dire que

$$[F_i, F_k] = 0 \qquad (i, k = 1, 2, \ldots, p).$$

On sait d'ailleurs que, pour une intégrale quelconque F_i, on a

$$[F, F_i] = 0.$$

Je me propose de démontrer que, dans ce cas, ou bien tous les déterminants fonctionnels de F, F_1, F_2, $\ldots$, F_p, par rapport à $p + 1$ quelconques des variables x_i et y_i, sont nuls à la fois en tous les points de la solution périodique; ou bien $2p + 2$ exposants caractéristiques sont nuls.

En effet, reprenons les équations (2) du n° 56, c'est-à-dire les équations aux variations des équations (1). Soit

$$\xi_i, \quad \eta_i$$

une solution particulière de ces équations (2); appelons S cette solution; soit ξ_i', η_i' une autre solution de ces mêmes équations; appelons S' cette solution.

Nous savons qu'on a

$$\Sigma(\xi_i \eta_i' - \xi_i' \eta_i) = \text{const.}$$

J'appellerai (S, S') le premier membre de cette relation.

Parmi les solutions des équations proposées, nous avons vu au n° 59 qu'il y en a dont la forme est remarquable. Pour les unes, chacune des quantités ξ_i et η_i est égale à une exponentielle $e^{\alpha t}$

multipliée par une fonction périodique de t. Je les appellerai
solutions de première espèce.

Pour d'autres, chacune des quantités ξ_i et η_i est égale à une
exponentielle $e^{\alpha t}$, multipliée par un polynôme entier en t dont les
coefficients sont des fonctions périodiques de t. Je les appellerai
solutions de deuxième espèce.

Les équations (2) ne peuvent admettre que $2n$ solutions linéairement indépendantes. Une solution quelconque pourra donc
toujours être regardée comme une combinaison linéaire de $2n$
solutions que l'on peut appeler *fondamentales*.

Si, sur $2n$ exposants caractéristiques, p sont distincts, on pourra
choisir comme solutions fondamentales p solutions de première
espèce et $2n - p$ solutions de seconde espèce.

Soient

$$S_1, \quad S_2, \quad \ldots, \quad S_q$$

q solutions particulières des équations (2) linéairement indépendantes et désignons par S' une solution quelconque.

Il ne peut y avoir plus de $2n - q$ solutions S' linéairement
indépendantes qui satisfassent aux conditions

$$(3) \qquad (S_1, S') = (S_2, S') = \ldots = (S_q, S') = 0.$$

En effet, soit

$$\xi_i = \xi_i', \qquad \eta_i = \eta_i'$$

la solution S_k; conservons les lettres ξ_i et η_i pour désigner la solution S', alors les relations (3) nous donnent q relations linéaires
entre les ξ_i et les η_i; ces relations sont distinctes si les solutions
particulières $S_1, S_2, \ldots, S_q$ sont linéairement indépendantes.
Elles pourront donc servir à abaisser de q unités l'ordre des
équations différentielles linéaires (2). Après cet abaissement, ces
équations ne conserveront plus que $2n - q$ solutions linéairement
indépendantes. C. Q. F. D.

Cela posé, supposons que S soit une solution de première ou de
deuxième espèce admettant comme exposant caractéristique α, et
que S' soit une solution de première ou de deuxième espèce
admettant comme exposant caractéristique β. Formons l'expression

$$(S, S').$$

Cette expression est de la forme suivante : une exponentielle $e^{(\alpha+\beta)t}$ multipliée par un polynôme entier en t dont les coefficients sont des fonctions périodiques de t.

Mais cette expression doit se réduire à une constante. Il est clair que cela ne peut avoir lieu que de deux manières :

Ou bien si cette constante est nulle;

Ou bien si $\alpha + \beta = o$.

On peut en conclure que, s'il y a q exposants caractéristiques égaux à $+\alpha$, il y en aura q égaux à $-\alpha$, ce qui confirme le résultat obtenu au n° 69. Si, en effet, il y a q exposants égaux à $+\alpha$, il y aura q solutions de première ou de deuxième espèce linéairement indépendantes et admettant pour exposant α.

Soient $S_1, S_2, \ldots, S_q$ ces q solutions.

Il ne pourra pas y avoir plus de $2n - q$ solutions S' indépendantes qui satisferont aux relations

$$(S_1, S') = (S_2, S') = \ldots = (S_q, S') = o.$$

Par conséquent, parmi les solutions fondamentales (qui sont toutes de première ou de deuxième espèce), il y en aura q pour lesquelles l'une des constantes (S_i, S') au moins ne sera pas nulle, et, par conséquent, pour lesquelles l'exposant β sera égal à $-\alpha$.

71. Supposons maintenant que les équations (1) admettent une intégrale

$$F = \text{const.}$$

D'après ce que nous avons vu au n° 54, les équations (2) admettront comme solution particulière

$$\xi_i = \frac{dF_1}{dy_i}, \qquad \eta_i = -\frac{dF_1}{dx_i}.$$

Appelons S_1 cette solution; les fonctions $\frac{dF_1}{dy_i}$ et $\frac{dF_1}{dx_i}$ (où on devra remplacer x_i et y_i par leurs valeurs correspondant à la solution périodique génératrice) seront des fonctions périodiques de t. Donc la solution S_1 est de première espèce et son exposant caractéristique est nul.

Si $F_2 =$ const. est une autre intégrale et que l'on appelle S_2 la solution

$$\xi = \frac{dF_2}{dy_1}, \qquad \eta_1 = -\frac{dF_2}{dx_1},$$

il viendra

$$(S_1, S_2) = [F_1, F_2].$$

Supposons donc que nos équations (1) admettent $p + 1$ intégrales

$$F = \text{const.}, \qquad F_1 = \text{const.}, \qquad F_2 = \text{const.}, \qquad \ldots, \qquad F_p = \text{const.},$$

et soient

$$S, \ S_1, \ S_2, \ \ldots, \ S_p$$

les $p + 1$ solutions des équations (2) qui correspondent à ces $p + 1$ intégrales.

De deux choses l'une :

Ou bien ces $p + 1$ solutions seront indépendantes ;

Ou bien tous les déterminants fonctionnels de F, F_1, F_2, ..., F_p par rapport à $p + 1$ variables choisies parmi les x_i et les y_i seront nuls à la fois en tous les points de la solution périodique.

Supposons qu'il n'en soit pas ainsi et que les solutions $S, S_1, \ldots, S_p$ soient indépendantes.

Nous aurons, dans tous les cas

$$[F, F_i] = 0 \qquad (i = 1, 2, \ldots, p),$$

d'où

$$(S, S_i) = 0.$$

Je suppose que l'on ait en outre

$$[F_i, F_k] = 0 \qquad (i, k = 1, 2, \ldots, p).$$

On aura également

$$(S_i, S_k) = 0.$$

Je choisirai pour les $2n$ solutions fondamentales les $p + 1$ solutions $S, S_1, S_2, \ldots, S_p$ et $2n - p - 1$ autres solutions de première ou de deuxième espèce.

Parmi les solutions fondamentales, il y en aura certainement $p + 1$ qui (si je les appelle S') ne satisferont pas à la fois aux relations

$$(S, S') = (S_1, S') = \ldots = (S_p, S') = 0.$$

et qui, par conséquent, auront un exposant caractéristique nul.

Mais ces $p+1$ solutions ne se confondront pas avec les $p+1$ solutions

$$S, \quad S_1, \quad \ldots, \quad S_p.$$

Je dis qu'on ne peut avoir, par exemple,

$$S' = S_k,$$

car on a, par hypothèse,

$$(S, S_k) = (S_1, S_k) = \ldots = (S_p, S_k) = 0,$$

et, d'après la définition même de S', S' ne jouit pas de cette propriété.

Il y a donc en tout $2p+2$ solutions fondamentales dont l'exposant est nul; il y a donc au moins $2p+2$ exposants caractéristiques qui sont nuls.   C. Q. F. D.

72. Supposons maintenant qu'il existe p intégrales (outre $F = $ const.), à savoir

$$F_1 = \text{const.}, \quad F_2 = \text{const.}, \quad F_p = \text{const.},$$

mais que les crochets deux à deux de ces p intégrales ne soient pas nuls. Tout ce que nous pourrons affirmer alors, c'est que $p+1$ exposants caractéristiques seront nuls. Mais nous saurons que $p+1$ solutions fondamentales au moins (qui sont celles que nous avons appelées $S, S_1, S_2, \ldots, S_p$) seront de première espèce avec un exposant nul.

Si donc on venait à établir que les équations (2) n'admettent que p solutions linéairement indépendantes qui soient de première espèce avec un exposant nul, on serait certain que les équations (1) ne comportent pas $p+1$ intégrales (en y comprenant $F = $ const.), ou du moins que, si ces $p+1$ intégrales existent, tous leurs déterminants fonctionnels par rapport à $p+1$ des $2n$ variables x et y sont nuls à la fois en tous les points de la solution périodique.

Changements de variables.

73. Voyons ce qui arrive des exposants caractéristiques quand on change de variables.

Soient

$$\frac{dx_i}{dt} = X_i$$

nos équations différentielles où je supposerai que le temps n'entre pas explicitement. Soit

$$x_i = \varphi_i(t)$$

une solution périodique de période T. Soit

$$x_i = \varphi_i(t) + \xi_i,$$

d'où les équations aux variations

$$\frac{d\xi_i}{dt} = \sum \frac{dX_i}{dx_k} \xi_k.$$

Soit

$$\xi_i = e^{\alpha t} \psi_i(t)$$

une solution de ces équations aux variations, ψ_i étant périodique en t.

Changeons de variables en remplaçant le temps t par une nouvelle variable τ définie par la relation

$$\frac{dt}{d\tau} = \Phi,$$

Φ étant une fonction donnée de $x_1, x_2, \ldots, x_n$; d'où les équations différentielles

$$(1\ bis) \qquad \frac{dx_i}{d\tau} = X_i \Phi,$$

et les équations aux variations

$$(2\ bis) \qquad \frac{d\xi_i}{d\tau} = \Phi \sum \frac{dX_i}{dx_k} \xi_k + X_i \sum \frac{d\Phi}{dx_k} \xi_k.$$

Les équations (1 *bis*) admettent une solution périodique

$$x_i = \varphi_i'(\tau),$$

correspondant à

$$x_i = \varphi_i(t)$$

et dont la période est égale à

$$T = \int_0^1 \frac{dt}{\Phi}.$$

On doit remplacer dans Φ, avant l'intégration, x_i par $\varphi_i(t)$.

Pour résoudre les équations (2 *bis*), nous tiendrons compte de la valeur de $\dfrac{dt}{d\tau}$ et nous les écrirons

$$\frac{d\xi_i}{dt} = \sum \frac{dX_i}{dx_k} \xi_k + X_i \sum \frac{\dfrac{d\Phi}{dx_k} \xi_k}{\Phi}.$$

Posons ensuite

$$\xi_i = \tau_i + X_i \lambda,$$

il vient

$$\frac{d\tau_i}{dt} + X_i \frac{d\lambda}{dt} + \sum_k \frac{dX_i}{dx_k} X_k$$
$$= \sum \frac{dX_i}{dx_k} \tau_k + \sum_k \frac{dX_i}{dx_k} X_k \lambda + \frac{X_i}{\Phi} \sum \frac{d\Phi}{dx_k} \tau_k + \frac{X_i \lambda}{\Phi} \sum \frac{d\Phi}{dx_k} X_k,$$

ce qui montre qu'on peut satisfaire aux équations (2 *ter*) en prenant

$$\tau_i = e^{\alpha t} \psi_i(t) \quad \text{et} \quad \Phi \frac{d\lambda}{dt} = \lambda \sum \frac{d\Phi}{dx_k} X_k + \sum \frac{d\Phi}{dx_k} e^{\alpha t} \psi_k(t).$$

On peut tirer de là

$$\lambda = e^{\alpha t} \theta(t)$$

et

$$\xi_i = e^{\alpha t} \theta_i(t),$$

$\theta(t)$ et les $\theta_i(t)$ étant périodiques en t. Il faudra ensuite remplacer t par sa valeur tirée de l'équation

$$\frac{dt}{d\tau} = \Phi[\varphi_1(t), \varphi_2(t), \ldots, \varphi_n(t)].$$

On trouve ainsi

$$t = \frac{T}{T'} \tau + f(\tau),$$

$f(\tau)$ étant une fonction périodique de τ; on a donc

$$\xi_i = e^{\frac{\alpha T}{T'} \tau} e^{\alpha f(\tau)} \theta_i \left[\frac{T}{T'} \tau + f(\tau) \right].$$

ce qui montre qu'après le changement de variables les nouveaux exposants caractéristiques sont égaux aux anciens multipliés par $\frac{T}{T'}$.

Développement des exposants. — Calcul des premiers termes.

74. Reprenons les équations

$$(1) \qquad \frac{dx_i}{dt} = \frac{dF}{dy_i}, \qquad \frac{dy_i}{dt} = -\frac{dF}{dx_i} \qquad (i = 1, 2, \ldots, n)$$

du n° 13 avec les hypothèses de ce numéro.

Posons

$$n_i = -\frac{dF_0}{dx_i}.$$

Pour $\mu = 0$ les x_i sont des constantes et on a, d'autre part,

$$y_i = n_i t + \varpi_i,$$

les ϖ_i étant des constantes.

Soient n_1^0, n_2^0, ..., n_n^0 des valeurs de n_i telles que les quantités $n_i^0 T$ soient multiples de 2π. Soient x_i^0 des valeurs des x_i telles que

$$n_i = n_i^0.$$

Nous avons vu aux n°s 42 et 44 que les équations (1) admettront une solution périodique de période T, qui sera développable suivant les puissances de μ, et qui pour $\mu = 0$ se réduira à

$$x_i = x_i^0, \qquad y_i = n_i^0 t + \varpi_i^0,$$

les ϖ_i^0 étant certaines valeurs particulières des constantes ϖ_i. Cela posé, envisageons une solution quelconque.

Soit $x_i^0 + \beta_i$ la valeur initiale des x_i et ϖ_i celle de y_i pour $t = 0$. Soit Δx_i l'accroissement que subit x_i et $n_i^0 T + \Delta y_i$ l'accroissement que subit y_i quand t passe de la valeur 0 à la valeur T.

Voici comment on formera l'équation qui donne les exposants caractéristiques. On construira un déterminant dont les éléments seront donnés par le Tableau suivant. Dans ce Tableau, la pre-

mière colonne indique le numéro de la ligne, la seconde indique le
numéro de la colonne, et la troisième fait connaître l'élément correspondant du déterminant.

$$(2)\quad\left\{\begin{array}{lll}
\text{N° de la ligne.} & \text{N° de la colonne.} & \text{Expression de l'élément.} \\
i \quad (i \leq n) & k \quad (k \leq n,\ k \geq i) & \dfrac{d\Delta x_i}{d\beta_k} \\[2mm]
i \quad (i \leq n) & k = i & \dfrac{d\Delta x_i}{d\beta_i} - S \\[2mm]
i+n \quad (i>o) & k \quad (k \leq n) & \dfrac{d\Delta x_i}{d\varpi_k} \\[2mm]
i \quad (i \leq n) & k+n \quad (k>o) & \dfrac{d\Delta y_i}{d\beta_k} \\[2mm]
i+n \quad (i>o) & k+n \quad (k>o,\ k \geq i) & \dfrac{d\Delta y_i}{d\varpi_k} \\[2mm]
i+n \quad (i>o) & k+n=i+n & \dfrac{d\Delta y_i}{d\varpi_i} - S\ (1).
\end{array}\right.$$

En égalant à o le déterminant ainsi formé, on a une équation
en S dont les racines sont

$$e^{\alpha T} - 1,$$

α étant un des exposants caractéristiques.

Les Δx_i et les Δy_i sont développables suivant les puissances
de μ, des β_i et des $\varpi_i - \varpi_i^o$. Il en est de même des quantités

$$(3)\qquad \frac{d\Delta x_i}{d\beta_k},\quad \frac{d\Delta x_i}{d\varpi_k},\quad \frac{d\Delta y_i}{d\beta_k},\quad \frac{d\Delta y_i}{d\varpi_k}.$$

On doit y remplacer les β_i et les ϖ_i par les valeurs qui correspondent à la solution périodique et qui sont développables suivant
les puissances de μ, de sorte qu'après cette substitution les quantités (3) seront développées selon les puissances de μ.

Comme, d'autre part, on a

$$S = e^{\alpha T} - 1,$$

on voit que notre déterminant est une fonction *entière* de α,

---

(1) C'est ainsi, par exemple, que le premier élément de la $k^{\text{ième}}$ colonne sera égal
à $\dfrac{d\Delta x_i}{d\beta_k}$, pourvu que $i \leq n$, $k \leq n$, $k \geq i$.

développable d'autre part suivant les puissances de μ. J'appellerai cette fonction $G(z, \mu)$ et j'aurai pour déterminer z en fonction de μ l'équation

$$(4) \qquad G(z, \mu) = 0.$$

Cela posé, faisons

$$z = \pm\sqrt{\mu}.$$

Divisons les n premières lignes du déterminant, ainsi que les n dernières colonnes par $\sqrt{\mu}$. Les éléments du déterminant deviendront, en les écrivant dans le même ordre que dans le Tableau (2),

$$\frac{d\Delta x_k}{\sqrt{\mu}\,d\beta_i},\quad \frac{d\Delta x_i}{\sqrt{\mu}\,d\beta_i},\quad \frac{S}{\sqrt{\mu}},\quad \frac{d\Delta x_k}{\mu\,d\varpi_i},\quad \frac{d\Delta y_i}{d\beta_i},\quad \frac{d\Delta y_k}{\sqrt{\mu}\,d\varpi_i},\quad \frac{d\Delta y_i}{\sqrt{\mu}\,d\varpi_i},\quad \frac{S}{\sqrt{\mu}},$$

et l'équation (4) devient

$$\mu^{-n}G(z\sqrt{\mu}, \mu) = G_1(z, \sqrt{\mu}) = 0.$$

Cherchons ce que devient cette équation pour $\mu = 0$ ou, en d'autres termes, formons le déterminant $G_1(z, 0)$.

Pour $\mu = 0$, Δx_k est nul, et Δy_k ne dépend que des β_i. Donc $\dfrac{d\Delta x_k}{d\beta_i}$, $\dfrac{d\Delta x_k}{d\varpi_i}$ et $\dfrac{d\Delta y_k}{d\varpi_i}$ sont divisibles par μ. On a donc

$$\lim\frac{d\Delta x_k}{\sqrt{\mu}\,d\beta_i} = \lim\frac{d\Delta y_k}{\sqrt{\mu}\,d\varpi_i} = 0 \qquad \text{pour } \mu = 0.$$

D'autre part

$$\lim\frac{S}{\sqrt{\mu}} = \lim\frac{e^{z\sqrt{\mu}}-1}{\sqrt{\mu}} = zT.$$

Il vient ensuite (pour $\mu = 0$)

$$\Delta y_k = -\int_a^T \frac{dF_0}{dx_k}\,dt = -T\frac{dF_0}{dx_k}.$$

Dans $\dfrac{dF_0}{dx_k}$, x_i doit être remplacé par $x_i^0 + \beta_i$. On a donc

$$\frac{d\Delta y_k}{d\beta_i} = -T\frac{d^2F_0}{dx_i\,dx_k};$$

Dans $\dfrac{d^2F_0}{dx_i\,dx_k}$ on doit après la différentiation faire $\beta_i = 0$, c'est-à-dire $x_i = x_i^0$.

Nous avons (toujours pour $\mu = 0$)

$$\frac{1}{\mu}\,\Delta x_k = \int_0^1 \frac{dF_1}{dy_k}\,dt.$$

Dans $\dfrac{dF_1}{dy_k}$ on doit remplacer x_i par $x_i^0 + \beta_i$, et y_i par $n_i t + \varpi_i$, ce qui montre d'abord que

$$\frac{dF_1}{dy_k} = \frac{dF_1}{d\varpi_k}.$$

Comme nous nous proposons de différentier Δx_k par rapport aux ϖ_i, mais non par rapport aux β_i, nous pouvons tout de suite donner aux β_i leurs valeurs définitives et faire

$$\beta_i = 0, \qquad \text{d'où} \qquad n = n_i^0.$$

Alors F_1 devient une fonction périodique de période T par rapport à t et de période 2π par rapport aux ϖ_i. Soit

$$[F_1] = R$$

la valeur moyenne de F_1, considérée comme fonction périodique de t; il vient

$$\frac{\Delta x_k}{\mu} = T\,\frac{dR}{d\varpi_k}$$

d'où

$$\frac{d\Delta x_k}{\mu\,d\varpi_i} = T\,\frac{d^2R}{d\varpi_i\,d\varpi_k}.$$

Ainsi les éléments du déterminant $G_1\,(\varepsilon,\,0)$ seront, en les écrivant dans le même ordre que dans le Tableau (2),

$$0, \quad -\varepsilon T, \quad T\,\frac{d^2R}{d\varpi_i\,d\varpi_k}, \quad -T\,\frac{d^2F_0}{dx_i\,dx_k}, \quad 0, \quad -\varepsilon T.$$

Nous avons ainsi une équation algébrique en ε; en général, cette équation aura deux racines nulles et toutes les autres seront distinctes et différentes de 0. En appliquant le théorème du n° 30, nous verrons que l'on peut tirer de l'équation

$$G_1(z, \sqrt{z}) = 0,$$

z (et par conséquent x) en série ordonnée suivant les puissances de $\sqrt{z}$.

Nous sommes donc amenés à discuter l'équation

$$G_1(z, 0) = 0.$$

Si nous changeons z en $-z$, cette équation ne change pas.

En effet, si nous multiplions les n premières lignes par -1, ainsi que les n dernières colonnes, le déterminant ne changera pas, et tous les éléments du déterminant ne changeront pas non plus, à l'exception des éléments de la diagonale principale qui étaient égaux à $-zT$ et qui deviendraient égaux à $+zT$.

Je dis que l'équation a deux racines nulles. Si en effet nous faisons $z=0$, le déterminant devient égal au produit de deux autres, à savoir :

1° Le hessien de $-TF_1$ par rapport aux x_i;
2° Le hessien de TB par rapport aux m_i.

Ce dernier hessien est nul; car on a, d'après la définition de B,

$$n_1^3 \frac{d^2B}{dm_1 dm_1} + n_2^3 \frac{d^2B}{dm_2 dm_2} + \ldots + n_n^3 \frac{d^2B}{dm_n dm_n} = 0.$$

Donc l'équation est satisfaite pour $z=0$ et, comme ses racines sont deux à deux égales et de signe contraire, elle doit avoir deux racines nulles.

Pour qu'il y ait plus de deux racines nulles, il faudrait que le coefficient de z^2 dans G_1 fût nul. Or ce coefficient peut se calculer comme il suit :

Multiplions la première ligne de G_1 par n_1^3 et ajoutons-y la seconde multipliée par n_2^3, la troisième par n_3^3, ..., la $n^{ième}$ par n_n^3. Tous les éléments de G_1 demeurent inaltérés, à l'exception de ceux de la première ligne, qui deviennent

$$-n_1^3 zT, \quad -n_2^3 zT, \quad -n_3^3 zT, \quad \ldots, \quad -n_n^3 zT, \quad 0, \quad 0, \ldots, 0.$$

Multiplions maintenant la $(n+1)^{ième}$ colonne par n_1^3 et ajoutons-y la $(n+2)^{ième}$ multipliée par n_2^3, la $(n+3)^{ième}$ par n_3^3, ..., la $2n^{ième}$

par n_n^0. Tous les éléments restent inaltérés sauf ceux de la $(n+1)^{\text{ième}}$ colonne, qui deviennent

$$0, \quad 0, \quad \dots, \quad 0, \quad -n_1^0 \varepsilon T, \quad -n_2^0 \varepsilon T, \quad \dots, \quad -n_n^0 \varepsilon T.$$

Le déterminant G_1, par cette double opération, a été multiplié par $(n_1^0)^2$. Divisons-le maintenant par ε^2, en divisant par ε la première ligne d'une part et la $(n+1)^{\text{ième}}$ colonne d'autre part.

Faisons ensuite $\varepsilon = 0$ et nous aurons le coefficient cherché.

Le déterminant ainsi obtenu a ses éléments conformes au Tableau suivant :

Numéro de la colonne.	Numéro de la ligne.	Valeur de l'élément.
i $(i<n)$	1	$-n_i^0 T$
$n+1$	k $(k<n)$	0
$i+n$ $(i>1)$	k $(k>1, k<n)$	$T \dfrac{d^2 R}{dm_i dm_k}$
i $(i<n)$	k $(k>1, k<n)$	0
$i+n$ $(i>1)$	1	0
i $(i<n)$	$k+n$ $(k>0)$	$-T \dfrac{d^2 V_0}{dx_i dx_k}$
$n+1$	$k+n$ $(k>0)$	$-n_k^0 T$
$i+n$ $(i>1)$	$k+n$ $(k>0)$	0

On voit que ce déterminant est égal au signe près à

$$T^{2n} H_1 H_2.$$

H_1 et H_2 étant les deux déterminants suivants

$$H_1 = \begin{vmatrix} n_1^0 & n_2^0 & \dots & n_n^0 & 0 \\[4pt] \dfrac{d^2 V_0}{dx_1^2} & \dfrac{d^2 V_0}{dx_1 dx_2} & \dots & \dfrac{d^2 V_0}{dx_1 dx_n} & n_1^0 \\[6pt] \dfrac{d^2 V_0}{dx_1 dx_2} & \dfrac{d^2 V_0}{dx_2^2} & \dots & \dfrac{d^2 V_0}{dx_2 dx_n} & n_2^0 \\[4pt] \dots & \dots & \dots & \dots & \dots \\[4pt] \dfrac{d^2 V_0}{dx_1 dx_n} & \dots & \dots & \dfrac{d^2 V_0}{dx_n^2} & n_n^0 \end{vmatrix}$$

et H_2 étant le hessien de R par rapport à

$$m_2, \quad m_3, \quad \dots, \quad m_n.$$

Si j'observe que n_i^0 est égal, au signe près, à $\dfrac{d V_0}{dx_i}$, je vois que l'on ne change pas H_1 en remplaçant dans la première ligne et la dernière colonne n_i par $\dfrac{dF_0}{dx_i}$. Le déterminant ainsi formé s'appellera le *hessien bordé* de F_0 par rapport à $x_1, x_2, \ldots, x_n$.

Ainsi l'équation $G_1(z, o) = o$ ne peut avoir plus de deux racines nulles et, par conséquent, il ne peut y avoir plus de deux exposants caractéristiques nuls que si H_1 ou H_2 s'annulent.

Dans le cas particulier du problème des trois Corps que nous avons traité au n° 9, il n'y a que 2 degrés de liberté et l'on a

$$F_0 = \frac{1}{2 x_1^2} + x_2.$$

Il vient alors

$$H_1 = \begin{vmatrix} \dfrac{dF_0}{dx_1} & \dfrac{dF_0}{dx_2} & o \\[2mm] \dfrac{d^2F_0}{dx_1^2} & \dfrac{d^2F_0}{dx_1 dx_2} & \dfrac{dF_0}{dx_1} \\[2mm] \dfrac{d^2F_0}{dx_1 dx_2} & \dfrac{d^2F_0}{dx_2^2} & \dfrac{dF_0}{dx_2} \end{vmatrix} = \begin{vmatrix} -x_1^{-2} & 1 & o \\ 3x_1^{-4} & o & -x_1^{-3} \\ o & o & 1 \end{vmatrix} = -3 x_1^{-4};$$

donc H_1 n'est pas nul; d'autre part, on vérifie que $H_2 = \dfrac{d^2F_0}{dx_1^2}$ n'est pas nul non plus.

Donc, dans ce cas particulier du problème des trois Corps, il y a deux exposants caractéristiques nuls et les deux autres sont différents de o.

75. Le déterminant G_1 peut être un peu simplifié par un choix convenable des variables. Je dis qu'on peut toujours supposer

$$(1) \qquad n_2^2 = n_3^2 = \ldots = n_n^2 = o.$$

En effet, si cela n'était pas, on changerait de variables en prenant pour variables nouvelles x'_i et y'_i et en faisant

$$y'_i = a_{i,1} y_1 + a_{i,2} y_2 + \ldots + a_{i,n} y_n,$$
$$x_i = a_{i,1} x'_1 + a_{i,2} x'_2 + \ldots + a_{i,n} x'_n,$$

les $a_{i,k}$ étant des coefficients constants. Après ce changement linéaire de variables, les équations conserveront la forme canonique.

Après ce changement de variables, les quantités qui correspondront à n_1^0, n_2^0, ..., n_n^0, et que nous appellerons $n_1'^0$, $n_2'^0$, ..., $n_n'^0$, seront données par les relations

$$n_i'^0 = \alpha_{i,1} n_1^0 + \alpha_{i,2} n_2^0 + \ldots + \alpha_{i,n} n_n^0,$$

car

$$n_i'^0 = -\frac{dF_0}{dx_i'}, \quad n_i^0 = -\frac{dF_0}{dx_i} = \frac{dF_0}{dx_i} = \sum_k \frac{dF_0}{dx_k}\frac{dx_k}{dx_i} = \sum_k \frac{dF_0}{dx_k}\alpha_{k,i}.$$

Comme les nombres n_1^0, n_2^0, ..., n_n^0 sont commensurables entre eux, nous pourrons toujours choisir les $\alpha_{i,k}$ de telle façon :

1° Que les $\alpha_{i,k}$ soient entiers;

2° Que leur déterminant soit égal à 1. Ces deux conditions sont nécessaires pour que F reste périodique par rapport aux y' comme il l'était par rapport aux y;

3° Que

$$n_1'^0 = n_2'^0 = \ldots = n_n'^0 = 0.$$

Ainsi nous pouvons toujours supposer que les conditions (1) sont remplies et nous en déduisons les équations suivantes

$$(2) \qquad \frac{d^2 R}{dx_k\, dx_i} = 0 \quad (i = 1, 2, \ldots, n).$$

76. Un cas particulier intéressant est celui où une ou plusieurs des variables x_i n'entrent pas dans F_0. Supposons, par exemple, que F_0 ne dépende pas de x_n. Alors tous les éléments de la $n^{ième}$ colonne (et ceux de la $2n^{ième}$ ligne) sont tous nuls, sauf celui d'entre eux qui appartient à la diagonale principale et qui reste égal à εT.

Je supposerai de plus que les variables aient été choisies de telle sorte que les conditions (1) et (2) du numéro précédent soient remplies. Il en résulte que les éléments de la première ligne [et ceux de la $(n+1)^{ième}$ colonne] sont tous nuls, à l'exception de celui d'entre eux qui appartient à la diagonale principale et qui reste égal à $-\varepsilon T$.

Ainsi tous les éléments des lignes 1 et $2n$ et tous ceux des colonnes n et $n+1$ sont divisibles par ε (j'ajouterai que tout élément qui appartient à la fois à une de ces deux lignes et à une de ces deux colonnes est nul et, par conséquent, divisible par ε^2);

il en résulte que le déterminant est divisible par z^3 et, par conséquent, que l'équation $G_1 = 0$ a quatre racines nulles.

Dans quel cas peut-elle en avoir plus de quatre?

Pour nous en rendre compte, divisons les lignes 1 et $2n$ et les
colonnes n et $n+1$ par z, et faisons ensuite $z = 0$. Dans quel cas
le déterminant ainsi obtenu et qui sera égal à

$$\lim \frac{G_1}{z^3} \quad \text{pour} \quad z = 0$$

sera-t-il nul?

Nous pouvons également diviser le déterminant G_1 par $z^3 T^4$,
en supprimant les lignes 1, n, $n+1$ et $2n$ et les colonnes de
même numéro. Si l'on fait ensuite $z = 0$, on voit que tous les éléments sont nuls, sauf ceux qui appartiennent à l'une des $n-2$
dernières colonnes subsistantes, et à l'une des $n-2$ premières
lignes, ou inversement à l'une des $n-2$ premières colonnes et à
une des $n-2$ dernières lignes.

Ainsi le déterminant est égal, à une puissance de T près, au
produit de deux hessiens, à savoir :

1° Le hessien de F_0 par rapport à $x_2, x_3, \dots, x_{n-1}$;

2° Et le hessien de R par rapport à $\varpi_2, \varpi_3, \dots, \varpi_{n-1}$.

Si aucun de ces deux hessiens n'est nul, l'équation $G_1 = 0$
n'aura pas plus de quatre racines nulles et il n'y aura certainement
pas plus de quatre exposants caractéristiques qui soient nuls.

Que devient cette condition quand on suppose que les variables
sont quelconques et que les conditions (1) et (2) du numéro précédent ne sont pas remplies?

Dans ce cas, on fera subir au déterminant la même transformation qu'à la fin du n° 74; on verra alors, comme à la fin de ce
numéro, qu'après cette transformation, les éléments de la première
ligne deviennent égaux à

$$-n_1^0 z T, \quad -n_2^0 z T, \quad \dots \quad -n_n^0 z T, \quad 0, \quad 0, \quad \dots \quad 0$$

et ceux de la $(n+1)^{\text{ième}}$ colonne à

$$0, \quad 0, \quad \dots \quad 0, \quad -n_1^0 z T, \quad -n_2^0 z T, \quad \dots \quad -n_n^0 z T.$$

Seulement il importe d'observer ici que n_a^0 est nul, puisque

$$\frac{dF_0}{dx_a} = 0.$$

Nous pourrons diviser ce déterminant par $\varepsilon^3 T^3$, en supprimant les lignes n et $2n$ et les colonnes de même numéro, et en divisant par εT les éléments de la première ligne et de la $(n+1)^{\text{ième}}$ colonne.

Si on fait ensuite $\varepsilon = 0$, on voit que le déterminant se réduit au produit de deux autres, à savoir :

1° Le *hessien bordé* de F_0 par rapport à $x_1, x_2, \ldots, x_{n-1}$;

2° Le hessien de R par rapport à $\varpi_2, \varpi_3, \ldots, \varpi_{n-1}$.

Pour qu'il y ait plus de quatre exposants caractéristiques nuls, il *faut* (mais il ne suffit pas) que l'un de ces deux hessiens soit nul.

Supposons maintenant que F_0, non seulement ne contienne pas x_n, mais encore ne contienne pas non plus x_{n-1}, en raisonnant de la même manière, on arriverait au résultat suivant :

L'équation $G_1(z, 0)$ a toujours six racines nulles, pour qu'elle en ait davantage, il faut et il suffit que le hessien bordé de F_0 par rapport à $x_1, x_2, \ldots, x_{n-2}$ soit nul, ou bien que le hessien de R par rapport à $\varpi_2, \varpi_3, \ldots, \varpi_{n-2}$ soit nul. Cette condition est donc nécessaire (mais non suffisante) pour qu'il y ait plus de six exposants caractéristiques nuls.

77. Reprenons les hypothèses faites au début du n° **76**, à savoir que F_0 ne dépend pas de x_n et que les conditions (1) et (2) du n° **75** sont remplies.

Nous avons vu que l'équation

$$G_1(z, 0) = 0$$

admet alors quatre racines nulles et quatre seulement, et nous en avons conclu qu'il ne peut pas y avoir plus de quatre exposants nuls. Il n'est pas, au contraire, permis d'en conclure qu'il y a quatre exposants nuls ; cela prouve seulement que, quand on développe ces exposants suivant les puissances de $\sqrt{\mu}$, le premier terme du développement est nul pour quatre d'entre eux.

Il nous reste à voir si les termes suivants du développement sont nuls également.

Je sais que deux exposants sont nuls puisque le temps n'entre pas explicitement dans les équations différentielles et que $F = \text{const.}$ est une intégrale. Je me propose de rechercher ce qu'il advient des deux autres et, pour cela, je vais calculer dans leur développement le coefficient de μ.

Je vais poser
$$z = x_n \beta_n, \quad \text{d'où} \quad dz = \beta_n \sqrt{\mu},$$

je diviserai l'équation
$$G(z, \mu) = G(x_n \beta_n, \mu) = 0$$

par une puissance convenable de μ et je ferai ensuite $\mu = 0$, et j'aurai une équation qui me donnera les valeurs de z.

De ce que F_0 ne dépend pas de x_n, nous pouvons conclure que les quantités que nous avons appelées n_i et qui sont égales à $-\dfrac{dF_0}{dx_i}$ ne dépendent pas non plus de x_n ni par conséquent de β_n.

On aura donc $n_i = n_i^0$, non seulement comme au n° 74, quand tous les β seront nuls, mais alors même que β_n ne serait pas nul, pourvu que les autres β le soient.

Si donc nous supposons
$$\beta_1 = \beta_2 = \ldots = \beta_{n-1} = 0, \quad \beta_n \gtrless 0,$$

nous aurons encore
$$\frac{\Delta x_i}{\mu} = T \frac{dR}{dn_i}.$$

Cela nous permet de différentier cette identité par rapport à β_n et d'écrire
$$\frac{d\Delta x_i}{\mu \, d\beta_n} = T \frac{d^2 R}{dn_i \, d\beta_n}.$$

Calculons maintenant
$$\frac{d\Delta x_n}{\mu \, dn_i} \quad \text{et} \quad \frac{d\Delta x_n}{\mu \, d\beta_n}.$$

Il vient
$$\Delta y_n = -\int_{x_0}^{1} \frac{dF}{dx_n} \, dt$$

où, puisque $\dfrac{dF_0}{dx_n} = 0$, on aura pour $\mu = 0$,
$$\frac{\Delta x_n}{\mu} = -\int_0^1 \frac{dF_1}{dx_n} \, dt = -T \frac{dR}{d\beta_n}.$$

Cette identité a lieu pourvu que

$$\beta_1 = \beta_2 = \ldots = \beta_{a-1} = 0.$$

Nous pouvons donc la différentier par rapport à m_i ou à β_a, ce qui donne

$$(3) \qquad \frac{d\Delta y_a}{\mu\, dm_i} = -T\frac{d^2R}{d\beta_a\, dm_i}, \qquad \frac{d\Delta y_a}{\mu\, d\beta_a} = T\frac{d^2R}{d\beta_a^2}.$$

En ce qui concerne les quantités

$$\frac{d\Delta y_a}{d\beta_i}, \quad \frac{d\Delta y_i}{d\beta_a},$$

il nous suffira d'observer qu'elles sont divisibles par μ.

Nous avons encore à examiner les éléments de la première ligne de notre déterminant et ceux de la $(n+1)^{\text{ème}}$ colonne.

Les éléments de la première ligne sont égaux à

$$1 = \frac{d\Delta x_1}{d\beta_1} = e^{nbT}, \frac{d\Delta x_1}{d\beta_2}, \frac{d\Delta x_1}{d\beta_3}, \ldots, \frac{d\Delta x_1}{d\beta_{a-1}}, \frac{d\Delta x_1}{d\beta_a}, \frac{d\Delta x_1}{dm_1}, \ldots, \frac{d\Delta x_1}{dm_n}.$$

Ils sont tous divisibles par μ, mais je dis que les $n+1$ derniers éléments, c'est-à-dire

$$\frac{d\Delta x_1}{d\beta_a} \quad \text{et} \quad \frac{d\Delta x_1}{dm_i},$$

sont divisibles par μ^2. En effet, nous avons trouvé pour $\mu = 0$

$$\frac{d\Delta x_1}{\mu\, d\beta_a} = T\frac{d^2R}{dm_i\, d\beta_a}, \qquad \frac{d\Delta x_1}{\mu\, dm_i} = T\frac{d^2R}{dm_i\, dm_i}.$$

Or, en vertu de la définition de R, on a

$$n_1^2\frac{dR}{dm_1} + n_2^2\frac{dR}{dm_2} + \ldots + n_n^2\frac{dR}{dm_n} = n,$$

ou, à cause des relations (1) du n° 75,

$$\frac{dR}{dm_i} = 0,$$

d'où (en différentiant cette identité)

$$\frac{d\Delta x_1}{\mu\, d\beta_a} = \frac{d\Delta x_1}{\mu\, dm_i} = 0$$

pour $\mu = 0$.
C. Q. F. D.

Les éléments de la $(n+1)^{\text{ième}}$ colonne s'écrivent

$$\frac{d\Delta x_1}{d\varpi_1},\ \frac{d\Delta x_2}{d\varpi_1},\ \ldots,\ \frac{d\Delta x_n}{d\varpi_1},\ \frac{d\Delta y_1}{d\varpi_1} + 1 - e^{\mu T},\ \frac{d\Delta y_2}{d\varpi_1},\ \ldots,\ \frac{d\Delta y_n}{d\varpi_1}.$$

Tous ces éléments sont divisibles par μ; mais je dis que les n premiers et le dernier sont divisibles par μ^2, ou, ce qui revient au même, que

$$\frac{d\Delta x_2}{\mu\, d\varpi_1} = \frac{d\Delta y_2}{\mu\, d\varpi_1} = 0 \quad \text{pour} \quad \mu = 0.$$

En effet, nous avons trouvé

$$\frac{d\Delta x_1}{\mu\, d\varpi_1} = T\,\frac{d^2 R}{d\varpi_1\, d\varpi_2}, \qquad \frac{d\Delta y_1}{\mu\, d\varpi_1} = -\,T\,\frac{d^2 R}{d\varpi_1\, d\beta_2},$$

et

$$\frac{dR}{d\varpi_1} = 0,$$

d'où, par différentiation,

$$\frac{d^2 R}{d\varpi_1\, d\varpi_2} = \frac{d^2 R}{d\varpi_2\, d\beta_1} = 0,$$

C. Q. F. D.

Cela posé, dans notre déterminant $G(z, y, \mu)$, je divise chaque élément par T; je divise ensuite :

La 1re ligne par μ, les lignes 2, 3, 4, …, n, $2n$ par $\sqrt{\mu}$.

La $(n+1)^{\text{ième}}$ colonne par μ, les colonnes n, $n+2$, $n+3$, …, $2n$ par $\sqrt{\mu}$.

Le déterminant est finalement divisé par $T^{2n}\mu^{n+2}$.

Je fais ensuite $\mu = 0$.

J'observe que les éléments suivants sont nuls :

Ligne à laquelle appartient l'élément	Colonne à laquelle appartient l'élément	Puissance de μ par laquelle l'élément était divisible	Puissance de μ par laquelle l'élément a été divisé
2 à n incl. et $2n$	1 à $n-1$ incl.	μ	$\sqrt{\mu}$
1	n et $n+2$ à $2n$ incl.	μ^2	$\mu\sqrt{\mu}$
2 à n incl. et $2n$	$n+1$	μ^2	$\mu\sqrt{\mu}$
$n+1$ à $2n-1$ incl.	n et $n+2$ à $2n$ incl.	μ	$\sqrt{\mu}$

(1)

et que les éléments suivants sont finis :

	lignes	colonnes	puissance o	puissance o
	$n+1$ à $2n-1$ incl.	1 à $n-1$ incl.	puissance o	puissance o
	1	1 à $n-1$ incl.	μ	μ
(564)	2 à n incl. et $2n$	n et $n+2$ à $2n$ incl.	μ	μ
	1	$n+1$	μ^2	μ^2
	$n+1$ à $2n-1$ incl.	$n+1$	μ	μ

Les seuls éléments qui sont finis appartiennent donc aux lignes
1 et $n+1$ à $2n-1$ incl. et aux colonnes 1 à $n-1$ incl. et $n+1$,
ou bien aux lignes 1 à n incl. et $2n$ et aux colonnes n et $n+2$ à
$2n$ incl.

Notre déterminant devient donc égal au produit de deux autres
que j'appellerai D_1 et D_2.

Le déterminant D_1 s'obtiendra en supprimant les lignes

$$1,\ n+1,\ n+2,\ \ldots,\ 2n-1,$$

et les colonnes

$$1,\ 2,\ 3,\ \ldots,\ n-1,\ n+1.$$

Le déterminant D_2 s'obtiendra en supprimant les lignes

$$2,\ 3,\ 4,\ \ldots,\ n,\ 2n,$$

et les colonnes

$$n,\ n+2,\ n+3,\ \ldots,\ 2n.$$

Voyons comment ces déterminants dépendront de z. Pour cela
je remarquerai que

$$z = \lim \frac{S}{\mu T} \qquad (\text{pour } \mu = 0)$$

n'entre que dans les termes de la diagonale principale ; or le déterminant D_1 contient deux de ces termes, l'un appartenant à la
colonne et à la ligne n, l'autre à la colonne et à la ligne $2n$.

Le déterminant D_2 contient aussi deux de ces termes, l'un appartenant à la colonne et à la ligne 1, l'autre à la colonne et à la
ligne $n+1$.

Il en résulte que D_1 et D_2 sont des polynômes du deuxième
degré en z. Ainsi notre équation en z se décompose en deux
équations du deuxième degré.

$$D_1 = 0, \qquad D_2 = 0,$$

Examinons d'abord l'équation $D_1 = 0$.

Pour former le déterminant D_1, on peut appliquer la règle suivante :

Écrire le hessien de R par rapport à

$$\varpi_2,\ \varpi_3,\ \ldots,\ \varpi_n,\ \beta_n;$$

changer les signes de la dernière ligne, celle qui contient les dérivées de $\frac{dR}{d\beta_n}$; ajouter ensuite $-\eta$ aux deux éléments qui sont égaux à $\frac{d^2R}{d\varpi_n d\beta_n}$ et à $-\frac{d^2R}{d\varpi_n d\beta_n}$.

On obtient la même équation plus simplement (le premier membre étant seulement changé de signe) en prenant le hessien de R, et ajoutant $-\eta$ à l'un des deux éléments qui sont égaux à $\frac{d^2R}{d\varpi_n d\beta_n}$ et $+\eta$ à l'autre. Écrivons l'équation $D_1 = 0$ en supposant $n = 4$ pour fixer les idées :

$$\begin{vmatrix}
\dfrac{d^2R}{d\varpi_2^2} & \dfrac{d^2R}{d\varpi_2 d\varpi_3} & \dfrac{d^2R}{d\varpi_2 d\varpi_4} & \dfrac{d^2R}{d\varpi_2 d\beta_4} \\[2mm]
\dfrac{d^2R}{d\varpi_2 d\varpi_3} & \dfrac{d^2R}{d\varpi_3^2} & \dfrac{d^2R}{d\varpi_3 d\varpi_4} & \dfrac{d^2R}{d\varpi_3 d\beta_4} \\[2mm]
\dfrac{d^2R}{d\varpi_2 d\beta_4} & \dfrac{d^2R}{d\varpi_3 d\varpi_4} & \dfrac{d^2R}{d\varpi_4^2} & \dfrac{d^2R}{d\varpi_4 d\beta_4} - \eta \\[2mm]
\dfrac{d^2R}{d\varpi_2 d\varpi_4} & \dfrac{d^2R}{d\varpi_3 d\beta_4} & \dfrac{d^2R}{d\varpi_4 d\beta_4} - \eta & \dfrac{d^2R}{d\beta_4^2}
\end{vmatrix} = 0.$$

Sous cette forme on voit immédiatement ce que d'ailleurs on pouvait prévoir : que cette équation en η a ses deux racines égales et de signe contraire.

Ces deux racines seront finies si le hessien de R par rapport à

$$\varpi_2,\ \varpi_3,\ \varpi_4,\ \ldots,\ \varpi_{n-1}$$

n'est pas nul.

Elles seront différentes de 0, si le hessien de R par rapport à

$$\varpi_2,\ \varpi_3,\ \varpi_4,\ \ldots,\ \varpi_{n-1},\ \varpi_n,\ \beta_n$$

n'est pas nul.

Quant à l'équation $D_2 = 0$, elle aura ses deux racines nulles. En effet, nous savons qu'il y a toujours deux exposants caractéristiques nuls et, par conséquent, que deux des valeurs de η sont nulles; or nous venons de voir que les racines de $D_1 = 0$ ne sont pas nulles en général : il faut donc admettre que ce sont les racines de $D_2 = 0$ qui sont toujours nulles.

Comment ces résultats seraient-ils modifiés si la condition (1) du n° 75 n'était pas remplie d'elle-même?

Dans ce cas on multiplierait (comme nous l'avons fait au n° 74) la première ligne par n_1^a, et on y ajouterait les 2e, 3e, ..., $n^{ième}$ lignes, multipliées respectivement par n_2^a, n_3^a, ..., n_n^a (je rappelle d'ailleurs que n_n^a est nul); on multiplierait ensuite la $(n+1)^{ième}$ colonne par n_1^a, et on y ajouterait les $n+2^e$, $n+3^e$, ..., $2n^{ième}$ colonnes, multipliées respectivement par n_2^a, n_3^a, ..., n_n^a. Après cette transformation, tous les éléments du déterminant $G(\varphi\mu, \mu)$ demeureraient les mêmes, sauf ceux de la première ligne et de la $(n+1)^{ième}$ colonne.

D'ailleurs, chaque élément [aussi bien ceux de la première ligne et de la $(n+1)^{ième}$ colonne que les autres] est divisible par la puissance de μ indiquée dans la 3e colonne des tableaux (4) et (4 bis). Nous diviserons ensuite chaque élément par T et par la puissance de μ indiquée dans la 4e colonne des mêmes tableaux.

Quand nous ferons ensuite $\mu = 0$, un certain nombre d'éléments seront nuls et d'autres resteront finis, et cela conformément aux tableaux (4) et (4 bis). Notre déterminant se trouvera encore égal au produit de deux autres D_1 et D_2, qui s'obtiendront comme plus haut.

Tous les éléments de ces deux déterminants auront même expression que dans le cas précédent, sauf ceux de la première ligne et de la $(n+1)^{ième}$ colonne. Or D_1 ne contient aucun élément de cette ligne et de cette colonne.

Donc D_1 a la même expression que dans le cas précédent et les mêmes conclusions subsistent.

Les valeurs de η sont finies si le hessien de R par rapport à ϖ_2, ϖ_3, ..., ϖ_{n-1} n'est pas nul, et elles sont différentes de 0, si le hessien de R par rapport à ϖ_2, ϖ_3, ..., ϖ_n, β_n n'est pas nul.

En résumé, si F_0 ne dépend pas de x_0, si le hessien bordé de F_0 par rapport à x_1, x_2, ..., x_{n-1} n'est pas nul, si les hessiens de R par rapport à ϖ_2, ϖ_3, ..., ϖ_{n-1}, et par rapport à ϖ_2, ϖ_3, ..., ϖ_{n-1}, ϖ_n, β_n ne sont pas nuls, il n'y aura que deux exposants caractéristiques nuls.

Passons au cas où F_0 ne dépend ni de x_{n-1} ni de x_n.

On verrait en raisonnant de la même manière que :

Si le hessien bordé de F_0 par rapport à $x_1, x_2, \ldots, x_{n-2}$ n'est pas nul, si les hessiens de R par rapport à $\varpi_2, \varpi_3, \ldots, \varpi_{n-2}$ et par rapport à $\varpi_2, \varpi_3, \ldots, \varpi_{n-2}, \varpi_{n-1}, \varpi_n, \beta_{n-1}$ et β_n ne sont pas nuls, il n'y aura que deux exposants nuls.

Application au problème des trois Corps.

78. Appliquons ce qui précède au problème des trois Corps ; nous avons vu aux nos 15 et 16 comment on peut réduire le nombre des degrés de liberté à 3 dans le cas du problème plan et à 4 dans le cas général.

Écrivons donc les équations du mouvement sous la forme que nous leur avons donnée dans ces nos 15 et 16.

Les deux séries de variables conjuguées sont alors

$$\begin{matrix} \beta L, & \beta L', & H, \\ l, & l', & h \end{matrix}$$

dans le cas du problème plan, et

$$\begin{matrix} \beta L, & \beta L', & \beta\Gamma, & \beta\Gamma', \\ l, & l', & g, & g' \end{matrix}$$

dans le cas général. On a d'ailleurs

$$F_0 = AL^{-2} + A'L'^{-2},$$

A et A' étant des coefficients constants.

On voit donc que F_0 ne dépend pas de H dans le cas du problème plan, ni de Γ et de Γ' dans le cas général.

En premier lieu, le hessien bordé de F_0 par rapport à βL et $\beta L'$ est égal à

$$BL^{-3}L'^{-4} + B'L^{-4}L'^{-3},$$

B et B' étant des coefficients constants. Le hessien bordé n'est donc pas nul.

Les hessiens de R ne seront pas non plus nuls en général, ainsi qu'on peut s'en assurer sur des exemples; nous reviendrons d'ailleurs en détail sur ce point au Chapitre suivant.

Donc les solutions périodiques du problème des trois Corps ont deux exposants caractéristiques nuls, mais elles n'en ont que deux.

Calcul complet des exposants caractéristiques.

79. Reprenons les équations (1) du n° 74 en faisant $n = 3$ pour fixer les idées :

$$(1) \qquad \frac{dx_i}{dt} = \frac{dF}{dy_i}, \qquad \frac{dy_i}{dt} = -\frac{dF}{dx_i} \qquad (i = 1, 2, 3).$$

Supposons qu'on ait trouvé une solution périodique de ces équations

$$x_i = \varphi_i(t), \qquad y_i = \psi_i(t)$$

et proposons-nous de déterminer les exposants caractéristiques de cette solution.

Pour cela, nous poserons

$$x_i = \varphi_i(t) + \xi_i, \qquad y_i = \psi_i(t) + \eta_i,$$

puis nous formerons les équations aux variations des équations (1), que nous écrirons

$$(2) \quad \left\{ \begin{aligned} \frac{d\xi_i}{dt} &= \sum_k \frac{d^2F}{dy_i\,dx_k}\xi_k - \sum_k \frac{d^2F}{dy_i\,dy_k}\eta_k \\ \frac{d\eta_i}{dt} &= -\sum_k \frac{d^2F}{dx_i\,dx_k}\xi_k - \sum_k \frac{d^2F}{dx_i\,dy_k}\eta_k \end{aligned} \right\} \quad (i, k = 1, 2, 3).$$

et nous chercherons à intégrer ces équations en faisant

$$(3) \qquad \xi_i = e^{\alpha t}S_i, \qquad \eta_i = e^{\alpha t}T_i,$$

S_i et T_i étant des fonctions périodiques de t. Nous savons qu'il existe en général six solutions particulières de cette forme [les équations linéaires (2) étant du sixième ordre]. Mais il importe d'observer que, dans le cas particulier qui nous occupe, il n'y a plus que quatre solutions particulières qui conservent cette forme, parce que deux des exposants caractéristiques sont nuls, et qu'il y a par conséquent deux solutions particulières d'une forme dégénérescente.

Cela posé, supposons d'abord $\mu = 0$, alors F se réduit à F_0 et ne dépend plus que de x_1^0, x_2^0, x_3^0.

Alors les équations (2) se réduisent à

$$(2') \qquad \frac{d\xi_i}{dt} = 0, \qquad \frac{d\eta_i}{dt} = -\sum_k \frac{d^2 F_0}{dx_i^0\, dx_k^0}\, \xi_k.$$

Les coefficients de ξ_k dans la seconde équation (2') sont des constantes.

Nous prendrons comme solutions des équations (2')

$$\xi_1 = \xi_2 = \xi_3 = 0, \qquad \eta_1 = \eta_1^0, \qquad \eta_2 = \eta_2^0, \qquad \eta_3 = \eta_3^0,$$

η_1^0, η_2^0, η_3^0 étant trois constantes d'intégration.

Cette solution n'est pas la plus générale, puisqu'elle ne contient que trois constantes arbitraires, mais c'est la plus générale parmi celles que l'on peut ramener à la forme (3). Nous voyons ainsi que, pour $\mu = 0$, les six exposants caractéristiques sont nuls.

Ne supposons plus maintenant que μ soit nul. Nous allons maintenant chercher à développer α, S_i et T_i, non pas suivant les puissances croissantes de μ, mais suivant les puissances de $\sqrt{\mu}$ en écrivant

$$\alpha = \alpha_1\sqrt{\mu} + \alpha_2\mu + \alpha_3\mu\sqrt{\mu} + \ldots,$$
$$S_i = S_i^0 + S_i^1\sqrt{\mu} + S_i^2\mu + S_i^3\mu\sqrt{\mu} + \ldots,$$
$$T_i = T_i^0 + T_i^1\sqrt{\mu} + T_i^2\mu + T_i^3\mu\sqrt{\mu} + \ldots.$$

Je me propose d'abord d'établir que ce développement est possible.

Nous avons vu d'abord au n° 74 que les exposants caractéristiques α peuvent se développer selon les puissances croissantes de $\sqrt{\mu}$.

Démontrons maintenant que S_i et T_i peuvent aussi se développer suivant les puissances de $\sqrt{\mu}$.

S_i et T_i nous sont donnés en effet par les équations suivantes :

$$(2'') \qquad \begin{cases} \dfrac{dS_i}{dt} + \alpha S_i = \displaystyle\sum \frac{d^2F}{dy_i\, dx_k}\, S_k + \sum \frac{d^2F}{dy_i\, dy_k}\, T_k, \\[2ex] \dfrac{dT_i}{dt} + \alpha T_i = -\displaystyle\sum \frac{d^2F}{dx_i\, dx_k}\, S_k - \sum \frac{d^2F}{dx_i\, dy_k}\, T_k. \end{cases}$$

Soit β_i la valeur initiale de S_i et β_i' celles de T_i; les valeurs de S_i et de T_i pour une valeur quelconque de t pourront, d'après le n° 27, se développer suivant les puissances de μ, de x, des β_i et des β_i'. De plus, à cause de la forme linéaire des équations, ces valeurs seront des fonctions linéaires et homogènes des β_i et des β_i'.

Soit, pour employer des notations analogues à celles du n° 37, $\beta_i + \delta_i$ la valeur de S_i et $\beta_i' + \delta_i'$ celle de T_i pour $t = T$. La condition pour que la solution soit périodique, c'est que l'on ait

$$\delta_i = \delta_i' = 0.$$

Les δ_i et les δ_i' sont des fonctions linéaires des β_i et des β_i'; ces équations sont donc linéaires par rapport à ces quantités. En général, ces équations n'admettent d'autre solution que

$$\beta_i = \beta_i' = 0,$$

de sorte que les équations $(2'')$ n'ont d'autre solution périodique que

$$S_i = T_i = 0.$$

Mais nous savons que, si l'on choisit x de façon à satisfaire à $G(x, \mu) = 0$, les équations $(2'')$ admettent des solutions périodiques autres que $S_i = T_i = 0$. Par conséquent, le déterminant des équations linéaires $\delta_i = \delta_i' = 0$ est nul. Nous pourrons donc tirer de ces équations les rapports

$$\frac{\beta_i}{\beta_1} \quad \text{et} \quad \frac{\beta_i'}{\beta_1}$$

sous la forme de séries développées suivant les puissances de x et de μ.

Comme β_1 reste arbitraire, nous conviendrons de prendre $\beta_1 = 1$ de telle sorte que la valeur initiale de T_1 soit égale à 1. Les β_i et les β_i' sont alors développés suivant les puissances de x et de μ; mais les S_i et les T_i sont, comme nous l'avons vu, développables suivant les puissances de x, de μ, des β_i et des β_i', et, d'autre part, x est développable suivant les puissances de $\sqrt{\mu}$.

Donc les S_i et les T_i seront développables suivant les puissances de $\sqrt{\mu}$.

C. Q. F. D.

On aura en particulier

$$T_1 = T_1^0 + T_1^1\sqrt{\mu} + T_1^2\mu + \ldots.$$

Comme, d'après notre hypothèse, η_1 qui est la valeur initiale de T_1 doit être égale à 1, quel que soit μ, on aura pour $t = 0$

$$T_1^0 = 1, \qquad 0 = T_1^1 = T_1^2 = \ldots = T_1^m = \ldots.$$

Ayant ainsi démontré l'existence de nos séries, nous allons chercher à en déterminer les coefficients.

Nous avons

$$S_i^0 = 0, \qquad T_i^0 = \eta_i^0$$

et

$$(4)\quad \begin{cases} \xi_i = e^{\alpha t}(S_i^0 + S_i^1\sqrt{\mu} + \ldots), \qquad \eta_i = e^{\alpha t}(T_i^0 + T_i^1\sqrt{\mu} + \ldots), \\[2mm] \dfrac{d\xi_i}{dt} = e^{\alpha t}\left|\begin{array}{l} \dfrac{dS_i^0}{dt} + \sqrt{\mu}\,\dfrac{dS_i^1}{dt} + \ldots \\ + \alpha S_i^0 + \alpha\sqrt{\mu}\,S_i^1 + \ldots \end{array}\right|, \\[2mm] \dfrac{d\eta_i}{dt} = e^{\alpha t}\left|\begin{array}{l} \dfrac{dT_i^0}{dt} + \sqrt{\mu}\,\dfrac{dT_i^1}{dt} + \ldots \\ + \alpha T_i^0 + \alpha\sqrt{\mu}\,T_i^1 + \ldots \end{array}\right|. \end{cases}$$

Nous développerons d'autre part les dérivées secondes de F qui entrent comme coefficients dans les équations (2) en écrivant

$$(5)\quad \begin{cases} \dfrac{d^2F}{dy_i\,dx_k} = A_{ik}^0 + \mu A_{ik}^1 + \mu^2 A_{ik}^2 + \ldots, \\[2mm] \dfrac{d^2F}{dy_i\,dy_k} = B_{ik}^0 + \mu B_{ik}^1 + \mu^2 B_{ik}^2 + \ldots, \\[2mm] -\dfrac{d^2F}{dx_i\,dx_k} = C_{ik}^0 + \mu C_{ik}^1 + \mu^2 C_{ik}^2 + \ldots, \\[2mm] -\dfrac{d^2F}{dx_i\,dy_k} = D_{ik}^0 + \mu D_{ik}^1 + \mu^2 D_{ik}^2 + \ldots \end{cases}$$

Ces développements ne contiennent que des puissances entières de μ et ne possèdent pas, comme les développements (4), des termes dépendants de $\sqrt{\mu}$.

On observera que

$$(6) \quad \begin{cases} A_{i,k}^0 = B_{i,k}^0 = D_{i,k}^0 = 0, \\ C_{i,k}^0 = C_{k,i}^0, \quad B_{i,k}^0 = B_{k,i}^0, \quad A_{i,k}^0 = -D_{k,i}^0. \end{cases}$$

Nous substituons dans les équations (2) les valeurs (4) et (5) à la place des ξ, des z_i, de leurs dérivées et des dérivées secondes de F. Dans les expressions (4) je suppose que z soit développé suivant les puissances de $\sqrt{\mu}$, sauf lorsque cette quantité z entre dans un facteur exponentiel $e^{\eta t}$.

Nous identifierons ensuite en égalant les puissances semblables de $\sqrt{\mu}$ et nous obtiendrons ainsi une série d'équations qui permettent de déterminer successivement

$$z_1, \ z_2, \ z_3, \ \ldots, \ S_i^1, \ S_i^2, \ \ldots, \ T_i^1, \ T_i^2, \ \ldots.$$

Je n'écrirai que les premières de ces équations obtenues en égalant successivement les termes tout connus, les termes en $\sqrt{\mu}$, les termes en μ, ... Je fais d'ailleurs disparaître le facteur $e^{\eta t}$ qui se trouve partout.

Egalons d'abord les termes en $\sqrt{\mu}$; il vient

$$(7) \quad \begin{cases} \dfrac{dS_i^1}{dt} + z_1 S_i^0 = \Sigma_k A_{i,k}^0 S_k^0 + \Sigma_k B_{i,k}^0 T_k^0, \\ \dfrac{dT_i^1}{dt} + z_1 T_i^0 = \Sigma_k C_{i,k}^0 S_k^0 + \Sigma_k D_{i,k}^0 T_k^0. \end{cases}$$

Egalons les termes en μ, il vient

$$(8) \quad \begin{cases} \dfrac{dS_i^2}{dt} + z_1 S_i^1 + z_2 S_i^0 \\ \quad = \Sigma_k (A_{i,k}^0 S_k^1 + A_{i,k}^1 S_k^0 + B_{i,k}^0 T_k^1 + B_{i,k}^1 T_k^0) \quad (i = 1, 2, 3,) \end{cases}$$

outre trois équations analogues donnant les $\dfrac{dT_i^2}{dt}$.

Si l'on tient compte maintenant des relations (6), les équations (7) deviennent

$$\frac{dS_i^1}{dt} = z_1 r_i, \qquad \frac{dT_i^1}{dt} + z_1 T_i^0 = \Sigma_k C_{i,k}^0 S_k^0.$$

La première de ces équations montre que S_1^1, S_2^1 et S_3^1 sont des constantes. Quant à la seconde, elle montre que $\dfrac{dT_i^1}{dt}$ est une constante; mais comme T_i^1 doit être une fonction périodique, cette constante doit être nulle, de sorte qu'on a

$$(9) \qquad \alpha_1 \eta_i^0 = C_{i1}^0 S_1^1 + C_{i2}^0 S_2^1 + C_{i3}^0 S_3^1,$$

ce qui établit trois relations entre les trois constantes η_i^0, les trois constantes S_i^1 et la quantité inconnue α_1.

De son côté, l'équation (8) s'écrira

$$\frac{d\xi_i^1}{dt} - \alpha_1 S_i^1 = \Sigma_k B_{ik}^1 \eta_k^0.$$

Les B_{ik}^1 sont des fonctions périodiques de t; développons-les d'après la formule de Fourier et soit b_{ik} le terme tout connu de B_{ik}^1. Il viendra

$$\alpha_1 S_i^1 = \Sigma_k b_{ik} \eta_k^0$$

ou, en tenant compte des équations (9),

$$(10) \qquad \alpha_1^2 S_i^1 = \sum_{k=1}^{k=3} b_{ik}(C_{k1}^0 S_1^1 + C_{k2}^0 S_2^1 + C_{k3}^0 S_3^1).$$

En faisant dans cette équation (10) $i = 1$, 2 et 3, nous aurons trois relations linéaires et homogènes entre les trois constantes S_i^1. En éliminant ces trois constantes, nous aurons alors une équation du troisième degré qui déterminera α_1^2.

Si nous posons, pour abréger,

$$c_{ik} = b_{i1} C_{1k}^0 + b_{i2} C_{2k}^0 + b_{i3} C_{3k}^0,$$

l'équation due à cette élimination s'écrira

$$(11) \qquad \begin{vmatrix} c_{11} - \alpha_1^2 & c_{12} & c_{13} \\ c_{21} & c_{22} - \alpha_1^2 & c_{23} \\ c_{31} & c_{32} & c_{33} - \alpha_1^2 \end{vmatrix} = 0.$$

Elle peut encore s'écrire

$$\begin{vmatrix} -\alpha_1 & 0 & 0 & C_{11}^0 & C_{12}^0 & C_{13}^0 \\ 0 & -\alpha_1 & 0 & C_{21}^0 & C_{22}^0 & C_{23}^0 \\ 0 & 0 & -\alpha_1 & C_{31}^0 & C_{32}^0 & C_{33}^0 \\ b_{11} & b_{12} & b_{13} & -\alpha_1 & 0 & 0 \\ b_{21} & b_{22} & b_{23} & 0 & -\alpha_1 & 0 \\ b_{31} & b_{32} & b_{33} & 0 & 0 & -\alpha_1 \end{vmatrix} = 0.$$

La détermination de x_1 est la seule partie du calcul qui présente quelque difficulté.

Les équations analogues à (7) et à (8), formées en égalant dans les équations (2) les coefficients des puissances semblables de $\sqrt{\mu}$, permettent ensuite de déterminer sans peine les z_k, les S_i^m et les T_i^m. Nous pouvons donc énoncer le résultat suivant :

Les exposants caractéristiques x sont développables suivant les puissances croissantes de $\sqrt{\mu}$.

Concentrant donc toute notre attention sur la détermination de z_1, nous allons étudier spécialement l'équation (11). Nous devons chercher d'abord à déterminer les quantités C_{ik}^0 et b_{ik}.

On a évidemment

$$C_{ik}^0 = -\frac{d^2 F_2}{dx_i^0 dx_k^0}$$

et

$$B_{ik}^j = \frac{d^2 F_1}{dy_i^j dy_k^j},$$

ou

$$B_{ik}^j = -\Sigma A\, m_i m_k \sin\omega, \qquad (\omega = m_1 y_1^j - m_2 y_2^j + m_3 y_3^j + h)$$

et

$$b_{ik} = -\mathcal{S}\, A\, m_i m_k \sin\omega.$$

La sommation représentée par le signe $\sum$ s'étend à tous les termes, quelles que soient les valeurs entières attribuées à m_1, m_2 et m_3. La sommation représentée par le signe $\mathcal{S}$ s'étend seulement aux termes tels que

$$n_1 m_1 + n_2 m_2 + n_3 m_3 = 0.$$

Sous le signe $\mathcal{S}$ nous avons par conséquent

$$\omega = m_2 \varpi_2 + m_3 \varpi_3 + h.$$

Cela nous permet d'écrire

$$b_{ik} = \frac{d^2 R}{d\varpi_i d\varpi_k} \qquad (\text{pour } i \text{ et } k = 2 \text{ ou } 3).$$

Si un ou deux des indices i et k sont égaux à 1, b_{ik} sera défini par la relation

$$n_1 b_{i1} - n_2 b_{i2} - n_3 b_{i3} = 0.$$

Nous allons, à l'aide de cette dernière relation, transformer l'équation (11) de façon à mettre en évidence l'existence de deux racines nulles et à réduire l'équation au quatrième degré.

Je trouve en effet, par une simple transformation de déterminant et en divisant par z_1^2,

$$\begin{vmatrix} n_1 & n_2 & n_3 & 0 & 0 & 0 \\ 0 & -z_1 & 0 & b_{22} & b_{23} & 0 \\ 0 & 0 & -z_1 & b_{32} & b_{33} & 0 \\ C^0_{13} & C^0_{23} & C^0_{33} & -z_1 & 0 & n_3 \\ C^0_{12} & C^0_{22} & C^0_{32} & 0 & -z_1 & n_2 \\ C^0_{11} & C^0_{21} & C^0_{31} & 0 & 0 & n_1 \end{vmatrix} = 0.$$

Dans le cas particulier où l'on n'a plus que 2 degrés de liberté, cette équation s'écrit

$$\begin{vmatrix} n_1 & n_2 & 0 & 0 \\ 0 & -z_1 & \dfrac{d^2 R}{d\varpi_2^2} & 0 \\ C^0_{12} & C^0_{22} & -z_1 & n_2 \\ C^0_{11} & C^0_{21} & 0 & n_1 \end{vmatrix} = 0$$

ou

$$n_1^2 z_1^2 = \frac{d^2 R}{d\varpi_2^2} \left(n_1^2 C^0_{22} - 2 n_1 n_2 C^0_{12} + n_2^2 C^0_{11} \right).$$

L'expression $n_1^2 C^0_{22} - 2 n_1 n_2 C^0_{12} + n_2^2 C^0_{11}$ ne dépend que de x_1^0 et x_2^0 ou, si l'on veut, de n_1 et de n_2. Quand nous nous serons donné les deux nombres n_1 et n_2, dont le rapport doit être commensurable, nous pourrons regarder $n_1^2 C^0_{22} - 2 n_1 n_2 C^0_{12} + n_2^2 C^0_{11}$, comme une constante donnée. Alors le signe de z_1^2 dépend seulement de celui de $\dfrac{d^2 R}{d\varpi_2^2}$.

Quand on s'est donné n_1 et n_2, on forme l'équation

$$(12) \qquad \frac{dR}{d\varpi_2} = 0.$$

Nous avons vu au n° 42 qu'à chaque racine de cette équation correspond une solution périodique.

H. P. — I. 15

Considérons le cas général où l'équation (12) n'a que des racines simples; chacune de ces racines correspond alors à un maximum ou à un minimum de R. Mais la fonction R, étant périodique, présente dans chaque période au moins un maximum et un minimum et précisément autant de maxima que de minima.

Or pour les valeurs de ϖ_2 correspondant à un minimum, $\dfrac{d^2R}{d\varpi_2^2}$ est positif; pour les valeurs correspondant à un maximum, cette dérivée est négative.

Donc l'équation (12) aura précisément autant de racines pour lesquelles cette dérivée sera positive que de racines pour lesquelles cette dérivée sera négative, et par conséquent autant de racines pour lesquelles α_1^2 sera positif que de racines pour lesquelles α_1^2 sera négatif.

Cela revient à dire qu'il y aura précisément autant de solutions périodiques stables que de solutions instables, en donnant à ce mot le même sens que dans le n° 50.

Ainsi, à chaque système de valeurs de n_1 et de n_2, correspondront au moins une solution périodique stable et une solution périodique instable et précisément autant de solutions stables que de solutions instables, pourvu que μ soit suffisamment petit.

Je n'examinerai pas ici comment ces résultats s'étendraient au cas où l'équation (12) aurait des racines multiples.

Voici comment il faudrait continuer le calcul.

Imaginons que l'on ait déterminé complètement les quantités

$$z_1, \quad z_2, \quad \ldots, \quad z_m$$

et les fonctions

$$S_1^0, \quad S_1^1, \quad \ldots, \quad S_1^m,$$

$$T_1^0, \quad T_1^1, \quad \ldots, \quad T_1^{m-1}$$

et que l'on connaisse les fonctions S_1^{m+1} et T_1^m *à une constante près*. Supposons qu'on se propose ensuite de calculer z_{m+1}, d'achever la détermination des fonctions S_1^{m+1} et T_1^m et de déterminer ensuite les fonctions S_1^{m+2} et T_1^{m+1} *à une constante près*.

En égalant les puissances semblables de μ dans les équations (4), on obtient des équations de la forme suivante, analogues aux équations (7) et (8),

$$(13)\quad\left\{\begin{aligned}-\frac{dT_i^{m+1}}{dt}-\Sigma_k C_{ik}^2 S_k^{m+1}-x_1 T_i^m-x_{m+1}T_i^0 &= \text{quantité connue}\\-\frac{dS_i^{m+2}}{dt}-\Sigma_k B_{ik}^2 T_k^m-x_1 S_i^{m+1}-x_{m+1}S_i^0 &= \text{quantité connue}\end{aligned}\right\}\quad(i=1,2,3).$$

Les deux membres de ces équations (12) sont des fonctions périodiques de t. Égalons la valeur moyenne de ces deux membres. Si nous désignons par $[U]$ la valeur moyenne d'une fonction périodique quelconque U, si nous observons que, si U est périodique, on a

$$\left[\frac{dU}{dt}\right]=0;$$

si nous rappelons que, T_k^m étant connu à une constante près, $T_k^m-[T_k^m]$ et

$$[B_{ik}^2(T_k^m-[T_k^m])]$$

sont des quantités connues, nous obtiendrons les équations suivantes :

$$(14)\quad\left\{\begin{aligned}\Sigma_k C_{ik}^2 [S_k^{m+1}]-x_1[T_i^m]-x_{m+1}T_i^0 &= \text{quantité connue}\\\Sigma_k b_{ik}[T_k^m]-x_1[S_i^{m+1}]-x_{m+1}S_i^0 &= \text{quantité connue}\end{aligned}\right\}\quad(i=1,2,3).$$

Ces équations (14) vont nous servir à calculer x_{m+1}, $[T_i^m]$ et $[S_i^{m+1}]$ et par conséquent à achever la détermination des fonctions T_i^m et S_i^{m+1} qui ne sont encore connues qu'à une constante près.

Si l'on additionne les équations (14) après les avoir respectivement multipliées par

$$S_1^0,\quad S_2^0,\quad S_3^0,\quad T_1^0,\quad T_2^0,\quad T_3^0,$$

on trouve

$$2\,\Sigma S_i^0 T_i^0 x_{m+1}=\text{quantité connue},$$

ce qui détermine x_{m+1}.

Si dans les équations (14) on remplace x_{m+1} par la valeur ainsi trouvée, on a, pour déterminer les six inconnues $[T_i^m]$ et $[S_i^{m+1}]$, six équations linéaires dont cinq seulement sont indépendantes.

Cela posé, on déterminera $[T_i^m]$ par la condition que $[T_i^m]$ soit nul pour $t = 0$, conformément à l'hypothèse faite plus haut, et les cinq équations (14) restées indépendantes permettront de calculer les cinq autres inconnues.

Les équations (13) nous permettront ensuite de calculer $\dfrac{dT_i^{m+1}}{dt}$ et $\dfrac{dS_i^{m+1}}{dt}$ et, par conséquent, de déterminer les fonctions T_i^{m+1} et S_i^{m+2} à une constante près; et ainsi de suite.

Solutions dégénérescentes.

80. Reprenons les équations (1) du numéro précédent

$$(1) \qquad \frac{dx_i}{dt} = \frac{dF}{dy_i}, \qquad \frac{dy_i}{dt} = -\frac{dF}{dx_i} \qquad (i = 1, 2, 3).$$

Nous avons supposé qu'il existait une solution périodique de période T

$$x_i = \varphi_i(t), \qquad y_i = \psi_i(t);$$

posant ensuite

$$x_i = \varphi_i + \xi_i, \qquad y_i = \psi_i + \eta_i,$$

nous avons formé les équations aux variations

$$(2) \qquad \begin{cases} \dfrac{d\xi_i}{dt} = \sum \dfrac{d^2F}{dy_i\,dx_k}\xi_k + \sum \dfrac{d^2F}{dy_i\,dy_k}\eta_k \\[2mm] \dfrac{d\eta_i}{dt} = -\sum \dfrac{d^2F}{dx_i\,dx_k}\xi_k - \sum \dfrac{d^2F}{dx_i\,dy_k}\eta_k \end{cases}$$

Ces équations, ayant en général quatre exposants caractéristiques différents de o, admettront quatre solutions particulières de la forme

$$\xi_i = e^{\alpha t}S_i, \qquad \eta_i = e^{\alpha t}T_i,$$

S_i et T_i étant périodiques. Nous avons appris à former ces intégrales.

Mais les équations (2) auront, en outre, deux exposants caractéristiques nuls; elles admettront donc deux solutions particulières de la forme

$$(3) \qquad \begin{cases} \xi_i = S_i, & \eta_i = T_i, \\[1mm] \xi_i = S'_i + t\,S_i, & \eta_i = T'_i + t\,T_i, \end{cases}$$

S_i, T_i, S'_i, T'_i étant périodiques de même période que φ_i, ψ_i, S_i
et T_i.

Comment doit-on s'y prendre pour former ces solutions (3)?

Nous avons vu au n° 42 que les équations (1) admettent une
solution périodique

$$(4) \qquad x_i = \varphi_i(t, \mu, \varepsilon), \qquad y_i = \psi_i(t, \mu, \varepsilon),$$

de période

$$\frac{T}{1+\varepsilon}$$

qui se réduit à

$$x_i = \varphi_i(t), \qquad y_i = \psi_i(t)$$

pour $\varepsilon = 0$.

Les fonctions φ_i et ψ_i sont développables suivant les puissances
croissantes de ε.

Posons maintenant

$$t = \frac{u}{1+\varepsilon}, \qquad \text{d'où} \qquad u = t(1+\varepsilon).$$

Si nous substituons cette valeur à la place de t dans les équations (4), il viendra

$$x_i = \theta_i(u, \mu, \varepsilon), \qquad y_i = \Theta_i(u, \mu, \varepsilon).$$

Les fonctions θ_i et Θ_i seront encore développables suivant les
puissances de μ et de ε; mais elles seront périodiques en u et la
période sera constante et égale à T; elles seront donc développables suivant les sinus et cosinus des multiples de $\dfrac{2\pi u}{T}$.

Si h est une constante quelconque

$$x_i = \varphi_i(t + h, \mu, \varepsilon), \qquad y_i = \psi_i(t + h, \mu, \varepsilon)$$

est encore une solution des équations (1), puisque le temps n'entre
pas explicitement dans ces équations. Cette solution contient deux
constantes arbitraires h et ε.

Le n° 54 nous fournit le moyen d'en déduire deux solutions des
équations aux variations (2).

Ces solutions s'écrivent

$$\xi_i = \frac{d\varphi_i}{dh}, \qquad \eta_i = \frac{d\psi_i}{dh}$$

et

$$\xi_i = \frac{d\varphi_i}{d\varepsilon}, \qquad \eta_i = \frac{d\psi_i}{d\varepsilon}.$$

Après la différentiation il faut faire $h = \varepsilon = 0$.

Or il vient

$$\varphi_i(t, \mu, \varepsilon) = \theta_i\big[t(1+\varepsilon),\, \mu,\, \varepsilon\big],$$
$$\psi_i(t, \mu, \varepsilon) = \Theta_i\big[t(1+\varepsilon),\, \mu,\, \varepsilon\big];$$

d'où

$$\frac{d\varphi_i}{dh} = \frac{d\varphi_i}{dt} = \frac{d\theta_i}{du}\frac{du}{dt} = \frac{d\theta_i}{du}(1+\varepsilon),$$
$$\frac{d\psi_i}{dh} = \frac{d\psi_i}{dt} = \frac{d\Theta_i}{du}\frac{du}{dt} = \frac{d\Theta_i}{du}(1+\varepsilon),$$

et pour $\varepsilon = 0$

$$\frac{d\varphi_i}{dh} = \frac{d\theta_i}{du}, \qquad \frac{d\psi_i}{dh} = \frac{d\Theta_i}{du}.$$

D'autre part,

$$\frac{d\varphi_i}{d\varepsilon} = \frac{d\theta_i}{du}\frac{du}{d\varepsilon} + \frac{d\theta_i}{d\varepsilon} = t\frac{d\theta_i}{du} + \frac{d\theta_i}{d\varepsilon},$$
$$\frac{d\psi_i}{d\varepsilon} = \frac{d\Theta_i}{du}\frac{du}{d\varepsilon} + \frac{d\Theta_i}{d\varepsilon} = t\frac{d\Theta_i}{du} + \frac{d\Theta_i}{d\varepsilon}$$

ou, pour $\varepsilon = 0$,

$$\frac{d\varphi_i}{d\varepsilon} = t\frac{d\varphi_i}{dt} + \frac{d\theta_i}{d\varepsilon}, \qquad \frac{d\psi_i}{d\varepsilon} = t\frac{d\psi_i}{dt} + \frac{d\Theta_i}{d\varepsilon}.$$

Les solutions cherchées des équations (2) sont donc

$$\xi_i = S_i' = \frac{d\varphi_i}{dt}, \qquad \eta_i = T_i' = \frac{d\psi_i}{dt}$$

et

$$\xi_i = tS_i' + S_i'', \qquad \eta_i = tT_i' + T_i''$$

avec

$$S_i'' = \frac{d\theta_i}{d\varepsilon}, \qquad T_i'' = \frac{d\Theta_i}{d\varepsilon}.$$

Je dis que les fonctions S'_i, T'_i, S''_i, T''_i sont périodiques en t de période T. En effet, θ_i et Θ_i sont périodiques de période T en u; cette période étant indépendante de ε, les dérivées

$$(5) \qquad \frac{d\theta_i}{du}, \quad \frac{d\Theta_i}{du}, \quad \frac{d\theta_i}{d\varepsilon}, \quad \frac{d\Theta_i}{d\varepsilon}$$

seront également périodiques en u. Mais, pour $\varepsilon = 0$, $u = t$; si donc on fait après la différentiation $\varepsilon = 0$, ces quatre dérivées (5), c'est-à-dire les quatre fonctions S'_i, T'_i, S''_i, T''_i seront périodiques en t.

C. Q. F. D.

Ces quatre fonctions seront, comme θ_i et Θ_i dont elles sont les dérivées, développables suivant les puissances croissantes et positives de μ (je rappelle que S_i et T_i, dans le numéro précédent, étaient développables suivant les puissances non de μ, mais de $\sqrt{\mu}$).

Pour $\mu = 0$, φ_i se réduit à une constante x_i^0; donc $\frac{dx_i}{dt} = S'_i$ s'annule. Donc S'_i est divisible par μ, de même que dans le numéro précédent S_i était divisible par $\sqrt{\mu}$.

Au contraire S''_i n'est pas divisible par μ.

Dans un Mémoire que j'ai publié dans les *Acta mathematica*, t. XIII, p. 157, je suis amené à considérer des équations analogues aux équations (2) et deux solutions particulières de ces équations

$$\xi_i = S'_i, \qquad \eta_i = T'_i,$$
$$\xi_i = S''_i + \alpha t S'_i, \qquad \eta_i = T''_i + \alpha t T'_i.$$

J'appelle α un des exposants caractéristiques, de telle sorte que α est développable suivant les puissances impaires de $\sqrt{\mu}$, et que μ est lui-même développable suivant les puissances de α^2 et est divisible par α^2.

Je suppose que l'on remplace μ par cette valeur, de sorte que toutes nos fonctions se trouvent développées suivant les puissances de α. J'annonce ensuite que S'_i et S''_i sont divisibles par α. En effet S'_i, comme nous venons de le voir, est divisible par μ et μ par α^2.

D'autre part, nous avons manifestement

$$S''_i = \alpha S'_i.$$

puisqu'il faut multiplier par z la solution que je viens d'étudier

$$\zeta_i = S_i^2 + iS_6$$

pour obtenir la solution considérée dans les *Acta mathematica*

$$\zeta_i = S_i^2 + 2iS_6$$

J'ai cru devoir faire cette remarque parce qu'un lecteur inattentif aurait pu ne pas prendre garde à ce facteur z et croire à une contradiction entre le résultat énoncé dans les *Acta* et ceux que je viens de démontrer.

CHAPITRE V.

81. Reprenons nos équations canoniques

$$(1) \qquad \frac{dx_i}{dt} = \frac{dF}{dy_i}, \qquad \frac{dy_i}{dt} = -\frac{dF}{dx_i};$$

$$F = F_0 + \mu F_1 + \mu^2 F_2 + \ldots.$$

Je suppose d'abord que F_0, qui ne dépend pas des y_i, dépend des n variables x_i et que son hessien par rapport à ces n variables n'est pas nul.

Je me propose de démontrer que, sauf dans certains cas exceptionnels que nous étudierons plus loin, les équations (1) n'admettent pas d'autre intégrale analytique et uniforme que l'intégrale $F = $ const.

Voici ce que j'entends par là :

Soit Φ une fonction analytique et uniforme des x, des y et de μ, qui doit de plus être périodique par rapport aux y.

Je ne suis pas obligé de supposer que cette fonction soit analytique et uniforme *pour toutes les valeurs des x, des y et de μ*.

Je suppose seulement cette fonction analytique et uniforme pour toutes les valeurs réelles des y, pour les valeurs suffisamment petites de μ, et pour les systèmes de valeurs des x appartenant à un certain domaine D; le domaine D peut d'ailleurs être quelconque et être aussi petit qu'on le veut. Dans ces conditions, la fonction Φ est développable par rapport aux puissances de μ et je puis écrire

$$\Phi = \Phi_0 + \mu \Phi_1 + \mu^2 \Phi_2 + \ldots,$$

$\Phi_0, \Phi_1, \Phi_2, \ldots$ étant uniformes par rapport aux x et aux y et périodiques par rapport aux y.

Je dis qu'une fonction Φ de cette forme ne peut pas être une intégrale des équations (1).

La condition nécessaire et suffisante pour qu'une fonction Φ soit une intégrale s'écrit, en reprenant la notation du n° 3,

$$[F, \Phi] = 0,$$

ou en remplaçant F et Φ par leurs développements

$$
0 = [F_0, \Phi_0] - \mu([F_1, \Phi_0] - [F_0, \Phi_1])
$$
$$
- \mu^2([F_2, \Phi_0] - [F_1, \Phi_1] - [F_0, \Phi_2]) + \dots
$$

Nous aurons donc séparément les équations suivantes, dont je ferai usage plus loin,

$$(2) \qquad\qquad [F_0, \Phi_0] = 0$$

et

$$(3) \qquad\qquad [F_1, \Phi_0] - [F_0, \Phi_1] = 0.$$

Je dis que je puis toujours supposer que Φ_0 n'est pas une fonction de F_0.

En effet, supposons que l'on ait

$$\Phi_0 = \psi(F_0).$$

Je dis que la fonction ψ sera une fonction uniforme en général, quand les variables x resteront dans le domaine D.

Nous avons en effet

$$F_0 = F_0(x_1, x_2, \dots, x_n).$$

Nous pourrons résoudre cette équation par rapport à x_1 et écrire

$$x_1 = \theta(F_0, x_2, \dots, x_n),$$

et θ sera une fonction uniforme à moins que $\dfrac{dF_0}{dx_1}$ ne s'annule à l'intérieur du domaine D.

En remplaçant x_1 par sa valeur θ dans

$$\Phi_0 \begin{pmatrix} x_1, x_2, \dots, x_n \\ y_1, y_2, \dots, y_n \end{pmatrix},$$

il vient

$$\Phi_0\left(\begin{matrix} x_1, x_2, \ldots, x_n \\ y_1, y_2, \ldots, y_n \end{matrix}\right) = \psi\left(\begin{matrix} F_0, x_2, \ldots, x_n \\ y_1, y_2, \ldots, y_n \end{matrix}\right).$$

Φ_0 est une fonction uniforme des x et des y; si l'on y remplace x_1 par la fonction uniforme θ, on obtiendra une fonction uniforme ψ de F_0, de $x_2, \ldots, x_n$ et des y; mais, par hypothèse, cette fonction ψ ne dépend que de F_0.

Donc $\Phi = \psi$ est fonction uniforme de F_0.

Cela a lieu pourvu que $\dfrac{dF_0}{dx_1}$ ne s'annule pas dans le domaine D; cela aura lieu également si l'une des dérivées $\dfrac{dF_0}{dx_i}$ ne s'annule pas dans le domaine D.

Cela posé, si Φ est une intégrale uniforme, il en sera de même de

$$\Phi - \psi(F).$$

$\Phi - \psi(F)$ est développable suivant les puissances de μ et de plus est divisible par μ, puisque $\Phi_0 - \psi(F_0)$ est nul. Posons donc

$$\Phi - \psi(F) = \mu\Phi'.$$

Φ' sera une intégrale analytique et uniforme et il viendra

$$\Phi' = \Phi'_0 + \mu\Phi'_1 + \mu^2\Phi'_2 + \ldots.$$

En général, Φ'_0 ne sera pas une fonction de F_0; si cela avait lieu, on recommencerait la même opération.

Je dis qu'en recommençant ainsi cette opération, on finira par arriver à une intégrale qui ne se réduira pas à une fonction de F_0 pour $\mu = 0$.

A moins toutefois que Φ ne soit une fonction de F, auquel cas les deux intégrales F et Φ ne seraient plus distinctes.

En effet, soit J le jacobien, ou déterminant fonctionnel de Φ et de F par rapport à deux des variables x et y. Je puis supposer que ce jacobien n'est pas identiquement nul, puisque, si tous les jacobiens étaient nuls, Φ serait fonction de F, ce que nous ne supposons pas.

J sera manifestement développable suivant les puissances de μ. De plus J s'annulera avec μ, puisque Φ_0 est fonction de F_0. J sera

donc divisible par une certaine puissance de μ, par exemple
par μ^p.

Soit maintenant J' le déterminant fonctionnel ou jacobien de Φ'
et de F; on aura

$$J = \mu J',$$

de sorte que J' ne sera plus divisible que par μ^{p-1}.

Ainsi, après p opérations au plus, on arrivera à un jacobien qui
ne s'annulera plus avec μ et qui correspondra, par conséquent, à
une intégrale qui ne se réduira pas pour $\mu = 0$ à une fonction
de F_0.

Par conséquent, s'il existe une intégrale Φ analytique et uniforme
et distincte de F, mais telle que Φ_0 soit fonction de F_0, on en
pourra toujours trouver une autre de même forme et qui ne se
réduira pas à une fonction de F_0 pour $\mu = 0$.

*Nous avons donc toujours le droit de supposer que Φ_0 n'est
pas fonction de F_0.*

82. Je dis maintenant que Φ_0 ne peut dépendre des y.

Si en effet Φ_0 dépend des y, ce sera une fonction périodique de
ces variables, de sorte que nous pourrons écrire

$$\Phi_0 = \Sigma A e^{\sqrt{-1}(m_1 y_1 + m_2 y_2 + \ldots + m_n y_n)} = \Sigma A \zeta,$$

les m_i étant des entiers positifs ou négatifs, les A des fonctions
des x_i et la notation ζ représentant pour abréger l'exponentielle
imaginaire qui multiplie A.

Cela posé, nous avons

$$[F_0, \Phi_0] = \sum \frac{dF_0}{dx_i} \frac{d\Phi_0}{dy_i},$$

puisque F_0 ne dépend pas des y et que les $\dfrac{dF_0}{dy_i}$ sont nuls.

D'autre part,

$$\frac{d\Phi_0}{dy_i} = \Sigma \sqrt{-1}\, m_i A \zeta,$$

de sorte que l'équation (2) s'écrit

$$\sqrt{-1}\, \Sigma A \left(m_1 \frac{dF_0}{dx_1} + m_2 \frac{dF_0}{dx_2} + \ldots + m_n \frac{dF_0}{dx_n} \right) \zeta = 0,$$

et, comme ce doit être une identité, on aura, pour tous les systèmes de valeurs entières des m_i,

$$A \sum m_i \frac{dF_0}{dx_i} = 0,$$

de sorte qu'on doit avoir identiquement, ou bien

$$(4) \qquad\qquad A = 0,$$

ou bien

$$(5) \qquad\qquad \sum m_i \frac{dF_0}{dx_i} = 0.$$

De l'identité (5) on déduirait, par différentiation,

$$\sum_{i=1}^{i=n} m_i \frac{d^2 F_0}{dx_i dx_k} = 0 \qquad (k = 1, 2, \ldots n).$$

Or cela ne peut avoir lieu que de deux manières :
   Ou bien si

$$m_1 = m_2 = \ldots = m_n = 0,$$

ou bien si le hessien de F_0 est nul.

   Or nous avons supposé au début que le hessien n'était pas nul.

   Donc A doit être identiquement nul, sauf pour le terme où tous les m_i sont nuls.

   Cela revient à dire que Φ_0 se réduit à un seul terme qui ne dépend pas des y.   C. Q. F. D.

   Examinons maintenant l'équation (3). Comme F_0 et Φ_0 ne dépendent pas des y, cette équation peut s'écrire

$$-\sum \frac{d\Phi_0}{dx_i} \frac{dF_1}{dy_i} + \sum \frac{dF_0}{dx_i} \frac{d\Phi_1}{dy_i} = 0.$$

D'autre part, F_1 et Φ_1 sont périodiques par rapport aux y et, par conséquent, développables suivant les exponentielles de la forme

$$e^{\sqrt{-1}(m_1 y_1 + m_2 y_2 + \ldots + m_n y_n)},$$

les m_i étant des entiers positifs ou négatifs.

Pour abréger, je désignerai, comme plus haut, cette exponentielle par ζ et j'écrirai

$$F_1 = \Sigma B \zeta, \qquad \Phi_1 = \Sigma C \zeta$$

les B et les C étant des coefficients dépendant des x seulement. On aura alors

$$\frac{dF_1}{dy_i} = \sqrt{-1}\, \Sigma B m_i \zeta, \qquad \frac{d\Phi_1}{dy_i} = \sqrt{-1}\, \Sigma C m_i \zeta,$$

de sorte que l'équation (3), divisée par $\sqrt{-1}$, s'écrira

$$-\Sigma B \zeta \left(\Sigma_i m_i \frac{d\Phi_0}{dx_i} \right) + \Sigma C \zeta \left(\Sigma m_i \frac{dF_0}{dx_i} \right) = 0.$$

Comme cette équation est une identité, nous devrons avoir pour tous les systèmes de valeurs entières des m_i

$$(6) \qquad\qquad B \Sigma m_i \frac{d\Phi_0}{dx_i} = C \Sigma m_i \frac{dF_0}{dx_i}.$$

La relation (6) doit avoir lieu pour toutes les valeurs des x. Donnons alors aux x des valeurs telles que

$$(7) \qquad\qquad \Sigma m_i \frac{dF_0}{dx_i} = 0 ;$$

le second membre de (6) s'annule. Nous devrons donc avoir, toutes les fois que les x satisferont à l'équation (7), ou bien

$$(8) \qquad\qquad B = 0$$

ou bien

$$(9) \qquad\qquad \Sigma m_i \frac{d\Phi_0}{dx_i} = 0.$$

La fonction F_1 est une des données de la question et il en est de même, par conséquent, des coefficients B. Il est donc aisé de reconnaître si l'égalité (7) entraine l'égalité (8). En général, on constatera qu'il n'en est pas ainsi et on devra conclure que l'égalité (9) est une conséquence nécessaire de l'égalité (7).

Soient maintenant $p_1, p_2, \ldots, p_n$ un certain nombre d'entiers. Imaginons que l'on donne aux x des valeurs telles que

$$(10) \qquad \frac{dF_2}{p_1\, dx_1} = \frac{dF_2}{p_2\, dx_2} = \ldots = \frac{dF_2}{p_n\, dx_n}.$$

On pourra trouver une infinité de systèmes d'entiers $m_1, m_2, \ldots, m_n$ tels que

$$m_1 p_1 + m_2 p_2 + \ldots + m_n p_n = 0.$$

Pour chacun de ces systèmes d'entiers, on devra avoir

$$\Sigma\, m_i \frac{dF_2}{dx_i} = 0$$

et, par conséquent,

$$\Sigma\, m_i \frac{d\Phi_2}{dx_i} = 0.$$

La comparaison de ces deux équations montre que l'on doit avoir

$$\frac{\dfrac{dF_2}{dx_1}}{\dfrac{d\Phi_2}{dx_1}} = \frac{\dfrac{dF_2}{dx_2}}{\dfrac{d\Phi_2}{dx_2}} = \ldots = \frac{\dfrac{dF_2}{dx_n}}{\dfrac{d\Phi_2}{dx_n}},$$

c'est-à-dire que le jacobien de F_2 et de Φ_2 par rapport à deux quelconques des quantités x doit être nul.

Cela doit avoir lieu pour toutes les valeurs des x qui satisfont à des relations de la forme (10), c'est-à-dire pour toutes les valeurs telles que les $\frac{dF_2}{dx_i}$ soient commensurables entre eux. Dans un domaine quelconque, quelque petit qu'il soit, il y a donc une infinité de systèmes de valeurs des x pour lesquels ce jacobien s'annule, et, comme ce jacobien est une fonction continue, il doit s'annuler identiquement.

Dire que tous les jacobiens de F_2 et de Φ_2 sont nuls, c'est dire que Φ_2 est fonction de F_2. Or cela est contraire à l'hypothèse que nous avons faite à la fin du numéro précédent.

Nous devons donc conclure que les équations (1) n'admettent pas d'autre intégrale uniforme que $F = C$.   C. Q. F. D.

Cas où les B s'annulent.

83. Dans la démonstration qui précède, nous avons supposé que les coefficients B n'étaient pas nuls. Si un ou plusieurs de ces coefficients s'annulaient (et surtout si une infinité d'entre eux s'annulaient), il y aurait lieu d'examiner le raisonnement de plus près.

Pour rendre possible l'énoncé des conséquences auxquelles je vais être conduit, je serai forcé d'introduire une terminologie nouvelle.

À chaque système d'indices $m_1, m_2, \ldots, m_n$ (où les m_i sont des entiers) correspond un coefficient B. Je dirai que ce coefficient devient *séculaire* quand les x_i prendront des valeurs telles que

$$(7) \qquad \Sigma m_i \frac{d\mathrm{V}_0}{dx_i} = 0.$$

Voici ce qui peut justifier cette dénomination.

Lorsque, dans le calcul des perturbations, on suppose que le rapport des moyens mouvements soit commensurable, quelques-uns des termes de la fonction perturbatrice cessent d'être périodiques, et l'on peut dire alors qu'ils deviennent séculaires ; ce qui se passe ici est tout à fait analogue.

Je dirai que deux systèmes d'indices $(m_1, m_2, \ldots, m_n)$ et $(m'_1, m'_2, \ldots, m'_n)$ appartiennent à la même classe lorsqu'on aura

$$\frac{m_1}{m'_1} = \frac{m_2}{m'_2} = \ldots = \frac{m_n}{m'_n}$$

et que *deux coefficients* B *appartiennent à la même classe* lorsqu'ils correspondent à deux systèmes d'indices appartenant à la même classe.

Pour démontrer le théorème du numéro précédent, nous avons supposé qu'aucun des coefficients B ne s'annule en devenant séculaire.

Pour que le résultat soit vrai, il suffit que, dans chacune des classes, il y ait *au moins un* des coefficients B qui ne s'annule pas en devenant séculaire.

Supposons en effet que le coefficient B qui correspond au système $(m_1, m_2, \ldots, m_0)$ s'annule, mais que le coefficient B' qui
correspond au système $(m'_1, m_2, \ldots, m_n)$ ne s'annule pas.

Si l'on donne aux x des valeurs telles que

$$\Sigma m_i \frac{d\Phi_0}{dx_i} = 0,$$

on aura également

$$\Sigma m'_i \frac{d\Phi_0}{dx_i} = 0,$$

et par conséquent

$$B \Sigma m_i \frac{d\Phi_0}{dx_i} = 0, \qquad B' \Sigma m'_i \frac{d\Phi_0}{dx_i} = 0.$$

De la première de ces égalités on ne peut pas déduire

$$\Sigma m_i \frac{d\Phi_0}{dx_i} = 0,$$

parce que B est nul; mais, comme B' n'est pas nul, la seconde égalité nous donne

$$\Sigma m'_i \frac{d\Phi_0}{dx_i} = 0,$$

et, par conséquent,

$$\Sigma m_i \frac{d\Phi_0}{dx_i} = 0.$$

Le reste du raisonnement se fait comme dans le numéro précédent.

Avant d'aller plus loin, considérons d'abord le cas particulier où
il n'y a que deux degrés de liberté.

Il n'y aura alors que deux indices m_1 et m_2 et une classe sera
entièrement définie par le rapport de ces deux indices. Soit λ un
nombre commensurable quelconque; soit C la classe d'indices où
$\frac{m_1}{m_2} = \lambda$. Je dirai, pour abréger, que cette classe C appartient au
domaine D, ou *est dans ce domaine* si l'on peut donner aux x un
système de valeurs appartenant à ce domaine, et telles que

$$\lambda \frac{d\Phi_0}{dx_1} + \frac{d\Phi_0}{dx_2} = 0.$$

Je dirai qu'une classe est *singulière* lorsque tous les coefficients de cette classe s'annulent en devenant séculaires et qu'elle est *ordinaire* dans le cas contraire.

Je dis que le théorème sera encore vrai si l'on suppose que, dans tout domaine δ faisant partie de D on peut trouver une infinité de classes *ordinaires*.

Soit en effet un système quelconque de valeurs de x_1 et x_2, tel que l'on ait en ce point

$$\lambda \frac{dF_0}{dx_1} + \frac{dF_0}{dx_2} = 0.$$

Supposons que λ soit commensurable et que la classe qui correspond à cette valeur de λ soit ordinaire; le raisonnement du numéro précédent pourra alors s'appliquer à ce système de valeurs et on devra conclure que, pour ces valeurs de x_1 et de x_2, le jacobien de F_0 et de Φ_0 par rapport à x_1 et à x_2 s'annule.

Mais, par hypothèse, il existe, dans tout domaine δ si petit qu'il soit faisant partie de D, une infinité de pareils systèmes de valeurs de x_1 et de x_2. Par conséquent notre jacobien doit s'annuler en tous les points de D; ce qui montre que Φ_0 est une fonction de F_0. On en conclurait, comme dans le numéro précédent, qu'il n'existe pas d'intégrale uniforme distincte de F.

Il n'en serait plus de même si l'on pouvait trouver un domaine D dont toutes les classes soient singulières.

On pourrait se demander alors s'il ne peut pas exister une intégrale qui reste uniforme non pas pour toutes les valeurs des x, mais quand ces variables ne sortent pas du domaine D. On verrait, en général, qu'il n'en serait pas ainsi; il suffirait, pour s'en assurer, d'envisager dans l'équation

$$[F, \Phi] = 0,$$

non plus seulement le terme indépendant de μ, et le terme en μ, mais le terme en μ^2 et les termes suivants.

Je n'insiste pas, cela n'a pas d'intérêt, car je ne crois pas que, dans aucun problème de Dynamique, se posant naturellement, il arrive que toutes les classes d'un domaine D soient singulières sans que tous les coefficients B s'annulent en devenant séculaires.

Passons maintenant au cas où il y a plus de 2 degrés de liberté.

Les résultats seront analogues, bien que l'énoncé en soit plus compliqué.

Soient

$$p_1, \quad p_2, \quad \ldots, \quad p_n$$

n nombres entiers quelconques. Considérons tous les systèmes d'indices $m_1, m_2, \ldots, m_n$ qui satisfont à la condition

$$m_1 p_1 + m_2 p_2 + \ldots + m_n p_n = 0.$$

Je dirai que tous les coefficients correspondants appartiennent à une même *famille*.

Soient q classes définies par les systèmes d'indices suivants

$$
\begin{aligned}
&m_{1,1}, \quad m_{2,1}, \quad \ldots, \quad m_{n,1} \\
&m_{1,2}, \quad m_{2,2}, \quad \ldots, \quad m_{n,2} \\
&\ldots \quad \ldots \quad \ldots \quad \ldots \\
&m_{1,q}, \quad m_{2,q}, \quad \ldots, \quad m_{n,q}
\end{aligned}
$$

Si l'on ne peut trouver q entiers,

$$a_1, \quad a_2, \quad \ldots, \quad a_q,$$

tels que l'on ait

$$\sum_{i=1}^{i=q} a_i m_{k,i} = 0 \qquad (k = 1, 2, \ldots, n),$$

je dirai que ces q classes sont *indépendantes*.

Je dirai qu'une famille est *ordinaire* si l'on y peut trouver $n-1$ classes indépendantes et ordinaires, et qu'elle est *singulière* dans le cas contraire. Elle sera singulière du *premier ordre* si l'on peut y trouver $n-2$ classes indépendantes, ordinaires et singulières du $q^{\text{ième}}$ ordre, si l'on peut y trouver $n-q-1$ classes indépendantes et ordinaires et qu'on n'en puisse trouver davantage.

Je dirai qu'une famille définie par les entiers $(p_1, p_2, \ldots, p_n)$ appartient à un domaine D s'il existe dans ce domaine des valeurs des x telles que

$$\frac{dF_1}{p_1 dx_1} = \frac{dF_2}{p_2 dx_2} = \ldots = \frac{dF_n}{p_n dx_n}.$$

Cela posé, je dis que, si l'on peut trouver dans tout domaine δ

faisant partie de D une infinité de familles ordinaires, il ne pourra
exister aucune intégrale uniforme distincte de F.

Le raisonnement du numéro précédent est en effet applicable
à tout système de valeurs des x qui correspond à une famille
ordinaire.

Les jacobiens de F_0 et de Φ_0, par rapport à deux quelconques
des variables x, devraient donc s'annuler une infinité de fois dans
tout domaine δ faisant partie de D, ce qui ne peut arriver que s'ils
sont identiquement nuls.

Je dis maintenant que, si l'on peut trouver dans tout domaine δ
faisant partie de D une infinité de classes singulières du $q^{\text{ième}}$ ordre,
le nombre des intégrales uniformes distinctes que peuvent com-
porter les équations (1) est au plus égal à $q + 1$ (en y comprenant
l'intégrale F).

Supposons en effet qu'il y ait $q + 2$ intégrales distinctes; soient

$$F, \quad \Phi^1, \quad \Phi^2, \quad \ldots, \quad \Phi^{q+1}$$

ces intégrales et supposons que pour $y = 0$ elles se réduisent à

$$(11) \qquad F_0, \quad \Phi^1_0, \quad \Phi^2_0, \quad \ldots, \quad \Phi^{q+1}_0.$$

Soit un système de valeurs des x correspondant à une famille
irrégulière du $q^{\text{ième}}$ ordre. Posons

$$n - q - 1 = p.$$

Il existera dans cette famille p classes ordinaires. Soient

$$m_{1,k}, m_{2,k}, \ldots, m_{n,k} \qquad (k = 1, 2, \ldots, p)$$

les systèmes d'indices correspondant à ces classes.

On aura pour les valeurs des x considérées

$$\sum_{i=1}^{i=n} m_{i,k} \frac{dF_0}{dx_i} = \sum_{i=1}^{i=n} m_{i,k} \frac{d\Phi^h_0}{dx_i} = 0$$

$$(k = 1, 2, \ldots, p, \ h = 1, 2, \ldots, q+1).$$

On en déduira que les jacobiens des $q + 2$ fonctions (11) par
rapport à $q + 2$ quelconques des x doivent s'annuler pour les
valeurs considérées des x.

Et comme cela doit avoir lieu une infinité de fois dans chaque domaine δ, on en conclura que ces jacobiens s'annulent identiquement et par conséquent que nos $q + 2$ intégrales ne peuvent pas être distinctes.

Ces considérations ne présentent pas d'ailleurs d'intérêt pratique et je ne les ai présentées ici que pour être complet et rigoureux. On peut évidemment construire artificiellement des problèmes où ces diverses circonstances se rencontreront; mais, dans les problèmes de Dynamique qui se posent naturellement, il arrivera toujours, ou bien que toutes les classes seront singulières, ou bien qu'elles seront toutes ordinaires, à l'exception d'un nombre fini d'entre elles.

Cas où le hessien est nul.

84. Passons maintenant au cas où F_0 ne dépend pas de toutes les variables $x_1, x_2, \ldots, x_n$.

Je supposerai que F_0 dépend de x_1 et x_2 seulement et que son hessien par rapport à ces deux variables n'est pas nul.

Pour bien marquer la différence entre ces deux variables x_1 et x_2 et leurs conjuguées y_1 et y_2 d'une part, et les autres variables x et y d'autre part, je conviendrai de désigner

$$x_3, \quad x_4, \quad \ldots, \quad x_n,$$
$$y_3, \quad y_4, \quad \ldots, \quad y_n$$

par la notation

$$z_1, \quad z_2, \quad \ldots, \quad z_{n-2},$$
$$u_1, \quad u_2, \quad \ldots, \quad u_{n-2}.$$

On observera d'abord que les conclusions du n° 81 subsistent et que, s'il existe une intégrale uniforme Φ distincte de F, il est toujours permis de supposer que Φ_0 n'est pas fonction de F_0.

Cela posé, nous devons d'abord avoir

$$[F_0, \Phi_0] = \frac{dF_0}{dx_1}\frac{d\Phi_0}{dy_1} + \frac{dF_0}{dx_2}\frac{d\Phi_0}{dy_2} = 0.$$

Posons

$$\zeta = e^{\sqrt{-1}(m_1 z_1 + \ldots + m_{n-2} z_{n-2})}.$$

nous pouvons écrire

$$\Phi_0 = \Sigma A \zeta$$

les A étant des coefficients dépendant de x_1, x_2, des z et des u. Il vient alors

$$\sqrt{-1}\,\Sigma A \zeta \left(m_1 \frac{d\Phi_0}{dx_1} + m_2 \frac{d\Phi_0}{dx_2} \right) = 0.$$

Cette relation doit être une identité, et, d'autre part, le hessien de F_0 n'étant pas nul, on ne peut avoir identiquement

$$m_1 \frac{dF_0}{dx_1} + m_2 \frac{dF_0}{dx_2} = 0,$$

à moins que m_1 et m_2 ne soient nuls tous deux.

On en conclurait, comme au n° 82, que Φ_0 ne dépend ni de y_1, ni de y_2.

Écrivons ensuite l'équation (3), nous aurons

$$- \frac{d\Phi_0}{dx_1}\frac{dF_1}{dy_1} - \frac{d\Phi_0}{dx_2}\frac{dF_1}{dy_2} + \frac{dF_0}{dx_1}\frac{d\Phi_1}{dy_1} + \frac{dF_0}{dx_2}\frac{d\Phi_1}{dy_2} + \Sigma\left(\frac{dF_1}{dz_i}\frac{d\Phi_0}{du_i} - \frac{dF_1}{du_i}\frac{d\Phi_0}{dz_i} \right) = 0.$$

Posons encore

$$F_1 = \Sigma B \zeta, \qquad \Phi_1 = \Sigma C \zeta.$$

Quand il sera nécessaire de mettre les indices en évidence, j'écrirai

$$F_1 = \Sigma B_{m_1 m_2}\, e^{\sqrt{-1}(m_1 y_1 + m_2 y_2)}.$$

Il viendra

$$- \Sigma B \zeta \left(\Sigma m_i \frac{d\Phi_0}{dx_i} \right) + \Sigma C \zeta \left(\Sigma m_i \frac{dF_0}{dx_i} \right) + \Sigma \zeta \Sigma\left(\frac{dB}{dz_i}\frac{d\Phi_0}{du_i} - \frac{dB}{du_i}\frac{d\Phi_0}{dz_i} \right) = 0.$$

Cette relation doit être une identité : nous pouvons donc égaler à o le coefficient d'une quelconque des exponentielles ζ. Nous donnerons de plus aux x des valeurs telles que

$$(12) \qquad m_1 \frac{dF_0}{dx_1} + m_2 \frac{dF_0}{dx_2} = 0,$$

de façon à faire disparaître les termes qui dépendent de C.

Il viendra

$$(13) \qquad -B\left(m_1 \frac{d\Phi_0}{dx_1} - m_2 \frac{d\Phi_0}{dx_2}\right) + \sum\left(\frac{dB}{dz_i}\frac{d\Phi_0}{du_i} - \frac{dB}{du_i}\frac{d\Phi_0}{dz_i}\right) = 0.$$

Nous considérons comme appartenant à une même classe deux coefficients B_{m_1,m_2}, $B_{m_1',m_2'}$ tels que

$$m_1 m_2' - m_2 m_1' = 0,$$

et je dirai, pour abréger, que le coefficient B_{m_1,m_2} appartient à la classe $\dfrac{m_1}{m_2}$. Il suit de cette définition que le coefficient $B_{0,0}$ appartient à la fois à toutes les classes.

D'après ce qui précède, si l'on donne aux x des valeurs qui satisfont à la relation (12), la relation (13) devra avoir lieu pour les coefficients B de la classe $\dfrac{m_1}{m_2}$.

Soient alors p et q deux entiers premiers entre eux, tels que

$$\frac{m_1}{m_2} = \frac{p}{q}.$$

Posons

$$\zeta = e^{\sqrt{-1}(px_1 + qx_2)}$$

et

$$D_\lambda = B_{\lambda p,\lambda q}\,\zeta^\lambda, \qquad H = p\frac{d\Phi_0}{dx_1} + q\frac{d\Phi_0}{dx_2}.$$

Si l'on donne aux x des valeurs telles que

$$(12\,bis) \qquad p\frac{dF_0}{dx_1} + q\frac{dF_0}{dx_2} = 0,$$

on devra avoir

$$(13\,bis) \qquad H\frac{dD_\lambda}{d\zeta} - \sum\left(\frac{dD_\lambda}{dz_i}\frac{d\Phi_0}{du_i} - \frac{dD_\lambda}{du_i}\frac{d\Phi_0}{dz_i}\right) = 0,$$

et cela pour toutes les valeurs entières de λ, positives, négatives ou nulles.

Cela ne peut avoir lieu que de deux manières :

1° Ou bien si l'on a

$$H = 0, \quad \frac{d\Phi_0}{dz_i} = 0, \quad \frac{d\Phi_0}{du_i} = 0 \quad (i = 1, 2, \ldots, n-1);$$

d'où

$$\frac{dF_0}{dx_1}\frac{d\Phi_0}{dx_2} - \frac{dF_0}{dx_2}\frac{d\Phi_0}{dx_1} = 0.$$

On en déduirait par un raisonnement tout semblable à celui du n° 82 que Φ_0 est fonction de F_0, ce qui est contraire à l'hypothèse faite au début.

2° Ou bien, si le jacobien de $2n - 3$ quelconques des fonctions D_λ par rapport aux $2n - 3$ variables ζ, z_i et u_i est nul.

On en conclurait que, si l'on donne à x_1 et à x_2 des valeurs *constantes* satisfaisant à la condition (12 *bis*), il en résulte une relation entre $2n - 3$ quelconques des fonctions D_λ, de telle sorte que toutes ces fonctions peuvent s'exprimer à l'aide de $2n - 4$ d'entre elles.

On peut énoncer encore ce résultat d'une autre manière :

Considérons les expressions suivantes

$$(14) \qquad\qquad B^\lambda_{ip,\,q}B^{-\lambda}_{2\,p,\,\lambda\,q}$$

Si l'on suppose que l'on donne à x_1 et x_2 des valeurs constantes satisfaisant à l'équation (12 *bis*), ces expressions (14) dépendent de $2n - 4$ variables seulement, à savoir des z_i et des u_i.

S'il existe une intégrale uniforme, toutes ces expressions sont des fonctions de $2n - 5$ d'entre elles; ou, en d'autres termes, on peut trouver une relation entre $2n - 4$ quelconques d'entre elles.

Quelle est la condition pour qu'il existe trois intégrales uniformes distinctes

$$F = \text{const.}, \qquad \Phi = \text{const.}, \qquad \psi = \text{const.} ?$$

Soient F_0, Φ_0 et ψ_0 ce que deviennent ces trois intégrales pour $\mu = 0$. On démontrerait, comme plus haut, que l'on peut toujours supposer qu'il n'y a aucune relation entre F_0, Φ_0 et ψ_0.

On trouverait ensuite, en posant

$$- H\zeta = p\,\frac{d\psi_0}{dx_1} - q\,\frac{d\psi_0}{dx_2},$$

que l'on a

$$(13\ ter) \qquad H\,\frac{dD_\lambda}{d\zeta} + \sum\left(\frac{dD_\lambda}{dz_i}\frac{d\psi_0}{du_i} - \frac{dD_\lambda}{du_i}\frac{d\psi_0}{dz_i}\right) = 0.$$

Ainsi l'équation (12 *bis*) entraîne, comme conséquence nécessaire, non seulement l'équation (13 *bis*), mais l'équation (13 *ter*). Par un raisonnement tout pareil à celui qui précède, on verrait que cela ne peut arriver que de deux manières :

Ou bien s'il y a une relation entre F_2, Φ_2 et ψ_2, ce qui est contraire à l'hypothèse que nous venons de faire;

Ou bien si le jacobien de $2n - 3$ quelconques des fonctions D_2 est nul *ainsi que tous ses mineurs du premier ordre*.

Il en résulterait que, si x_1 et x_2 satisfont à la condition (12 *bis*), il y a entre $2n - 3$ quelconques des D_2 non pas une, mais *deux* relations.

En d'autres termes, les expressions (14) peuvent se calculer à l'aide de $2n - 6$ d'entre elles.

Les expressions (14) qui dépendent des coefficients du développement de la fonction F, sont des données de la question et on pourra toujours vérifier s'il y a entre $2n - 4$ de ces expressions une ou deux relations.

Généralement, on constatera qu'il n'y en a pas une seule et on en conclura qu'il n'existe pas d'intégrale analytique et uniforme autre que F.

Qu'arriverait-il cependant s'il n'en était pas ainsi? Pour pouvoir énoncer le résultat d'une manière complète et rigoureuse, je vais me servir d'une terminologie analogue à celle du numéro précédent. Je dirai qu'une classe est *ordinaire* s'il n'y a pas de relation entre $2n - 4$ des expressions (14) formées avec les coefficients de cette classe, qu'elle est singulière du premier ordre s'il y en a une, singulière du second ordre s'il y en a deux, etc. Plus généralement, une classe sera singulière d'ordre q s'il y a q relations entre $2n - 3$ quelconques des quantités D_2.

Soit δ un domaine quelconque comprenant une infinité de systèmes de valeurs de x_1, x_2 des z et des u.

Si l'on peut trouver dans le domaine δ des valeurs de x_1 et x_2 satisfaisant à la condition (12 *bis*), je dirai que la classe $\dfrac{F}{q}$ appartient à ce domaine. J'ai dit des valeurs de x_1 et de x_2 et non des valeurs de x_1, x_2 des z et des u parce que le premier membre de (12 *bis*) ne dépend que de x_1 et de x_2.

Je pourrai alors énoncer le résultat suivant :

Je désignerai par D un domaine comprenant une infinité de systèmes de valeurs de x_1, x_2 des z et des u.

Si, dans tout domaine δ faisant partie de D, on peut trouver une infinité de classes ordinaires, on pourra être certain qu'il n'existe pas en dehors de F d'autre intégrale qui soit analytique et uniforme par rapport aux x, aux y, aux z et aux u, et de plus périodique par rapport à y_1 et à y_2 et qui reste telle pour toutes les valeurs réelles de y_1 et de y_2, pour les valeurs suffisamment petites de u, et pour les valeurs de x_1, x_2 des z et des u qui appartiennent au domaine D.

Si, dans tout domaine δ faisant partie de D, on peut trouver une infinité de classes singulières du $q^{\text{ième}}$ ordre, il ne pourra pas exister plus de $q + 1$ intégrales uniformes distinctes, en y comprenant F.

Application au problème des trois Corps.

85. Je vais m'occuper maintenant d'appliquer les notions qui précèdent aux divers cas du problème des trois Corps.

Commençons par le cas particulier défini au n° 9. Dans ce cas, nous avons 2 degrés de liberté seulement et quatre variables

$$x_1 = L, \qquad x_2 = G,$$
$$y_1 = l, \qquad y_2 = g - t$$

(cf. n° 9); on a d'ailleurs

$$F_0 = -\frac{1}{2x_1^2} - x_2$$

Le hessien de F_0 est nul, mais on peut, par l'artifice du n° 43, ramener le problème au cas où ce hessien n'est pas nul.

Si donc il existait une intégrale uniforme, il faudrait que, dans le développement de F, (qui est la fonction perturbatrice des astronomes), suivant les sinus et les cosinus des multiples de y_1 et y_2, tous les coefficients s'annulent au moment où ils deviennent séculaires.

L'examen du développement bien connu de la fonction perturbatrice montre qu'il n'en est pas ainsi.

Nous devons donc conclure que, dans ce cas particulier du problème des trois Corps, il n'y a pas d'intégrale uniforme distincte de F.

Dans mon Mémoire des *Acta mathematica* (t. XIII), je me suis servi pour établir le même point de l'existence des solutions périodiques et du fait que les exposants caractéristiques ne sont pas nuls. La démonstration que je donne ici ne diffère de celle des *Acta* que par la forme, mais elle se prête mieux à la généralisation qui va suivre.

Considérons maintenant un cas un peu plus général du problème des trois Corps, celui où le mouvement se passe dans un plan, et supposons qu'on ait réduit le nombre des degrés de liberté à 3, ainsi qu'on l'a dit au n° 15.

Nous avons alors six variables conjuguées, à savoir

$$3L, \quad 3L', \quad 3H = H,$$
$$\ell, \quad \ell', \quad h = \varpi - \varpi'.$$

Supposons que l'on développe la fonction perturbatrice F_1 de la manière suivante

$$F_1 = \Sigma B_{m_1, m_2} e^{\sqrt{-1}(m_1 \ell + m_2 \ell')},$$

les coefficients B_{m_1, m_2} seront fonctions de $3L$, $3L'$, H et h.

Soient p et q deux entiers quelconques premiers entre eux; formons les expressions

$$(14) \qquad B^{\lambda}_{\lambda p, \lambda q} B^{-\lambda'}_{\lambda' p, \lambda' q} \qquad (\lambda, \lambda' = 0, \pm 1, \pm 2, \ldots, \text{ad inf.}).$$

Donnons à L et à L' des valeurs satisfaisant à la condition (12 *bis*), c'est-à-dire telles que le rapport des moyens mouvements soit égal à $-\dfrac{q}{p}$.

Pour que le problème admît une intégrale uniforme autre que l'intégrale des forces vives, il faudrait qu'il y eût une relation entre deux quelconques d'entre elles ($n = 3$, $2n - 4 = 2$), c'est-à-dire que toutes ces expressions (14) fussent des fonctions de $B_{0,0}$, c'est-à-dire de la partie séculaire de la fonction perturbatrice. Or l'examen du développement bien connu de cette fonction montre qu'il n'en est pas ainsi.

Nous devons donc conclure que, en dehors de l'intégrale des forces vives, le problème n'admet pas d'intégrale uniforme de la forme suivante

$$\Phi(L, L', H, l, l', h) = \text{const.}$$

périodique en l et l'.

Mais cela ne nous suffit pas, il nous faut encore démontrer que le problème n'admet pas d'intégrale de la forme suivante

$$\Phi(L, L', H, H', l, l', \varpi, \varpi') = \text{const.},$$

où la fonction Φ dépend d'une manière quelconque de ϖ et de ϖ' au lieu de dépendre seulement de la différence $\varpi - \varpi'$.

Pour cela il faut prendre le problème avec 4 degrés de liberté, ainsi que nous l'avons fait au n° 16.

Nous aurons alors huit variables conjuguées

$$\beta L, \quad \beta' L, \quad \beta H, \quad \beta' H,$$
$$l, \quad l', \quad \varpi, \quad \varpi'.$$

Les coefficients $B_{m, m'}$ et les expressions (14) dépendent alors de L, L', H, H', ϖ et ϖ'. Quand on aura donné à L et à L' des valeurs constantes telles que le rapport des moyens mouvements soit égal à $-\dfrac{q}{p}$, les expressions (14) ne dépendront plus que des quatre variables H, H', ϖ et ϖ'.

Pour qu'il y ait une intégrale uniforme autre que celle des forces vives, il faut que l'on ait une relation entre quatre quelconques ($2n - 4 = 4$, $n = 4$) des expressions (14); c'est ce qui arrive puisque toutes ces expressions sont fonctions seulement des trois variables H, H' et $\varpi - \varpi'$.

Rien ne s'oppose donc à ce qu'il existe une intégrale autre que celle des forces vives, et il en existe une en effet, à savoir l'intégrale des aires.

Pour qu'il y eût deux intégrales, il faudrait qu'il y eût une relation entre trois quelconques de ces expressions; c'est-à-dire que toutes ces expressions dépendissent seulement de deux d'entre elles. Il n'en est pas ainsi.

Donc, en dehors de l'intégrale des forces vives et de celle des aires, le problème n'admet pas d'autre intégrale uniforme.

Passons enfin au cas le plus général du problème des trois Corps,
et posons le problème comme au n° 11, c'est-à-dire avec 6 degrés
de liberté et avec les douze variables :

$$3L, \quad 3G, \quad 3\Theta, \quad 3L', \quad 3G', \quad 3\Theta'.$$
$$l, \quad g, \quad \theta, \quad l', \quad g', \quad \theta'.$$

Les expressions (14), après qu'on a donné à L et à L' des valeurs
constantes convenables choisies comme plus haut, dépendent
encore des huit variables G, G', Θ, Θ', g, g', θ, θ'.

Pour qu'il y eût q intégrales uniformes distinctes de F, il faudrait qu'il y eût une relation entre $2n - 3 = 9 - q$ quelconques des expressions (14).

Il est aisé de vérifier que ces expressions dépendent seulement
de cinq variables, à savoir de

$$G, \quad G', \quad g, \quad g'$$

et de l'angle des plans des deux orbites osculatrices.

Il y a donc une relation entre $6 = 9 - 3$ quelconques des
expressions (14).

Rien ne s'oppose donc à l'existence de trois intégrales nouvelles
et elles existent effectivement : ce sont les intégrales des aires.
Mais il n'y a pas de relation entre $5 = 9 - 4$ quelconques des
expressions (14).

Donc, *le problème des trois Corps n'admet pas d'autre intégrale uniforme que celles des forces vives et des aires.*

Je me suis borné, pour ne pas interrompre le raisonnement, à
affirmer qu'il n'existe pas de relations entre les expressions (14) :
je reviendrai plus loin sur cette question.

On sait que M. Bruns a démontré (*Acta mathematica*, t. II)
que le problème des trois Corps n'admet pas de nouvelle intégrale
algébrique, en dehors des intégrales déjà connues.

Le théorème qui précède est plus général en un sens que celui
de M. Bruns, puisque je démontre non seulement qu'il n'existe
pas d'intégrale algébrique, mais qu'il n'existe même pas d'intégrale transcendante uniforme, et non seulement qu'une intégrale
ne peut pas être uniforme pour toutes les valeurs des variables,
mais qu'elle ne peut même pas demeurer uniforme dans un
domaine restreint défini plus haut.

Mais, en un autre sens, le théorème de M. Bruns est plus général que le mien ; j'établis seulement, en effet, qu'il ne peut pas exister d'intégrale algébrique pour toutes les valeurs suffisamment petites des masses ; et M. Bruns démontre qu'il n'en existe pour aucun système de valeurs des masses.

Problèmes de Dynamique où il existe une intégrale uniforme.

86. Il y a des problèmes où l'on connaît l'existence d'une intégrale uniforme et où l'on peut se proposer de vérifier que les conditions énoncées dans les numéros qui précèdent sont effectivement remplies.

Prenons comme exemple le problème du mouvement d'un point mobile M, attiré par deux centres fixes A et B.

Je supposerai, pour simplifier, que le mouvement se passe dans un plan ; je supposerai de plus que la masse de A est grande, tandis que celle de B est égale à une quantité très petite μ, de telle façon que l'on puisse regarder l'attraction de B comme une force perturbatrice.

Nous définirons alors la situation du point M par les éléments osculateurs de son orbite autour de A et nous désignerons ces éléments par les lettres L, H, l et ϖ, comme au n° 10. Nous aurons alors

$$F = \frac{1}{2L^2} + \frac{\mu}{MB}, \qquad \text{d'où} \qquad F_0 = \frac{1}{2L^2}, \qquad F_1 = \frac{1}{MB}.$$

F_1 pourra se développer sous la forme suivante

$$F_1 = \Sigma\, B_m e^{\sqrt{-1}\,mt}.$$

Les coefficients B_m dépendent alors de L, H et ϖ, et, pour qu'il existe une intégrale, il faut qu'il y ait une relation entre deux quelconques des coefficients d'une même classe ($n - 2$, $2n - 2 = 2$; je dis $2n - 2$, au lieu de $2n - 4$, parce que F_0 dépend, non plus de deux variables x_1 et x_2 comme aux n°ˢ 84 et 85, mais d'une seule variable) quand on donne à L une valeur satisfaisant à la relation (12 *bis*).

Mais ici tous les coefficients B_m (qui n'ont plus qu'un seul indice) appartiennent à une même classe et une relation (12 *bis*) s'écrit simplement

$$m \frac{dF_0}{dL} = 0,$$

ou $L = z$. Il ne pourrait donc y avoir de difficulté que pour les valeurs infinies de L. Si donc nous reprenons le langage abrégé des numéros précédents, et si l'on appelle D un domaine quelconque formé par une infinité de systèmes de valeurs de L, H et ϖ, mais tel que, pour tous ces systèmes, la valeur de L soit finie, la classe dont font partie tous ces coefficients B n'appartiendra pas au domaine D; rien ne s'opposera donc à l'existence d'une intégrale qui reste uniforme dans ce domaine D.

Passons à un autre problème; celui du mouvement d'un corps pesant autour d'un point fixe.

Ce problème a été intégré dans trois cas particuliers différents par Euler, par Lagrange et par Mme de Kowalevski (cf. *Acta mathematica*, 12). Je crois savoir que Mme de Kowalevski a découvert encore de nouveaux cas d'intégrabilité.

On peut donc se demander si, dans ce problème, les considérations exposées dans ce Chapitre s'opposent à l'existence d'une intégrale uniforme autre que celles des forces vives et des aires.

Je supposerai que le produit du poids du corps par la distance du centre de gravité au point de suspension est très petite, de telle façon que l'on puisse écrire les équations du problème sous la forme

$$\frac{dx_i}{dt} = \frac{dF}{dy_i}, \qquad \frac{dy_i}{dt} = -\frac{dF}{dx_i},$$

$$F = F_0 + \mu F_1.$$

Les x_i et les y_i forment trois couples de variables conjuguées; F désigne l'énergie totale du système; F_0 est sa demi-force vive; μ est une quantité très petite et μF_1 représente le produit du poids du corps par la distance du centre de gravité à un plan horizontal passant par le point de suspension.

Dans le cas où μ est nul (c'est-à-dire où le centre de gravité coïncide avec le point de suspension), le mouvement du corps solide se réduit à un mouvement à la Poinsot. Comme nous supposons μ très petit, c'est ce mouvement à la Poinsot qui va nous

servir de première approximation, à la façon du mouvement képlérien dans l'étude du problème des trois Corps par les approximations successives.

Je dois, avant d'aller plus loin, définir deux quantités n et n',
que j'appellerai les deux moyens mouvements et qui joueront un
rôle important dans ce qui va suivre. Dans le mouvement à la
Poinsot, l'ellipsoïde d'inertie roule sur un plan fixe; soit P le pied
de la perpendiculaire abaissée du point de suspension sur ce plan
fixe et Q le point de contact. Ce point de contact appartient à
une courbe fixe par rapport à l'ellipsoïde et appelée *polhodie*. Au
bout d'un certain temps T, le même point de la polhodie reviendra
en Q' en contact avec le plan fixe. Soit α l'angle QPQ'. Nous
poserons

$$n = \frac{2\pi}{T}, \qquad n' = \frac{\alpha}{T}$$

et n et n' seront les deux moyens mouvements.

Cela posé, les équations du mouvement à la Poinsot pourront
s'écrire de la manière suivante.

Soient x, y et z les coordonnées d'un point quelconque du corps
solide en prenant l'origine des coordonnées au point de suspension
et l'axe des z vertical.

Posons

$$l = nt + \varpi, \qquad l' = n't + \varpi',$$

ϖ et ϖ' étant deux constantes d'intégration.

Soient ξ, η et ψ trois fonctions de n, n' et l, périodiques de
période 2π en l (ces fonctions, comme on le sait, dépendent des
fonctions elliptiques); soient θ et φ deux nouvelles constantes
d'intégration; on aura

$$x = \cos\theta \, (\xi \cos l' - \eta \sin l') - \sin\theta \cos\varphi \, (\xi \sin l' + \eta \cos l') - \psi \sin\theta \sin\varphi,$$
$$y = \sin\theta \, (\xi \cos l' - \eta \sin l') + \cos\theta \cos\varphi \, (\xi \sin l' + \eta \cos l') - \psi \cos\theta \sin\varphi,$$
$$z = \sin\varphi \, (\xi \sin l' + \eta \cos l') + \psi \cos\varphi.$$

Si l'on suppose que le point (x, y, z) est le centre de gravité
du corps solide, F_1 se réduit à un facteur constant près à z, de
sorte que nous pourrons écrire

$$F_1 = \Sigma B_{m,1} e^{\sqrt{-1}\, mt\, l'} + \Sigma B_{m,0} e^{\sqrt{-1}\, mt\theta} + \Sigma B_{m,-1} e^{\sqrt{-1}(mt-l')},$$

les coefficients B dépendant seulement de n, de n' et de φ.

Lorsqu'on donnera à n et à n' des valeurs constantes satisfaisant
à la condition (12 *bis*), les B ne dépendront plus que de φ, de
sorte qu'il y aura une relation entre deux quelconques d'entre eux.

Les D_λ ne dépendront que de φ et de ζ en posant, comme dans
les numéros précédents,

$$D_\lambda = B_{\lambda, \lambda q}\,\zeta^\lambda.$$

Il y aura donc une relation entre $2n - 3 = 3$ quelconques des D_λ.
Toute classe sera donc singulière du premier ordre.

Rien ne s'oppose donc à l'existence d'une intégrale uniforme
distincte de celle des forces vives et nous savons, en effet, qu'il en
existe une, à savoir celle des aires.

Mais la question est de savoir s'il peut en exister une troisième.

A cet effet, cherchons quelles sont les classes qui sont singulières du deuxième ordre. Il faut pour cela et il suffit qu'il y ait
entre trois quelconques des D_λ deux relations et, par conséquent,
que tous les D_λ soient fonctions d'un seul d'entre eux. Nous serons
ainsi conduits à distinguer plusieurs sortes de classes :

1° La classe $\frac{1}{2}$ qui contient tous les coefficients $B_{m.0}$. Celle-ci
est singulière du deuxième ordre. On a en effet

$$B_{m.0} = C_{m.0}\cos\varphi.$$

$C_{m.0}$ ne dépendant que de n et de n' et devant, par conséquent,
être regardé comme une constante, puisqu'on a supposé qu'on
donnait à n et à n' des valeurs constantes. On a alors

$$D_\lambda = C_{\lambda.0}\cos\varphi\,\zeta^\lambda.$$

Pour que les D_λ soient fonctions d'un seul d'entre eux, il faut que
tous les $C_{\lambda.0}$ s'annulent, à l'exception d'un seul d'entre eux, ou
que la fonction ψ se réduise à une exponentielle

$$e^{\sqrt{-1}\,m\lambda}.$$

Mais, pour satisfaire à la condition (12 *bis*), il faut donner à n la
valeur 0; quel est donc le mouvement à la Poinsot pour lequel
$n = 0$? Un peu d'attention montre que c'est celui qui correspond
à la rotation uniforme autour de l'un des axes d'inertie. Dans un
pareil mouvement, la fonction ψ est une constante indépendante

de t. Cela prouve que tous les $C_{\lambda,\mu}$ sont nuls pour ces valeurs particulières de n et de n', à l'exception de $C_{0,n}$.

La classe est donc singulière du deuxième ordre.

2° Les classes de la forme $\frac{m}{1}$ qui ne contiennent que trois coefficients

$$B_{m,1}, \quad B_{0,m}, \quad B_{-m,-1}.$$

Ces classes ne peuvent être singulières du deuxième ordre que si

$$B_{m,1} = B_{-m,-1} = 0$$

ou, ce qui revient au même, si dans le développement de $\xi + i\eta$ et de $\xi - i\eta$, suivant les puissances positives et négatives de e^{it}, il n'y a pas de termes en $e^{\pm mit}$ (en supposant ξ et η réels).

Cela n'arrivera pas, en général, quand l'ellipsoïde d'inertie ne sera pas de révolution; mais, si cet ellipsoïde est de révolution, on aura
$$\xi = A\cos t + B\sin t + C, \qquad \eta = A'\cos t + B'\sin t + C'_,$$

A, B, C, A', B', C' étant des constantes. Il en résulte que l'on aura

$$B_{m,1} = -B_{-m,-1} = 0,$$

à moins que $m = 1$, 0 ou -1.

Toutes les classes $\frac{m}{1}$ seront alors singulières du deuxième ordre, à l'exception des classes $\frac{1}{1}$, $\frac{0}{1}$ et $\frac{-1}{1}$.

3° Toutes les autres classes se réduisant au seul coefficient $B_{0,0}$ seront singulières du deuxième ordre.

En résumé, si l'ellipsoïde est de révolution, toutes les classes sont singulières du deuxième ordre, à l'exception des classes $\frac{1}{1}$, $\frac{0}{1}$ et $\frac{-1}{1}$.

Rien ne s'oppose donc à ce qu'il existe une troisième intégrale uniforme et même à ce qu'elle soit algébrique, pourvu que le jacobien des trois intégrales s'annule quand on fait $n' = 0$ ou $n' = \pm n$. (Cette dernière condition n'est pas nécessaire dans le cas de Lagrange, c'est-à-dire si le point de suspension est sur l'axe de révolution, parce qu'alors ξ et η se réduisent à des constantes.)

Si, au contraire, l'ellipsoïde n'est pas de révolution, il y a une

infinité de classes qui ne sont pas singulières du deuxième ordre,
à savoir des classes $\frac{m}{1}$; mais envisageons un domaine D comprenant une infinité de systèmes de valeurs de n, n', φ et ψ et supposons que, pour aucun de ces systèmes, n ne soit multiple de p; aucune des classes $\frac{m}{1}$ n'appartiendra à ce domaine. Rien ne s'oppose donc encore à ce qu'il existe une troisième intégrale uniforme, pourvu que le jacobien des trois intégrales s'annule dès que n' est multiple de n; d'où il résulte que cette troisième intégrale ne peut, en général, être algébrique.

Les conditions énoncées dans ce Chapitre étant nécessaires, mais non suffisantes, rien ne prouve que cette troisième intégrale existe; il convient, avant de se prononcer, d'attendre la publication complète des résultats de Mme de Kowalevski (¹).

Intégrales non holomorphes en μ.

87. Jusqu'ici nous avons supposé que notre intégrale uniforme Φ était développable suivant les puissances entières de μ. Il est facile d'étendre le résultat au cas où l'on renoncerait à cette hypothèse.

Supposons, par exemple, que Φ soit développable suivant les puissances entières de $\sqrt{\mu}$; nous pourrons écrire

$$\Phi = \Phi' + \sqrt{\mu}\, \Phi'',$$

Φ' et Φ'' étant développables suivant les puissances entières de μ.

Si Φ est une intégrale, on devra avoir identiquement

$$[F, \Phi] = [F, \Phi'] + \sqrt{\mu}[F, \Phi''] = 0.$$

Comme $[F, \Phi']$ et $[F, \Phi'']$ sont développables suivant les puissances entières de μ, on devra avoir séparément

$$[F, \Phi'] = [F, \Phi''] = 0.$$

(¹) Depuis que ces lignes ont été écrites, le monde savant a eu à déplorer la mort prématurée de Mme de Kowalevski. Les notes qu'on a retrouvées chez elle sont malheureusement insuffisantes pour permettre de reconstituer ses démonstrations et ses calculs.

Donc Φ' et Φ'' doivent être toutes deux des intégrales.

Si donc on a démontré qu'il ne peut pas exister d'intégrale uniforme développable suivant les puissances entières de μ, on aura démontré qu'il ne peut pas exister non plus d'intégrale uniforme développable suivant les puissances entières de $\sqrt{\mu}$.

Plus généralement, soient

$$(1) \qquad \theta_1(\mu), \quad \theta_2(\mu), \quad \ldots, \quad \theta_p(\mu)$$

p fonctions quelconques de μ.

Supposons que Φ soit de la forme

$$(2) \quad \begin{cases} \Phi = \quad A_{0,1}\,\theta_1(\mu) + A_{1,1}\,\mu\theta_1(\mu) + A_{2,1}\,\mu^2\theta_1(\mu) + \ldots \\ \quad + A_{0,2}\,\theta_2(\mu) + A_{1,2}\,\mu\theta_2(\mu) + \ldots \\ \quad \cdots\cdots\cdots\cdots\cdots\cdots\cdots\cdots \\ \quad + A_{0,p}\,\theta_p(\mu) + A_{1,p}\,\mu\theta_p(\mu) + \ldots \end{cases}$$

les A étant des fonctions des x et des y indépendantes de μ.

Nous pouvons toujours supposer qu'il n'y a pas entre les p fonctions (1) de relations de la forme

$$(3) \qquad \varphi_1\theta_1 + \varphi_2\theta_2 + \ldots + \varphi_p\theta_p = 0,$$

$\varphi_1, \varphi_2, \ldots, \varphi_p$ étant développables suivant les puissances de μ. S'il en était ainsi en effet, l'une des fonctions $\varphi_1, \varphi_2, \ldots, \varphi_p$ ne contiendra pas μ en facteur; car, si toutes ces fonctions contenaient μ en facteur, le premier membre de (3) serait divisible par μ et l'on effectuerait la division.

Supposons, par exemple, que φ_1 ne s'annule pas avec μ; on pourra résoudre l'équation (3) par rapport à θ_1 et on aura

$$\theta_1 = -\frac{\varphi_2}{\varphi_1}\theta_2 - \frac{\varphi_3}{\varphi_1}\theta_3 - \ldots - \frac{\varphi_p}{\varphi_1}\theta_p.$$

$\dfrac{\varphi_2}{\varphi_1}, \dfrac{\varphi_3}{\varphi_1}, \ldots$ seront développables suivant les puissances de μ, et si l'on remplace θ_1 par cette valeur dans l'expression (2), on aura réduit d'une unité le nombre des fonctions (1).

Supposons donc que ces fonctions ne soient pas liées par une relation de la forme (3).

Nous pourrons écrire

$$\Phi = \Phi_1\theta_1 + \Phi_2\theta_2 + \ldots + \Phi_p\theta_p,$$

Φ_1, Φ_2, ..., Φ_p étant développables suivant les puissances de μ.
Si Φ est une intégrale, on aura

$$(4) \qquad [F, \Phi] = \theta_1 [F, \Phi_1] + \theta_2 [F, \Phi_2] + \ldots + \theta_p [F, \Phi_p] = 0.$$

Je dis qu'on aura séparément

$$(5) \qquad [F, \Phi_1] = [F, \Phi_2] = \ldots = [F, \Phi_p] = 0.$$

Car, s'il n'en était pas ainsi, comme les quantités $[F, \Phi_i]$ $(i = 1, 2, \ldots, p)$ sont développables suivant les puissances de μ, la relation (4) serait de la forme (5), ce qui est contraire à l'hypothèse que nous venons de faire.

Donc les relations (5) ont lieu.

Donc Φ_1, Φ_2, ..., Φ_p sont des intégrales.

Si donc on a démontré qu'il ne peut pas y avoir d'intégrale uniforme développable suivant les puissances de μ, on aura démontré qu'il n'y a pas non plus d'intégrale uniforme de la forme (2).

J'ajouterai que le raisonnement s'applique quand les fonctions (1) sont en nombre infini.

Discussion des expressions (14).

88. Je reviens sur le sujet que j'avais réservé plus haut, à savoir sur la démonstration de ce fait qu'il n'existe pas de relation entre $2n - 4$ quelconques des expressions (14) dans le cas du problème des trois Corps.

Nous avons, pour définir les expressions (14), supposé que la fonction perturbatrice F_1 avait été développée sous la forme suivante

$$(1) \qquad F_1 = \Sigma B_{m, m_1} e^{\sqrt{-1}(m_1 t + m_1' t')},$$

les coefficients B_{m, m_1} étant des fonctions des autres variables

$$L, \; L', \; H, \; H', \; \varpi, \; \varpi'$$

ou

$$L, \; L', \; G, \; G', \; g, \; g', \; \theta, \; \theta', \; \vartheta, \; \vartheta'.$$

Ce n'est pas sous cette forme qu'on développe d'ordinaire la fonction perturbatrice dans les traités de Mécanique céleste.

On prend comme variables :

Les grands axes, les excentricités, les inclinaisons, les longitudes moyennes et les longitudes des périhélies et des nœuds.

Mais il est aisé de voir que cela revient au même.

Si nous posons

$$B_{m_1,m_2} = C_{m_1,m_2} e^{\sqrt{-1}(m_1 g + m_2 g' + m_1 \theta + m_2 \theta')},$$

il viendra

$$(2) \qquad F_1 = \Sigma C_{m_1,m_2} e^{\sqrt{-1}[m_1(l+g+\theta)+m_2(l'+g'+\theta')]}.$$

Le facteur exponentiel ne dépend que des longitudes moyennes

$$l+g+\theta, \quad l'+g'+\theta'$$

et le facteur C_{m_1,m_2} ne dépend que des autres variables, grands axes, excentricités, inclinaisons, longitudes des périhélies et des nœuds. Nous retomberons donc ainsi sur le développement habituel de la fonction perturbatrice.

Les expressions (14) peuvent alors s'écrire

$$B^{\lambda'}_{\lambda p,\lambda q} B^{-\lambda}_{\lambda' p,\lambda' q} = C^{\lambda'}_{\lambda p,\lambda q} C^{-\lambda}_{\lambda' p,\lambda' q}.$$

Pour qu'il y ait une intégrale uniforme, il faut donc qu'il y ait une relation entre $2n-4$ quelconques ($n=4$ dans le plan, $n=6$ dans l'espace) des expressions

$$(14\ bis) \qquad C^{\lambda'}_{\lambda p,\lambda q} C^{-\lambda}_{\lambda' p,\lambda' q} \quad (\lambda, \lambda' = 0, \pm 1, \pm 2, \pm 3, \ldots, \text{ad inf.})$$

formées à l'aide des coefficients du développement (2).

Ainsi, pour appliquer les principes du présent Chapitre, il n'est pas nécessaire d'effectuer un nouveau développement de la fonction perturbatrice à l'aide de nouvelles variables, tel que serait le développement (1). On peut se servir du développement déjà usité par les astronomes, c'est-à-dire du développement (2).

Les coefficients C_{m_1,m_2} sont développables suivant les puissances croissantes des excentricités et des inclinaisons. Considérons donc le développement de l'un de ces coefficients suivant les puissances des excentricités et des inclinaisons. On sait (*cf.* nº 12) que tous les termes de ce développement seront de degré $|m_1+m_2|$

au moins par rapport à ces quantités *et*, si leur degré diffère de $|m_1 + m_2|$, la différence est un nombre pair.

Nous pourrons donc écrire

$$C_{m_1 m_2} = C^0_{m_1 m_2} + C^1_{m_1 m_2} + \ldots + C^p_{m_1 m_2} + \ldots,$$

$C^p_{m_1 m_2}$ représentant l'ensemble des termes du développement qui sont de degré

$$|m_1 + m_2| + 2p$$

par rapport aux excentricités et aux inclinaisons.

Nous dirons que $C^0_{m_1 m_2}$ est le terme *principal* de $C_{m_1 m_2}$ et que les autres termes en sont les termes *secondaires*.

Il y aura exception pour le coefficient C_{00}; on a, dans ce cas,

$$C_{00} = C^0_{00} + C^1_{00} + \ldots.$$

C^0_{00} ne dépend que des grands axes; si ces grands axes sont regardés momentanément comme des constantes, ainsi que nous l'avons fait dans les numéros précédents [c'est, en effet, en supposant les grands axes constants que l'existence d'une intégrale uniforme entraîne celle d'une relation entre $2n - 4$ expressions (14)]; si donc les grands axes sont des constantes, C^0_{00} sera aussi une constante qui ne jouera aucun rôle dans le calcul.

C'est donc C^1_{00} qui est du second degré par rapport aux excentricités et aux inclinaisons que nous conviendrons d'appeler le terme principal de C_{00}.

Si alors nous remplaçons le développement (2) par le suivant

$$C^0_{00} + C^1_{00} + \sum C^0_{m_1 m_2} e^{\sqrt{-1}[m_1(l+g+\theta)+m_2(l'+g'+\theta')]}, \tag{3}$$

nous dirons que nous avons écrit le développement de la fonction perturbatrice F, réduite à ses termes principaux.

Cela posé, quelle est la condition pour qu'il y ait une relation entre $2n - 4$ quelconques des expressions

$$C^{\lambda'}_{\lambda p, \lambda q} C^{-\lambda}_{\lambda' p, \lambda' q} \quad (\lambda, \lambda' = 0, \pm 1, \pm 2, \ldots). \tag{14}$$

Formons un tableau composé d'une infinité de lignes formées comme il suit :

Les différentes lignes correspondront aux diverses valeurs entières de l'indice λ, positives, négatives ou nulles.

Le premier élément de la ligne d'indice λ sera

$$\lambda C_{\lambda p, \lambda q},$$

les autres seront les dérivées de $C_{\lambda p, \lambda q}$ par rapport aux diverses variables

$$e, \ e', \ \varpi, \ \varpi', \ i, \ i', \ \theta, \ \theta',$$

c'est-à-dire par rapport aux excentricités, aux longitudes des périhélies, aux inclinaisons et aux longitudes des nœuds.

Eh bien, la condition nécessaire et suffisante pour que l'on ait une relation entre $2n - 4 = 8$ ($n = 6$ dans l'espace) des expressions (14), c'est que tous les déterminants formés en prenant dans ce tableau neuf lignes quelconques soient nuls.

Inutile d'ajouter que, dans les cas plus simples, par exemple lorsque les trois Corps se meuvent dans un plan, le nombre des colonnes et des lignes de ces déterminants est plus petit que 9.

Nous avons vu que tous les termes du développement de $C_{m_1 m_2}$ sont de degré $|m_1 - m_2|$ au moins. Donc, parmi les éléments de la ligne d'indice λ (que je suppose développés suivant les puissances des excentricités et des inclinaisons), le premier $\lambda C_{\lambda p, \lambda q}$ commence par des termes de degré

$$|\lambda p + \lambda q|.$$

Il en est de même des dérivées de $C_{\lambda p, \lambda q}$ par rapport aux ϖ et aux θ, tandis que les dérivées de $C_{\lambda p, \lambda q}$ par rapport aux e et aux i commenceront par des termes de degré

$$|\lambda p + \lambda q| - 1.$$

Pour la ligne d'indice 0, le premier terme se réduit à 0; les développements de dérivées de C_{00} par rapport aux ϖ et aux θ commenceront par des termes du second degré, et ceux des dérivées de C_{00} par rapport aux e et aux i commenceront par des termes du premier degré.

Nos déterminants sont à leur tour susceptibles d'être développés suivant les puissances des e et des i. Si un déterminant Δ est formé par les lignes d'indices

$$\lambda_1, \ \lambda_2, \ \lambda_3, \ \ldots, \ \lambda_9,$$

tous les termes de son développement seront alors au moins de degré

$$|p - q| + (|\lambda_1| + |\lambda_2| + \ldots + |\lambda_s| + |\lambda_0|) - 4.$$

Je pose cette quantité égale à α.

Il y a exception dans le cas où $\lambda_0 = 0$: tous les termes sont alors au moins de degré

$$|p - q| + (|\lambda_1| + |\lambda_2| + \ldots + |\lambda_s|) - 2.$$

Je poserai encore cette quantité égale à α.

Le déterminant Δ devant être identiquement nul, l'ensemble des termes de degré α devra aussi être identiquement nul. Or on obtiendra ces termes de degré α, en remplaçant dans le déterminant Δ chacun des coefficients $C_{\lambda p, \lambda q}$ par son terme principal $C^0_{\lambda p, \lambda q}$ (ou $C^1_{0,0}$ si $\lambda = 0$).

Le déterminant Δ_0 ainsi obtenu devra donc être identiquement nul; or que signifie cette condition

$$\Delta_0 = 0 ?$$

Formons les expressions

$$(14\ bis) \qquad (C^0_{\lambda p, \lambda q})^{\lambda'} (C^0_{\lambda' p, \lambda' q})^{-\lambda} \quad (\lambda, \lambda' = \pm 1, \pm 2, \ldots),$$

obtenues en remplaçant, dans les expressions (14), chacun des coefficients C par son terme principal.

Si, dans l'expression (14), nous faisons $\lambda = 0$, cette expression se réduit à

$$C_{0,0},$$

dont le terme principal est C^1_{00}.

Nous adjoindrons au tableau des expressions (14 *bis*) l'expression C^1_{00} qui est un polynôme entier du second degré par rapport aux e et aux i.

Eh bien, la condition $\Delta_0 = 0$ signifie qu'il y a une relation entre huit quelconques des expressions (14 *bis*) contenues dans le tableau ainsi complété.

Ainsi, pour qu'il y ait une intégrale uniforme, il faut qu'il y ait une relation entre huit quelconques de ces expressions (14 *bis*).

Les coefficients C étaient des séries infinies, et les expressions (14) se présentaient sous la forme du quotient de deux pareilles séries.

Au contraire, les expressions (14 *bis*) sont *rationnelles* par rapport aux e, aux i, aux sinus et cosinus des ϖ et des θ.

La vérification est donc facilitée par la substitution aux coefficients de leurs termes principaux.

Elle devient même aisée pour les petites valeurs des deux entiers p et q.

Quand on a constaté ainsi que les déterminants correspondant aux petites valeurs des entiers p et q ne sont pas nuls, il devient difficile de conserver l'illusion que les déterminants correspondant aux grandes valeurs des mêmes entiers puissent s'annuler et permettre ainsi l'existence d'une intégrale uniforme.

Un doute pourrait néanmoins encore subsister.

On pourrait supposer, quelque invraisemblable que cela puisse paraître, que, parmi les classes (pour parler le langage du n° 84), il y en a un nombre fini qui sont ordinaires et que ce sont précisément celles sur lesquelles la vérification a porté; mais qu'il y en a une infinité qui sont singulières.

Pour lever complètement ce dernier doute, il faudrait avoir une expression générale des fonctions (14) ou (14 *bis*) pour toutes les valeurs des entiers λ, λ', p et q et cette expression ne pourrait être qu'extrêmement compliquée.

Heureusement M. Flamme, dans une Thèse récente ([1]), a donné l'expression approchée des termes de rang élevé dans le développement de la fonction perturbatrice et cette expression approchée, beaucoup plus simple que l'expression complète, peut suffire pour notre objet.

Toutefois, la forme que lui a donnée M. Flamme n'est pas la plus convenable pour le problème qui nous occupe; nous serons obligé de compléter ses résultats et de les transformer considérablement.

Je reviendrai donc sur ce sujet dans le prochain Chapitre, après avoir traité du calcul approché des divers termes de la fonction perturbatrice, car, bien que les considérations précédentes soient

---

[1] Paris, Gauthier-Villars, 1887.

de nature à convaincre les plus sceptiques, elles ne constituent
pas cependant une démonstration mathématique rigoureuse.

89. Une dernière remarque peut faciliter dans une certaine
mesure la vérification.

Reprenons la relation (13) du n° 84 qui s'écrit

$$-\mathrm{B}_{m_1,m_2}\left(m_1\frac{d\Phi_2}{dx_1}-m_2\frac{d\Phi_2}{dx_2}\right)-\sum\left(\frac{d\mathrm{B}_{m_1,m_2}}{dx_i}\frac{d\Phi_2}{du_i}-\frac{d\mathrm{B}_{m_1,m_2}}{du_i}\frac{d\Phi_2}{dx_i}\right)=0.$$

En faisant dans cette relation $m_1 = \lambda p$, $m_2 = \lambda q$, j'obtiendrai
une relation particulière que j'appellerai (13 *bis*); en y faisant
$m_1 = \lambda' p$, $m_2 = \lambda' q$, j'obtiendrai une autre relation particulière
que j'appellerai (13 *ter*).

Soit ensuite

$$\mathrm{M}_{\lambda,\lambda'} = \mathrm{B}_{\lambda p,\lambda q}^{\lambda'}\,\mathrm{B}_{\lambda' p,\lambda' q}^{-\lambda};$$

$\mathrm{M}_{\lambda,\lambda'}$ sera l'une des expressions (14) qui ont joué un si grand rôle
dans les numéros précédents.

Multiplions (13 *bis*) et (13 *ter*) respectivement par

$$\frac{\lambda'}{\mathrm{B}_{\lambda p,\lambda q}} \quad \text{et} \quad \frac{-\lambda}{\mathrm{B}_{\lambda' p,\lambda' q}}$$

et ajoutons; il viendra

$$\sum\left(\frac{d\log\mathrm{M}_{\lambda,\lambda'}}{dx_i}\frac{d\Phi_2}{du_i}-\frac{d\log\mathrm{M}_{\lambda,\lambda'}}{du_i}\frac{d\Phi_2}{dx_i}\right)=0,$$

ou, en adoptant la notation des crochets de Jacobi,

$$[\log\mathrm{M}_{\lambda,\lambda'},\ \Phi_2]=0,$$

ou bien

$$[\mathrm{M}_{\lambda,\lambda'},\ \Phi_2]=0.$$

Si donc M et M' sont deux expressions (14) appartenant à la
même classe, on devra avoir

$$[\mathrm{M},\ \Phi_2]=[\mathrm{M}',\ \Phi_2]=0,$$

ou, en vertu du théorème de Poisson,

$$[[\mathrm{M},\ \mathrm{M}'],\ \Phi_2]=0.$$

d'où l'on peut conclure que $[M, M']$ est une fonction de $2n - 1$ des expressions (14).

Il ne faut pas oublier que les crochets doivent être calculés en considérant x_1 et x_4 (c'est-à-dire dans le cas du problème des trois Corps, βL et $\beta'L'$) comme des constantes.

CHAPITRE VI.

Énoncé du problème.

90. J'ai dit que M. Flamme avait donné une remarquable expression approchée des termes de rang élevé de la fonction perturbatrice. Il y est parvenu en appliquant à ce problème la méthode de M. Darboux qui permet de trouver les coefficients de rang élevé dans la série de Fourier ou dans celle de Taylor, quand on connaît les propriétés analytiques de la fonction représentée par ces séries.

Mais la méthode de M. Darboux n'est applicable qu'aux fonctions d'une seule variable, tandis que la fonction perturbatrice doit être développée suivant les sinus et cosinus des multiples des deux anomalies moyennes. Voici donc quel est le détour employé par M. Flamme : il obtient d'abord, par les procédés ordinaires, un premier développement de la fonction perturbatrice dont les termes sont de la forme

$$A \rho^a e^{i\beta v + i\gamma u}, \quad \rho'^{a'} e^{i\beta' v' + i\gamma' u'},$$

ρ rayon vecteur de la première planète, v anomalie vraie, u anomalie excentrique; ρ', v' et u' quantités analogues pour la seconde planète.

Alors les deux facteurs

$$\rho^a e^{i\beta v + i\gamma u} \quad \text{et} \quad \rho'^{a'} e^{i\beta' v' + i\gamma' u'}$$

ne dépendent plus que d'une seule variable, à savoir : le premier de l'anomalie moyenne ζ de la première planète, le second de l'autre anomalie moyenne ζ'. M. Flamme applique à chacun de ces deux facteurs la méthode de M. Darboux.

Cet artifice ne saurait nous suffire pour notre objet; il nous faut, au contraire, appliquer directement à la fonction perturbatrice la méthode de M. Darboux et pour cela étendre cette méthode au cas des fonctions de deux variables.

91. La fonction qu'il s'agit de développer est celle que nous avons appelée F_1 et dont je vais rappeler l'expression en reprenant les notations du n° 11.

On a alors

$$F = \frac{y_1^2 + y_2^2 + y_3^2}{2\beta} + \frac{y_4^2 + y_5^2 + y_6^2}{2\beta'} - \frac{m_2 m_3}{\mu BC} - \frac{m_1 m_3}{\mu AC} - \frac{m_1 m_2}{\mu AB}.$$

La fonction F ainsi définie dépend des variables (4) du n° 11 de m_1, m_2, m_3 et de μ. Si nous supposons que m_1, m_2 et m_3 soient des fonctions données du paramètre μ et soient développables suivant les puissances croissantes de ce paramètre, F ne dépendra plus que des variables (4) et de μ, et sera développable suivant les puissances croissantes de μ.

Cela peut se faire d'une infinité de manières; nous supposerons, par exemple, que m_1, β et β' sont des constantes indépendantes de μ.

Les variables (4) sont les variables képlériennes relatives à deux orbites osculatrices définies dans le n° 11. Le rayon vecteur dans la première orbite osculatrice est AB, dans la seconde orbite le rayon vecteur est CD. L'angle de ces deux rayons vecteurs (qui n'est autre chose que la différence des deux longitudes vraies dans les deux orbites osculatrices, si ces deux orbites sont dans un même plan) est l'angle BDC que j'appellerai simplement D.

Les quantités $(y_1^2 + y_2^2 + y_3^2)$, $(y_4^2 + y_5^2 + y_6^2)$ et AB dépendent seulement des variables (4) et non de μ. Au contraire, α_2, α_3, AC et BC dépendent non seulement des variables (4) mais encore de μ. Nous pouvons donc nous proposer de développer α_2, α_3, $\frac{1}{AC}$ et $\frac{1}{BC}$ suivant les puissances de μ. Nous trouvons ainsi

$$\alpha_2 = \beta + \frac{\mu\beta^2}{m_1} + \text{des termes divisibles par } \mu^2,$$

$$\alpha_3 = \beta' + \frac{\mu\beta'^2}{m_1} + \text{des termes divisibles par } \mu^2,$$

$$\frac{1}{BC} = \frac{1}{\sqrt{AB^2 + CD^2 - 2AB.CD\cos D}} + \text{des termes divisibles par } \mu,$$

$$\frac{1}{AC} = \frac{1}{CD} + \frac{\beta\mu}{m_1}\frac{AB\cos D}{CD^2} + \text{des termes divisibles par } \mu^2.$$

Si l'on pose alors

$$F = F_0 + \alpha F_1 + \ldots,$$

il vient

$$F_0 = \frac{[illegible]}{2\beta} + \frac{[illegible]}{2\beta} - \frac{\beta_1 m_1}{CD} - \frac{\beta_1 m_1}{AB},$$

$$F_1 = -\frac{\beta^2}{AB} - \frac{\beta'^2}{CD} - \frac{\beta\beta'}{\sqrt{AB^2 + CD^2 - 2AB.CD.\cos D}} - \frac{\beta\beta' AB \cos D}{CD^2}.$$

Envisageons successivement les divers termes de la fonction perturbatrice F_1.

Tout d'abord le premier terme

$$-\frac{\beta^2}{AB} = -\frac{\beta^2}{r}$$

ne dépend que de l'anomalie moyenne l et nullement de l'anomalie moyenne l'; il ne pourra donc donner dans le développement des termes en

$$\sin(ml + nl') \quad \text{ou} \quad \cos(ml + nl'),$$

où $n \gtrless 0$.

De même le second terme

$$-\frac{\beta'^2}{CD} = -\frac{\beta'^2}{r'}$$

ne pourra donner dans le développement final des termes en

$$\sin(ml + nl') \quad \text{ou} \quad \cos(ml + nl'),$$

où $m \gtrless 0$.

Nous pourrons donc en général laisser de côté ces deux premiers termes.

Le dernier terme

$$\frac{\beta\beta' AB \cos D}{CD^2}$$

peut se mettre sous une autre forme. Si je désigne par i l'inclinaison des orbites et par v et v' les longitudes vraies *comptées à partir du nœud*, on a

$$\cos D = \cos v \cos v' + \cos i \sin v \sin v',$$

d'où

$$\frac{AB\cos D}{CD^2} = (AB\cos v)\,\frac{\cos v'}{CD^2} + \cos i\,(AB\sin v)\,\frac{\sin v'}{CD^2}.$$

La méthode de M. Flamme est directement applicable aux quatre facteurs

$$AB\cos v,\quad \frac{\cos v'}{CD^2},\quad AB\sin v,\quad \frac{\sin v'}{CD^2}.$$

Il reste donc à développer le troisième terme

$$F_1^0 = \frac{\mathfrak{BC}}{\sqrt{AB^2 + CD^2 - 2\,AB.CD.\cos D}},$$

qui est connu sous le nom de *partie principale de la fonction perturbatrice*. C'est du développement de cette partie principale que nous allons maintenant nous occuper.

Digression sur une propriété de la fonction perturbatrice.

92. On pourrait être tenté d'éviter la nécessité de développer la partie principale de la fonction perturbatrice en employant l'artifice suivant :

Nous avons trouvé

$$F_1 = -\frac{\mathfrak{B}^2}{r} - \frac{\mathfrak{C}^2}{r'} + \mathfrak{BC}\,F_1^0 + \frac{\mathfrak{BC}\,r\cos\omega}{r'^2},$$

en désignant par r et r' les deux rayons vecteurs et par ω l'angle de ces deux rayons vecteurs.

Pour arriver à ce résultat, nous avons pris, comme dans le n° 11, pour orbites osculatrices l'orbite de B par rapport à A et celle de C par rapport à D, centre de gravité de A et de B.

Mais il est clair qu'on aurait pu également choisir comme orbites osculatrices celle de C par rapport à A et celle de B par rapport à E, centre de gravité de A et de C.

Cela revient à permuter les deux planètes B et C; on aurait donc trouvé ainsi, comme nouvelle fonction perturbatrice,

$$F_1' = -\frac{\mathfrak{C}^2}{r} - \frac{\mathfrak{B}^2}{r'} + \mathfrak{BC}\,F_1^0 + \frac{\mathfrak{BC}\,r'\cos\omega}{r'^2},$$

d'où

$$F_1 - F_3 = \mu\left(\frac{r'\cos\omega}{r^2} - \frac{r\cos\omega}{r'^2}\right).$$

S'il existe une intégrale

$$\Phi = \text{const.},$$

on pourra l'écrire, en prenant pour variables les éléments osculateurs des deux premières orbites [variables (4) du n° 11], et l'on aura ainsi

$$\Phi_0 + \mu\Phi_1 + \ldots = \text{const.}$$

On pourra l'écrire également en prenant pour variables les éléments osculateurs des deux nouvelles orbites (orbites de C par rapport à A et de B par rapport à E); on aura alors

$$\Phi'_0 + \mu\Phi'_1 + \ldots = \text{const.}$$

Φ'_0 sera formé avec les éléments des deux nouvelles orbites comme Φ_0 avec les éléments correspondants des deux anciennes, mais Φ'_1 ne sera pas formé comme Φ_1.

On devra avoir alors, ainsi que nous l'avons vu au n° 81,

$$[\Phi_0, F_1] + [\Phi_1, F_0] = 0,$$

et de même

$$[\Phi'_0, F_1] + [\Phi'_1, F_0] = 0;$$

comme Φ'_0 est formée comme Φ_0, je puis supprimer l'accent et écrire

$$[\Phi_0, F_1] + [\Phi'_1, F_0] = 0,$$

d'où

$$(1)\qquad [\Phi_0, F'_1 - F_1] + [\Phi'_1 - \Phi_1, F_0] = 0.$$

Nous avons vu que, s'il existe une intégrale uniforme et si, après avoir développé F_1, on forme les expressions (14) du n° 81, il doit y avoir entre ces expressions un certain nombre de relations.

Mais, en raisonnant sur l'équation (1) comme nous l'avons fait sur l'équation (3) du n° 81, on arriverait à un résultat analogue. Développons $F'_1 - F_1$, et formons à l'aide de ce développement les expressions (14); s'il existe une intégrale uniforme, il devra y avoir entre ces expressions un certain nombre de relations.

H. P. — I.   18

Si donc on pouvait établir que ces relations n'existent pas, on aurait démontré qu'il ne peut exister non plus d'intégrale uniforme. Comme le développement de $F_1' - F_1$ est incomparablement plus facile que celui de F_1, il semble que ce procédé doit simplifier beaucoup notre tâche.

Mais il est tellement artificiel, qu'*a priori* on conçoit des doutes sur son efficacité et qu'on se demande s'il n'est pas illusoire. Il l'est en effet, car les expressions (14) formées à l'aide de $F_1' - F_1$ sont nulles ou indéterminées.

Supposons que l'on développe $F_1' - F_1$ sous la forme suivante

$$F_1' - F_1 = \Sigma B_{m_1 m_2} e^{\sqrt{-1}(m_1 \lambda + m_2 \lambda')}.$$

Les coefficients $B_{m_1 m_2}$ seront fonctions de βL, $\beta' L'$ et des autres éléments osculateurs (l et l' exceptés). Donnons à L et à L' des valeurs telles que

$$m_1 n + m_2 n' = 0$$

(en appelant n et n' les moyens mouvements).

Je dis que, pour ces valeurs de L et de L', le coefficient $B_{m_1 m_2}$ s'annulera.

Pour cela je vais me servir du lemme suivant.

Soit

$$(2) \qquad x_1, x_2, \ldots, x_n; \quad y_1, y_2, \ldots, y_n$$

un système de variables conjuguées deux à deux; soit

$$(3) \qquad x_1', x_2', \ldots, x_n'; \quad y_1', y_2', \ldots, y_n'$$

un autre système de variables conjuguées. Supposons que ces deux systèmes soient liés par des relations telles que l'on puisse passer de l'un à l'autre sans altérer la forme canonique des équations. On devra avoir alors, d'après le n° 5,

$$(4) \qquad \Sigma(dx_1 \delta y_1 - dy_1 \delta x_1) = \Sigma(dx_1' \delta y_1' - dy_1' \delta x_1').$$

Supposons que les x_i' et les y_i' dépendent d'un certain paramètre μ et soient développables par rapport aux puissances de μ; que, pour $\mu = 0$, x_i' et y_i' se réduisent à x_i et à y_i.

On aura alors

$$(5)\qquad \begin{cases} x'_i = x_i + \mu\xi_i + \ldots, \\ y'_i = y_i + \mu\eta_i + \ldots, \end{cases}$$

les ξ_i et les η_i étant des fonctions des x_i et des y_i.

Alors l'expression

$$\Sigma(\xi_i\, dy_i - \eta_i\, dx_i) = dS$$

sera une différentielle exacte. C'est là une conséquence nécessaire de l'identité (4), qui entraîne évidemment la suivante

$$\Sigma(d\xi_i\,\delta y_i - dy_i\,\delta\xi_i + dx_i\,\delta\eta_i - d\eta_i\,\delta x_i) = 0.$$

Considérons maintenant les équations canoniques

$$\frac{dx_i}{dt} = \frac{dF}{dy_i}, \qquad \frac{dy_i}{dt} = -\frac{dF}{dx_i},$$

où

$$F = F_0(x_i, y_i) + \mu F_1(x_i, y_i) + \ldots.$$

Changeons de variables et prenons les variables (3) comme nouvelles variables, il viendra

$$F = F'_0(x'_i, y'_i) + \mu F'_1(x'_i, y'_i) + \ldots.$$

Si nous remplaçons les x'_i et les y'_i par leurs valeurs (5), il viendra

$$F'_0(x'_i, y'_i) = F'_0(x_i, y_i) + \mu\Sigma\left(\frac{dF'_0}{dx_i}\xi_i + \frac{dF'_0}{dy_i}\eta_i\right)$$
$$+ \text{ des termes divisibles par } \mu^2,$$

$$F'_1(x'_i, y'_i) = F'_1(x_i, y_i) + \text{ des termes divisibles par } \mu,$$

d'où, en identifiant les deux développements,

$$F_0(x_i, y_i) = F'_0(x_i, y_i),$$

$$F_1(x_i, y_i) = F'_1(x_i, y_i) + \sum\left(\frac{dF'_0}{dx_i}\xi_i + \frac{dF'_0}{dy_i}\eta_i\right).$$

Si l'on observe que $F_0(x_i, y_i) = F'_0(x_i, y_i)$ et que

$$\xi_i = \frac{dS}{dy_i}, \qquad \eta_i = -\frac{dS}{dx_i},$$

on pourra écrire

$$(6)\qquad F_1 - F'_1 = [F_0, S].$$

Supposons que F_0 ne dépende que de deux variables x_1 et x_2 et que F_1, F_2 soient périodiques de période 2π par rapport à y_1 et y_2. C'est ce qui arrive dans tous les problèmes que nous avons traités jusqu'ici.

Supposons de même que S soit périodique en y_1 et y_2 et soit

$$S = \Sigma A e^{\sqrt{-1}(m_1 y_1 + m_2 y_2)},$$

A dépendant de $x_1,\ x_2,\ \ldots,\ x_n;\ y_3,\ y_4,\ \ldots,\ y_n$.

Supposons qu'on veuille développer F_1, et $F_1 - F'_1$ sous la même forme, et soit

$$F_1 - F'_1 = \Sigma B e^{\sqrt{-1}(m_1 y_1 + m_2 y_2)}.$$

L'équation (6) montre que

$$B = \sqrt{-1}\, A \left(m_1 \frac{dF_0}{dx_1} + m_2 \frac{dF_0}{dx_2} \right).$$

Si donc on donne à x_1 et à x_2 des valeurs telles que

$$m_1 \frac{dF_0}{dx_1} + m_2 \frac{dF_0}{dx_2} = 0,$$

on aura également

$$B = 0.$$

Appliquons ce résultat au cas qui nous occupe.

Soient

$$(7) \qquad \begin{cases} \mathfrak{L}, & \mathfrak{G}, & \mathfrak{H}, & \mathfrak{L}', & \mathfrak{G}', & \mathfrak{H}'; \\ l, & g, & h, & l', & g', & h' \end{cases}$$

les variables (4) du n° 11 relatives aux deux orbites osculatrices anciennes B, par rapport à A, C par rapport à D.

Soient

$$(8) \qquad \begin{cases} \mathfrak{L}_1, & \mathfrak{G}_1, & \mathfrak{H}_1, & \mathfrak{L}'_1, & \mathfrak{G}'_1, & \mathfrak{H}'_1; \\ l_1, & g_1, & h_1, & l'_1, & g'_1, & h'_1 \end{cases}$$

les variables (4) du n° 11 relatives aux deux nouvelles orbites (B par rapport à E, C par rapport à A).

Ces variables (8) pourront remplacer les variables (7) sans que la forme canonique des équations soit altérée; elles dépendront des variables (7) et de μ; elles seront développables suivant les puissances de μ; elles se réduiront aux variables (γ) pour $\mu = 0$.

Nous nous trouverons donc dans les conditions où le résultat précédent est applicable et nous devons conclure que, si l'on pose

$$F_1 - F_2 = \Sigma B_{m_1, m_2} e^{\sqrt{-1}(m_1 \lambda + m_2 \lambda')},$$

B_{m_1, m_2} s'annule pour

$$m_1 \frac{dF_0}{dx_1} + m_2 \frac{dF_0}{dx_2} = 0.$$

Ce résultat peut se vérifier directement sans difficulté. Reportons-nous en effet aux expressions données par M. Tisserand dans sa *Mécanique céleste* (t. I, p. 312).

Le résultat qu'il s'agit de vérifier, traduit dans les notations de M. Tisserand, peut s'énoncer ainsi (je rappelle que M. Tisserand désigne par ϖ le cosinus de l'angle des deux rayons vecteurs).

Si l'on pose

$$\varpi \left(\frac{r}{r'^2} - \frac{r'}{r^2} \right) = \Sigma B_{s, s'} e^{\sqrt{-1}(s \zeta + s' \zeta')},$$

$B_{s, s'}$ s'annule pour

$$\frac{n}{a^2} + \frac{n'}{a'^2} = 0;$$

et, en effet, en se reportant aux expressions de la page que je viens de citer, on trouve

$$B_{s, s'} = \left(\frac{n'a}{na'^3} - \frac{na'}{n'a^3} \right) C,$$

C dépendant seulement des excentricités, des inclinaisons, des longitudes des périhélies et des nœuds; cette expression s'annulera donc pour

$$\frac{n^2}{a^2} = \frac{n'^2}{a'^2},$$

et par conséquent pour

$$\frac{n}{a^2} + \frac{n'}{a'^2} = 0.$$

C. Q. F. D.

J'ai cru néanmoins devoir rattacher ce théorème à une théorie plus générale qui permettra peut-être de découvrir d'autres propositions analogues.

Principes de la méthode de M. Darboux.

93. Après cette digression, je reviens à mon sujet principal. Il convient d'abord de rappeler les résultats de M. Darboux, qui doivent nous servir de point de départ.

1° Soit une série

$$\varphi(x) = \Sigma a_n x^n,$$

admettant pour rayon de convergence r.

On aura, quand n croîtra indéfiniment

$$\lim a_n \rho^n = 0 \quad \text{si } \rho < r,$$
$$\lim a_n \rho^n = \infty \quad \text{si } \rho > r.$$

2° Imaginons maintenant que la fonction

$$\varphi(x) = \Sigma a_n x^n$$

demeure finie sur la circonférence de rayon r ainsi que ses p premières dérivées; le produit $n^{p+1} a_n r^n$ ne croîtra pas au delà de toute limite quand n augmente.

3° Si l'on a

$$\varphi(x) = (1 - zx)^k = \Sigma a_n x^n,$$

on aura approximativement

$$(1) \qquad a_n = \frac{n^{1-k} z^n}{\Gamma(1-k)};$$

je veux dire que le rapport des deux membres de l'égalité (1) tendra vers 1, quand n croîtra indéfiniment.

4° Supposons maintenant que la fonction $\varphi(x)$ ait sur la circonférence de rayon r deux points singuliers $x = z$ et $x = \beta$; que dans le voisinage du point $x = z$ nous ayons

$$\varphi(x) = A_1\left(1 - \frac{x}{z}\right)^{\gamma_1} + A_2\left(1 - \frac{x}{z}\right)^{\gamma_2} + \ldots + A_k\left(1 - \frac{x}{z}\right)^{\gamma} + \psi(x)$$

et dans le voisinage du point β

$$\varphi(x) = B_1\left(1-\frac{x}{\beta}\right)^{\delta_1} + B_2\left(1-\frac{x}{\beta}\right)^{\delta_2} + \ldots + B_k\left(1-\frac{x}{\beta}\right)^{\delta_k} + \psi_1(x),$$

$\psi(x)$ et $\psi_1(x)$ restant finis ainsi que leurs p premières dérivées. Il viendra alors, pour $n = \infty$,

$$\lim n^{p+1} r^n \left[a_n - \Sigma A_i \frac{n^{1-\gamma_i}}{\alpha^{\gamma_i}} \frac{1}{\Gamma(1-\gamma_i)} - \Sigma B_i \frac{n^{1-\delta_i}}{\alpha^{\delta_i}} \frac{1}{\Gamma(1-\delta_i)} \right] = 0,$$

d'où l'on déduit la valeur approximative de a_n.

5° Si l'on a

$$\varphi(x) = \log(1-x),$$

on aura

$$a_n = -\frac{1}{n};$$

si

$$\varphi(x) = \log(1-x)(1-x)^k,$$

nous aurons approximativement

$$a_n = \frac{-n^{1-k}\log n}{\Gamma(-k)}.$$

Cette dernière formule n'est applicable que si k n'est pas entier positif; dans ce cas, on aurait

$$a_n = \frac{(-1)^{k+1} k!}{n(n-1)\ldots(n-k)}.$$

6° Soit

$$\varphi(x) = \Sigma a_n x^n + \Sigma a_{-n} x^{-n};$$

une série contenant des puissances positives et négatives est convergente pourvu que

$$|x| < R \quad |x| > r.$$

Soient α et β, deux points singuliers de la fonction $\varphi(x)$ situés sur la circonférence $|x| = R$; soient γ et δ deux points singuliers de $\varphi(x)$ sur la circonférence $|x| = r$. Supposons que $\varphi(x)$ n'ait pas d'autre point singulier sur ces deux circonférences.

Soient

$$\psi(x) = \Sigma b_n x^n, \quad \psi_1(x) = \Sigma c_n x^{-n}$$

deux séries convergentes pour

$$|x| < \mathrm{R}.$$

Soient

$$\psi_1(x) = \Sigma b_{-n} x^{-n}, \qquad \psi_2(x) = \Sigma c_{-n} x^{-n}$$

deux séries convergentes pour

$$|x| > c.$$

Si les différences $\varphi - \psi$, $\varphi - \psi_1$, $\varphi - \psi_2$, $\varphi - \psi_3$ sont finies ainsi que leurs p premières dérivées, la première dans le voisinage du point $x = \alpha$, la seconde dans le domaine du point $x = \beta$, la troisième dans celui du point $x = \gamma$, la quatrième quand x est voisin de δ, on aura

$$\lim n^{p+1} \mathrm{R}^n (a_n - b_n - c_n) = 0 \left.\right\} \quad (\text{pour } n = \infty).$$
$$\lim n^{p+1} c^{-n} (a_{-n} - b_{-n} - c_{-n}) = 0$$

Les valeurs approximatives des coefficients a_n dépendent donc uniquement des singularités que présente la fonction $\varphi(x)$ sur les circonférences qui limitent la convergence.

Extension aux fonctions de plusieurs variables.

94. Appliquons ces principes au cas qui nous occupe.

Il s'agit de développer une certaine fonction F_1^0 des deux anomalies moyennes l et l' sous la forme suivante

$$\mathrm{F}_1^0 = \Sigma \mathrm{A}_{m_1, m_2} \, e^{\sqrt{-1}(m_1 l + m_2 l')}.$$

On a donc

$$4 \pi^2 \mathrm{A}_{m_1, m_2} = \int_0^{2\pi} \int_0^{2\pi} \mathrm{F}_1^0 e^{-\sqrt{-1}(m_1 l + m_2 l')} \, dl \, dl'.$$

Il s'agit de trouver une valeur approchée du coefficient A_{m_1, m_2} quand, le rapport $\dfrac{m_1}{m_2}$ étant donné et fini, les deux nombres m_1 et m_2 sont très grands ou plus généralement quand on a

$$m_1 = an + b, \qquad m_2 = cn + d,$$

a, b, c, d étant des entiers finis et n un entier très grand; a et c sont premiers entre eux.

Si je dis alors qu'on a approximativement

$$A_{m_1, m_2} = \varphi(n), \qquad (m_1 = an + b, \ m_2 = cn + d),$$

cette égalité signifiera que le rapport

$$\frac{A_{m_1, m_2}}{\varphi(n)}$$

tend vers l'unité quand n croît indéfiniment et que a, b, c, d restent finis.

Le problème à résoudre étant ainsi défini, j'emploierai les notations suivantes.

Posons

$$e^{\sqrt{-1}\,\varphi} = t^c, \qquad e^{\sqrt{-1}\,\psi} = t^a z^{\frac{1}{c}},$$

il viendra

$$F_1^a = \Sigma A_{m_1, m_2}\, t^{a c - m_2 a}\, z^{\frac{m_2}{c}}.$$

Si nous posons alors, pour abréger,

$$F(z, t) = F_1^a\, t^{ad - bc - 1}\, z^{-\frac{d}{c}},$$

il viendra

$$F(z, t) = \Sigma A_{m_1, m_2}\, t^{x}\, z^{\frac{m_2 - d}{c}},$$

en faisant, pour abréger,

$$x = m_1 c - m_2 a + ad - bc - 1.$$

Soit maintenant

$$\Phi(z) = \frac{1}{2 i \pi} \int F(z, t)\, dt,$$

l'intégrale étant prise par rapport à t le long de la circonférence $|t| = 1$. Nous aurons

$$\Phi(z) = \Sigma \frac{A_{m_1, m_2}}{2 i \pi}\, z^{\frac{m_2 - d}{c}} \int t^x\, dt.$$

Toutes les intégrales sont nulles, sauf celles pour lesquelles $x = -1$ et qui sont égales à $2 i \pi$.

Si $a = -1$, on aura

$$m_1 = an + b, \qquad m_2 = ca + d, \qquad \frac{m_2 - d}{c} = a.$$

Il vient alors

$$\Phi(z) = \Sigma A_{m_1 m_2} z^a.$$

Si donc on développe $\Phi(z)$ sous la forme

$$\Phi(z) = \Sigma a_i z^i = \Sigma a_{-i} z^{-i},$$

le coefficient $A_{m_1 m_2}$ ne sera autre chose que a_a si $m_1 = an + b$, $m_2 = cn + d$.

Nous sommes donc conduit à chercher l'expression approchée de a_n pour n très grand et par conséquent à étudier les singularités de la fonction $\Phi(z)$.

95. La fonction $\Phi(z)$ est définie comme une intégrale prise par rapport à t le long de la circonférence $|t| = 1$. On peut remplacer cette circonférence par un contour C quelconque, à une condition toutefois.

Regardons un instant z comme une constante et $F(z, t)$ comme une fonction de t. Cette fonction admettra un certain nombre de points singuliers.

Il faut qu'entre la circonférence $|t| = 1$ et le contour C il n'y ait aucun de ces points singuliers.

Faisons maintenant varier z d'une manière continue; ces points singuliers se déplaceront d'une manière continue. Si, en même temps, on déforme le contour C d'une façon continue, et de telle sorte qu'il ne passe jamais par aucun point singulier, la fonction $\Phi(z)$ restera holomorphe.

La fonction $\Phi(z)$ ne peut donc cesser d'être continue que s'il devient impossible de déformer le contour C de façon qu'il ne passe pas par un point singulier. Voici comment cela peut arriver; imaginons que, pour une certaine valeur de z, nous ayons deux points singuliers α et β, l'un extérieur, l'autre intérieur au contour C. Si, en faisant varier z d'une manière continue, l'un d'eux, α par exemple, vient sur le contour C, nous pourrons déformer C, en le faisant fuir pour ainsi dire devant ce point singulier mobile, de façon que ce point z ne puisse jamais atteindre ce contour. Ainsi z restera toujours extérieur à C et β intérieur à C. Mais supposons maintenant que z et β se rapprochent indéfiniment l'un de l'autre; le contour C, pris pour ainsi dire entre deux feux, ne pourra plus fuir devant ces deux points mobiles et la fonction $\Phi(z)$ ne sera plus holomorphe.

Par conséquent, pour obtenir tous les points singuliers de $\Phi(z)$, il suffit d'exprimer que deux des points singuliers de $F(z, t)$ considérés comme fonction de t se confondent en un seul.

La série

$$\Phi(z) = \Sigma a_n z^n + \Sigma a_{-n} z^{-n}$$

sera convergente dans une région limitée par deux circonférences

$$|z| = R, \qquad |z| = r,$$

ces deux circonférences iront passer par un ou plusieurs des points singuliers que je viens de définir.

Mais, si l'on veut savoir quels sont ceux de ces points singuliers qui sont sur ces circonférences et qui définissent par conséquent les limites de convergence de notre série, une discussion plus approfondie est nécessaire.

Tous les points singuliers ne conviennent pas, en effet, à la question, et cela pour plusieurs raisons.

En premier lieu, la fonction $F(z, t)$ n'est pas uniforme; si deux points singuliers z et β de cette fonction F considérée comme fonction de t viennent à se confondre pour une certaine valeur de z, il faut, pour que cette valeur soit un véritable point singulier de $\Phi(z)$ que z et β appartiennent à une même détermination de F et de plus que cette détermination soit encore la même que celle qui figure dans l'intégrale

$$\frac{1}{2i\pi} \int F \, dt,$$

laquelle prise le long de C définit la fonction Φ.

Il faut, en outre, qu'avant de se confondre en un seul, ces deux points z et β ne soient pas d'un même côté du contour C.

Soit H un chemin tracé dans le plan des z et allant d'un point z_0 de module r à des points singuliers z_i définis plus haut. Suppo-

sons qu'on suive ce chemin de z_0 en z_1 et qu'on étudie les variations de $\Phi(z)$ en prenant pour valeur initiale

$$\Phi(z_0) = \Sigma a_n z_0^n + \Sigma a_{-n} z_0^{-n}.$$

Bien que la fonction $\Phi(z)$ puisse ne pas être et ne soit pas en
général uniforme, la détermination particulière de $\Phi(z)$ que nous
avons en vue est ainsi entièrement définie, puisque nous nous donnons la valeur initiale et le chemin parcouru.

Il s'agit alors de savoir si le point z_1 est bien un point singulier
pour cette détermination particulière de $\Phi(z)$.

La fonction $F(z, t)$ n'étant pas uniforme, il faut faire varier t
non pas sur un plan, mais sur une surface de Riemann S possédant
autant de feuillets que la fonction F possède de déterminations (ce
nombre peut être infini).

Quand z variera en suivant le chemin H, les points singuliers se
déplaceront et la surface de Riemann S se déformera.

C'est sur cette surface de Riemann qu'il faut supposer le contour C tracé.

Ce contour se réduira pour $z = z_0$ au cercle $|t| = 1$ tracé sur
un des feuillets de S; quand la surface S se déformera, on devra
déformer également le contour C, de telle sorte qu'il ne s'y trouve
jamais de point singulier. Une discussion spéciale, souvent déli-
cate, fera voir alors si, pour une valeur de z très voisine de z_1, les
deux points singuliers de $F(z, t)$ qui se confondent pour $z = z_1$
sont de part et d'autre du contour C, ce qui est la condition nécessaire et suffisante pour que le point $z = z_1$ soit un point singulier
pour la détermination particulière de $\Phi(z)$ que nous envisageons.

Comment reconnaître maintenant si le point z_1 se trouve sur une
des circonférences

$$|z| = R, \qquad |z| = r$$

qui limitent la convergence de la série,

$$\Sigma a_n z^n + \Sigma a_{-n} z^{-n},$$

et si, par conséquent, il est un de ceux dont dépend la valeur approchée que nous cherchons?

Traçons le chemin H allant du point z_0 de module 1 au point z_1
de façon que le module de z varie constamment dans le même sens.

Si le point z_1 appartient à l'une de nos deux circonférences, il devra être un point singulier pour la détermination de $\Phi(z)$ définie par le chemin H et on le reconnaîtra par le moyen que je viens d'expliquer.

Si un point z_1 satisfait à cette condition, je dirai que ce point singulier est *admissible*.

Cela posé, parmi tous les points singuliers admissibles de module plus grand que r, ceux-là seront sur la circonférence $|z| = \mathrm{R}$ dont le module sera le plus petit.

De même, parmi tous les points singuliers admissibles de module plus petit que r, ceux-là seront sur la circonférence $|z| = r$ dont le module sera le plus grand.

J'ajouterai, en terminant, que la fonction $\Phi(z)$ possède plusieurs déterminations qui s'échangent entre elles, soit quand deux des déterminations de $\mathrm{F}(z, t)$ s'échangent entre elles, soit quand deux des points singuliers de $\mathrm{F}(z, t)$ tournent autour l'un de l'autre.

Je vais d'abord chercher à déterminer les points singuliers de $\Phi(z)$; je déterminerai ensuite par une discussion spéciale quels sont ceux qui conviennent à la question.

Recherche des points singuliers.

96. Bornons-nous au cas où le mouvement se passe dans un plan.

Soient u et u' les anomalies excentriques, $\sin\varphi$ et $\sin\varphi'$ les excentricités, L^2 et L'^2 les grands axes, ϖ et ϖ' les longitudes des périhélies.

On aura

$$l = u - \sin\varphi\,\sin u, \qquad l' = u' - \sin\varphi'\,\sin u'.$$

Les coordonnées de la première planète, par rapport au grand axe de son ellipse et à une perpendiculaire menée par le foyer, seront

$$\mathrm{L}^2(\cos u - \sin\varphi) \quad \text{et} \quad \mathrm{L}^2\cos\varphi\,\sin u;$$

ce seront donc les parties réelle et imaginaire de $\xi\mathrm{L}^2$. Si l'on pose

$$\xi = \cos u - \sin\varphi + \sqrt{-1}\,\cos\varphi\,\sin u,$$

Si l'on pose de même

$$\eta = \cos u' - \sin\varphi' + \sqrt{-1}\cos\varphi' \sin u',$$

les coordonnées de la deuxième planète, rapportée aux mêmes axes que la première, seront les parties réelle et imaginaire de

$$\eta L'^2 e^{\sqrt{-1}(\varpi' - \varpi)}.$$

Soit

$$\beta = L'^2 L^{-2} e^{\sqrt{-1}(\varpi' - \varpi)},$$

soit

$$\xi_0 = \cos u - \sin\varphi - \sqrt{-1}\cos\varphi \sin u,$$

$$\eta_0 = \cos u' - \sin\varphi' - \sqrt{-1}\cos\varphi' \sin u',$$

$$\beta_0 = L'^2 L^{-2} e^{-\sqrt{-1}(\varpi' - \varpi)},$$

il viendra

$$L^2 F_1^0 = \frac{1}{\sqrt{(\xi - \beta\eta)(\xi_0 - \beta_0\eta_0)}}.$$

Les points singuliers de $F(z, t)$ sont les mêmes que ceux de F_1^0; car $F(z, t)$ ne diffère de F_1^0 que par une puissance de t et le point $t = 0$, qui, d'ailleurs, n'interviendra pas dans la discussion, est déjà un point singulier de F_1^0.

Les points singuliers de F_1^0 seront ceux pour lesquels u et u', et par conséquent ξ, η, ξ_0, η_0, cesseront d'être fonctions uniformes de l et de l' et, par conséquent, de z et de t; et, en outre, ceux pour lesquels

$$\xi = \beta\eta \quad \text{ou} \quad \xi_0 = \beta_0\eta_0.$$

Je vais poser

$$x = e^{iu}, \qquad y = e^{iu'},$$

d'où

$$\cos u = \frac{1}{2}\left(x + \frac{1}{x}\right), \qquad \cos u' = \frac{1}{2}\left(y + \frac{1}{y}\right),$$

$$i \sin u = \frac{1}{2}\left(x - \frac{1}{x}\right), \qquad i \sin u' = \frac{1}{2}\left(y - \frac{1}{y}\right).$$

Nous en déduirons

$$l = u - \frac{\sin\varphi}{2i}\left(x - \frac{1}{x}\right), \qquad l' = u' - \frac{\sin\varphi'}{2i}\left(y - \frac{1}{y}\right)$$

et

$$e^{il} = x e^{\frac{\sin\varphi}{2}\left(\frac{1}{x} - x\right)}, \qquad e^{il'} = y e^{\frac{\sin\varphi'}{2}\left(\frac{1}{y} - y\right)}.$$

Nous aurons ensuite

$$t = e^{\frac{il}{c}} = x^{\frac{1}{c}} e^{\frac{\sin\varphi}{2c}\left(\frac{1}{x} - x\right)}, \qquad z = e^{il'} t^{a} = y x^{a} e^{\omega},$$

en posant, pour abréger,

$$\omega = \frac{a \sin\varphi}{2}\left(\frac{1}{x} - x\right) + \frac{\sin\varphi'}{2}\left(\frac{1}{y} - y\right).$$

Nous aurons, d'autre part,

$$\xi = \frac{1}{2}\left(x + \frac{1}{x}\right) - \sin\varphi + \frac{\cos\varphi}{2}\left(x - \frac{1}{x}\right),$$

$$\eta = \frac{1}{2}\left(y + \frac{1}{y}\right) - \sin\varphi' - \frac{\cos\varphi'}{2}\left(y - \frac{1}{y}\right).$$

Les points singuliers de $F(z, t)$ nous sont donnés par

$$\frac{dl}{du} = 1 - \sin\varphi \cos u = 0,$$

$$\frac{dl'}{du'} = 1 - \sin\varphi' \cos u' = 0;$$

$$H = \xi - \beta \eta = 0,$$

$$H_0 = \xi_0 - \beta_0 \eta_0 = 0.$$

Nous pouvons transcrire ces équations en nous servant des variables x et y; elles deviennent alors algébriques; les deux premières s'écrivent, en effet,

$$(1) \qquad 2x - \sin\varphi (x^2 + 1) = 0,$$

$$(2) \qquad 2y - \sin\varphi' (y^2 + 1) = 0,$$

et les deux dernières, en chassant les dénominateurs,

$$(3) \qquad \left\{ \begin{aligned} & y[(x^2+1) - 2x\sin\varphi - \cos\varphi(x^2-1)] \\ & \quad = \beta x[(y^2+1) - 2y\sin\varphi' + \cos\varphi'(y^2-1)], \end{aligned} \right.$$

$$(4) \qquad \left\{ \begin{aligned} & y[(x^2+1) - 2x\sin\varphi + \cos\varphi(x^2-1)] \\ & \quad = \beta_0 x[(y^2+1) - 2y\sin\varphi' - \cos\varphi'(y^2-1)]. \end{aligned} \right.$$

Pour trouver les points singuliers de $\Phi(z)$, il suffit d'exprimer que deux des points singuliers de $F(z, t)$ se confondent. Mais cela peut arriver de deux manières :

Ou bien un point singulier défini par l'une des quatre équations $\dfrac{df}{du} = 0$, $\dfrac{df'}{du'} = 0$, $H = 0$, $H_2 = 0$ va se confondre avec un point singulier défini par une autre de ces quatre équations : nous obtiendrons ainsi les points singuliers de première espèce de $\Phi(z)$;

Ou bien deux des points singuliers définis par une de ces quatre équations se confondront en un seul : nous obtiendrons ainsi les points singuliers de deuxième espèce de $\Phi(z)$.

Pour avoir les points de première espèce, il suffit de combiner deux à deux les quatre équations (1), (2), (3), (4). On voit que ces points ne dépendent en aucune façon des entiers a et c.

Pour avoir les points de deuxième espèce, voici comment il faut faire :

Soit $f(z, t) = 0$ une des quatre équations (1), (2), (3), (4); pour exprimer que deux des points singuliers définis par cette équation se confondent, il me suffit d'écrire

$$f = 0, \qquad \frac{df}{dt} = 0$$

Si nous changeons de variables en exprimant z et t et, par conséquent, f en fonctions de t et de t', il vient

$$\frac{df}{dt} = \frac{-i}{t}\left(c\,\frac{df}{dt} - a\,\frac{df}{dt'} \right),$$

de sorte que l'équation $\dfrac{df}{dt} = 0$ peut être remplacée par

$$c\,\frac{df}{dt} - a\,\frac{df}{dt'} = 0$$

ou bien encore

$$\frac{c}{1 - \sin\varphi\cos u}\,\frac{df}{du} - \frac{a}{1 - \sin\varphi'\cos u'}\,\frac{df}{du'} = 0.$$

Les premiers membres des équations (1) et (2) ne dépendent que de u ou bien que de u' : nous pouvons les laisser de côté; mais nous avons des points singuliers qui nous seront donnés par les deux équations

$$H = 0, \quad \frac{dH}{dt} = 0$$

ou encore par les deux équations

$$H_0 = 0, \quad \frac{dH_0}{dt} = 0.$$

Nous avons

$$H = \cos u - \sin\varphi - i\cos\varphi\sin u - \beta(\cos u' - \sin\varphi' - i\cos\varphi'\sin u').$$

L'équation $\frac{dH}{dt} = 0$ peut donc être remplacée par la suivante :

$$\frac{e(-\sin u - i\cos\varphi\cos u)}{1 - \sin\varphi\cos u} - \frac{a\beta(-\sin u' - i\cos\varphi'\cos u')}{1 - \sin\varphi'\cos u'} = 0$$

ou

$$(5) \quad \frac{e[\cos\varphi(x^2-1) - i(x^2-1)]}{2x - \sin\varphi(x^2+1)} - \frac{a\beta[\cos\varphi'(y^2-1) - i(y^2-1)]}{2y - \sin\varphi'(y^2+1)} = 0.$$

De même l'équation $\frac{dH_0}{dt} = 0$ peut être remplacée par la suivante

$$(6) \quad \frac{e[-\cos\varphi(x^2-1) - i(x^2-1)]}{2x - \sin\varphi(x^2+1)} - \frac{a\beta_0[-\cos\varphi'(y^2-1) - i(y^2-1)]}{2y - \sin\varphi'(y^2+1)} = 0.$$

Les points singuliers de deuxième espèce sont donc donnés par les équations (3) et (5) ou bien par les équations (4) et (6); à l'inverse de ceux de première espèce, ils dépendent donc du rapport des entiers a et c.

Tous les points singuliers de $\Phi(z)$ sont donc donnés par des équations algébriques.

Ces équations algébriques se simplifient quand on suppose $\varphi' = 0$. Il est permis alors de supposer $\varpi' = \varpi$ et par conséquent $\beta_0 = \beta$.

L'équation (1) ne change pas, l'équation (2) se réduit à $y = 0$ et il n'y a plus à en tenir compte, les équations (3) et (4) deviennent

$$(3) \quad i(x^2+1) - 2x\sin\varphi - \cos\varphi(x^2-1) = 2\beta e x,$$

$$(4) \quad y[i(x^2+1) - 2x\sin\varphi - \cos\varphi(x^2-1)] = 2\beta x.$$

Les équations (5) et (6) deviennent

$$(5)\qquad \frac{c[\cos\varphi(x^2-1)-(x^2-1)]}{2x-\sin\varphi(x^2-1)} + a\beta y = 0,$$

$$(6)\qquad \frac{c[-\cos\varphi(x^2-1)+(x^2-1)]}{2x-\sin\varphi(x^2-1)} - \frac{a\beta}{y} = 0.$$

La combinaison des équations (3) et (5) donne

$$(7)\qquad \left\{ \frac{2c[\cos\varphi(x^2-1)-(x^2-1)]}{2x-\sin\varphi(x^2-1)} \atop - \frac{a[(x^2+1)-2x\sin\varphi+\cos\varphi(x^2-1)]}{x} = 0, \right.$$

et celle des équations (4) et (6) donne

$$(8)\qquad \left\{ \frac{2c[-\cos\varphi(x^2-1)+(x^2-1)]}{2x-\sin\varphi(x^2+1)} \atop - \frac{a[(x^2-1)-2x\sin\varphi-\cos\varphi(x^2-1)]}{x} = 0. \right.$$

Les équations (7) et (8) nous donnent les valeurs de x correspondant aux points de la deuxième espèce; l'équation (1) nous donne les valeurs de x correspondant à certains points de première espèce. Il nous reste à parler des points de première espèce définis par les équations (3) et (4), puisque l'équation (2) devient illusoire.

Les équations (3) et (4) s'écrivent

$$\xi - \beta\eta = \xi_0 - \beta_0\eta_0 = 0.$$

Si elles sont satisfaites à la fois, on aura

$$\xi\xi_0 = \beta\beta_0\,\eta\eta_0 = \beta^2.$$

Or

$$\xi\xi_0 = (1 - \sin\varphi\cos u)^2.$$

Il reste donc

$$1 - \sin\varphi\cos u = \pm\beta,$$

de sorte que les valeurs de x correspondant à cette sorte de points singuliers seront données par les deux équations

$$(9)\qquad 2x - \sin\varphi(x^2-1) = 2\beta x,$$

$$(10)\qquad 2x - \sin\varphi(x^2-1) = -2\beta x.$$

Les valeurs de x qui correspondent aux points singuliers nous seront données par les cinq équations (1), (7), (8), (9) et (10). Observons que les équations (1), (9) et (10) sont réciproques et que les équations (7) et (8) se changent l'une dans l'autre quand on change x en $\frac{1}{x}$. Si x est un point singulier, il en sera donc de même de $\frac{1}{x}$. C'est ce qu'il était aisé de prévoir.

Si l'on fait $\varphi = 0$, nos équations se réduisent à $x = 0$; donc, quand φ tend vers 0, les racines des équations (1), (7) et (8) tendent vers 0 ou vers l'infini.

Si l'on pose

$$\tan\frac{\varphi}{2} = \tau,$$

les équations (3), (4), (5), (6), (7) et (8) deviennent

$$(3) \qquad z = \frac{(x-\tau)^2}{\beta(1-\tau^2)x},$$

$$(4) \qquad y = \frac{\beta(1-\tau^2)x}{(1-x\tau)^2},$$

$$(5) \qquad \frac{c(x-\tau)}{1-\tau x} + a\beta y = 0,$$

$$(6) \qquad \frac{c(1-x\tau)}{x-\tau} + \frac{a\beta}{y} = 0,$$

$$(7) \qquad \frac{c(x-\tau)}{1-\tau x} + \frac{a(x-\tau)^2}{(1-\tau^2)x} = 0,$$

$$(8) \qquad \frac{c(1-x\tau)}{x-\tau} + \frac{a(1-\tau x)^2}{(1-\tau^2)x} = 0.$$

L'équation (1) nous donne d'autre part comme solution

$$x = \tau, \qquad x = \frac{1}{\tau}.$$

Lorsque φ et τ sont très petits, nous avons vu que les valeurs de x sont très petites, ou très grandes, et, comme les équations ne changent pas quand on change x en $\frac{1}{x}$, nous devons conclure qu'il y en a précisément autant de très petites que de très grandes.

Nos équations et les valeurs correspondantes de x se simplifient un peu quand, supposant q très petit, on néglige le carré de cette quantité.

Les équations (1), (9) et (10) nous donnent alors respectivement pour x trois valeurs très petites, qui sont approximativement

$$(11) \qquad x = \frac{q}{2}, \qquad x = \frac{q}{2}\frac{1}{1-\beta}, \qquad x = \frac{q}{2}\frac{1}{1+\beta},$$

et trois valeurs très grandes, qui sont approximativement

$$(11\ bis) \qquad x = \frac{2}{q}, \qquad x = \frac{2(1-\beta)}{q}, \qquad x = \frac{2(1+\beta)}{q}.$$

L'équation (7) nous donne deux valeurs très petites, définies approximativement par l'équation

$$(12) \qquad x^2(a+c) - 2xq(c - a) - aq^2 = 0,$$

et une valeur très grande, qui est approximativement

$$(13\ bis) \qquad x = \frac{2}{q}\frac{a+c}{a}.$$

L'équation (8) nous donne deux valeurs très grandes, définies par

$$(12\ bis) \qquad x^2(a-c) + 2xq(c - a) - aq^2 = 0,$$

et une très petite, qui s'écrit

$$(13) \qquad x = \frac{q}{2}\frac{a}{a+c}.$$

Il est aisé de vérifier que les équations (12) et (12 bis) ont leurs racines réelles quand $\frac{c}{a} < 0$. Si donc c et a sont de signe contraire et que q soit assez petit, les équations (7) et (8) auront leurs racines réelles.

Les valeurs de x correspondant aux divers points singuliers étant ainsi définies, il reste à déterminer les valeurs de y et de z.

J'observe d'abord que, si l'on a un point singulier correspondant à certaines valeurs de x, de y et de z, les valeurs inverses $\frac{1}{x}$, $\frac{1}{y}$, $\frac{1}{z}$ correspondront à un autre point singulier, que j'appellerai le réci-

proque du premier. On constate, en effet, que notre système
d'équations ne change pas quand on change x, y, z en $\frac{1}{x}$, $\frac{1}{y}$ et $\frac{1}{z}$,
et cela était d'ailleurs aisé à prévoir.

Les valeurs de x et de y seront définies par les couples d'équations suivants :

$$(1),(3);\quad (1),(4);\quad (7),(3);\quad (8),(4);\quad (9),(3)\text{ ou }(4);\quad (10),(3)\text{ ou }(4).$$

Ces équations nous montrent que, si φ est très petit et peut être
regardé comme un infiniment petit du premier ordre, y est très
petit si x est très petit et très grand si x est très grand.

Nous avons, d'autre part,

$$z = y^{\nu} x^{\mu} e^{\frac{\alpha \sin \varepsilon}{2}\left(\frac{1}{x} - x\right)}.$$

Si φ est infiniment petit du premier ordre, x est infiniment
petit (ou infiniment grand) du même ordre ; il en est de même de y ;
l'exposant $\dfrac{\alpha \sin \varepsilon}{2}\left(\dfrac{1}{x} - x\right)$ est alors fini ; par conséquent z est un
infiniment petit (ou infiniment grand) d'ordre $\alpha - c$.

Je distinguerai parmi les points singuliers celui qui est défini
par $x = \tau$ [solution de l'équation (1)] et par l'équation (3).

Pour ce point, en effet, y et z sont nuls.

De même, pour le point défini par $x = \frac{1}{\tau}$ [autre solution de (1)]
et par l'équation (4), et qui est le réciproque du premier, les valeurs de y et de z sont infinies.

Nous n'aurons donc pas à nous occuper de ces deux points singuliers dans la discussion qui va suivre.

Discussion.

97. Voici la question qu'il me reste à résoudre.

J'ai en tout 14 points singuliers, 7 qui correspondent à des valeurs
très petites de x et de y, 7 qui correspondent à des valeurs très
grandes de x et de y.

À un autre point de vue, 7 de ces points correspondent à des
valeurs très petites de z, et 7 à des valeurs très grandes de z. Il

s'agit de savoir quel est, parmi les 7 premiers, celui pour lequel le module de z est le plus grand (cela nous apprendra en même temps, puisque les valeurs de z sont réciproques deux à deux comme le sont celles de x et de y, quel est, parmi les 7 derniers, celui pour lequel le module de z est le plus petit).

Si les points singuliers correspondants sont admissibles, ce seront eux qui définiront les circonférences

$$|z| = R, \qquad |z| = r \qquad \left(\text{nous avons ici } R = \frac{1}{r}\right).$$

Pour ne pas prolonger la discussion par l'examen d'un trop grand nombre de cas différents, je vais faire quelques hypothèses particulières. Je supposerai

$$\beta > 1.$$

Je supposerai également que le rapport $\frac{c}{a}$ est voisin du rapport des moyens mouvements changé de signe, c'est-à-dire que l'on a à peu près (en désignant par n et n' ces moyens mouvements)

$$an + cn' = 0.$$

Les termes les plus intéressants sont, en effet, ceux qui correspondent à de petits diviseurs.

On a alors à peu près

$$\frac{c}{a} = -(\beta)^{\frac{2}{3}},$$

ce qui montre que c et a sont de signe contraire; je supposerai par exemple c positif et a négatif; comme β est plus grand que 1, $c + a$ sera positif.

Grâce à ces hypothèses, toutes les valeurs de z sont réelles. Cela rend possible une représentation géométrique simple qui permettra de suivre plus facilement la discussion.

Dans la figure ci-contre, nous représentons chaque point singulier par un point du plan dont les coordonnées rectangulaires sont x et y.

J'ai fait deux figures ($fig.$ 1 et $fig.$ 2), la première représentant le quadrant du plan compris entre l'axe des x positifs et celui des y positifs; et la seconde représentant le quadrant compris entre l'axe des x négatifs et l'axe des y négatifs.

Fig. 1.

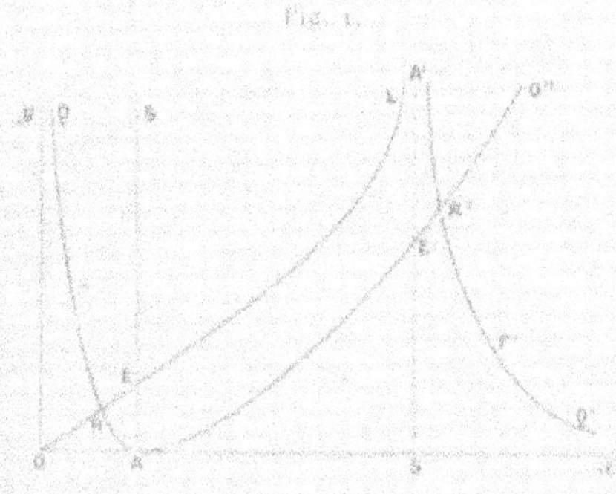

Fig. 2.

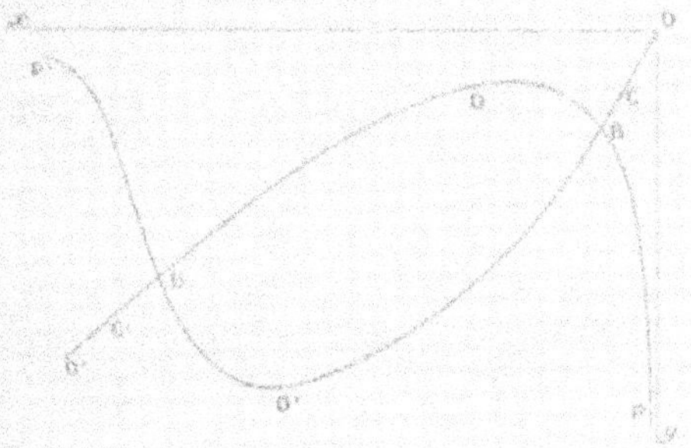

Les droites AS et A'S' ont respectivement pour équation

$$y = \tau x, \quad y = \frac{x}{\tau}.$$

Les deux branches de courbe C'B'DRP et QFAE'B' ont pour équation

$$y = \frac{(x^2 - \tau^2)}{2(1 + \tau^2)x}.$$

c'est-à-dire l'équation (3); les deux branches de courbe

$$B'D'BCOREL \quad \text{et} \quad RFQ$$

ont pour équation

$$(4) \qquad y = \frac{3(1-\varepsilon^2)x}{(1-\varepsilon x)^2}.$$

Les divers points singuliers sont représentés sur la figure par les points suivants

```
A...................... Équations (1) et (3) (x = τ),
B...................... (9), (3) et (4) [2ᵉ éq. (11)];
C...................... (8) et (4) [(13)];
D...................... (7) et (3) [(12) racine négative)];
E...................... (1) et (4) (x = τ),
F...................... (7) et (3) [(12) racine positive];
R...................... (10), (3) et (4) [3ᵉ éq (11)];
```

et par les points A', B', C', D', E', F' et R', respectivement réciproques des premiers.

Il est aisé de vérifier que, si φ est assez petit, ces points sont bien disposés dans l'ordre de la figure, c'est-à-dire que les abscisses des points

$$C E' D' D B C E F E E' F F'$$

vont en croissant.

Comparons les valeurs de z correspondant à ces divers points. On voit d'abord que, pour les points de la *fig.* (1) (où $x > 0$, $y > 0$), z est réel positif et que, pour les points de la *fig.* (2) (où $x < 0$, $y < 0$), l'argument de z est égal à $(c + a)\pi$, celui de z' égal à $\left(1 + \dfrac{a}{c}\right)\pi$. Reste à voir comment varie le module de z. Si l'on suit l'une des courbes (3) ou (4), les maxima et minima de $|z|$ correspondent aux points de contact de ces courbes (3) et (4) avec les courbes

$$z = y^a y^{2a} e^{\frac{a \sin \varphi}{4}\left(\frac{1}{x} - \varepsilon\right)} = \text{const.},$$

c'est-à-dire aux points C', D, F, A pour la courbe (3), et aux points D', C, F' pour la courbe (4).

Voici comment varie $|z|$:

1° Quand on suit la courbe (3)

En O'	$\dots$	$\lvert z \rvert = 0$	En Q	$\dots$ $\lvert z \rvert = 0$
De O' en C	$\dots$	croît	De Q en F	$\dots$ croît
En C	$\dots$	max.	En F	$\dots$ max.
De C en D	$\dots$	décroît	De F en A	$\dots$ décroît
En D	$\dots$	min.	En A	$\dots$ $\lvert z \rvert = 0$
De D en P	$\dots$	croît	De A en O'	$\dots$ croît
En P	$\dots$	$\lvert z \rvert = \infty$	En O	$\dots$ $\lvert z \rvert = \infty$

2° Quand on suit la courbe (4)

En P'	$\dots$	$\lvert z \rvert = 0$	En O	$\dots$ $\lvert z \rvert = 0$
De P' en D'	$\dots$	croît	De O en L ou en A'	$\dots$ croît
En D'	$\dots$	max.	En A'	$\dots$ $\lvert z \rvert = \infty$
De D' en C	$\dots$	décroît	De A' en F'	$\dots$ décroît
En C	$\dots$	min.	En F'	$\dots$ min.
De C en O'	$\dots$	croît	De F' en Q'	$\dots$ croît
En O	$\dots$	$\lvert z \rvert = \infty$	En Q'	$\dots$ $\lvert z \rvert = \infty$

On en conclut que le z du point B est plus grand que celui du point C, et celui du point E que celui du point F.

De même, le z du point D est plus petit que celui du point B, et le z de H est plus petit que celui de F.

Nous avons vu que, la fonction $F(z, t)$ n'étant pas uniforme, il fallait tracer les contours d'intégration sur la surface de Riemann correspondante dont le nombre des feuillets est infini. Pour éviter la considération de cette surface de Riemann, on peut changer de variables. Observons, en effet, que le carré de F, est fonction uniforme de x et de y et, par conséquent, que le carré de $F(z, t)$ est fonction uniforme de x^2 et de z^2.

Si donc nous convenons de donner à z^2 une valeur déterminée et que nous considérions momentanément comme constante, à un point du plan des z^2 correspondront seulement deux valeurs de $F(z, t)$ égales et de signe contraire. Nous pourrons alors avec avantage tracer nos contours d'intégration sur le plan des z^2.

Donnons d'abord à z^2 une valeur initiale z_0, dont le module soit

égal à 1. Nous sommes convenus, en définissant $\Phi(z)$, que le contour d'intégration le long duquel doit être prise l'intégrale

$$\Phi(z) = \int F(z, t)\,dt$$

doit se réduire au cercle $|t| = 1$ pour les valeurs de z de module 1.

Pour $z = \zeta_0$, nous devrons donc prendre pour contour dans le
plan des t le cercle $|t| = 1$ et dans le plan des $x^{\frac{1}{q}}$ le cercle $|x^{\frac{1}{q}}| = 1$.

Voici donc la règle pour reconnaître si un point singulier de $\Phi(z)$
est admissible. Soit x_1 la valeur de $x^{\frac{1}{q}}$ et ζ_1 la valeur de $z^{\frac{1}{q}}$ qui correspondent à ce point singulier. Nous supposerons, par exemple,
que le module de ζ_1 est plus petit que 1; aussi bien savons-nous
que, parmi les points singuliers de $\Phi(z)$, la moitié ont leur module
plus petit que 1. Nous allons faire varier $z^{\frac{1}{q}}$ de la manière suivante:
son argument devra rester constant et constamment égal à celui
de ζ_1 et son module ira en croissant de $|\zeta_1|$ à 1. En d'autres termes,
le point $z^{\frac{1}{q}}$ décrira un segment de droite Δ limité aux points ζ_1 et $\dfrac{\zeta_1}{|\zeta_1|}$.

Pour chacune des valeurs de $z^{\frac{1}{q}}$, $F(z, t)$, considérée comme fonction de $x^{\frac{1}{q}}$, présente un certain nombre de points singuliers; pour
$z^{\frac{1}{q}} = \zeta_1$, deux de ces points singuliers se confondent en un seul et
avec x_1. Quand $z^{\frac{1}{q}}$ décrit la droite Δ, ces deux points singuliers
varient d'une manière continue et parfaitement définie. Quand $z^{\frac{1}{q}}$
atteint la valeur finale $\dfrac{\zeta_1}{|\zeta_1|}$, il peut arriver ou bien que les positions
finales de ces deux points singuliers sont toutes deux intérieures,
ou toutes deux extérieures au cercle $|x^{\frac{1}{q}}| = 1$, et alors le point con-
sidéré est inadmissible, ou bien que ces positions finales sont l'une
extérieure et l'autre intérieure à ce cercle et alors le point considéré est admissible.

La fonction $F(z, t)$ est multipliée par une racine $c^{\text{ième}}$ de l'unité
quand $x^{\frac{1}{q}}$ est multiplié par une racine $c^{\text{ième}}$ de l'unité. Supposons

donc que, pour une valeur donnée de $x^{\frac{1}{c}}$, le point

$$x^{\frac{1}{c}} = \gamma$$

soit un point singulier de $F(z, t)$ considérée comme fonction de $x^{\frac{1}{c}}$. Il en sera de même des points

$$x^{\frac{1}{c}} = \gamma e^{\frac{2i\pi}{c}}, \qquad x^{\frac{1}{c}} = \gamma e^{\frac{4i\pi}{c}}, \qquad \dots, \qquad x^{\frac{1}{c}} = \gamma e^{\frac{2(c-1)i\pi}{c}}.$$

Nous avons vu que les valeurs de x qui correspondent aux points singuliers de $\Phi(z)$ sont toutes réelles, et ont par conséquent pour argument 0 ou π. Les valeurs correspondantes de $x^{\frac{1}{c}}$ auront donc pour argument $\frac{k\pi}{c}$, k étant entier. Soit donc α_i une de ces valeurs, je pourrai écrire

$$\alpha_i = \alpha'_i e^{\frac{2ki\pi}{c}},$$

α'_i ayant pour argument 0 ou $\frac{\pi}{c}$ et k étant entier.

Si α_i correspond à un point singulier de $\Phi(z)$ [c'est-à-dire à deux points singuliers de $F(z, t)$ confondus], il en sera de même de α'_i.

Je dis que la condition nécessaire et suffisante pour que le point α_i soit admissible, c'est que le point α'_i le soit.

En effet, appliquons la règle : quand le point $x^{\frac{1}{c}}$ décrira la droite Δ, les deux points singuliers, primitivement confondus en α_i, auront pour positions finales γ et γ' ; de même les deux points singuliers primitivement confondus en α'_i auront pour positions finales

$$\gamma e^{\frac{2ki\pi}{c}} \quad \text{et} \quad \gamma' e^{\frac{2ki\pi}{c}}.$$

Il suffit évidemment, pour démontrer le théorème énoncé, d'observer que

$$|\gamma| = \left|\gamma e^{\frac{2ki\pi}{c}}\right|, \qquad |\gamma'| = \left|\gamma' e^{\frac{2ki\pi}{c}}\right|.$$

Il suffira donc d'examiner les points singuliers qui correspondent à des valeurs réelles et positives de x', c'est-à-dire aux points F, E, B et A de la figure, et les points singuliers qui correspondent à la valeur $\frac{\pi}{2}$ de l'argument de x', c'est-à-dire aux points D, B et C de la figure.

Le point F est inadmissible; en effet, la valeur correspondante de z_1 est

$$x_1 = x';$$

quand le point x' décrira la droite Δ, les deux points singuliers primitivement confondus en z_1 resteront réels. A chacun d'eux correspondra une valeur de x et une de y, et par conséquent un point représentatif sur notre figure.

L'un de ces points représentatifs décrira alors la droite FS et l'autre la courbe FL.

L'un des points singuliers restera donc fixe et égal à x' et aura par conséquent son module toujours plus petit que 1.

La valeur initiale ζ_1 de x' est réelle et positive; la droite Δ sera donc une portion de l'axe des quantités réelles et la valeur finale $\frac{z}{\zeta}$ sera égale à 1.

Le second point singulier (qui correspond au point représentatif qui a suivi la courbe FL) a une valeur réelle et positive que j'appelle γ; il s'agit de savoir si γ est plus petit ou plus grand que 1.

Lorsque ce point représentatif décrira la courbe FL depuis F jusqu'en L, le module de z ira en croissant depuis une certaine valeur très petite jusqu'à l'infini; il passera donc une fois et une seule par la valeur 1. Il s'agit de montrer que la valeur correspondante γ^2 de z est plus petite que 1. Pour cela, il suffit de faire voir que, quand l'abscisse x de ce point représentatif atteint la valeur 1, $|z|$ est plus grand que 1.

Or on trouve que, pour $x = 1$,

$$z = \gamma^2 = [\text{illegible}].$$

Il reste donc à démontrer que $\gamma > 1$.

Or il est clair que

$$\mathcal{F} = \frac{3(1-z)}{(1-z)^2} = -1.$$

Donc $\gamma < 1$.

Donc le point E est inadmissible.

C. Q. F. D.

Le point F *est inadmissible;* ici encore la droite Δ sera une portion de l'axe des quantités réelles puisque ζ_1 sera réel. Les points singuliers primitivement confondus en z_1 ne resteront pas réels, mais ils resteront imaginaires conjugués; ils ont donc

même module; il est donc impossible que quand z' atteindra sa valeur finale $\frac{z}{|z|} = 1$, l'un de ces points soit plus grand que 1 et l'autre plus petit que 1 en valeur absolue.

C. Q. F. D.

Il nous sera cependant utile de savoir si, quand z' atteint sa valeur finale 1, le module commun de ces deux points singuliers est plus grand ou plus petit que 1. Comme il est primitivement plus petit que 1, il ne pourrait cesser de l'être qu'en passant par la valeur 1. Il faudrait donc que, pour une valeur de x imaginaire

et de module 1, z' eût une valeur réelle et positive.

Construisons donc dans le plan des x les lignes d'égal argument de la fonction

$$z' = \frac{(x - \cdots)^2 \cdots}{(3x + \cdots)^2} e^{\cdots}(1 - x).$$

Ces lignes sont représentées sur la *fig.* 3 au moins dans la partie du plan qui seule nous intéresse et qui avoisine le point O.

Les points remarquables sont le point $x = 0$, correspondant au point O de la *fig.* 1, le point $x = \tau$ correspondant au point A et deux points qui correspondent aux points D et F. Ces points sont d'ailleurs désignés sur la *fig.* 3 par les mêmes lettres.

Parmi les lignes d'égal argument, les unes regardées comme remarquables sont représentées en trait plein. Ce sont l'axe des quantités réelles d'une part et, d'autre part, des lignes allant du point O au point F et du point A au point D.

Les autres lignes d'égal argument aboutissant soit au point A, soit au point O, soit à l'un et à l'autre, sont représentées en trait pointillé.

Quand le point z' décrira la droite Δ, le point x décrira la courbe en trait plein FO de notre *fig.* 3.

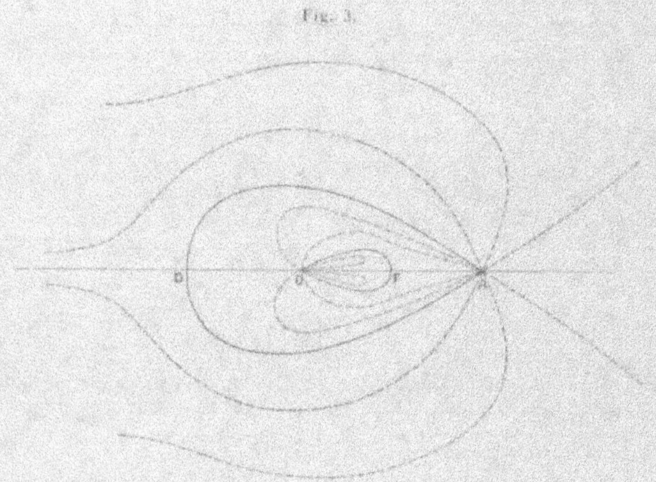

Fig. 3.

On voit donc que le module de x restera toujours très petit et que l'on aura

$$|x| < 1.$$

Le point R *est inadmissible;* en effet, quand le point z' décrira la droite Δ, les deux points singuliers primitivement confondus resteront d'abord réels; les deux points représentatifs décriront les deux branches de courbe RE et RF; quand le premier de ces points atteindra le point E, le point singulier correspondant se confondra avec un autre; les deux points ainsi confondus se sépareront ensuite et les points représentatifs correspondants décriront les courbes EL et ES; nous avons vu, en parlant du point E, que les valeurs finales de z' sont réelles et plus petites que 1.

De même, quand le second point représentatif atteindra F, le point singulier correspondant se confondra avec un autre, s'en séparera ensuite: les valeurs finales, comme nous l'avons vu en parlant du point F, sont imaginaires conjuguées et de module plus petit que 1.

Nous avons donc ici non plus 2, mais 4 valeurs finales; et elles sont toutes quatre plus petites que 1 en valeur absolue.

C. Q. F. D.

Le point B *est inadmissible.* Les deux points singuliers primitivement confondus se séparent, mais les valeurs correspondantes de x restent réelles. Les deux points représentatifs décrivent les branches de courbe BP et BD'. Pour le premier, qui décrit BP, la valeur absolue de x va en diminuant; elle reste donc plus petite que 1; considérons le second qui décrit BD', il me reste à démontrer que, bien que la valeur absolue de x aille en augmentant, elle reste plus petite que 1, tant que le module de z est lui-même inférieur à 1.

Pour cela, il faut faire voir que, pour $x = -1$, $|z| > 1$; or, pour $x = -1$,

$$|z| = (\tfrac{3}{2})^{\frac{1}{2}}.$$

Or

$$|z| = \frac{\frac{3}{2}(1+\tau^2)}{(1+\tau)^2} > 1 \qquad (\text{si } \tau \text{ est assez petit}).$$

C. Q. F. D.

Le point C *est inadmissible.* Les deux points singuliers primitivement confondus se séparent, x demeurant réel; le premier point représentatif décrit CO, le second CB. Pour le premier, $|x|$ va constamment en diminuant : sa valeur finale est donc plus petite que 1. Examinons le second point singulier qui correspond au point représentatif qui décrit CB. Quand il est arrivé en B, il se confond avec un autre point singulier, et s'en sépare de nouveau: les deux points représentatifs décriront les deux courbes BP' et BD'; d'après ce que nous venons de voir, les valeurs finales de $|x|$ sont plus petites que 1. Ainsi nous avons, non pas deux, mais trois valeurs finales, toutes trois plus petites que 1.

C. Q. F. D.

Le point D *est admissible.* Les deux valeurs de x demeurent réelles, le premier point représentatif décrit DB; arrivée en B, la courbe représentative se bifurque en BP et en BD', et les valeurs finales de x sont plus petites que 1, ainsi que nous venons de le voir.

Le second point représentatif décrit DB'; je dis que la valeur finale de $|x|$ est plus grande que 1. Pour cela, il faut faire voir que, pour $x = -1$, on a $|z| < 1$; or, pour $x = -1$

$$|z| = |y|\frac{1}{?} \qquad |y| = \frac{(1-z^2)^2}{5(1-z^3)} < 1 \qquad \text{(si z est assez petit).}$$

De nos trois valeurs absolues finales, deux sont plus petites, une plus grande que 1. Donc le point est admissible.

c. Q. F. D.

En résumé, des six points BCDEFR, le point D est seul admissible.

De même des six points réciproques B'C'D'E'F'R', le point D' est seul admissible.

Si donc l'une des excentricités est assez petite, l'autre nulle, l'inclinaison des orbites nulle, le grand axe de l'orbite circulaire plus grand que celui de l'orbite elliptique; si le rapport $-\frac{a'}{a}$ diffère peu de celui des moyens mouvements, ce sont les points D et D' qui déterminent les rayons de convergence r et $R = \frac{1}{r}$.

Pour faciliter l'intelligence de cette discussion, j'ai construit une quatrième figure où j'ai représenté la variation des points singuliers en prenant pour abscisse x, si x est réel, et $|x|$, si x est imaginaire, et pour ordonnée $|z|$. Je n'ai représenté toutefois que ceux des points singuliers qui jouent un rôle dans la discussion. Les droites tracées en trait mixte ————— sont les deux axes de coordonnées $x = 0$ et $|z| = 0$, et les droites $x = +1$, $z = -1$,

Les courbes en trait plein représentent la variation des points singuliers réels, et les courbes en trait pointillé celle des points singuliers imaginaires. D'après les conventions faites plus haut, chacun des points de ces courbes pointillées représentent deux points singuliers imaginaires conjugués.

Les divers points remarquables sont désignés par les mêmes lettres que les points correspondants des autres figures. Pour trouver les diverses valeurs finales obtenues en partant d'un point singulier donné, il faut suivre les courbes pleines ou pointillées, *en allant toujours en descendant* (puisque sur la figure l'axe

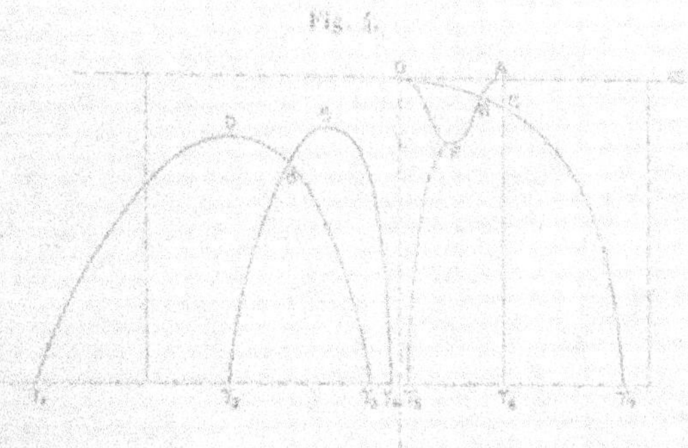

Fig. 4.

des $|z|$ positifs est dirigé vers le bas) jusqu'à la droite $|z| = 1$.

On trouve ainsi que

Pour le point D les valeurs finales sont γ_1, γ_2 et γ_3.
                  B γ_2 et γ_4.
                  C γ_3, γ_5 et γ_6.
                  F γ_4.
                  R γ_2, γ_8 et γ_9.
                  E γ_8 et γ_2.

Je rappelle que γ_3 représente deux valeurs finales imaginaires conjuguées. On voit que, de toutes ces valeurs finales, toutes, sauf γ_1, sont plus petites que 1 en valeurs absolues.

Discussion dans le cas général.

98. Les limites qui me sont imposées ici ne me permettent pas de répéter cette discussion dans le cas le plus général; mais je puis indiquer en quelques mots de quelle manière elle doit être conduite.

Quand on fera varier les éléments des orbites, d'une manière continue, les points singuliers de $\Phi(z)$ varieront aussi d'une façon

continue. Supposons que l'on fasse varier ces éléments de telle
sorte que les orbites restent réelles et qu'à aucun moment elles ne
se coupent en un point réel, de telle sorte aussi qu'à aucun moment
deux points singuliers de $\Phi(z)$ ne viennent à se confondre. Considérons un point singulier de $\Phi(z)$; il va varier d'une façon continue et, comme nous supposons qu'il ne se confond jamais avec
aucun autre, on pourra le suivre dans ses variations sans avoir à
craindre aucune ambiguïté.

Cela posé, je dis que, si ce point est admissible à un certain moment, il restera toujours admissible et inversement, sauf dans un
cas sur lequel nous reviendrons.

En effet, dire que le point singulier est admissible, c'est dire que,
parmi les valeurs finales de x correspondant à ce point, il y en a
dont le module est plus grand que 1 et d'autres dont le module
est plus petit que 1. Mais il importe de préciser davantage. En
effet, dans le cas particulier traité dans le numéro précédent,
$F(z, t)$ était fonction uniforme de $z^{\frac{1}{2}}$ et de $x^{\frac{1}{2}}$, ce qui nous a permis
de représenter les points singuliers de $F(z, t)$ sur le plan des $x^{\frac{1}{2}}$.

Dans le cas général il n'en est plus de même et une représentation aussi simple n'est plus possible. Il faut représenter les points
singuliers de $F(z, t)$ (considérée comme fonction de t) sur une
surface de Riemann particulière que j'ai appelée plus haut S; cette
surface peut être définie comme il suit : nous avons

$$(1) \qquad z = x^{m}e^{\frac{\cos z}{2}\left(\frac{1}{2}-x\right)}y^{c}e^{\frac{\cos q'}{2}\left(\frac{1}{2}-y\right)}.$$

Si nous regardons z comme donné, cette équation définit une
relation entre x et y à laquelle satisfont une infinité de systèmes
de valeurs de x et de y, ou bien encore de $x^{\frac{1}{2}}$ et de $y^{\frac{1}{2}}$; chacun de
ces systèmes de valeurs représente ce qu'on peut appeler un point
analytique. A chacun des points de la surface de Riemann correspondra un de ces points analytiques et un seul, et réciproquement.

Quand on fera varier z, cette surface de Riemann S va varier
aussi, puisque alors les points singuliers de $F(z, t)$ se déplacent.
Soit S_1 ce que devient S quand z atteint une valeur de module 1.

Sur la surface S_0 nous pourrons tracer un cercle que j'appellerai C_0 et dont l'équation sera

$$|x| = |y| = 1.$$

(En effet, si l'on donne à x une valeur quelconque de module 1, on peut toujours choisir une valeur de y ayant également pour module 1, de manière que z ait telle valeur que l'on veut de module 1.)

Ce cercle C_0 partage en deux régions la surface de Riemann S_0.

J'appellerai R_0 celle de ces deux régions qui contient les points voisins de C_0 et pour lesquels $|x| < 1$ et R'_0 l'autre région.

Supposons donc que l'on fasse suivre au point z^i la droite Δ du numéro précédent et que l'on étudie les variations des points singuliers de $F(z, t)$; quand on fait varier z, ces points se déplacent sur la surface S en même temps que cette surface S varie elle-même. Deux de ces points d'abord confondus en un seul [qui est un point singulier de $\Phi(z)$] se séparent; quand le module de z atteint la valeur 1 et que S s'est réduite à S_0, ils atteignent sur cette surface S_0 deux positions finales. (La discussion du numéro précédent nous a fait voir des cas où l'un de ces points singuliers se séparait lui-même en deux autres; il y a alors plus de deux positions finales, mais ce que je vais dire reste applicable.) Si toutes ces positions finales appartiennent à la même des deux régions déterminées sur la surface S_0 par le cercle C_0, le point singulier correspondant de $\Phi(z)$ est inadmissible; dans le cas contraire, il est admissible.

On voit la nuance qui sépare cet énoncé de celui que j'avais d'abord donné et qui convenait dans le cas particulier du numéro précédent. Les affixes de deux points peuvent être, l'un plus grand, l'autre plus petit que 1 en valeur absolue, et ces deux points peuvent appartenir néanmoins à la même des deux régions définies plus haut, s'ils ne font pas partie du même feuillet de la surface de Riemann.

Cela posé, je dis que, quand on fait varier les éléments des deux orbites, un point singulier d'abord admissible ne peut, en général, devenir inadmissible ou inversement. En effet, considérons les variations de la surface S_0 et de ce que nous avons appelé les valeurs finales. Pour qu'un point singulier cessât en effet d'être admissible ou le devint, il faudrait que la valeur finale correspondante franchît le cercle C_0, pour passer d'une des deux régions dans l'autre. Or quelle est la signification des équations de ce cercle C_0

$$|x| = |y| = 1.$$

Elles signifient que les deux anomalies excentriques sont réelles. A chaque point M de la surface de Riemann S, et en particulier de la surface S_0, correspond sur les deux orbites un couple de points P et P' définis par les valeurs des anomalies excentriques, ou ce qui revient au même de x et de y. Si le point M est sur le cercle C_0 les points P et P' sont *réels*. Le point M ne peut être singulier que si la distance PP' est nulle, ou si l'un des points P et P' sont à une distance nulle du Soleil. Cette seconde circonstance ne peut pas se présenter si les points P et P' sont réels; ni la première non plus si, comme nous l'avons supposé, les deux orbites ne se coupent en aucun point réel.

Il est donc impossible qu'un point du cercle C_0 soit singulier; c'est-à-dire qu'une des valeurs finales franchisse ce cercle; c'est-à-dire enfin qu'un point singulier de $\Phi(z)$ perde ou acquière le caractère d'admissibilité.

Il est cependant un cas dont il me reste à parler et où ce raisonnement se trouverait en défaut. Je suppose que l'on fasse suivre au point z la droite Δ et que l'on étudie les variations correspondantes des points singuliers de $F(z, t)$. Au commencement, deux de ces points sont confondus entre eux et se confondent par conséquent avec un point singulier A de $\Phi(z)$; ils se séparent ensuite; soit z l'un d'eux; il peut arriver (et nous en avons vu des exemples au numéro précédent) que, pour une certaine valeur de z, le point z vienne à se confondre avec un autre point singulier de $F(z, t)$ (généralement différent de celui avec lequel il se confondait d'abord) et, par conséquent, avec un point singulier B de $\Phi(z)$. Il s'en sépare ensuite, de sorte que le point singulier A admet non pas deux, mais trois valeurs finales.

Je dirai dans ce cas, pour abréger le langage, que le point B est subordonné au point A; il faut, pour qu'il en soit ainsi, que le z du point B ait même argument et module plus rapproché de 1 que le z du point A.

Soient alors A et B deux points singuliers de $\Phi(z)$ et supposons que leurs z aient d'abord des arguments différents. Faisons varier d'une manière continue les éléments des deux orbites et, par conséquent, les points A et B; si, à un certain moment le point B devient subordonné au point A, il peut arriver qu'à ce moment, par exception à la règle générale formulée plus haut, le point A devienne admissible ou cesse de l'être.

Voyons comment cette circonstance pourra se présenter. Observons d'abord que les valeurs de z qui correspondent aux points singuliers de $\Phi(z)$ nous sont fournies par un certain nombre d'équations algébriques. Si les deux points A et B sont ainsi définis par une seule et même équation irréductible, je dirai qu'ils sont de même nature, et, dans le cas contraire, qu'ils sont de nature différente. On verrait sans peine que, si les points A et B sont de nature différente, le point B peut devenir subordonné à A, sans que ce point A puisse perdre ou acquérir le caractère d'admissibilité.

Je suppose maintenant que les points A et B soient de même nature. Si le point B est inadmissible, il peut encore devenir subordonné à A sans que ce dernier point devienne admissible ou cesse de l'être. Si, au contraire, le point B est admissible, il arrivera en général, au moment où B deviendra subordonné à A, que A cessera d'être admissible s'il l'était, et le deviendra s'il ne l'était pas. Le point B conserve d'ailleurs toujours son caractère d'admissibilité ou d'inadmissibilité.

Les considérations qui précèdent nous fournissent donc le moyen, en faisant varier les éléments des orbites d'une manière continue, et en suivant les variations des points singuliers, de reconnaître quels sont ceux qui sont admissibles, soit que l'on s'astreigne à faire varier les éléments de façon que deux points singuliers n'aient à aucun moment un z de même argument, afin d'éviter la discussion nécessaire pour savoir s'ils sont réellement subordonnés l'un à l'autre, soit que l'on ne s'y astreigne pas en se résignant à faire cette discussion.

On peut faire varier, non seulement les éléments des orbites, mais le rapport $\frac{c}{a}$ en oubliant un instant qu'il doit être commensurable, ce que nous n'avons supposé que dans un but très particulier qui ne se rattache en aucune façon à la discussion de l'admissibilité des points singuliers. Ce rapport $\frac{\varepsilon}{a}$ doit toutefois, pour que ce que nous venons de dire reste applicable, rester réel et ne passer ni par o ni par l'infini.

Il suffit donc, pour pouvoir appliquer les considérations précédentes, de connaître quels sont les points admissibles pour certaines valeurs des éléments. Ce que j'ai dit dans le numéro précédent sur un cas particulier semble donc pouvoir nous suffire; mais, dans ce cas particulier, certains points singuliers se réduisent à o ou à l'infini et je les ai laissés de côté dans la discussion.

C'est pour cette raison que j'ai encore quelques mots à ajouter.

Supposons d'abord que, les deux excentricités étant finies, l'inclinaison reste nulle. Soit

$$\operatorname{tang}\frac{\theta}{2} = \tau, \qquad \operatorname{tang}\frac{\theta'}{2} = \tau'.$$

Les points singuliers de $F(x, y)$ seront alors définis par les équations suivantes

$$x = \tau, \quad x = \frac{1}{\tau}, \quad y = \tau', \quad y = \frac{1}{\tau'}.$$

$$(3) \qquad \frac{y(x-\tau)^2}{1+\tau^2} = \beta x \frac{(y-\tau')^2}{1+\tau'^2},$$

$$(4) \qquad y\frac{(1-\tau x)^2}{1+\tau^2} = \beta' x \frac{(1-\tau' y)^2}{1-\tau'^2}.$$

Les courbes (3) et (4) sont du troisième ordre; pour qu'elles soient réelles, il faut et il suffit que les grands axes des deux orbites coïncident, c'est-à-dire que la différence $\varpi - \varpi'$ soit égale à o ou à π.

Supposons $\varpi = \varpi'$, la courbe (3) présentera un point double

$$x = \tau, \quad y = \tau'.$$

Si τ est très petit, la courbe présentera trois branches : la première que j'appellerai γ_1 et qui différera peu de la branche B'DBP de la *fig*. 1 ; la seconde que j'appellerai γ_2 ira passer par l'origine et par le point double. Elle sera d'abord asymptote à l'axe des x

négatifs, s'écartera très peu de cet axe; après avoir passé par le point double, elle différera peu de la branche AO' de la *fig.* 1 : la troisième que j'appellerai γ_3 est asymptote à l'axe des y et diffère d'abord très peu de la branche CBA de la *fig.* 1; elle va ensuite passer par le point double et s'écarte ensuite très peu de l'axe des x auquel elle est asymptote. Je dirai désormais que deux points sont réciproques, quand on passe de l'un à l'autre en changeant x en $\frac{1}{x}$, y en $\frac{1}{y}$, z en $\frac{1}{z}$ et $\sqrt{-1}$ en $-\sqrt{-1}$. Les deux courbes (3) et (4) sont alors réciproques l'une de l'autre. Si $\varpi = \varpi'$ et par conséquent que nos courbes soient réelles, cette définition ne différera pas de celle du numéro précédent.

Nous avons comme points singuliers :

1° Les intersections des courbes (3) et (4) différant très peu des points B, B', R, R' de la *fig.* 1 et que je puis toujours désigner par les mêmes lettres. Nous avons vu qu'ils sont inadmissibles.

2° Les intersections de $x = \tau$ et de la courbe (4), de $x = \frac{1}{\tau}$ et de la courbe (3) différant très peu des points E et E' de la *fig.* 1; ils sont aussi inadmissibles.

3° Trois points situés sur la courbe (3) et différant très peu des points D, F et C' de la *fig.* 1; le premier seul est admissible.

4° Trois points réciproques des premiers situés sur la courbe (4); celui qui diffère peu de D' est seul admissible.

5° Un point défini par les équations (3) et (5) situé sur la branche γ_3 et se réduisant à $y = 0$, $x = -\tau$, pour $\tau' = 0$. Ce point, dont il n'a pas été question dans le numéro précédent, exige une discussion spéciale. Cette discussion prouverait que ce point que j'appellerai T est admissible; les deux points singuliers de $F(z, t)$, d'abord confondus avec lui, se séparent quand z' décrit la droite Δ et sont d'abord imaginaires conjugués, puis ils se réunissent de nouveau en un seul point *qui correspond au point* D et se séparent encore pour redevenir réels. On voit que les valeurs finales de T sont les mêmes que celles de D; donc T est admissible comme D.

6° Un point T', réciproque de T, et par conséquent admissible comme lui.

7° Le point double $x = \tau$, $y = \tau'$, que j'appellerai U; par ce point passent deux des branches de la courbe (3) et les deux droites $x = \tau$, $y = \tau'$. A ce point correspondent quatre valeurs finales ; car,

quand $z^{\frac{1}{2}}$ décrit la droite Δ, quatre points singuliers de $F(z, t)$, d'abord confondus en un seul, se séparent de façon que les quatre points représentatifs décrivent respectivement les deux branches de (3) et les deux droites $x = \tau$, $y = \tau'$; parmi ces valeurs finales, trois sont plus petites que 1 en valeur absolue ou plus exactement appartiennent à la région R_a de la surface de Riemann S_a. La quatrième valeur finale, celle qui correspond à la branche de courbe γ_2 appartient à l'autre région. Le point est donc admissible.

8° Le point U' réciproque de U, c'est-à-dire le point double de (4), sera admissible pour la même raison.

9° Il reste encore les points d'intersection de la droite $y = x'$ avec la courbe (4) que j'appelle V et W' et ceux de la droite $y = \frac{1}{x}$ avec la courbe (3) que j'appelle V et W, auxquels j'adjoindrai les deux points réciproques l'un de l'autre

$$\left(x = \tau, \quad y = \frac{1}{\tau} \right) \quad \text{et} \quad \left(x = \frac{1}{\tau}, \quad y = \tau \right),$$

que j'appellerai X et X'. Le point X est inadmissible et les deux valeurs finales correspondant respectivement aux deux droites $x = \tau$ et $y = \frac{1}{\tau}$ appartiennent à la région R_a.

Passons au point V [c'est celle des intersections de $y = x'$ avec (4) qui est très près de l'origine] : quand le point $z^{\frac{1}{2}}$ décrit Δ, les deux points représentatifs correspondant aux deux points singuliers qui se séparent suivent : le premier la courbe (4) jusqu'au point R et le second la droite $y = x'$ jusqu'en U. Les points R et U sont donc subordonnés à V et V admet, comme valeurs finales, l'ensemble des valeurs finales de R et de U. Toutes celles de R appartiennent à R_a; celles de U qui est admissible appartiennent aux deux régions. Donc le point V est admissible; mais il cesse de l'être dès que la différence $m - m'$, au lieu d'être nulle, devient très petite. Dans ce cas, en effet, R et U cessent d'être subordonnés à V, et les seules valeurs finales que conserve V sont, d'une part, une valeur finale peu différente d'une de celles de R, et une autre peu différente d'une de celles de U (celle qui correspond à $y = -\gamma$) et qui, toutes deux, appartiennent à R_4.

Enfin W est inadmissible $\left[$ c'est celle des intersections de (3) avec $y = \frac{1}{2}$, qui est voisine de l'axe des $y \right]$. En effet, à ce point sont subordonnées F et X dont les valeurs finales appartiennent à R_4.

En résumé, si l'inclinaison est nulle, la différence $m - m'$ très petite, l'excentricité e petite, l'excentricité e' très petite par rapport à e, les seuls points admissibles seront D, T, U *et leurs réciproques.*

Supposons maintenant que l'inclinaison n'est plus nulle, mais très petite.

Si nous écrivons que la distance des deux planètes est nulle, nous n'obtiendrons plus, comme dans le cas précédent, deux équations distinctes (3) et (4), mais une équation unique

$$\Theta(x, y) = 0$$

qui, si l'on considère (comme dans la *fig.* 1) x et y comme les coordonnées d'un point dans un plan, représentera une courbe du sixième ordre.

Cette courbe se décompose en deux courbes du troisième ordre (3) et (4) quand l'inclinaison est nulle; pour qu'elle soit réelle, il faut et il suffit que les grands axes des orbites soient perpendiculaires à la ligne des nœuds.

Si l'inclinaison est très petite, les points singuliers seront :

1° Des points très peu différents de E, D, F, C, T, V, W, X et de leurs réciproques; je les désignerai par les mêmes lettres; il est clair que D et T sont seuls admissibles avec leurs réciproques.

2° Deux points B_1 et B_2 très peu différents de B; deux points R_1 et R_2 très peu différents de R et leurs réciproques. Tous inadmissibles.

3° Neuf points peu différents de U, à savoir $x = \gamma$, $y = \gamma'$; deux intersections de $x = \gamma$ avec $\Theta = 0$, deux de $y = \gamma'$ avec $\Theta = 0$, quatre points de $\Theta = 0$. Une discussion spéciale serait nécessaire.

Ayant ainsi reconnu quels sont les points admissibles, il reste rait, pour voir celui qu'il convient de conserver, à voir quel est celui qui correspond à la valeur de $|z|$ la plus voisine de 1.

Si l'excentricité qui correspond au plus grand des deux grands axes et l'inclinaison sont petites par rapport à l'autre excentricité, si la différence $\varpi - \varpi'$ est petite, le point qui nous convient est le point D.

Forcé de me borner, j'arrête là cette discussion que je n'ai fait qu'ébaucher. Mais il me semble que l'importance du sujet peut tenter plus d'un chercheur; il devrait donner, outre cette discussion, une méthode pratique et rapide de résolution des équations algébriques auxquelles on est conduit en tenant compte de la petitesse de certaines quantités, et de ce fait qu'on peut se contenter le plus souvent d'une médiocre approximation. Sa tâche serait d'ailleurs grandement facilitée par une étude analytique complète de la fonction $\Phi(z)$ et de ses différentes déterminations.

Application de la méthode de M. Darboux.

99. Supposons maintenant que l'on ait déterminé par la discussion qui précède le point singulier de $\Phi(z)$ qui convient à la question, que l'on sache, par conséquent, quelles sont les deux circonférences

$$|z| = r, \qquad |z| = R = \frac{1}{r}$$

qui limitent le domaine où $\Phi(z)$ est développable par la série de Laurent et quels sont les points singuliers situés sur cette circonférence. En général, il n'y en aura qu'un seul sur chacune d'elles.

Soit donc z_0 le point singulier qui se trouve sur la circonférence $|z| = r$.

Soient x_0, y_0 et t_0 les valeurs correspondantes de x, y et t. On voit aisément que x_0 et y_0 sont parfaitement déterminés par les équations algébriques que nous avons discutées plus haut; au contraire,

$$t_0 = x_0^c\, e^{\frac{i\pi z}{2k}}\left(\frac{1}{x_0} - y_0\right)$$

n'est pas entièrement déterminé, mais est susceptible de c valeurs que j'appellerai

$$t_0, \quad jt_0, \quad j^2t_0, \quad \ldots, \quad j^{c-1}t_0,$$

j étant une racine $c^{ième}$ primitive de l'unité.

Appliquons au développement de $\Phi(z)$ la méthode de M. Darboux. Pour cela, il nous est nécessaire de savoir comment cette fonction se comporte dans le voisinage du point singulier $z = z_0$.

Lorsque z est très voisin de z_0, la fonction $F(z, t)$ admet deux points singuliers t_1 et t_2 très voisins de t_0, elle admettra également $c - 1$ autres couples de points singuliers

$$jt_1 \text{ et } jt_2, \quad j^2t_1 \text{ et } j^2t_2, \quad \ldots, \quad j^{c-1}t_1 \text{ et } j^{c-1}t_2,$$

très voisins respectivement de

$$jt_0, \quad j^2t_0, \quad \ldots, \quad j^{c-1}t_0.$$

Le contour d'intégration C le long duquel devra se calculer l'intégrale

$$\Phi(z) = \frac{1}{2i\pi}\int F(z, t)dt$$

devra passer entre les points t_1 et t_2 et de même entre les points jt_1 et jt_2, ... On pourra, d'ailleurs, supposer que ce contour présente la symétrie suivante : il sera formé de c arcs C_0, C_1, ..., C_{c-1} et l'on passera de l'arc C_0 à l'arc C_1 en changeant t en tj^k, comme

$$F(z, tj^k) = j^{-k}F(z, t);$$

l'intégrale prise le long des c arcs C_0, C_1, ..., C_{c-1} sera la même, et l'on aura

$$\Phi(z) = \frac{c}{2i\pi}\int_{C_0} F(z, t)dt.$$

L'arc C_0 qui est notre nouveau chemin d'intégration passera alors seulement entre les points singuliers t_0 et t_1; d'ailleurs, décomposons l'arc C_0 en trois arcs partiels C_0', C_0'' et C_0'''; j'appellerai α et β les extrémités de l'arc C_0', β et γ celles de C_0'', γ et δ celles de C_0'''. Je supposerai que c'est C_0'' qui passe entre t_1 et t_2 et que, quand z tend vers z_0, aucun des quatre points α, β, γ, δ ne tende vers t_0, de telle sorte que ces quatre points soient à une distance finie de t_1 et de t_2.

Notre intégrale prise le long de C_1 est la somme de trois autres, prises respectivement le long de C_2, de C_3 et de C_4. La première et la troisième restent des fonctions holomorphes de z dans le voisinage du point $z = z_0$, puisque les points t_1 et t_2 sont à une distance finie des arcs C_2 et C_4. C'est donc la seconde intégrale seulement, prise le long de C_3, qui admet z_0 comme point singulier; c'est donc l'étude de cette seconde intégrale qui nous fera connaître l'allure de la fonction $\Phi(z)$ dans le voisinage de $z = z_0$.

Voyons donc comment se comporte la fonction $F(z, t)$ dans le voisinage de $z = z_0$, $t = t_0$. Cela dépend, bien entendu, de la nature du point singulier considéré. J'examinerai d'abord l'hypothèse où ce point est l'un de ceux que nous avons désignés par D, F, T, C et par les mêmes lettres accentuées, ou bien encore, dans le cas où l'inclinaison n'est pas nulle, l'un de ceux que nous avons désignés par B_1, B_2, R_1, R_2 ou de leurs réciproques. C'est là l'hypothèse la plus importante, car nous avons vu que, si l'inclinaison et l'une des excentricités sont très petites, c'est le point D qui nous convient.

Dans cette hypothèse $[F(z)]^{-2}$ est développable suivant les puissances croissantes de $z - z_0$ et de $t - t_0$.

J'ai donc

$$F(z, t) = \frac{1}{\sqrt{\psi(z, t)}}$$

en désignant par $\psi(z, t)$ une série développée suivant les puissances croissantes de z et de t.

Je supposerai que z est assez voisin de z_0, et que les points que je viens d'appeler β et γ (extrémités de C_3) sont assez voisins de t_0 (bien que leur distance à ce point t_0 ait été supposée finie) pour que la série ψ converge pour $t = \beta$ et pour $t = \gamma$.

Quelle sera maintenant la forme de cette série ψ. En premier lieu, pour

$$t = t_0, \qquad z = z_0,$$

on devra avoir

$$\psi = 0, \qquad \frac{d\psi}{dt} = 0.$$

Si donc, dans ψ, on fait $z = z_0$, le premier terme du développement de ψ sera un terme en $(t - t_0)^2$. Il suit de là et d'un théorème de M. Weierstrass, que l'on a identiquement

$$\psi = [(t-h)^2 - k]\psi_0,$$

où ψ_0 est une série développée suivant les puissances de $z - z_0$, et $t - t_0$ et ne s'annulant pas pour $z = z_0$, $t = t_0$; où h et k sont deux séries ordonnées suivant les puissances de $z - z_0$ et se réduisant respectivement à t_0 et à 0 pour $z = z_0$ (Weierstrass, *Abhandlungen aus der Functionenlehre*, Berlin, Springer, 1886, p. 107 et suiv.; voir aussi Poincaré, *Thèse inaugurale*, Paris, Gauthier-Villars, 1879).

Nous pouvons poser alors

$$\frac{1}{\sqrt{\psi_0}} = \mathfrak{h}, \quad \text{d'où} \quad F(z,t) = \frac{\mathfrak{h}}{\sqrt{(t-h)^2 - k}},$$

$\mathfrak{h}$ étant développable suivant les puissances croissantes de $z - z_0$ et $t - t_0$.

Passons à une seconde hypothèse qui sera celle où, l'inclinaison étant nulle, le point singulier z_0 sera l'un des points B, B₁, B′ ou B′₁. On verrait alors que $F(z,t)$ est encore de la même forme; il y a cependant une différence. Dans la première hypothèse, k est divisible par $z - z_0$, mais non par $(z-z_0)^2$; dans la seconde, k est divisible par $(z-z_0)^2$.

Les dernières hypothèses qu'il nous reste à examiner sont celles où l'on a soit $x_0 = \tau$ ou $\frac{1}{\tau}$, soit $y_0 = \tau'$ ou $\frac{1}{\tau'}$. Dans ce cas, il peut être utile de faire un changement de variable.

Supposons d'abord

$$x_0 = \tau \quad \text{ou} \quad \frac{1}{\tau}, \quad y_0 \gtrless \tau', \quad y_0 \gtrless \frac{1}{\tau'}.$$

Nous prendrons alors pour variables nouvelles, non plus t et z, mais x et z; dans le voisinage du point singulier considéré, y est développable suivant les puissances croissantes de $t - t_0$ et $z - z_0$ et, par conséquent, suivant celles de $x - x_0$ et $z - z_0$. $[F^0_1]^{-2}$ est également développable suivant les puissances de $z - z_0$ et de $x - x_0$.

Si donc nous posons

$$\psi = [tF(z,t)]^{-2}, \tag{1}$$

ψ sera développable suivant les puissances de $x - x_0$ et $z - z_0$, et nous aurons

$$2i\pi\Phi(z) = \int \frac{dx}{ax^2\sqrt{\psi}}\,\frac{(x-\tau)(1-\tau x)}{1+\tau^2} = \int \mathrm{H}(z, x)\,dx.$$

La fonction $\mathrm{H}(z, x)$ sous le signe $\int$ ne présente de point singulier que si $\psi = 0$.

Pour que $\Phi(z)$ présente un point singulier, il faut que deux des points singuliers de $\mathrm{H}(z, x)$ viennent à se confondre. Or cela n'aura lieu que si l'on a à la fois

$$\psi = \frac{d\psi}{dx} = 0.$$

L'équation $\psi = 0$ correspond aux courbes (3) et (4) du numéro précédent (ou à la courbe du sixième degré qui les remplace quand l'inclinaison n'est pas nulle). Les équations $\psi = \frac{d\psi}{dx} = 0$ correspondent aux points singuliers étudiés dans les deux premières hypothèses.

D'où cette conséquence, le point E et son réciproque ne sont pour la fonction $\Phi(z)$ que des points singuliers apparents, et l'on n'aura jamais à s'en occuper.

Supposons maintenant

$$x_0 \gtrless \tau, \quad x_0 \gtrless \frac{1}{\tau}, \qquad y_0 = \frac{1}{\tau} \quad \text{ou} \quad \tau.$$

Nous prendrons alors pour variables nouvelles y et z; nous trouverons, en conservant à ψ la signification que lui donne l'équation (1),

$$2i\pi\Phi(z) = \int \frac{-dy}{ay^4\sqrt{\psi}}\,\frac{(y-\tau)(1-\tau y)}{1+\tau^2}.$$

Nous en conclurions que les points définis par les équations

$$y_0 = \frac{1}{\tau} \quad \text{ou} \quad \tau, \qquad \psi = 0$$

$\left(\text{et pour lesquels on n'a pas en même temps } \frac{d\psi}{dy} = 0\right)$, c'est-à-dire les points V, W et leurs réciproques, ne sont pour la fonction $\Phi(z)$ que des points singuliers apparents.

Dans le cas où l'on a à la fois

$$x_0 = \tau \quad \text{ou} \quad \frac{1}{\tau}, \qquad y_0 = \tau' \quad \text{ou} \quad \frac{1}{\tau'},$$

le choix du changement de variables, qui peut d'ailleurs se faire d'une infinité de manières, est plus délicat. Voici comment on peut faire ce choix.

Nous avons

$$z = x^a e^{\frac{c\sin\varphi}{1}\left(\frac{1}{x}-x\right)} , \quad y^a e^{\frac{c\sin\psi}{1}\left(\frac{1}{y}-y\right)},$$

$$z_0 = x_0^a e^{\frac{c\sin\varphi}{1}\left(\frac{1}{x_0}-x_0\right)} , \quad y_0^a e^{\frac{c\sin\psi}{1}\left(\frac{1}{y_0}-y_0\right)}.$$

Posons

$$x^a e^{\frac{c\sin\varphi}{1}\left(\frac{1}{x}-x\right)} = x_0^a e^{\frac{c\sin\varphi}{1}\left(\frac{1}{x_0}-x_0\right)}(1+\xi^2),$$

$$y^a e^{\frac{c\sin\psi}{1}\left(\frac{1}{y}-y\right)} = y_0^a e^{\frac{c\sin\psi}{1}\left(\frac{1}{y_0}-y_0\right)}(1+\eta^2).$$

Alors x sera développable suivant les puissances de ξ, et y suivant celles de η; on aura $x = x_0$ pour $\xi = 0$, et $y = y_0$ pour $\eta = 0$. D'autre part, il viendra

$$\frac{z}{z_0} - 1 = \xi^2 + \eta^2 + \xi^2\eta^2,$$

d'où

$$\xi = \sqrt{\frac{z - z_0 - \frac{z}{z_0}}{z_0(1 + \eta^2)}}.$$

En général, $F(z, t)$ et t seront des fonctions développables suivant les puissances de ξ et de η [il y aurait exception toutefois dans le cas où l'inclinaison serait nulle et où l'on aurait

$$x_0 = \tau, \quad y_0 = \tau'$$

ou bien

$$x_0 = \frac{1}{\tau}, \quad y_0 = \frac{1}{\tau'};$$

ce point $x = \tau$, $y = \tau'$, que nous avons appelé U, appartient en

effet comme point double à la courbe (3); ce cas mériterait une
discussion spéciale].

On a donc, en prenant pour variables indépendantes z et ξ,

$$\Phi(z) = \int \varphi(z, \xi) d\xi,$$

$\varphi(z, \xi)$ étant développable suivant les puissances de ξ, de $z - z_0$
et de $\sqrt{z - z_0 - \xi^2}$, ce qui nous permet d'écrire

$$\Phi(z) = \int \varphi_1 d\xi + \int \frac{\varphi_2 d\xi}{\sqrt{z - z_0 - \xi^2}},$$

φ_1 et φ_2 étant développables suivant les puissances de ξ et de $z - z_0$.

La première intégrale est une fonction holomorphe de z dans
le voisinage du point $z = z_0$; quant à la seconde, elle est tout à
fait de la même forme que l'intégrale

$$\int \frac{a\,dt}{\sqrt{t^2 - Rt + c}},$$

que nous avons été conduits à envisager dans les deux premières
hypothèses. Nous devons donc conclure que les points

$$x_0 = \tau \quad \text{ou} \quad \frac{1}{\tau}, \qquad y_0 = \tau' \quad \text{ou} \quad \frac{1}{\tau'}$$

sont pour la fonction $\Phi(z)$ des points singuliers véritables et non
pas seulement apparents.

On peut être étonné, au premier abord, de la différence entre les
points singuliers tels que E, V, W, etc., qui ne sont qu'apparents,
et les points tels que $x = \tau$, $y = \tau'$, ou tels que D, etc., qui sont
de véritables points singuliers.

L'origine en semble pourtant tout à fait la même; on obtient ces
points en écrivant que deux des points singuliers t_1 et t_2 de la
fonction $F(z, t)$ viennent à se confondre. Mais examinons la chose
d'un peu plus près. Donnons à z une valeur très voisine de z_0, de
façon que les deux points t_1 et t_2 soient très peu différents l'un de
l'autre, et étudions l'allure de la fonction $F(z, t)$ dans le voisinage
de ces deux points. La différence entre les deux cas est alors très
grande.

Premier cas. — Le point z_0 est un point tel que D ou que $x = \tau$, $y = \tau'$, c'est-à-dire un point singulier véritable de $\Phi(z)$.

Alors deux valeurs de $F(z, t)$ s'échangent entre elles quand on tourne autour du point t_1, et ces deux mêmes valeurs s'échangent encore entre elles quand on tourne autour du point t_2. Si l'on construit une courbe en prenant t pour abscisse et $F(z, t)$ pour ordonnée, cette courbe variera naturellement quand on fera varier z, *et pour* $z = z_0$ *elle aura un point double.*

Second cas. — Le point z_0 est un point tel que E, c'est-à-dire un point singulier apparent de $\Phi(z)$.

Alors quatre valeurs de $F(z, t)$ s'échangent quand on tourne autour de t_1 et t_2, à savoir la première avec la deuxième, la troisième avec la quatrième quand on tourne autour de t_1, la deuxième avec la troisième quand on tourne autour de t_2.

Construisons donc la surface de Riemann relative à la fonction $F(z, t)$, c'est-à-dire une surface de Riemann ayant autant de feuillets que cette fonction $F(z, t)$ a de déterminations. Dans le premier cas, l'ordre de connexion de cette surface s'abaissera de deux unités quand z deviendra égal à z_0; dans le second cas, il demeurera le même. C'est là la véritable raison de la différence entre les deux cas.

Cette circonstance que certains points singuliers ne sont qu'apparents est susceptible, si on l'applique convenablement, de simplifier considérablement la discussion des deux numéros précédents.

100. Rien n'est plus aisé maintenant que de connaître l'allure de la fonction $\Phi(z)$ dans le voisinage du point $z = z_0$.

Nous avons en effet

$$\Phi(z) = \Phi_1(z) + \frac{1}{2i\pi} \int \frac{\vartheta\, dt}{\sqrt{(t - b)(t' - b')}}$$

$\Phi_1(z)$ restant holomorphe pour $z = z_0$ et l'intégrale étant prise le long de C_0.

Comme ϑ est développable suivant les puissances de $t - t_0$ et $z - z_0$, et h suivant celles de $z - z_0$, nous pouvons écrire

$$\vartheta = \vartheta_0 + \vartheta_1(t - h) + \vartheta_2(t - h)^2 + \ldots + \vartheta_n(t - h)^n + \ldots$$

H. P. — I. 21

de sorte qu'en posant

$$2i\pi J_n = \int \frac{(t-h)^n dt}{\sqrt{(t-h)^2+k}},$$

il vient

$$\Phi(z) = \Phi_1(z) + \Sigma\theta_n J_n.$$

D'autre part,

$$2i\pi J_0 = \int_\beta^\gamma \frac{dt}{\sqrt{(t-h)^2+k}} = \log\frac{\gamma-h+\sqrt{(\gamma-h)^2+k}}{\beta-h+\sqrt{(\beta-h)^2+k}}.$$

Nous en conclurons (en observant que le chemin d'intégration passe entre $t_1 = h+\sqrt{k}$ et $t_2 = h-\sqrt{k}$) que

$$2i\pi J_0 = \lambda_0(z) + \log(z-z_0),$$

$\lambda_0(z)$ étant holomorphe pour $z = z_0$.

Dans le cas où k serait divisible par $(z-z_0)^2$, il faudrait dire $2\log(z-z_0)$ (deuxième hypothèse du numéro précédent) et non $\log(z-z_0)$.

Il vient ensuite

$$2i\pi J_1 = \int_\beta^\gamma \frac{(t-h)dt}{\sqrt{(t-h)^2+k}} = \text{fonction holomorphe de } z.$$

$$nJ_n + k(n-1)J_{n-2} = \text{fonction holomorphe de } z.$$

Donc J_n reste holomorphe en z si n est impair. Si maintenant n est pair et que nous posions

$$\alpha_n = \frac{(n-1)(n-3)\dots1}{n(n-2)\dots2},$$

on aura

$$2i\pi J_n = \lambda_n(z) + (-k)^{\frac{n}{2}}\alpha_n\log(z-z_0),$$

$\lambda_n(z)$ étant holomorphe en z.

Il vient donc finalement

$$\Phi(z) = \sum_{n=0}^{n=\infty} \frac{\theta_{2n}(-k)^n\alpha_{2n}}{2i\pi}\log(z-z_0) + \Phi_2(z),$$

Φ_2 restant holomorphe en z pour $z = z_0$.

Je puis écrire encore

$$\Phi(z) = \Phi_2(z) + \Phi_3(z)\log(z - z_0),$$

Φ_2 et Φ_3 restant holomorphes pour $z = z_0$.

Nous avons

$$\Phi(z) = \Sigma A_{an+b,cn+d} z^n.$$

Si donc

$$\Phi_3(z) = \delta_0 + \delta_1(z - z_0) + \delta_2(z - z_0)^2 + \ldots,$$

et si

$$(z - z_0)^k \log(z - z_0) = \Sigma \gamma_{n,k} z^n,$$

on aura approximativement pour n très grand

$$A_{an+b,cn+d} = \delta_0\gamma_{n,0} + \delta_1\gamma_{n,1} + \ldots + \delta_p\gamma_{n,p}.$$

En général, on pourra se contenter de prendre le premier terme

$$\delta_0\gamma_{n,0} = \frac{\theta_{0,0}}{2i\pi}\,\frac{-1}{n z_0^n},$$

$\theta_{0,0}$ étant la valeur de θ_0 pour $z = z_0$, ou bien encore celle de θ pour $z = z_0$, $t = t_0$.

Or, si j'appelle Δ le carré de la distance des deux planètes, on a,

$$F(z, t) = \frac{\theta}{\sqrt{(t - h)^2 - k}} = \frac{t^{ad-bc-1} z^{-\frac{d}{c}}}{\sqrt{\Delta}}.$$

Donc

$$\theta_{0,0} = \frac{1}{2}\, t_0^{ad-bc-1} z_0^{-\frac{d}{c}} \frac{d^2\Delta}{dt^2},$$

à la condition, bien entendu, qu'on fasse $t = t_0$, $z = z_0$ dans $\frac{d^2\Delta}{dt^2}$.

Ce que je viens de dire s'applique à la première et à la deuxième hypothèse du numéro précédent. Si l'on supposait

$$x_0 = \tau \quad \text{ou} \quad \frac{1}{\tau}, \qquad y_0 = \tau' \quad \text{ou} \quad \frac{1}{\tau'},$$

une méthode analogue serait applicable puisque nous avons, dans ce cas, ramené $\Phi(z)$ à une intégrale

$$\int \frac{\varphi_k\, d\xi}{\sqrt{z - z_0 - \xi^2}}.$$

qui est de même forme que

$$\int \frac{\theta\, dt}{\sqrt{(t-h)^2+k}}.$$

Le coefficient A_{m_1, m_2} que nous venons de calculer est celui qui entre dans le développement de la *partie principale* F_1^0 de la fonction perturbatrice. Nous avons posé en effet

$$F_1^0 = \Sigma A_{m_1, m_2} e^{\sqrt{-1}(m_1 l + m_2 l')}.$$

Il conviendrait maintenant de tenir compte de la *partie complémentaire* $F_1 - F_1^0$ de la fonction perturbatrice. Posons donc

$$F_1 = \Sigma B_{m_1, m_2} e^{\sqrt{-1}(m_1 l + m_2 l')},$$

puis

$$F'(z, t) = F_1 \, lad - br - 1 \, z^{\frac{d}{dz}},$$

$$2\sqrt{-1}\,\Phi'(z) = \int F'(z, t)\, dt.$$

Si l'on suppose $m_1 = an + b$, $m_2 = cn + d$, B_{m_1, m_2} sera le coefficient de z^n dans $\Phi'(z)$ de même que A_{m_1, m_2} était le coefficient de z^n dans $\Phi(z)$.

La fonction $F'(z, t) - F(z, t)$ n'a d'autres points singuliers que ceux des droites

$$z = \tau, \qquad z = \frac{1}{\tau}, \qquad z = \tau', \qquad z = \frac{1}{\tau'}.$$

La fonction $\Phi'(z) - \Phi(z)$ n'aura donc que 4 points singuliers, à savoir

$$z = \tau \ \ \text{ou} \ \ \frac{1}{\tau}, \qquad z = \tau' \ \ \text{ou} \ \ \frac{1}{\tau'}.$$

Il en résulte que, si le point singulier qui convient à la question n'est pas un de ces quatre points, c'est-à-dire dans les deux premières hypothèses du n° 99 (ce qui est le cas le plus ordinaire), la différence $B_{m_1, m_2} - A_{m_1, m_2}$ sera négligeable par rapport à A_{m_1, m_2} et la valeur approchée de B_{m_1, m_2} sera la même que celle de A_{m_1, m_2}.

Si, au contraire, le point singulier z_0 qui convient à la question

est l'un de ces quatre points, il faudra tenir compte de la différence $B_{m_1,m_2} - A_{m_1,m_2}$, ce qui ne présente d'ailleurs pas de difficulté.

Application à l'Astronomie.

101. Le plus souvent on pourra se contenter d'une approximation assez grossière; et, en effet, ce qu'on se propose, c'est de
reconnaître si certains termes, dont l'ordre est très élevé, mais qui,
par suite de la presque commensurabilité des moyens mouvements,
sont affectés de diviseurs très petits, si ces termes, dis-je, sont ou
ne sont pas négligeables. Le plus souvent ils le seront, et il suffira
de se faire une idée de leur ordre de grandeur.

Je prendrai comme exemple la célèbre inégalité de Pallas. Pour
l'étudier il faut faire le calcul en prenant

$$a = 7, \quad b = 4, \quad c = -1, \quad d = 0, \quad n = 8,$$

d'où

$$m_1 = 17, \quad m_2 = -8,$$

Il semble qu'on pourrait tenter de retrouver par cette voie le résultat de Le Verrier.

Application à la démonstration de la non-existence
des intégrales uniformes.

102. Mais ce n'est pas là le but principal que je me suis proposé
en entreprenant ce travail. C'est, on se le rappelle, de combler la
lacune que j'ai signalée à la fin du Chapitre précédent dans la
démonstration de la non-existence des intégrales uniformes.

Dans le n° 85, j'ai établi en effet ce qui suit. Soit

$$F_i = \Sigma B_{m_1, m_2} e^{\sqrt{-1}(m_1 \theta_1 + m_2 \theta_2)},$$

B_{m_1, m_2} dépend à la fois des deux grands axes, des deux excentricités, de l'inclinaison des orbites, des longitudes des deux périhélies (comptées à partir du nœud), c'est-à-dire de sept variables.

Soit

$$m_1 = an, \quad m_2 = cn,$$

a, c et n étant des entiers, a et c premiers entre eux et de signe
contraire. Donnons aux deux grands axes des valeurs déterminées
choisies de telle sorte que le rapport des moyens mouvements soit
égal à $-\dfrac{c}{a}$. Les coefficients B_{m, m_1} ne dépendront plus que de
cinq variables. Posons, comme dans le Chapitre précédent,

$$D_n = B_{an, cn} \zeta^n.$$

D_n dépendra de six variables qui sont les deux excentricités, les
longitudes de périhélies, l'inclinaison et ζ.

*Eh bien, s'il existait une intégrale uniforme, il y aurait une
relation entre six quelconques des quantités D_n et les diverses
quantités*

$$D_{-n}, \ldots, D_{-1}, D_0, D_1, D_2, \ldots, D_n, \ldots$$

*pourraient s'exprimer en fonctions de cinq variables seulement
et non de six.*

Or, nous avons

$$\Phi(z) = \Sigma B_{an, cn} z^n$$

et, par conséquent,

$$\Phi(z\zeta) = \Sigma D_n z^n.$$

S'il y avait donc une intégrale uniforme, les coefficients du développement de $\Phi(z\zeta)$ ne dépendraient que de cinq paramètres.

En appliquant les règles des numéros précédents, on trouverait
que l'on a approximativement pour n très grand

$$D_n = \left(\frac{\zeta}{z_0}\right)^n \left(\frac{E_1}{n} + \frac{E_2}{n^2} + \frac{E_3}{n^3} + \ldots\right).$$

On verrait alors sans peine que, si les D_n s'expriment à l'aide de
cinq variables seulement, il doit en être de même de

$$\frac{\zeta}{z_0}, \quad E_1, \quad E_2, \ldots$$

et, par conséquent, que les E_i dépendent seulement de quatre
variables. On reconnaîtrait ensuite qu'il n'en est pas ainsi.

C'était là mon premier dessein; mais il est plus simple d'opérer autrement.

Les points singuliers de $\Phi'(z\zeta)$ ne dépendent évidemment que des coefficients D_n; ils ne devraient donc dépendre que de cinq variables seulement.

Soient

$$z_1, \quad z_2, \quad \ldots, \quad z_6$$

six des points singuliers de $\Phi'(z)$, les points singuliers correspondants de $\Phi'(z\zeta)$ seront

$$\frac{z_1}{\zeta}, \quad \frac{z_2}{\zeta}, \quad \ldots, \quad \frac{z_6}{\zeta},$$

et ils dépendront de ζ et de nos cinq autres variables, excentricités, inclinaison, longitudes des périhélies, que j'appellerai pour un instant

$$x_1, \quad x_2, \quad \ldots, \quad x_5.$$

S'il y avait une intégrale uniforme, ils ne devraient dépendre que de cinq variables et le déterminant fonctionnel

$$\frac{\partial\left(\dfrac{z_1}{\zeta}, \dfrac{z_2}{\zeta}, \ldots, \dfrac{z_6}{\zeta}\right)}{\partial(\zeta, x_1, x_2, \ldots, x_5)}$$

devrait être nul.

Mais ce déterminant est égal à

$$\frac{z_1}{\zeta}\frac{\partial\left(\dfrac{z_2}{z_1}, \dfrac{z_3}{z_1}, \ldots, \dfrac{z_6}{z_1}\right)}{\partial(x_1, x_2, \ldots, x_5)}.$$

Or z n'est pas nul, ni ζ infini; on devrait donc avoir

$$\frac{\partial\left(\dfrac{z_2}{z_1}, \dfrac{z_3}{z_1}, \ldots, \dfrac{z_6}{z_1}\right)}{\partial(x_1, x_2, \ldots, x_5)} = 0.$$

En d'autres termes, les rapports deux à deux des points singuliers de $\Phi'(z)$ ne devraient dépendre que de quatre variables que j'appellerai β_1, β_2, β_3, β_4. Or ces points singuliers sont de deux sortes.

Nous avons d'abord ceux qui nous sont donnés par les équations

$$x = \tau \quad \text{ou} \quad \frac{1}{\tau}, \qquad y = \tau' \quad \text{ou} \quad \frac{1}{\tau'},$$

$$z = x^m e^{\frac{n \sin \varphi}{2}\left(\frac{1}{x} - x\right)} y^p e^{\frac{p \sin \varphi'}{2}\left(\frac{1}{y} - y\right)};$$

je les appelle z_1, z_2, z_3 et z_4.

On voit tout de suite que z_1, z_2, z_3 et z_4 ne dépendent que des deux excentricités, c'est-à-dire de τ et de τ'; que

$$z_1 z_2 = z_3 z_4 = 1.$$

Le rapport $\frac{z_1}{z_2}$ ne dépendrait que de nos quatre variables β_1, β_2, β_3, β_4; or ce rapport est égal à z_1^2. Donc z_1 et de même z_2, z_3, z_4 ne dépendraient que des quatre variables β_i.

Il en serait donc ainsi de τ et de τ' qui sont manifestement fonctions de z_1 et de z_3.

Passons aux points singuliers de la seconde sorte, qui nous sont fournis par les équations

$$\Delta = 0, \qquad \frac{d\Delta}{dt} = 0.$$

Quand, dans ces équations, on prend comme variables x et y, elles deviennent algébriques. L'équation $\Delta = 0$ définit alors, comme nous l'avons vu, une courbe du sixième degré qui, pour une inclinaison nulle, se décompose en deux courbes (3) et (4) du troisième degré; de l'équation $\frac{d\Delta}{dt} = 0$ combinée avec $\Delta = 0$, on peut, si l'inclinaison est nulle, en déduire deux autres qui sont les équations (5) et (6) du n° 96.

Soit z_0 une des racines des équations

$$(1) \qquad \Delta = \frac{d\Delta}{dt} = 0,$$

les rapports $\frac{z_0}{z_1}$, $\frac{z_0}{z_3}$ et, par conséquent, z_0 ne dépendraient que des quatre variables β_i.

Si donc z_0, z'_0, z''_0 sont trois racines des équations (1), z_0, z'_0, z''_0

τ et τ' dépendraient seulement de ces quatre variables, de sorte que
le déterminant fonctionnel

$$\frac{\partial(\tau, \tau', z_0, z_1, z_2)}{\partial(x_1, x_2, x_3, x_4, x_5)}$$

est nul. Supposons par exemple que x_1 et x_2 soient les deux
excentricités; τ dépendra seulement de x_1 et τ' de x_2, de sorte que
ce déterminant fonctionnel est égal à

$$\frac{d\tau}{dx_1}\frac{d\tau'}{dx_2}\frac{\partial(z_0, z_1, z_2)}{\partial(i, \varpi, \varpi')},$$

puisque les trois dernières variables sont l'inclinaison i et les longitudes des périhélies ϖ et ϖ'.

On devrait donc avoir

$$\frac{\partial(z_0, z_1, z_2)}{\partial(i, \varpi, \varpi')} = 0,$$

ce qui voudrait dire que les racines de l'équation (1) (quand on
regarde les deux excentricités et, par conséquent, τ et τ' comme
des constantes) ne dépendraient plus que de deux variables.

Il me reste à démontrer qu'il n'en est pas ainsi.

103. Commençons par le cas où l'inclinaison est nulle. Dans ce
cas, les racines des équations (1) ne dépendent que des grands
axes, des excentricités et de la différence $\varpi - \varpi'$. Si, comme nous
venons de le faire, nous regardons les grands axes et les excentricités comme des constantes, ces racines ne dépendront plus que
de la différence $\varpi - \varpi'$.

En se rappelant ce que nous avons dit au n° 85 et en raisonnant
comme nous venons de le faire dans le numéro précédent, on verrait que pour que le problème des trois Corps dans le plan admît
une intégrale uniforme (autre que celles des forces vives et des
aires), il faudrait que ces racines ne dépendissent pas de $\varpi - \varpi'$
et qu'elles demeurassent constantes quand les grands axes et
les excentricités demeurent eux-mêmes constants et l'inclinaison
nulle.

Or il est clair qu'il n'en est pas ainsi, car z_0 est réel quand $\varpi - \varpi'$
est nul et imaginaire, en général, dans le cas contraire.

Revenons maintenant au cas où l'inclinaison n'est pas nulle.

Énumérons les points singuliers donnés par les équations

$$(1) \qquad \Delta = 0, \qquad \frac{d\Delta}{dt} = 0.$$

Pour cela, supposons l'inclinaison très petite, nous verrons, en nous reportant à ce qui a été dit au n° 98, qu'il existe :

1° Huit points singuliers très peu différents de D, C, F, T et de leurs réciproques ;

2° Huit points singuliers dont deux diffèrent très peu de B, deux autres très peu de R et deux autres très peu de chacun de leurs réciproques ;

3° Quatre points très peu différents de U $(x = \tau, \ y = \tau')$; et en effet, quand l'inclinaison est nulle, les deux courbes $\Delta = 0$, $\frac{d\Delta}{dt} = 0$ ont un point double en U ;

4° Quatre points très peu différents de C $\left(x = \frac{1}{\tau}, \ y = \frac{1}{\tau'}\right)$.

En tout 24 points singuliers.

On peut arriver au même résultat d'une autre manière.

On voit que

$$x^2 y^2 \Delta = P$$

est un polynôme entier du sixième ordre en x et y ; de sorte que l'équation

$$P = 0$$

est celle d'une courbe du sixième ordre qui se décompose en deux autres (3) et (4), quand l'inclinaison est nulle.

D'autre part, l'équation $\frac{d\Delta}{dt} = 0$ peut être remplacée par la suivante

$$Q = cx^2(1+\tau^2)(y-\tau')(1-xy)\frac{dP}{dx} - cy^2(1+c^2)(x-\tau)(1-xy)\frac{dP}{dy} = 0.$$

Cette équation $Q = 0$ est celle d'une courbe du neuvième ordre, et les points singuliers seront les intersections de ces deux courbes, moins celles qui sont rejetées à l'origine ou à l'infini.

La courbe $P = 0$ admet l'origine comme point double et les axes comme asymptotes doubles ; la courbe $Q = 0$ admet l'origine comme point triple et les deux axes comme asymptotes triples.

Mais il y a plus. On peut remarquer que P est la somme de trois carrés, de sorte que je puis écrire

$$P = U_1^2 + U_2^2 + U_3^2 = \Sigma U^2,$$

avec

$$U = Ax^2y + Bxy^2 + Cxy + Dx + Ey.$$

D'autre part, on peut poser

$$V = x\frac{dU}{dx} - U = Ax^2y - Ey,$$

d'où

$$x\frac{dP}{dx} = 2\Sigma VU + P.$$

Il vient donc, en tenant compte de P = o,

$$\begin{aligned} Q = {} & 2cxy(1+\zeta^2)(y-\zeta')(1-\zeta' y)\Sigma(Ax^2-E)U \\ & - 2dxy(1+\zeta'^2)(x-\zeta)(1-\zeta x)\Sigma(By^2-D)U, \end{aligned}$$

de sorte qu'en supprimant le facteur $2xy$ le système

$$P = Q = o$$

peut être remplacé par le suivant

$$\begin{aligned} & P = o, \\ & R = c(1+\zeta^2)(y-\zeta')(1-\zeta' y)\Sigma(Ax^2-E)U \\ & \qquad - d(1+\zeta'^2)(x-\zeta)(1-\zeta x)\Sigma(By^2-D)U = o. \end{aligned}$$

La courbe R = o n'est plus que du septième ordre; elle n'a plus à l'origine qu'un point simple. Elle admet comme asymptotes les deux axes, deux droites autres que l'axe des x et parallèles à cet axe, deux droites autres que l'axe des y et parallèles à cet axe, une droite non parallèle aux axes.

Les deux courbes R = o, P = o ont en tout 42 intersections. Parmi ces intersections il y en a deux à l'origine. Voyons combien il y en a à l'infini dans la direction de l'axe des x.

La courbe R a trois asymptotes parallèles à l'axe des x parmi lesquelles cet axe lui-même; la courbe P admet cet axe comme asymptote double; en général, cela ferait sept points d'intersection. En général, en effet, s'il y a une asymptote double, c'est qu'il y a un

« point de rebroussement à l'infini ». Il n'en est pas ainsi pour la courbe P, mais elle présente deux branches de courbes distinctes se touchant à l'infini, ce qui donne non pas sept, mais huit points d'intersection.

Nous avons donc à l'infini huit points dans la direction de l'axe des x, et huit dans celle de l'axe des y.

Il reste donc

$$42 - 2 - 8 - 8 = 24 \text{ points singuliers.}$$

Cela posé, est-il possible que les z de ces 24 points singuliers ne dépendent que de deux variables? Appelons γ_1 et γ_2 ces deux variables. Nous pouvons en choisir une troisième γ_3 de façon que t, ϖ et ϖ' soient des fonctions de γ_1, γ_2, γ_3. Alors, quand on ferait varier γ_3, *les deux autres variables γ_1 et γ_2 demeurant constantes*, les z ne devraient pas varier.

On a par hypothèse

$$\Delta = 0, \qquad \frac{d\Delta}{dt} = 0.$$

En différentiant la première de ces deux équations, on trouve

$$\frac{d\Delta}{dt}\, dt + \frac{d\Delta}{dz}\, dz + \frac{d\Delta}{d\gamma_3}\, d\gamma_3 = 0.$$

Or $\dfrac{d\Delta}{dt} = 0$ et d'autre part dz devrait être nul puisque z ne devrait pas varier. Il resterait donc

$$(2) \qquad\qquad \frac{d\Delta}{d\gamma_3} = 0.$$

Voyons ce que signifie cette équation. Si l'on fait varier γ_3, la courbe $\Delta = 0$ (ou ce qui revient au même la courbe $P = 0$) varie; considérons la courbe

$$\Delta + \frac{d\Delta}{d\gamma_3}\, d\gamma_3 = 0,$$

infiniment peu différente de $P = 0$ et que j'appellerai la courbe P'. L'équation (2) signifierait que cette courbe P' devrait passer par les 24 points singuliers.

Or ces deux courbes P et P' sont du sixième ordre; elles ne peuvent donc, sans se confondre, admettre plus de 36 points d'intersection.

Elles en ont quatre à l'origine où elles ont toutes deux un point double.

Elles admettent l'axe des x comme asymptote double, ce qui fait (en tenant compte de la remarque faite plus haut au sujet de la nature de cette asymptote double) huit intersections à l'infini dans la direction de l'axe des x. Il y en aurait de même huit dans la direction de l'axe des y.

Cela ferait en tout

$$24 + 4 + 8 + 8 = 44 \text{ intersections.}$$

Les deux courbes devraient donc se confondre.

Ainsi, quand on ferait varier γ_2, la courbe $P = 0$ *ne devrait pas varier.*

Interprétons ce résultat.

Considérons les deux ellipses décrites par les deux planètes. Ces deux ellipses seront invariables de grandeur et de forme puisque nous sommes convenus de regarder les grands axes et les excentricités comme des constantes; mais, quand on fera varier i, ϖ et ϖ', ces deux ellipses se déplaceront l'une par rapport à l'autre. Je puis supposer que l'une des ellipses E est fixe, et l'autre E' mobile.

Dire que la courbe $P = 0$ ne change pas quand γ_1 et γ_2 restent constants, c'est dire que l'on peut trouver une loi du mouvement de E', telle que si, à un instant quelconque, un point M' de E' est à une distance nulle d'un point M de E (inutile de rappeler que ces deux points étant imaginaires peuvent être à une distance nulle sans coïncider), la distance de ces deux points restera constamment nulle.

Soit M'_0 la position du point M' à un instant quelconque. Il y a sur E quatre points : M_1, M_2, M_3, M_4 qui sont à une distance nulle de M'_0; ces quatre points ne peuvent être en ligne droite. Le point M' devrait donc rester sur quatre sphères de rayon nul ayant leurs centres en M_1, M_2, M_3, M_4; mais, comme ces centres ne sont pas en ligne droite, ces quatre sphères ne peuvent avoir que deux points communs à distance finie. Il est donc impossible que le point M' *se meuve* en restant sur ces quatre sphères.

La non-existence des intégrales uniformes se trouve ainsi rigoureusement démontrée.

CHAPITRE VII.

SOLUTIONS ASYMPTOTIQUES.

101. Soient

$$\frac{dx_i}{dt} = X_i \qquad (i = 1, 2, \ldots, n)$$

n équations différentielles simultanées. Les X sont des fonctions des x et de t.

Par rapport aux x, elles peuvent être développées en séries de puissances.

Par rapport à t, elles sont périodiques de période 2π.

Soit

$$x_1 = x_1^0, \quad x_2 = x_2^0, \quad \ldots, \quad x_n = x_n^0$$

une solution particulière périodique de ces équations. Les x_i^0 seront des fonctions de t périodiques de période 2π. Posons

$$x_i = x_i^0 + \xi_i.$$

Il viendra

$$\frac{d\xi_i}{dt} = \Xi_i.$$

Les Ξ seront des fonctions des ξ et de t, périodiques par rapport à t et développées suivant les puissances des ξ; mais il n'y aura plus de termes indépendants des ξ.

Si les ξ sont très petits et qu'on néglige leurs carrés, les équations se réduisent à

$$\frac{d\xi_i}{dt} = \frac{dX_i}{dx_1^0}\xi_1 + \frac{dX_i}{dx_2^0}\xi_2 + \ldots + \frac{dX_i}{dx_n^0}\xi_n,$$

qui sont les équations aux variations des équations (1).

Elles sont linéaires et à coefficients périodiques. On connaît la forme de leur solution générale, on trouve

$$\begin{aligned}
\xi_1 &= A_1 e^{\alpha_1 t}\varphi_{11} + A_2 e^{\alpha_2 t}\varphi_{21} + \ldots + A_n e^{\alpha_n t}\varphi_{n1},\\
\xi_2 &= A_1 e^{\alpha_1 t}\varphi_{12} + A_2 e^{\alpha_2 t}\varphi_{22} + \ldots + A_n e^{\alpha_n t}\varphi_{n2},\\
&\ldots\ldots\ldots\ldots\ldots\ldots\ldots\ldots\ldots\ldots\ldots\ldots\\
\xi_n &= A_1 e^{\alpha_1 t}\varphi_{1n} + A_2 e^{\alpha_2 t}\varphi_{2n} + \ldots + A_n e^{\alpha_n t}\varphi_{nn};
\end{aligned}$$

les A sont des constantes d'intégration, les α des constantes fixes qu'on appelle *exposants caractéristiques*, les φ des fonctions périodiques de t.

Si alors nous posons

$$\begin{aligned}
\xi_1 &= \eta_1\varphi_{11} + \eta_2\varphi_{21} + \ldots + \eta_n\varphi_{n1},\\
\xi_2 &= \eta_1\varphi_{12} + \eta_2\varphi_{22} + \ldots + \eta_n\varphi_{n2},\\
&\ldots\ldots\ldots\ldots\ldots\ldots\ldots\ldots\ldots\ldots\\
\xi_n &= \eta_1\varphi_{1n} + \eta_2\varphi_{2n} + \ldots + \eta_n\varphi_{nn},
\end{aligned}$$

les équations (2) deviendront

$$(2') \qquad \frac{d\eta_i}{dt} = H_i,$$

où les H_i sont des fonctions de t et des η_i de même forme que les Ξ.

Nous pourrons d'ailleurs écrire

$$(2'') \qquad \frac{d\eta_i}{dt} = H_i^1 + H_i^2 + \ldots + H_i^p + \ldots;$$

H_i^p représente l'ensemble des termes de H_i qui sont de degré p par rapport aux η_i.

Quant aux équations (3), elles deviennent

$$(3') \qquad \frac{d\eta_i}{dt} = H_i^1 = \alpha_i \eta_i.$$

Cherchons maintenant la forme des solutions générales des équations (2) et (2').

Je dis que nous devrons trouver :

η_i = fonction développée suivant les puissances de $A_1 e^{\alpha_1 t}$, $A_2 e^{\alpha_2 t}$, ..., $A_n e^{\alpha_n t}$ dont les coefficients sont des fonctions périodiques de t.

Nous pouvons écrire alors

(4) $$x_i = x_i^1 + x_i^2 + \ldots + x_i^p + \ldots,$$

x_i^p représentant l'ensemble des termes de x_i qui sont de degré p par rapport aux A.

Nous remplacerons les x_i par leurs valeurs dans H_i^p et nous trouverons

$$H_i^p = H_i^{p,p} + H_i^{p,p+1} + \ldots + H_i^{p,q} + \ldots,$$

$H_i^{p,q}$ désignant l'ensemble des termes qui sont de degré q par rapport aux A.

Nous trouverons alors

$$\frac{dx_i^1}{dt} = \alpha_i x_i^1, \qquad x_i^1 = A_i e^{\alpha_i t},$$

$$\frac{dx_i^2}{dt} - \alpha_i x_i^2 = H_i^{2,2}, \qquad \frac{dx_i^3}{dt} - \alpha_i x_i^3 = H_i^{2,3} + H_i^{3,3},$$

. . . .

$$\frac{dx_i^q}{dt} - \alpha_i x_i^q = H_i^{2,q} + H_i^{3,q} + \ldots + H_i^{q,q} = K_q.$$

Ces équations permettront de calculer successivement par récurrence

$$x_i^2, \quad x_i^3, \quad \ldots, \quad x_i^q, \quad \ldots.$$

En effet, K_q ne dépend que des $x_i^1, x_i^2, \ldots, x_i^{q-1}$. Si nous supposons que ces quantités aient été préalablement calculées, nous pourrons écrire K_q sous la forme suivante

$$K_q = \Sigma A_1^{\beta_1} A_2^{\beta_2} \ldots A_n^{\beta_n} e^{t(\alpha_1\beta_1 + \alpha_2\beta_2 + \ldots + \alpha_n\beta_n)} \psi,$$

les β étant des entiers positifs dont la somme est q et ψ une fonction périodique.

On peut écrire encore

$$\psi = \Sigma C e^{\gamma t \sqrt{-1}},$$

C étant un coefficient généralement imaginaire et γ un entier positif ou négatif. Nous écrirons, pour abréger,

$$A_1^{\beta_1} A_2^{\beta_2} \ldots A_n^{\beta_n} = A\beta, \qquad \alpha_1\beta_1 + \alpha_2\beta_2 + \ldots + \alpha_n\beta_n = \Sigma\alpha\beta.$$

et il viendra

$$\frac{dx_i^q}{dt} - \alpha_i x_i^q = \Sigma C A^\beta e^{t(\gamma\sqrt{-1}+\Sigma\alpha\beta)}.$$

Or on peut satisfaire à cette équation en faisant

$$x_i^q = \sum \frac{C A^\beta e^{t(\gamma\sqrt{-1}+\Sigma\alpha\beta)}}{\gamma\sqrt{-1}+\Sigma\alpha\beta-\alpha_i}.$$

Il y aurait exception dans le cas où l'on aurait

$$\gamma\sqrt{-1}+\Sigma\alpha\beta-\alpha_i=0,$$

auquel cas il s'introduirait dans les formules des termes en t. Nous réserverons ce cas, qui ne se présente pas en général.

Convergence des séries.

105. Nous devons maintenant traiter la question de la convergence de ces séries. La seule difficulté provient d'ailleurs, comme on va le voir, des diviseurs

$$(5) \qquad \gamma\sqrt{-1}+\Sigma\alpha\beta-\alpha_i.$$

Remplaçons les équations (2') par les suivantes

$$(2'') \qquad \varepsilon\eta_i = \varepsilon A_i e^{\alpha_i t} + \overline{H}_i^2 + \overline{H}_i^3 + \ldots + \overline{H}_i^p + \ldots.$$

Définissons $\overline{H}_i^p$. On voit sans peine que H_i^p est de la forme suivante

$$H_i^p = \Sigma C \eta_1^{\beta_1}\eta_2^{\beta_2}\ldots\eta_n^{\beta_n} e^{\gamma t\sqrt{-1}}.$$

C est une constante quelconque, les β sont des entiers positifs dont la somme est p, γ est un entier positif ou négatif. Nous prendrons alors

$$\overline{H}_i^p = \Sigma |C| \eta_1^{\beta_1}\eta_2^{\beta_2}\ldots\eta_n^{\beta_n}.$$

Les séries ainsi obtenues seront convergentes pourvu que les séries trigonométriques qui définissent les fonctions périodiques dont dépendent les H convergent absolument et uniformément;

or cela aura toujours lieu parce que ces fonctions périodiques
sont analytiques. Quant à ε, c'est une constante positive.

On peut tirer des équations $(9'')$ les η_i sous la forme suivante

$$(4'') \qquad \eta_i = \Sigma M \, a^{-\delta} A_1^{\beta_1} A_2^{\beta_2} \ldots A_n^{\beta_n} e^{i \Sigma a \beta_i}$$

Plusieurs termes pourront d'ailleurs correspondre aux mêmes
exposants β, et δ est un entier positif. Si l'on compare avec les
séries tirées de $(2')$ qui s'écrivent

$$\eta_i = \Sigma N \frac{A_1^{\beta_1} A_2^{\beta_2} \ldots A_n^{\beta_n}}{\Pi} e^{i \Sigma a \beta + \gamma \sqrt{-1}},$$

voici ce qu'on observe : $1°$ M est réel positif et plus grand que $|N|$,
$2°$ Π désigne le produit des diviseurs (5) dont le nombre est au
plus égal à δ.

Si donc la série $(4'')$ converge et si aucun des diviseurs (5) n'est
plus petit que ε, la série $(4')$ convergera également. Voici donc
comment on peut énoncer la condition de convergence.

La série converge si l'expression

$$\gamma \sqrt{-1} + \Sigma a \beta - \alpha_i$$

ne peut pas devenir plus petite que toute quantité donnée ε pour
des valeurs entières et positives des β et entières (positives ou
négatives) de γ ; c'est-à-dire si aucun des deux polygones convexes
qui enveloppe, le premier les α et $+\sqrt{-1}$, le second les α et
$-\sqrt{-1}$, ne contient l'origine ; ou si toutes les quantités α ont
leurs parties réelles de même signe et si aucune d'elles n'a sa
partie réelle nulle.

Que ferons-nous alors s'il n'en est pas ainsi?

Supposons, par exemple, que k des quantités α aient leur partie
réelle positive, et que $n - k$ aient leur partie réelle négative ou
nulle. Il arrivera alors que la série $(4')$ restera convergente si on
y annule les constantes A qui correspondent à un α dont la partie
réelle est négative ou nulle, de sorte que ces séries ne nous donneront plus la solution générale des équations proposées, mais une
solution contenant seulement k constantes arbitraires. Cette solution est représentée par une série $(4')$ développée suivant les puis-

sances de

$$A_1 e^{\alpha_1 t}, \quad A_2 e^{\alpha_2 t}, \quad \ldots, \quad A_k e^{\alpha_k t},$$

comme, par hypothèse, les parties réelles de

$$z_1, z_2, \ldots, z_k$$

sont positives, les exponentielles

$$e^{\alpha_1 t}, e^{\alpha_2 t}, \ldots, e^{\alpha_k t}$$

tendent vers o quand t tend vers $-\infty$. Il en est donc de même des quantités z_i, ce qui veut dire que, quand t tend vers $-\infty$, la solution représentée par la série (4') se rapproche asymptotiquement de la solution périodique considérée. Nous l'appellerons pour cette raison *solution asymptotique*.

Nous obtiendrons un second système de solutions asymptotiques en annulant dans la série (4') tous les coefficients A qui correspondent à des exposants α dont la partie réelle soit positive ou nulle. Cette série est alors développée suivant les puissances de

$$A_1 e^{\alpha_1 t}, \quad A_2 e^{\alpha_2 t}, \quad \ldots, \quad A_k e^{\alpha_k t},$$

les exposants $\alpha_1', \alpha_2', \ldots, \alpha_k$ ayant leur partie réelle négative. Si alors on fait tendre t vers $+\infty$, la solution correspondante se rapprochera asymptotiquement de la solution périodique considérée.

Si l'on suppose que les équations données rentrent dans les équations de la Dynamique, nous avons vu que n est pair et que les α sont deux à deux égaux et de signe contraire.

Alors, si k d'entre eux ont leur partie réelle positive, k auront leur partie réelle négative et $n - 2k$ auront leur partie réelle nulle. En prenant d'abord les α qui ont leur partie réelle positive, on obtiendra une solution particulière contenant k constantes arbitraires; on en obtiendra une seconde en prenant les α qui ont leur partie réelle négative.

Dans le cas où aucun des α n'a sa partie réelle nulle et, en particulier, si tous les α sont réels, on a d'ailleurs

$$k = \frac{n}{2}.$$

106. Supposons que dans les équations (1) les X dépendent d'un paramètre μ et que les fonctions X soient développables suivant les puissances de ce paramètre.

Imaginons que, pour $\mu = 0$, les exposants caractéristiques α soient tous distincts de telle façon que ces exposants, étant définis par une équation $G(\alpha, \mu) = 0$ [analogue à celle du n° 74, mais telle que l'équation $G(\alpha, 0) = 0$ ait toutes ses racines distinctes] soient eux-mêmes développables suivant les puissances de μ en vertu des n°s 30 et 31.

Supposons enfin que l'on ait, ainsi que nous venons de le dire, annulé toutes les constantes A qui correspondent à un α dont la partie réelle est négative ou nulle.

Les séries (4) qui définissent les quantités q_i dépendent alors de μ. Je me propose d'établir que ces séries peuvent être développées, non seulement suivant les puissances des $A_i e^{\alpha_i t}$, mais encore suivant les puissances de μ.

Considérons l'inverse de l'un des diviseurs (5)

$$(\gamma \sqrt{-1} - \Sigma \alpha \beta - \alpha_i)^{-1}.$$

Je dis que cette expression peut être développée suivant les puissances de μ.

Soient $\alpha_1, \alpha_2, \ldots, \alpha_k$ les k exposants caractéristiques dont la partie réelle est positive pour $\mu = 0$ et pour les petites valeurs de μ et que nous sommes convenus de conserver. Chacun d'eux est développable suivant les puissances de μ. Soit α_i^0 la valeur de α_i pour $\mu = 0$; nous pourrons prendre μ_0 assez petit pour que α_i diffère aussi peu que nous voudrons de α_i^0 quand $|\mu| < \mu_0$. Soit alors h une quantité positive plus petite que la plus petite des parties réelles des k quantités $\alpha_1^0, \alpha_2^0, \ldots, \alpha_k^0$; nous pourrons prendre μ_0 assez petit pour que, quand $|\mu| < \mu_0$, les k exposants $\alpha_1, \alpha_2, \ldots, \alpha_k$ aient leur partie réelle plus grande que h.

La partie réelle de $\gamma \sqrt{-1} - \Sigma \alpha \beta - \alpha_i$ sera alors plus grande que h (si $\beta_i > 0$), de sorte qu'on aura

$$(6) \qquad |\gamma \sqrt{-1} - \Sigma \alpha \beta - \alpha_i| > h.$$

Ainsi, si $|\mu| < \mu_0$, la fonction

$$(\gamma \sqrt{-1} - \Sigma \alpha \beta - \alpha_i)^{-1}$$

reste uniforme, continue, finie et plus petite en valeur absolue
que $\dfrac{1}{h}$.

Nous en conclurons d'après un théorème bien connu que cette
fonction est développable suivant les puissances de μ et que les
coefficients du développement sont plus petits en valeur absolue
que ceux du développement de

$$\frac{1}{h\left(1 - \dfrac{\mu}{\mu_0}\right)}.$$

Il est à remarquer que les nombres h et μ_0 sont indépendants des
entiers β et γ.

Il y aurait exception dans le cas où β_1 serait nul. La partie réelle
du diviseur (δ) pourrait alors être plus petite que h et même être
négative. Elle est égale, en effet, à la partie réelle de $\Sigma\alpha\beta$ qui est
positive, moins la partie réelle de α_1 qui est également positive et
qui peut être plus grande que celle de $\Sigma\alpha\beta$, si β_1 est nul.

Supposons que la partie réelle de α_1 reste plus petite qu'un cer-
tain nombre h_1, tant que $|\mu| < \mu_0$. Alors, si

$$(7) \qquad\qquad \Sigma\beta > \frac{h_1}{h} + 1$$

la partie réelle de (δ) est certainement plus grande que h; il ne
peut donc y avoir de difficulté que pour ceux des diviseurs (δ),
pour lesquels l'inégalité (7) n'a pas lieu.

Supposons maintenant que la partie imaginaire des quantités α_1,
$\alpha_2, \ldots, \alpha_k$ reste constamment plus petite en valeur absolue qu'un
certain nombre positif h_2, si l'on a alors

$$(8) \qquad\qquad |\eta| > h_2 \Sigma\beta - h,$$

la partie imaginaire de (δ) et, par conséquent, son module seront
encore plus grands que h; de telle sorte qu'il ne peut y avoir de
difficulté que pour ceux des diviseurs (δ) pour lesquels aucune
des inégalités (7) et (8) n'a lieu. Mais ces diviseurs qui ne satisfont à aucune de ces inégalités sont *en nombre fini*.

D'après une hypothèse que nous avons faite plus haut, aucun
d'eux ne s'annule pour les valeurs de μ que nous considérons;

nous pouvons donc prendre h et μ_0 assez petits pour que la valeur absolue de l'un quelconque d'entre eux reste plus grande que h quand $|\mu|$ reste plus petit que μ_0.

Alors l'inverse d'un diviseur (5) *quelconque* est développable suivant les puissances de μ, et les coefficients du développement sont plus petits en valeur absolue que ceux de

$$\frac{1}{h\left(1-\frac{\mu}{\mu_0}\right)}.$$

Nous avons écrit plus haut

$$H_i^p = \Sigma\, C\, \eta_1^{\beta_1}\eta_2^{\beta_2}\ldots\eta_n^{\beta_n} e^{\gamma y\sqrt{-1}}.$$

D'après nos hypothèses, C peut être développé suivant les puissances de μ de telle sorte que je puis poser

$$C = \Sigma E\mu^\lambda, \qquad H_i^p = \Sigma E\mu^\lambda \eta_1^{\beta_1}\eta_2^{\beta_2}\ldots\eta_n^{\beta_n} e^{\gamma y\sqrt{-1}}.$$

Reprenons maintenant les équations (2''), en y faisant

$$\varepsilon = h\left(1-\frac{\mu}{\mu_0}\right),$$

$$\overline{H}_i^p = \Sigma\, |E|\, \mu^\lambda \eta_1^{\beta_1}\eta_2^{\beta_2}\ldots\eta_n^{\beta_n}.$$

Les seconds membres des équations (2'') seront alors des séries convergentes ordonnées selon les puissances de μ, de $\eta_1, \eta_2, \ldots, \eta_n$.

On en tirera les η_i sous la forme des séries (4''), convergentes et ordonnées suivant les puissances de μ, $A_1 e^{\alpha_1 t}$, $A_2 e^{\alpha_2 t}$, ..., $A_k e^{\alpha_k t}$.

Des équations (2'), nous tirerions d'autre part les η_i sous la forme des séries (4') ordonnées suivant les puissances de μ, $A_1 e^{\alpha_1 t}$, $A_2 e^{\alpha_2 t}$, ..., $A_k e^{\alpha_k t}$, $e^{y\sqrt{-1}}$, $e^{-y\sqrt{-1}}$. Chacun des termes de (4') est plus petit en valeur absolue que le terme correspondant de (4''), et comme les séries (4'') convergent, il en sera de même des séries (4').

Solutions asymptotiques des équations de la Dynamique.

107. Reprenons les équations (1) du n° 13

$$(1) \qquad \frac{dx_i}{dt} = \frac{dF}{dy_i}, \qquad \frac{dy_i}{dt} = -\frac{dF}{dx_i} \qquad (i = 1, 2, \ldots, n),$$

et les hypothèses faites à leur sujet dans ce numéro.

Nous avons vu dans le n° 42 que ces équations admettent des solutions périodiques et nous pouvons en conclure que, pourvu que l'un des exposants caractéristiques α correspondants soit réel, ces équations admettront aussi des solutions asymptotiques.

À la fin du numéro précédent, nous avons envisagé le cas où, dans les équations (1) du n° 104, les seconds membres X_i sont développables suivant les puissances de μ, mais où les exposants caractéristiques restent distincts les uns des autres pour $\mu = 0$.

Dans le cas des équations qui vont maintenant nous occuper, c'est-à-dire des équations (1) du n° 13, les seconds membres sont encore développables selon les puissances de μ; mais tous les exposants caractéristiques sont nuls pour $\mu = 0$.

Il en résulte un grand nombre de différences importantes.

En premier lieu, les exposants caractéristiques α ne sont pas développables suivant les puissances de μ, mais suivant celles de $\sqrt{\mu}$ (cf. n° 74). De même les fonctions que j'ai appelées $\varphi_{i,x}$ au début du n° 104 (et qui, dans le cas particulier des équations de la Dynamique qui nous occupe ici, ne sont autres que les fonctions S_i et T_i du n° 79), sont développables, non suivant les puissances de μ, mais suivant les puissances de $\sqrt{\mu}$.

Alors, dans les équations (2') du n° 104

$$\frac{dz_i}{dt} = H_i,$$

le second membre H_i est développé suivant les puissances des z_i, $e^{\sqrt{-1}t}$, $e^{-\sqrt{-1}t}$ et de $\sqrt{\mu}$ (et non pas de μ).

On en tirera les z_i sous la forme des séries obtenues au n° 104

$$z_i = \Sigma N \frac{A_1^{\beta_1} A_2^{\beta_2} \ldots A_p^{\beta_p}}{H} e^{\Sigma x\beta - \gamma t \sqrt{-1}}$$

et N et H seront développés suivant les puissances de $\sqrt{\mu}$.

Un certain nombre de questions se posent alors naturellement :

1° Nous savons que N et Π sont développables suivant les puissances de $\sqrt{\mu}$; en est-il de même du quotient $\dfrac{N}{\Pi}$?

2° S'il en est ainsi, il existe des séries ordonnées suivant les puissances de $\sqrt{\mu}$, des $A_i e^{\alpha_i t}$, de $e^{\sqrt{-1}}$ et de $e^{-\sqrt{-1}}$ qui satisfont *formellement* aux équations proposées; ces séries sont-elles convergentes?

3° Si elles ne sont pas convergentes, quel parti peut-on en tirer pour le calcul des solutions asymptotiques?

Développement de ces solutions selon les puissances de $\sqrt{\mu}$.

108. Je me propose de démontrer que l'on peut développer $\dfrac{N}{\Pi}$ suivant les puissances de $\sqrt{\mu}$ et que, par conséquent, il existe des séries ordonnées suivant les puissances de $\sqrt{\mu}$, des $A_i e^{\alpha_i t}$, de $e^{\sqrt{-1}}$ et de $e^{-\sqrt{-1}}$ qui satisfont formellement aux équations (1). On pourrait en douter; en effet, Π est le produit d'un certain nombre de diviseurs (5) du n° 101. Tous ces diviseurs sont développables suivant les puissances de $\sqrt{\mu}$; mais quelques-uns d'entre eux, ceux pour lesquels γ est nul, s'annulent avec $\sqrt{\mu}$. Il peut donc arriver que Π s'annule avec μ et contienne en facteur une certaine puissance de $\sqrt{\mu}$. Si alors N ne contenait pas cette même puissance en facteur, le quotient $\dfrac{N}{\Pi}$ se développerait encore selon les puissances croissantes de $\sqrt{\mu}$, mais le développement commencerait par des puissances négatives.

Je dis qu'il n'en est pas ainsi et que le développement de $\dfrac{N}{\Pi}$ ne contient que des puissances positives de $\sqrt{\mu}$.

Voyons par quel mécanisme ces puissances négatives de $\sqrt{\mu}$ disparaissent. Posons

$$A_i e^{\alpha_i t} = w_i$$

et considérons les x et les y comme des fonctions des variables t et w.

Il importe, avant d'aller plus loin, de faire la remarque suivante : parmi les $2n$ exposants caractéristiques α, deux sont nuls et les autres sont deux à deux égaux et de signe contraire. Nous ne conserverons que $n-1$ au plus de ces exposants, en convenant de regarder comme nuls les coefficients A_i et les variables w_i qui correspondent aux $n+1$ exposants rejetés. Nous ne conserverons que ceux de ces exposants dont la partie réelle est positive.

Cela posé, les équations (1) deviennent

$$(2) \qquad \frac{dx_i}{dt} + \Sigma_k \alpha_k w_k \frac{dx_i}{dw_k} = \frac{dF}{dy_i},$$

$$(3) \qquad \frac{dy_i}{dt} + \Sigma_k \alpha_k w_k \frac{dy_i}{dw_k} = -\frac{dF}{dx_i}.$$

Cherchons, en partant de ces équations, à développer les x_i et les $y_i - n_i t$ suivant les puissances croissantes de $\sqrt{\mu}$ et des w de telle façon que les coefficients soient des fonctions périodiques de t.

Nous pouvons écrire

$$\alpha_k = \alpha_k^1 \sqrt{\mu} + \alpha_k^2 \mu + \ldots = \Sigma \alpha_k^p \mu^{\frac{p}{2}},$$

car nous avons vu au n° 74 comment on peut développer les exposants caractéristiques suivant les puissances de $\sqrt{\mu}$.

Écrivons, d'autre part,

$$x_i = x_i^0 + x_i^1 \sqrt{\mu} + \ldots = \Sigma x_i^p \mu^{\frac{p}{2}},$$

$$y_i - n_i t = y_i^0 + y_i^1 \sqrt{\mu} + \ldots = \Sigma y_i^p \mu^{\frac{p}{2}},$$

les x_i^p et les y_i^p étant des fonctions de t et des w, périodiques par rapport à t et développables suivant les puissances des w.

Si, dans les équations (2) et (3), nous substituons ces valeurs à la place de α_k, des x_i et des y_i, les deux membres de ces équations seront développés suivant les puissances de $\sqrt{\mu}$.

Égalons dans les deux membres des équations (2) les coefficients de $\mu^{\frac{p+1}{2}}$, et dans les deux membres des équations (3) les coefficients de $\mu^{\frac{p}{2}}$, nous obtiendrons les équations suivantes

$$(4) \qquad \begin{cases} \dfrac{dx_i^{p+1}}{dt} + \Sigma_k \alpha_k^1 w_k \dfrac{dx_i^p}{dw_k} = Z_i^p + \sum_k \dfrac{d^2 F_0}{dy_i^0\, dy_k^0} y_k^{p+1}, \\[2ex] \dfrac{dy_i^p}{dt} + \Sigma_k \alpha_k^1 w_k \dfrac{dy_i^{p-1}}{dw_k} = Y_i^p - \sum_k \dfrac{d^2 F_0}{dx_i^0\, dx_k^0} x_k^p, \end{cases}$$

où Z_i^p et T_i^p ne dépendent que de

$$x_i^0,\ x_i^1,\ \ldots,\ x_i^{p-1},$$
$$y_i^0,\ y_i^1,\ \ldots,\ y_i^{p-2}.$$

Convenons, comme nous l'avons fait plus haut, de représenter par $[U]$ la valeur moyenne de U, si U est une fonction périodique de t.

Des équations (4), nous pourrons alors déduire les suivantes

$$(5)\quad \begin{cases} \Sigma_k \alpha_k^1 w_k \dfrac{d[x_i^p]}{dw_k} = [Z_i^p] + \displaystyle\sum_k \left[\dfrac{d^2 F_1}{dy_i^0\, dy_k^0}\, x_k^{p-1}\right], \\ \Sigma_k \alpha_k^1 w_k \dfrac{d[y_i^{p-1}]}{dw_k} = [T_i^p] - \displaystyle\sum_k \dfrac{d^2 F_0}{dx_i^0\, dx_k^0}\, [x_k^p]. \end{cases}$$

Supposons maintenant qu'un calcul préalable nous ait fait connaître

$$x_i^0,\ x_i^1,\ \ldots,\ x_i^{p-1},\ x_i^p - [x_i^p],$$
$$y_i^0,\ y_i^1,\ \ldots,\ y_i^{p-2},\ y_i^{p-1} - [y_i^{p-1}].$$

Les équations (5) vont nous permettre de calculer $[x_i^p]$ et $[y_i^{p-1}]$ et par conséquent x_i^p et y_i^{p-1}. Les équations (4) nous permettront ensuite de déterminer

$$x_i^{p+1} - [x_i^{p+1}] \quad \text{et} \quad y_i^p - [y_i^p],$$

de sorte que ce procédé nous fournira par récurrence tous les coefficients des développements de x_i et de y_i.

La seule difficulté est la détermination de $[x_i^p]$ et $[y_i^{p-1}]$ par les équations (5).

Les fonctions $[x_i^p]$ et $[y_i^{p-1}]$ sont développées suivant les puissances croissantes des w, et nous allons calculer les divers termes de ces développements en commençant par les termes du degré le moins élevé.

Pour cela nous allons reprendre les notations du n° 79, c'est-à-dire que nous allons poser

$$-\frac{d^2 F_0}{dx_i^0\, dx_k^0} = C_{ik} \quad \text{et} \quad \left[\frac{d^2 F_1}{dy_i^0\, dy_k^0}\right] = b_{ik}$$

(pour les valeurs nulles des w).

Si alors nous appelons ξ_i et η_i les coefficients de

$$a_1^{m_1} a_2^{m_2} \ldots a_{n-1}^{m_{n-1}}$$

dans $[x_i^p]$ et $[y_i^{p-1}]$, nous aurons pour déterminer ces coefficients les équations suivantes

$$(6) \qquad \begin{cases} \Sigma_i b_{ik} \eta_k - S\xi_i = \lambda_i, \\ \Sigma_i c_{ik} \xi_k - S\eta_i = \mu_i. \end{cases}$$

Dans ces équations (6), λ_i et μ_i sont des quantités connues, parce qu'elles ne dépendent que de

$$x_i^0, \quad x_i^1, \quad \ldots, \quad x_i^{p-1}, \quad x_i^p - [x_i^p],$$
$$y_i^0, \quad y_i^1, \quad \ldots, \quad y_i^{p-2}, \quad y_i^{p-1} - [y_i^{p-1}]$$

ou des termes de $[x_i^p]$ et $[y_i^{p-1}]$ dont le degré par rapport aux a est plus petit que

$$m_1 + m_2 + \ldots + m_{n-1}.$$

De plus, nous avons posé, pour abréger,

$$S = m_1 a_1^2 + m_2 a_2^2 + \ldots + m_{n-1} a_{n-1}^2.$$

Nous avons donc pour le calcul des coefficients ξ_i et η_i un système d'équations linéaires. Il ne pourrait y avoir de difficulté que si le déterminant de ces équations était nul; or ce déterminant est égal à

$$S^2 [S^2 - (a_1)^2] [S^2 - (a_2)^2] \ldots [S^2 - (a_{n-1})^2].$$

Il ne pourrait s'annuler que pour

$$S = 0, \qquad S = \pm a_i^2,$$

c'est-à-dire pour

$$m_1 + m_2 + \ldots + m_{n-1} = 0 \quad \text{ou} \quad 1.$$

On ne pourrait donc rencontrer de difficulté que dans le calcul des termes du degré 0 ou 1 par rapport aux a.

Mais nous n'avons pas à revenir sur le calcul de ces termes; en effet, nous avons appris à calculer les termes indépendants des a dans le n° 44 et les coefficients de

$$a_1, \quad a_2, \quad \ldots, \quad a_{n-1}$$

dans le n° 79.

Les termes indépendants des w ne sont en effet autre chose que les séries (2) du n° 44 et les coefficients de

$$w_1, \quad w_2, \quad \ldots, \quad w_{n-1}$$

ne sont autre chose que les séries S_i et T_i du n° 79.

Il me reste à dire un mot des premières approximations.

Nous donnerons aux x_i^0 des valeurs constantes qui ne sont autres que celles que nous avons désignées ainsi au n° 44.

Nous aurons alors les équations suivantes :

$$(7)\quad \left\{ \begin{aligned} &\frac{dy_i^0}{dt} = 0, \qquad \frac{dx_i^0}{dt} = 0, \qquad \frac{dy_i^1}{dt} - \Sigma_k \alpha_k^1 \omega_k \frac{dy_i^0}{dw_k} = -\sum_k \frac{d^2 F_0}{dx_i^0\, dx_k^0}\, x_k^1, \\ &\qquad\qquad \frac{dx_i^1}{dt} - \Sigma_k \alpha_k^1 w_k \frac{dx_i^1}{dw_k} = \frac{dF_1}{dy_i^0}. \end{aligned} \right.$$

Dans F_0 qui ne dépend que des x_i, ces quantités doivent être remplacées par x_i^0. Dans F_1 les x_i sont remplacés par x_i^0 et les y_i par $n_i t$. F_1 devient alors une fonction périodique de t dont la période est T. Nous désignerons par ψ la valeur moyenne de cette fonction périodique F_1 ; ψ est alors une fonction périodique et de période 2π par rapport aux y_i^0.

Les deux premières équations (7) montrent que les y_i^0 et les x_i^1 ne dépendent que des w. En égalant dans les deux dernières équations (7) les valeurs moyennes des deux membres, il vient

$$(8)\quad \left\{ \begin{aligned} &\Sigma \alpha_k^1 \omega_k \frac{dy_i^0}{dw_k} = \Sigma C_{ik}^0 x_k^1, \\ &\Sigma \alpha_k^1 w_k \frac{dx_i^1}{dw_k} = \frac{d\psi}{dy_i^0}. \end{aligned} \right.$$

Ces équations (8) doivent servir à déterminer les y_i^0 et les x_i^1 en fonctions des w. Peut-on satisfaire à ces équations en substituant à la place des y_i^0 et des x_i^1 des séries développées suivant les puissances de w?

Pour nous en rendre compte envisageons les équations différentielles suivantes

$$(9)\quad \left\{ \begin{aligned} &\frac{dy_i^0}{dt} = \Sigma C_{ik}^0 x_k^1, \\ &\frac{dx_i^1}{dt} = \frac{d\psi}{dy_i^0}. \end{aligned} \right.$$

Ces équations différentielles où les fonctions inconnues sont les y_i^0 et les z_i^1 admettront une solution périodique

$$z_i^1 = 0, \qquad y_i^0 = \varpi_i,$$

ϖ_i étant la quantité désignée ainsi au n° 44.

Les exposants caractéristiques relatifs à cette solution périodique sont précisément les quantités z_i^1. Parmi ces quantités nous sommes convenus de ne conserver que celles dont la partie réelle est positive. Les équations (9) admettent un système de solutions asymptotiques et il est aisé de voir que ces solutions se présentent sous la forme de séries développées suivant les puissances des w. Ces séries satisferont alors aux équations (8). Ces équations peuvent donc être résolues.

Les z_i^1 et les y_i^0 étant ainsi déterminés, le reste du calcul ne présente plus, comme nous l'avons vu, aucune difficulté. Il existe donc des séries ordonnées suivant les puissances de $\sqrt{\mu}$, des w et de $e^{\pm t\sqrt{-1}}$ et qui satisfont formellement aux équations (1).

Cela prouve que le développement de $\dfrac{N}{\Pi}$ ne débute jamais par une puissance négative de $\sqrt{\mu}$. L'analyse des n°' 110 et 111 nous en fournira une nouvelle démonstration.

Divergence des séries du n° 108.

109. Malheureusement les séries ainsi obtenues ne sont pas convergentes.

Soit en effet

$$\frac{1}{\sqrt{-1}\,\gamma + \Sigma a\beta - a_i}.$$

Si γ n'est pas nul, cette expression est développable suivant les puissances de $\sqrt{\mu}$; mais le rayon de convergence de la série ainsi obtenue tend vers o quand $\dfrac{\gamma}{\Sigma\beta}$ tend vers o.

Si donc on développe les diverses quantités $\dfrac{1}{\Pi}$ suivant les puissances de $\sqrt{\mu}$, on pourra toujours, parmi ces quantités, en trouver une infinité pour lesquelles le rayon de convergence du développement est aussi petit qu'on le veut.

On pourrait encore espérer, quelque invraisemblable que cela puisse paraître, qu'il n'en est pas de même pour les développements des diverses quantités $\frac{N}{n}$; mais la démonstration que j'ai donnée dans le tome XIII des *Acta mathematica* (p. 232) et sur laquelle je reviendrai dans la suite montre qu'il n'est pas ainsi en général; il faut donc renoncer à ce faible espoir et conclure que les séries que nous venons de former sont divergentes.

Mais, quoiqu'elles soient divergentes, ne peut-on en tirer quelque parti?

Considérons d'abord la série suivante qui est plus simple que celles que nous avons en vue

$$F(x, \mu) = \sum_q \frac{n^{-\sigma}}{1 + n\mu}$$

Cette série converge uniformément quand μ reste positif et que x reste plus petit en valeur absolue qu'un nombre positif x_0 plus petit que 1, mais d'ailleurs quelconque. De même la série

$$\frac{1}{p} \frac{d^p F(x, \mu)}{d\mu^p} = \pm \sum \frac{n^{p-1} x^n}{(1 + n\mu)^p}$$

converge uniformément.

Si maintenant l'on cherche à développer $F(x, \mu)$ suivant les puissances de μ, la série à laquelle on est conduit

$$(10) \qquad \Sigma(x^q - n)^p \mu^p$$

ne converge pas. Si, dans cette série, on néglige tous les termes où l'exposant de μ est supérieur à p, on obtient une certaine fonction

$$\Phi_p(x, \mu).$$

Il est aisé de voir que l'expression

$$\frac{F(x, \mu) - \Phi_p(x, \mu)}{\mu^p}$$

tend vers o quand μ tend vers o par valeurs positives, de sorte que la série (10) représente asymptotiquement la fonction $F(x, \mu)$ pour les petites valeurs de μ, de la même manière que la série de Stirling représente asymptotiquement la fonction eulérienne pour les grandes valeurs de x.

Je me propose d'établir, dans les numéros suivants, que les séries divergentes que nous avons appris à former dans le n° 108 sont tout à fait analogues à la série (10).

Considérons en effet l'une des séries

$$(10') \qquad \sum_{\Pi}^{N} \alpha_1^{i_1} \alpha_2^{i_2} \ldots \alpha_q^{i_q} e^{i\gamma\sqrt{-1}} = \mathrm{F}(\sqrt{\mu}, \alpha_1, \alpha_2, \ldots, \alpha_q, t);$$

les raisonnements du n° 105 ont montré que ces séries sont uniformément convergentes pourvu que les α restent inférieurs en valeur absolue à certaines limites et que $\sqrt{\mu}$ reste réel.

Si l'on développe $\dfrac{N}{\Pi}$ suivant les puissances de $\sqrt{\mu}$, les séries (10') sont divergentes, ainsi que nous l'avons dit. Supposons que l'on néglige dans le développement les termes où l'exposant de $\sqrt{\mu}$ est supérieur à p, on obtiendra une certaine fonction

$$\Phi_p(\sqrt{\mu}, \alpha_1, \alpha_2, \ldots, \alpha_q, t)$$

qui sera développable suivant les puissances des α, de $e^{i\gamma\sqrt{-1}}$ et qui sera un polynôme de degré p en $\sqrt{\mu}$.

On verra plus loin que l'expression

$$\frac{\mathrm{F} - \Phi_p}{\sqrt{\mu^p}}$$

tend vers o quand μ tend vers o par valeurs positives, et cela quelque grand que soit p.

En effet, si l'on désigne par H_p l'ensemble des termes du développement de $\dfrac{N}{\Pi}$ où l'exposant de $\sqrt{\mu}$ est au plus égal à p, on a

$$\frac{\mathrm{F} - \Phi_p}{\sqrt{\mu^p}} = \sum \frac{1}{\sqrt{\mu^p}}\left(\frac{N}{\Pi} - \mathrm{H}_p\right)\alpha_1^{i_1} \alpha_2^{i_2} \ldots \alpha_q^{i_q} e^{i\gamma\sqrt{-1}},$$

et je montrerai que la série du second membre est *uniformément* convergente et que tous les termes tendent vers o quand μ tend vers o.

On peut donc dire que les séries que nous avons obtenues dans
le n° 108 représentent les solutions asymptotiques pour les petites
valeurs de x de la même manière que la série de Stirling représente les fonctions eulériennes.

Démonstration nouvelle de la proposition du n° 108.

110. Pour démontrer ce fait, je vais faire subir aux équations
une transformation qui me fournira en même temps une nouvelle
démonstration du théorème qui a fait l'objet du n° 108. Supposons
2 degrés de liberté seulement pour fixer les idées; alors nous ne
conserverons plus qu'une seule des quantités w et nous pourrons
écrire nos équations sous la forme suivante

$$\frac{dx_i}{dt} + xw\frac{dx_i}{dw} = \frac{dF}{dy_i}, \qquad \frac{dy_i}{dt} + xw\frac{dy_i}{dw} = -\frac{dF}{dx_i} \qquad (i = 1, 2)$$

en supprimant les indices de x et de w devenus inutiles.

Nous savons que x est développable suivant les puissances impaires de $\sqrt{\mu}$ et, par conséquent, x^2 suivant les puissances de μ;
inversement μ est développable suivant les puissances de x^2; nous
pouvons remplacer μ par ce développement, de sorte que F sera
développée suivant les puissances de x^2. Pour $x = 0$, F se réduit
à F_0 qui ne dépend que de x_1 et de x_2.

Soit

$$x_i = \varphi_i(t), \qquad y_i = \psi_i(t)$$

la solution périodique qui nous sert de point de départ. Posons,
comme au n° 79,

$$x_i = \varphi_i(t) + \xi_i, \qquad y_i = \psi_i(t) + \eta_i,$$

nos équations deviendront

$$(1) \qquad \frac{d\xi_i}{dt} + xw\frac{d\xi_i}{dw} = \Xi_i, \qquad \frac{d\eta_i}{dt} + xw\frac{d\eta_i}{dw} = H_i.$$

Ξ_i et H_i sont développés suivant les puissances des ξ_i, des η_i et
de x^2; et les coefficients sont des fonctions périodiques de t.

Pour $x = 0$, $\dfrac{dF}{dy_i}$ et par conséquent Ξ_i s'annulent; donc Ξ_i est divisible par x^2 et je puis poser

$$\Xi_i = x^2 X_i + x^4 X'_i,$$

$x^2 X_i$ représentant l'ensemble des termes du premier degré par rapport aux ξ et aux η, et $x^4 X'_i$ représentant l'ensemble des termes de degré supérieur.

De même, quand x est nul, $\dfrac{dF}{dx_i}$ et par conséquent H_i ne dépendent plus que des ξ_i et non des η_i.

Je puis donc poser

$$H_i = Y_i + Y'_i + x^2 Q_i + x^2 Q'_i,$$

$Y_i + x^2 Q_i$ représentant l'ensemble des termes du premier degré par rapport aux ξ et η, pendant que $Y'_i + x^2 Q'_i$ représentent l'ensemble des termes de degré supérieur au premier. Je suppose en outre que Y_i et Y'_i ne dépendent que de ξ_1 et de ξ_2.

Posons

$$\xi_1 = x\zeta_1, \qquad \xi_2 = x\zeta_2,$$

Y_i deviendra divisible par x et Y'_i par x^2, de sorte que je pourrai poser

$$Y_i + x^2 Q_i = x Z_i, \qquad Y'_i + x^2 Q'_i = x^2 Z'_i,$$

et que nos équations deviendront

$$(2)\qquad
\begin{cases}
\dfrac{d\zeta_i}{dt} + x\omega\,\dfrac{d\zeta_i}{dx} = x X_i + x X'_i, \\[2ex]
\dfrac{d\eta_i}{dt} + x\omega\,\dfrac{d\eta_i}{dx} = x Z_i + x^2 Z'_i.
\end{cases}$$

Considérons les équations

$$(1)\qquad
\begin{cases}
\dfrac{d\zeta_i}{dt} = x X_i, \\[2ex]
\dfrac{d\eta_i}{dt} = x Z_i.
\end{cases}$$

Ces équations sont linéaires par rapport aux inconnues ζ_i et η_i. Elles ne diffèrent pas des équations (2) du n° 79, sinon parce que ξ_1 et ξ_2 y sont remplacés par $x\zeta_1$ et $x\zeta_2$. D'après ce que nous avons vu aux n°ˢ 69 et 74, l'équation qui définit les exposants caractéristiques admet quatre racines, l'une égale à $+\alpha$, l'autre à $-\alpha$ et les deux autres à o.

A la première racine, c'est-à-dire à la racine $+\alpha$, correspondra une solution des équations (2) du n° 79, que nous avons appris à former dans ce numéro et que nous avons écrite ainsi

$$\xi_1 = e^{\alpha t} S_1, \qquad \eta_1 = e^{\alpha t} T_1,$$

Je rappelle que S'_1 est nul et, par conséquent, que S_1 est divisible par α.

A la seconde racine $-\alpha$ correspondra de même une autre solution des équations (2) et nous l'écrirons

$$\xi_2 = e^{-\alpha t} S_2, \qquad \eta_2 = e^{-\alpha t} T_2,$$

Enfin aux deux racines o, correspondront (cf. n° 80) deux solutions des équations (2) que nous écrirons

$$\xi_3 = S_3, \qquad\qquad \eta_3 = T_3,$$
$$\xi_4 = S'_4 + \alpha t S_4, \qquad \eta_4 = T'_4 + \alpha t T_4.$$

T_2, T_3, T_4, S_2, S_3, S_4 sont des fonctions périodiques de t, comme S_1 et T_1.

D'après ce que nous avons vu aux n° 79 et 80, S_3, S_4 et $S'_4 = \alpha S'_4$ seront comme S_1 divisibles par α.

Posons alors

$$(13\ bis)\qquad
\begin{cases}
\alpha\xi_1 = S_1\theta_1 + S_2\theta_2 + S'_3\theta_3 + S'_4\theta_4, \\
\alpha\xi_2 = S_1\theta_1 + S_2\theta_2 + S'_3\theta_3 + S'_4\theta_4, \\
\eta_1 = T_1\theta_1 + T'_2\theta_2 + T'_3\theta_3 + T'_4\theta_4, \\
\eta_2 = T_2\theta_1 + T'_2\theta_2 + T'_3\theta_3 + T'_4\theta_4.
\end{cases}$$

Les fonctions θ_i ainsi définies joueront un rôle analogue à celui des fonctions x_i du n° 105. Les équations (12) deviennent alors

$$(14)\qquad
\begin{cases}
\dfrac{d\theta_1}{dt} - \alpha w\,\dfrac{d\theta_1}{dw} - \alpha\theta_1 = \alpha\Theta_1, \qquad
\dfrac{d\theta_2}{dt} + \alpha w\,\dfrac{d\theta_2}{dw} + \alpha\theta_2 = \alpha\Theta_2, \\[2mm]
\dfrac{d\theta_3}{dt} - \alpha w\,\dfrac{d\theta_3}{dw} = \alpha\theta_4 - \alpha\Theta_3, \qquad
\dfrac{d\theta_4}{dt} + \alpha w\,\dfrac{d\theta_4}{dt} = \alpha\Theta_4.
\end{cases}$$

Θ_1, Θ_2, Θ_3 et Θ_4 sont des fonctions développées suivant les puissances de θ_1, θ_2, θ_3, θ_4 et α, dont tous les termes sont du deuxième

degré au moins par rapport aux θ, et dont les coefficients sont des
fonctions périodiques de t. De plus, les θ doivent être des fonctions périodiques de t et les termes du premier degré en w dans θ_1,
θ_2, θ_3 et θ_4 doivent se réduire à w, o, o et o.

Ces équations (14) sont analogues aux équations (2') du n° 105.
On trouve en effet

$$z\,X'_i = \theta_1 S_i - \theta_2 S'_i - \theta_3 S''_i - \theta_4 S'''_i,$$
$$z\,Z'_i = \theta_1 T_i - \theta_2 T'_i - \theta_3 T''_i - \theta_4 T'''_i,$$

ce qui nous donne quatre équations d'où l'on peut tirer les quatre
fonctions Θ, puisque les S, les T, les X' et les Z' sont des fonctions
connues. Je dis qu'on trouvera

$$\theta_i = U_{i,1} X'_1 + U_{i,2} X'_2 + U_{i,3} Z'_1 + U_{i,4} Z'_2,$$

les U étant des fonctions périodiques de t développables suivant
les puissances croissantes et positives de z. Il suffit en effet, pour
cela, que le déterminant

$$\Delta \quad \begin{vmatrix} \dfrac{1}{z}S_1 & \dfrac{1}{z}S'_1 & \dfrac{1}{z}S''_1 & \dfrac{1}{z}S'''_1 \\[2mm] \dfrac{1}{z}S_2 & \dfrac{1}{z}S'_2 & \dfrac{1}{z}S''_2 & \dfrac{1}{z}S'''_2 \\[2mm] T_1 & T'_1 & T''_1 & T'''_1 \\[2mm] T_2 & T'_2 & T''_2 & T'''_2 \end{vmatrix}$$

ne soit pas divisible par z, c'est-à-dire ne s'annule pas pour $z = 0$.

Pour $z = 0$, $\dfrac{S_i}{z}$ se réduit à la quantité que nous avons appelée S'_i
au n° 79 et T_i à T''_i, et ces quantités satisfont aux équations (9)
et (10) de ce n° 79.

Ici nous développons non suivant les puissances de $\sqrt{\mu}$, mais
suivant celles de z, de sorte que la quantité que nous avions
appelée x_i dans le n° 79 est égale à 1. Les équations (9) du n° 79
vont donc s'écrire

$$T_i = \frac{C'_{i,1} S_1}{z} + \frac{C'_{i,2} S_2}{z},$$

$$\frac{S_i}{z} = b_{i1} T_1 + b_{i2} T_2,$$

et elles devront être satisfaites pour $z = 0$.

En ce qui concerne la seconde solution, l'exposant est égal
à — α et, par conséquent, α_1 est égal à — 1, de sorte que ces
équations deviennent

$$T_2 = \frac{C_{11}^0 S_1'}{\alpha} - \frac{C_{12}^0 S_2'}{\alpha},$$

$$-\frac{S_1'}{\alpha} = b_{11} T_1 - b_{12} T_2,$$

ce qui permet de supposer

$$T_2 = T_1, \qquad S_2' = -S_1'.$$

S_1' étant divisible par z^2, $\dfrac{S_1'}{\alpha}$ s'annule pour $z = 0$. En même temps,
pour $z = 0$, on a

$$T_1 = n_1 + \frac{dF_0}{dx_1}.$$

Pour $z = 0$, $T_2' = z T_1'$ s'annule et on a

$$\frac{S_1'}{\alpha} = S_1' = 0;$$

on trouve

$$n_1 = C_{11}^0 S_1' - C_{21}^0 S_2'.$$

Nous pouvons conclure de là que le déterminant Δ se réduit pour
$z = 0$ à

$$\Delta = \begin{vmatrix} \dfrac{S_1}{\alpha} & \dfrac{S_1'}{\alpha} \\[2mm] \dfrac{S_2}{\alpha} & \dfrac{S_2'}{\alpha} \end{vmatrix} \begin{vmatrix} T_1 & n_1 \\[2mm] T_2 & n_2 \end{vmatrix}.$$

On trouve d'ailleurs

$$\begin{vmatrix} T_1 & n_1 \\ T_2 & n_2 \end{vmatrix} \begin{vmatrix} \dfrac{S_1}{\alpha} & \dfrac{S_1'}{\alpha} \\[2mm] \dfrac{S_2}{\alpha} & \dfrac{S_2'}{\alpha} \end{vmatrix} \begin{vmatrix} C_{11}^0 & C_{12}^0 \\[2mm] C_{21}^0 & C_{22}^0 \end{vmatrix}.$$

Le déterminant des C_{ik}^0, qui n'est autre chose que le hessien de F_0,
ne s'annule pas en général, de sorte que Δ ne peut s'annuler que si
l'on a

$$\frac{T_1}{n_1} = \frac{T_2}{n_2};$$

mais, si l'on observe que

$$n_1 b_{i1} = n_2 b_{i2} = 0,$$

on en déduirait

$$\frac{S_1}{\alpha} = \frac{S_2}{\alpha} = 0,$$

ce qui ne peut avoir lieu.

Le déterminant Δ n'est donc pas nul. On peut encore l'établir de la manière suivante. Considérons les équations suivantes

$$\frac{d\xi_i}{dt} = b_{i1}\eta_1 + b_{i2}\eta_2,$$

$$\frac{d\eta_i}{dt} = -C_{i1}^0\xi_1 - C_{i2}^0\xi_2.$$

Ce sont des équations linéaires à coefficients constants. Elles admettent quatre solutions linéairement indépendantes, à savoir

$$\xi_i = e^t \frac{S_i}{\alpha}, \qquad \eta_i = e^t T_i;$$

$$\xi_i = e^{-t} \frac{S'_i}{\alpha}, \qquad \eta_i = e^{-t} T'_i;$$

$$\xi_i = \frac{S''_i}{\alpha}, \qquad \eta_i = T''_i;$$

$$\xi_i = \frac{S'''_i}{\alpha} + t\frac{S''_i}{\alpha}, \qquad \eta_i = T'''_i + tT''_i.$$

Il va sans dire que, dans les T_i et les $\frac{S_i}{\alpha}$, il faut faire $\alpha = 0$, de telle sorte que ces quantités se réduisent à des constantes.

Ces quatre solutions étant linéairement indépendantes, leur déterminant pour $t = 0$ ne doit pas s'annuler; or ce déterminant est précisément Δ. Donc Δ n'est pas nul.

C. Q. F. D.

On voit ainsi que les fonctions Θ_i jouissent bien des propriétés énoncées.

111. L'analyse précédente s'étend immédiatement au cas où il y a plus de 2 degrés de liberté.

Si nous posons

$$\xi_i = \sqrt{\mu}\,\zeta_i,$$

les équations pourront s'écrire comme dans le numéro précédent

$$\left.\begin{aligned} \frac{d\zeta_i}{dt} + \Sigma a_k w_k \frac{d\zeta_i}{dw_k} &= \sqrt{\mu}\,X_i + \sqrt{\mu}\,X'_i \\ \frac{d\eta_i}{dt} + \Sigma a_k w_k \frac{d\eta_i}{dw_k} &= \sqrt{\mu}\,Z_i + \mu Z'_i \end{aligned}\right\} \quad (i = 1, 2, \ldots, n).$$

Les fonctions X_i, X'_i, Z_i et Z'_i jouissent des mêmes propriétés que dans le numéro précédent, c'est-à-dire qu'elles sont développables suivant les puissances des η_i, des ζ_i et de $\sqrt{\mu}$, et périodiques par rapport à t. De plus, X_i et Z_i sont linéaires par rapport aux η_i et aux ζ_i et X'_i et Z'_i ne contiennent que des termes du second degré au moins par rapport à ces variables.

Considérons ensuite les équations

$$\frac{d\zeta_i}{dt} = \sqrt{\mu}\,X_i, \qquad \frac{d\eta_i}{dt} = \sqrt{\mu}\,Z_i;$$

elles admettront $2n - 2$ solutions linéairement indépendantes correspondant aux $2n - 2$ exposants caractéristiques qui ne sont pas nuls; ces solutions pourront s'écrire

$$\sqrt{\mu}\,\zeta_i = \xi_i = e^{\alpha_k t} S_{ik}, \qquad \eta_i = e^{\alpha_k t} T_{ik} \qquad (k = 1, 2, \ldots, 2n - 2);$$

elles admettront en outre deux solutions dégénérescentes définies au n° 80 et que j'écrirai

$$\sqrt{\mu}\,\zeta_i = S_{i,2n-1}, \qquad \eta_i = T_{i,2n-1}$$

et

$$\sqrt{\mu}\,\zeta_i = S_{i,2n} + \sqrt{\mu}\,t S_{i,2n-1}, \qquad \eta_i = T_{i,2n} + \sqrt{\mu}\,t T_{i,2n-1}.$$

Les fonctions $S_{i,k}$ et $T_{i,k}$ ($k = 1, 2, \ldots, 2n$) sont périodiques en t. De plus S_{ik} est divisible par $\sqrt{\mu}$.

Nous pouvons alors poser

$$\sqrt{\mu}\,\zeta_i = \sum_{k=1}^{k=2n} S_{ik}\theta_k, \qquad \eta_i = \sum_{k=1}^{k=2n} T_{ik}\theta_k.$$

et alors nous trouverons les équations

$$(14\ bis) \quad \frac{d\theta_i}{dt} - \Sigma x_k \omega_k \frac{d\theta_i}{d\omega_k} - x_i\theta_i = \sqrt{\mu}\,\Theta_i \qquad (i = 1, 2, \ldots, 2n-2)$$

$$\frac{d\theta_{2n-1}}{dt} - \Sigma x_k \omega_k \frac{d\theta_{2n-1}}{d\omega_k} - \sqrt{\mu}\,\theta_{2n} = \sqrt{\mu}\,\Theta_{2n-1}$$

$$\frac{d\theta_{2n}}{dt} - \Sigma x_k \omega_k \frac{d\theta_{2n}}{d\omega_k} = \sqrt{\mu}\,\Theta_{2n}$$

Les fonctions Θ_i sont définies par les $2n$ équations du premier degré

$$X_i = \sum_{k=1}^{k=2n} \frac{S_{ik}}{\sqrt{\mu}}\,\theta_{ik}$$

$$\sqrt{\mu}\,Z_i = \Sigma\,T_{ik}\,\theta_k.$$

Le déterminant de ces $2n$ équations, c'est-à-dire le déterminant Δ formé avec les $\dfrac{S_{ik}}{\sqrt{\mu}}$ et les T_{ik}, ne s'annule pas pour $\mu = 0$. On le démontrerait comme dans le numéro précédent; la seconde démonstration en particulier peut être appliquée sans changement au cas qui nous occupe.

Nous en concluerons que les fonctions Θ_i sont périodiques par rapport à t, et développables suivant les puissances croissantes et positives des Θ_i et de $\sqrt{\mu}$.

Cela posé, il est facile de démontrer la proposition du n° 108.

Supposons en effet que p des exposants caractéristiques x_1, $x_2, \ldots, x_p$ aient leur partie réelle positive et cherchons à satisfaire aux équations (14 bis) en remplaçant les θ_i par des séries développées suivant les puissances de $w_1, w_2, \ldots, w_p$. Soit donc

$$\theta_i = \Sigma[i, \beta_1, \beta_2, \ldots, \beta_p, \gamma]\,e^{\gamma\sqrt{-1}\,t}\,w_1^{\beta_1}w_2^{\beta_2}\ldots w_p^{\beta_p}.$$

$\beta_1, \beta_2, \ldots, \beta_p$ sont des entiers positifs, γ un entier positif ou négatif et les coefficients $[i, \beta_1, \beta_2, \ldots, \beta_p, \gamma]$, que j'écrirai aussi pour abréger $[i, \beta_k, \gamma]$, sont des constantes qu'il s'agit de déterminer.

Si nous substituons ces valeurs des θ_i dans les Θ_i, il viendra

$$\Theta_i = \Sigma(i, \beta_1, \beta_2, \ldots, \beta_p, \gamma)\,e^{\gamma\sqrt{-1}\,t}\,w_1^{\beta_1}w_2^{\beta_2}\ldots w_p^{\beta_p}.$$

les coefficients $(i, \beta_1, \beta_2, \ldots, \beta_k, \gamma)$ ou (i, β_k, γ) seront des constantes qui dépendront, suivant une certaine loi, des coefficients indéterminés $[i, \beta_k, \gamma]$. Je dis que les $[i, \beta_k, \gamma]$ et, par conséquent, les (i, β_k, γ) sont développables suivant les puissances croissantes de $\sqrt{\mu}$ et que le développement ne contient pas de puissance négative.

En effet, les équations (14 *bis*) nous donnent

$$[i, \beta_k, \gamma] = (i, \beta_k, \gamma) \frac{\sqrt{\mu}}{\gamma \sqrt{-1 - \Sigma x_k \beta_k - x_i}}$$

pour $i = 1, 2, \ldots, 2n-1$ et

$$[2n, \beta_k, \gamma] = (2n, \beta_k, \gamma) \frac{\sqrt{\mu}}{\gamma \sqrt{-1 - \Sigma x_k \beta_k}}$$

$$[2n-1, \beta_k, \gamma] = \{(2n, \beta_k, \gamma) - (2n-1, \beta_k, \gamma)\} \frac{\sqrt{\mu}}{\gamma \sqrt{-1 - \Sigma x_k \beta_k}}$$

Ces formules permettent de calculer par récurrence les coefficients $[i, \beta_k, \gamma]$. Si, en effet, nous convenons de dire que le coefficient $[i, \beta_k, \gamma]$ de même que (i, β_k, γ) est de degré

$$\beta_1 + \beta_2 + \ldots + \beta_p$$

il est aisé de voir que la quantité (i, β_k, γ) ne dépend que des coefficients $[i, \beta_k, \gamma]$ *de degré moindre*, qui peuvent être supposés connus par un calcul préalable.

De même on peut démontrer par récurrence la proposition énoncée. En effet, je dis qu'elle est vraie de $[i, \beta_k, \gamma]$ si elle est vraie des coefficients de degré moindre; car, s'il en est ainsi, elle sera vraie de (i, β_k, γ) qui dépend seulement de ces coefficients de degré moindre. Il reste donc à démontrer que la fraction

$$\frac{\sqrt{\mu}}{\gamma \sqrt{-1 - \Sigma x_k \beta_k - x_i}}$$

est développable suivant les puissances positives de $\sqrt{\mu}$. Or, cela est évident; car, si γ n'est pas nul, le dénominateur n'est pas divisible par $\sqrt{\mu}$. Si γ est nul le dénominateur est divisible par $\sqrt{\mu}$, mais non par μ; mais *il en est de même du numérateur*.

La proposition du n° **108** est donc ainsi démontrée de nouveau.

Transformation des équations.

112. Revenons au cas où il n'y a que 2 degrés de liberté et reprenons les équations (14) du n° 110.

Soit Φ une fonction qui, de même que Θ_1, Θ_2, Θ_3 et Θ_4, soit développée suivant les puissances de θ_1, θ_2, θ_3, θ_4, de x, $e^{iy\sqrt{-1}}$ et $e^{-iy\sqrt{-1}}$ et qui soit telle que chacun de ses coefficients soit réel, positif et plus grand en valeur absolue que le coefficient du terme correspondant dans Θ_1, Θ_2, Θ_3 et Θ_4; tous les termes de Φ seront d'ailleurs, comme ceux des Θ_i, du second degré au moins par rapport aux θ.

Observons que le nombre

$$\frac{n\sqrt{-1}}{x} + p$$

(où n est entier positif, négatif ou nul, et où p est entier positif et au moins égal à 1) est toujours plus grand en valeur absolue que 1, quels que soient d'ailleurs n, p et x. Or les nombres qui joueront le rôle des diviseurs (5) du n° 105 divisés par x sont précisément de cette forme.

Formons alors les équations

$$(15) \qquad \theta_1 = w - \Phi, \qquad \theta_2 = \Phi, \qquad \theta_3 = \theta_3 - \Phi, \qquad \theta_3 = \Phi,$$

qui sont analogues aux équations (2") du n° 105.

Des équations (14), on peut tirer les θ sous la forme de séries ordonnées suivant les puissances de w et de $e^{iy\sqrt{-1}}$ et qui sont analogues aux séries (4') du n° 104. Des équations (15), on peut tirer les θ sous la forme de séries ordonnées suivant les puissances des mêmes variables et analogues aux séries (4") du n° 105. Chacun des termes de ces dernières séries est positif et plus grand en valeur absolue que le terme correspondant des premières séries[1]; si donc elles convergent, il en est de même des séries tirées des équations (14).

---

[1] Voir plus loin la démonstration donnée en détail dans un cas analogue se rapportant aux équations (21) et (11 bis).

Or il est aisé de voir que l'on peut trouver un nombre w_0 indépendant de x, tel que, si $|w| < w_0$, les séries tirées de (15) convergent.

Il en résulte que les séries ordonnées suivant les puissances de w et tirées de (14) convergent uniformément quelque petit que soit μ, ainsi que je l'ai annoncé plus haut. Ce raisonnement est en tout point semblable à celui du n° 105; la fonction $x\Phi$ joue le rôle de $\overline{H}_i^2 - \overline{H}_i^1 - \ldots$ et x celui de z, car tous les diviseurs (5) sont de la forme $n\sqrt{-1} + xp$, et par conséquent plus grands que x en valeur absolue.

Nous possédons maintenant les θ sous la forme de séries ordonnées suivant les puissances de w et de $e^{xt\sqrt{-1}}$; les coefficients sont des fonctions connues de x. Si l'on développe chacun de ces coefficients suivant les puissances de x, on obtiendra les θ développés suivant les puissances de x. Les séries ainsi obtenues sont divergentes, comme nous l'avons vu plus haut; soient néanmoins

$$(16) \qquad \theta_i = \theta_i^0 + x\theta_i^1 + x^2\theta_i^2 + \ldots + x^p\theta_i^p + \ldots$$

ces séries.

Posons

$$H_1 = \Theta_1 - \theta_1, \quad H_2 = \Theta_2 - \theta_2, \quad H_3 = \Theta_3 - \theta_3, \quad H_4 = \Theta_4.$$

Posons

$$(17) \qquad \theta_i = \theta_i^0 + x\theta_i^1 + x^2\theta_i^2 + \ldots + x^p\theta_i^p + x^p u_i,$$

en égalant θ_i aux $p + 1$ premiers termes de la série (16) plus un terme complémentaire $x^p u_i$.

Si dans H_i on remplace les θ_i par leurs développements (17), les H_i peuvent se développer suivant les puissances de x et on peut écrire

$$H_i = \Theta_i^0 + x\Theta_i^1 + x^2\Theta_i^2 + \ldots + x^{p-1}\Theta_i^{p-1} + x^p U_i,$$

les Θ_i^k étant indépendants de x pendant que U_i est développable suivant les puissances de x.

On aura alors les équations

$$(18)\quad \begin{cases} \dfrac{d\theta_i^0}{dt} = 0, \qquad \dfrac{d\theta_i^1}{dt} + w\dfrac{d\theta_i^0}{dw} = \theta_i^0, \\ \dfrac{d\theta_i^2}{dt} + w\dfrac{d\theta_i^1}{dw} = \theta_i^1, \qquad \dots, \qquad \dfrac{d\theta_i^p}{dt} + w\dfrac{d\theta_i^{p-1}}{dw} = \theta_i^{p-1} \end{cases}$$

et ensuite

$$(19)\quad \frac{du_i}{dt} + \alpha w\frac{du_i}{dw} - \alpha w\frac{d\theta_i^p}{dw} = \alpha U_i.$$

Voici quelle est la forme de la fonction U_i; les quantités θ_i^k peuvent être regardées comme des fonctions connues de t et de w, définies par les équations (18) et par l'équation (20) que j'écrirai plus loin, pendant que les u_i restent les fonctions inconnues. Alors U_i est une fonction développée suivant les puissances de w, de $e^{\varpi\sqrt{-1}}$, de α et des u_i. De plus, tout terme du $q^{\text{ième}}$ degré par rapport aux u_i est au moins du degré $p(q-1)$ par rapport à α. En effet, les H_i et par conséquent les $\alpha^p U_i$ sont développables suivant les puissances des θ_i et, par conséquent, des $\alpha^k\theta_i^k$ et des $\alpha^p u_i$. Tout terme du $q^{\text{ième}}$ degré par rapport aux u_i sera donc divisible par α^{pq} dans $\alpha^p U_i$ et par $\alpha^{p(q-1)}$ dans U_i.

Soit U_i^0 ce que devient U_i quand on annule α et les u_i; on aura

$$(20)\quad w\frac{d[\theta_i^p]}{dw} = [U_i^0].$$

Je puis ensuite, en posant

$$U'_i = U_i + w\frac{d\theta_i^p}{dw}$$

puis

$$V_1 = U'_1 - u_1, \qquad V_2 = U'_2 + u_2, \qquad V_3 = U'_3 - u_3, \qquad V_4 = U'_4,$$

mettre les équations (19) sous la forme

$$(21)\quad \begin{cases} \dfrac{du_1}{dt} + \alpha w\dfrac{du_1}{dw} - \alpha u_1 = \alpha V_1, \qquad \dfrac{du_2}{dt} + \alpha w\dfrac{du_2}{dw} + \alpha u_2 = \alpha V_2, \\ \dfrac{du_3}{dt} + \alpha w\dfrac{du_3}{dw} - \alpha u_3 = \alpha V_3, \qquad \dfrac{du_4}{dt} + \alpha w\dfrac{du_4}{dw} = \alpha V_4. \end{cases}$$

On voit alors que les V_i ne contiennent que des termes du
deuxième degré au moins par rapport à w et aux u_i.

En effet, les θ_i sont divisibles par w et se réduisent à w ou à o
quand on y supprime les termes de degré supérieur au premier
en w. Il en résulte d'abord que θ_i^2 est divisible par w^2. D'autre
part, le second membre de l'équation (17) ne contiendra que des
termes du premier degré au moins par rapport à w et u_i. Donc Θ_i
ne contient que des termes du deuxième degré par rapport à w et
aux u_i. Il en résulte que les seuls termes du premier degré qui
peuvent subsister dans U_1, U_2, U_3 et U_4 se réduisent respectivement à u_1, $-u_2$, u_3 et o.

D'ailleurs $w\dfrac{d\theta_i^2}{dw}$ est divisible par w^2; donc les V_i ne contiennent
que des termes du deuxième degré au moins. c. q. f. d.

Des équations (21) on peut tirer les u_i sous la forme de séries
développées suivant les puissances de w et de $e^{\pm w\sqrt{-1}}$. En appliquant
à ces équations le même raisonnement qu'aux équations (14), je
vais démontrer que ces séries convergent quand $|w| < w_0$ et que
la convergence reste uniforme quelque petit que soit x.

Il en sera de même pour les séries qui représentent $\dfrac{du_i}{dw}, \dfrac{d^2u_i}{dw^2}, \ldots$

Il résultera de là qu'on peut assigner une limite supérieure indé-
pendante de x, à u_i, à $\dfrac{du_i}{dw}, \dfrac{d^2u_i}{dw^2}, \ldots$, pourvu que $|w| < w_0$.

Je montrerai ensuite plus loin, aux n°s 116 et 117, que cela a
encore lieu pour toutes les valeurs positives de w.

Soit en effet Φ une fonction développée suivant les puissances de
x, des u_i, de w et de $e^{\pm w\sqrt{-1}}$ et telle que l'on ait (pour $i = 1, 2, 3, 4$)

$$V_i < \Phi(\arg. u_1, u_2, u_3, u_4, x, w, e^{\pm w\sqrt{-1}}).$$

Soit Φ' ce que devient Φ quand on y remplace u_1, u_2, u_3, u_4
par u_1', u_2', u_3', u_4'.

Envisageons les équations suivantes

$$(21\,bis) \quad u_1' + w = \Phi', \quad u_2' = \Phi', \quad u_3' = u_3' - \Phi', \quad u_4' = \Phi',$$

analogues aux équations (15). Il est clair que ces équations admettront une solution telle que u_1', u_2', u_3', u_4' soient développables
suivant les puissances de w, de x et de $e^{\pm w\sqrt{-1}}$ et s'annulent avec w.

Ces séries u'_1, u'_2, u'_3, u'_4 seront convergentes pourvu que $|w|$ ne dépasse pas une certaine limite que j'appellerai w_0. Comparons maintenant les équations (21) et les fonctions u_1, u_2, u_3, u_4 qui y satisfont, avec les équations (21 *bis*) et les fonctions u'_1, u'_2, u'_3, u'_4 qui y satisfont.

Je me propose d'établir que

$$u_i \lll u'_i (\text{arg. } w, e^{\pm t\sqrt{-1}}).$$

(*Je fais remarquer que* z *ne figure pas parmi les arguments par rapport auxquels est prise cette inégalité.*)

En effet, soit u_i^n et $u_i'^n$ l'ensemble des termes de u_i et de u'_i qui sont de degré n, au plus en w; supposons que l'on ait établi que

$$u_i^n \lll u_i'^n.$$

Je vais faire voir que

$$u_i^{n+1} \lll u_i'^{n+1}.$$

J'aurai alors établi par récurrence l'inégalité à démontrer.

Si l'on substitue dans V_i et dans Φ' à la place des u_i et des u'_i les développements de ces quantités suivant les puissances de w et de $e^{\pm t\sqrt{-1}}$, ces fonctions V_i et Φ' deviendront elles-mêmes développables suivant les puissances de w et de $e^{\pm t\sqrt{-1}}$.

Désignons encore par V_i^n et Φ'^n l'ensemble des termes de degré n au plus en w.

Si alors $u_i^n \lll u_i'^n$, on aura aussi

$$V_i^{n+1} \lll \Phi'^{n+1}.$$

Soit alors

$$A w^{n+1} e^{pt\sqrt{-1}}$$

un terme de Φ'^{n+1} et

$$A_i w^{n+1} e^{pt\sqrt{-1}}$$

le terme correspondant de V_i^{n+1}, on aura

$$|A_i| \leqq A.$$

Soient alors

$$B_i w^{n+1} e^{pt\sqrt{-1}} \quad \text{et} \quad B'_i w^{n+1} e^{pt\sqrt{-1}}$$

les termes correspondants de u_i et de u'_i.

Les équations (21) et (21 *bis*) nous donnent alors

$$B_1 = \frac{A_1}{\frac{p\sqrt{-1}}{2} + n}, \qquad B_2 = \frac{A_2}{\frac{p\sqrt{-1}}{2} + n - 2}, \qquad B_4 = \frac{A_4}{\frac{p\sqrt{-1}}{2} + n + 1},$$

$$B_3 = \frac{B_2 - A_3}{\frac{p\sqrt{-1}}{2} + n - 1},$$

$$B'_1 = B'_2 = B'_4 = A, \qquad B'_3 = B'_2 - A.$$

Comme

$$\left|\frac{p\sqrt{-1}}{2} + n\right| > 1,$$

on a

$$|B_i| < B'_i,$$

d'où

$$u_i^{n+1} < u_i'^{n+1},$$

et par récurrence

$$u_i \leqq u'_i. \qquad \text{C. Q. F. D.}$$

Comme cette inégalité est prise par rapport aux arguments ϖ et $e^{t\sqrt{-1}}$, elle peut être différentiée tant par rapport à ϖ que par rapport à t, de sorte que l'on a

$$\frac{du_i}{dt} < \frac{du'_i}{dt}, \qquad \frac{du_i}{d\varpi} < \frac{du'_i}{d\varpi}, \qquad \frac{d^2u_i}{d\varpi^2} < \frac{d^2u'_i}{d\varpi^2}, \qquad \ldots.$$

Soit $u_i'^0$ la valeur de u'_i pour $t = 0$; si $u_i \leqq u_i'$, on aura pour les valeurs positives de ϖ

$$|u_i| < u_i'^0.$$

Mais $u_i'^0$ est développable suivant les puissances de α : on peut donc lui assigner une limite supérieure indépendante de α pour les petites valeurs de α puisqu'il tend vers une limite finie quand α tend vers 0.

Il en est de même, en vertu des inégalités que nous venons d'établir de $|u_i|$.

On démontrerait de même qu'il en est encore ainsi des dérivées

$$\left|\frac{du_i}{dt}\right|, \quad \left|\frac{du_i}{d\varpi}\right|, \quad \left|\frac{d^2u_i}{d\varpi^2}\right|. \qquad \text{C. Q. F. D.}$$

Réduction à la forme canonique.

113. Observons que les équations (14) et de même les équations (21) peuvent se mettre sous la forme canonique.

En effet, si nous posons, comme au début du n° 110,

$$x_i = \varphi_i(t) + \xi_i, \qquad y_i = \psi_i(t) + \eta_i,$$

les équations canoniques du mouvement

$$\frac{dx_i}{dt} = \frac{dF}{dy_i}, \qquad \frac{dy_i}{dt} = -\frac{dF}{dx_i}$$

deviendront

$$\frac{d\xi_i}{dt} = \frac{dF^*}{d\eta_i}, \qquad \frac{d\eta_i}{dt} = -\frac{dF^*}{d\xi_i},$$

F* étant défini de la manière suivante.

Quand, dans F, on remplace x_i et y_i par $\varphi_i + \xi_i$ et $\psi_i + \eta_i$, cette fonction F peut se développer suivant les puissances des ξ et des η, les coefficients étant des fonctions périodiques de t. Soit alors F' l'ensemble des termes de degré 0 et 1 par rapport aux ξ et aux η; nous poserons

$$F^* = F - F'.$$

Si nous désignons par $\delta\xi_i$ et $\delta\eta_i$ des accroissements virtuels quelconques de ξ_i et de η_i et par δF^* l'accroissement correspondant de F*, ces équations peuvent s'écrire

$$\Sigma(d\xi_i \delta\eta_i - d\eta_i \delta\xi_i) = \delta F^* dt.$$

Que devient cette équation quand on prend pour variables nouvelles les θ_i?

Adoptant une notation analogue à celle du n° 70, nous poserons

$$(U, U') = \Sigma(S_i T'_i - S'_i T_i)$$

et nous définirons de même (U, U''), (U', U''), ... Le n° 70 nous apprend que toutes ces quantités sont nulles, à l'exception de (U, U') et (U', U'') qui sont des constantes. Ces constantes doivent être divisibles par α; mais elles peuvent être d'ailleurs quelconques, puisque S_i, T_i, S'_i, T'_i, ..., ne sont déterminés qu'à un facteur constant près. Nous pourrons donc poser

$$(U, U') = (U'', U''') = \alpha.$$

Si l'on observe que, d'autre part,

$$d\xi_i = \theta_1\, dS_i - \theta_2\, dS'_i + \theta_3\, dS''_i + \theta_4\, dS'''_i + S_i\, d\theta_1 + S'_i\, d\theta_2 + S''_i\, d\theta_3 + S'''_i\, d\theta_4,$$
$$\delta\xi_i = S_i\,\delta\theta_1 + S'_i\,\delta\theta_2 + S''_i\,\delta\theta_3 + S'''_i\,\delta\theta_4, \quad \ldots\ldots$$

On conclura que

$$\alpha(d\theta_1\,\delta\theta_2 - d\theta_2\,\delta\theta_1 + d\theta_3\,\delta\theta_4 - d\theta_4\,\delta\theta_3) = (\delta F^* + \delta\Omega)\,dt,$$

$\delta\Omega$ désignant une expression homogène et linéaire tant par rapport aux θ_i que par rapport aux $\delta\theta_i$; les coefficients de cette fonction bilinéaire sont d'ailleurs des fonctions périodiques de t.

Je dis que $\delta\Omega$ est une différentielle exacte et, en effet, les équations (14) nous donnent

$$\alpha(d\theta_1\,\delta\theta_2 - d\theta_2\,\delta\theta_1 + d\theta_3\,\delta\theta_4 - d\theta_4\,\delta\theta_3) = \alpha^2(\delta G + \delta G')\,dt$$

où δG est la différentielle exacte d'une fonction

$$G = \theta_1\theta_2 + \frac{\theta_3^2}{2}$$

et où

$$\delta G' = \sigma_1\,\delta\theta_2 - \sigma_2\,\delta\theta_1 + \sigma_3\,\delta\theta_4 - \sigma_4\,\delta\theta_3.$$

Je dis que $\delta F^* + \delta\Omega - \alpha^2(\delta G + \delta G')$ est une différentielle exacte; il suffit, pour s'en convaincre, d'observer que, dans cette expression, les termes du premier degré par rapport aux θ_i se réduisant à $\delta G'$ sont une différentielle exacte et qu'il doit en être de même de ceux dont le degré est supérieur à 1, puisque δF^* est une différentielle exacte et que $\delta\Omega$ ne contient que des termes du premier degré.

Nous pouvons donc poser

$$\delta F^* + \delta\Omega = \alpha^2\,\delta\Phi,$$

où

$$\Phi = G + \frac{F^*}{\alpha^2}.$$

F'' désignant l'ensemble des termes de F qui sont de degré supérieur au deuxième par rapport aux ξ_i et aux η_i.

Nous pouvons donc écrire

$$\frac{d\theta_1}{dt} = \alpha \frac{d\Phi}{d\theta_2}, \quad \frac{d\theta_2}{dt} = -\alpha \frac{d\Phi}{d\theta_1}.$$

Si nous nous rappelons que les θ dépendent de t, non pas seulement directement, mais encore par l'intermédiaire de w, nous écrirons ces équations sous la forme

$$(14\ bis) \qquad \frac{d\theta_1}{dt} + \alpha w \frac{d\theta_1}{dw} = \alpha \frac{d\Phi}{d\theta_2}, \quad \frac{d\theta_2}{dt} + \alpha w \frac{d\theta_2}{dw} = -\alpha \frac{d\Phi}{d\theta_1},$$

auxquelles il faudrait adjoindre deux équations analogues que l'on déduirait des premières en changeant θ_1 et θ_2 en θ_3 et θ_4.

Ce sont là les équations (14) mises sous la forme canonique.

Il s'agit d'en faire autant pour les équations (21).

Si, dans Φ, on remplace les θ_i par leurs valeurs (17), cette fonction devient développable suivant les puissances croissantes de α et des u_i; si ensuite nous désignons par $\alpha^{2p}\Phi'$ l'ensemble des termes du degré $2p$ au moins par rapport à α, nos équations deviennent

$$(21\ bis) \qquad \frac{du_1}{dt} + \alpha w \frac{du_1}{dw} = \alpha \frac{d\Phi'}{du_2}, \quad \frac{du_2}{dt} + \alpha w \frac{du_2}{dw} = -\alpha \frac{d\Phi'}{du_1},$$

avec deux autres équations analogues.

Ce sont là les équations (21) ramenées à la forme canonique.

Forme des fonctions V_i.

114. Considérons la fonction

$$F(x_1, x_2, y_1, y_2)$$

et remplaçons-y x_i par

$$(22) \qquad x_i^0 + \alpha x_i^1 + \alpha^2 x_i^2 + \ldots + \alpha^{p+1} x_i^{p+1} + \alpha^{p+2} v_i,$$

et y_i par

$$(22\ bis) \qquad n_i t + y_i^0 + \alpha y_i^1 + \alpha^2 y_i^2 + \ldots + \alpha^p y_i^p = \alpha^p v_i,$$

Les lettres

$$(23) \qquad \begin{cases} x_1^0, \ x_1^1, \ x_1^2, \ \ldots, \ x_1^{p-1} \\ n_i, \ y_i^1, \ y_i^2, \ \ldots, \ y_i^p \end{cases}$$

ont la même signification que dans le n° 108. La seule différence est que nous n'avons ici que i degrés de liberté et que le paramètre par rapport auquel nous développons et qui joue le rôle de μ est ici égal à x^2; les quantités (23) sont donc des fonctions connues de v et de w. Quant à $x^{p+1}v_i$ et $x^p c_i'$, ce sont des termes complémentaires quelconques. Je me propose de rechercher à quelle condition F est développable suivant les puissances de x, des c_i et des c_i'.

Posons pour abréger

$$x x_i^1 + x^2 x_i^2 + \ldots + x^{p-1} x_i^{p-1} + x^{p+1} v_i = x_i',$$
$$x y_i^1 + x^2 y_i^2 + \ldots + x^p y_i^p \qquad + x^{p+1} c_i' = y_i'.$$

La condition nécessaire et suffisante pour que

$$F(x_i^0 + x_i', \ n_i t + y_i^0 + y_i')$$

soit développable suivant les puissances croissantes des x_i' et des y_i' et, par conséquent, suivant celles de x, des c_i et des c_i', sera évidemment que le point

$$x_i = x_i^0, \qquad y_i = n_i t + y_i^0$$

ne soit pas un point singulier pour F.

Or x_i^0 et n_i sont des constantes; les y_i^0 sont des fonctions de w définies par les équations (8) du n° 108. Mais il arrivera, dans la plupart des applications, que, si l'on donne à x_i^0 et à n_i les valeurs constantes qui correspondent à une solution périodique, F restera holomorphe quelles que soient les valeurs réelles attribuées aux y_i^0.

Prenons, par exemple, le problème du n° 9 et supposons que $x_1 = L$, $x_2 = G$ définissent la forme de l'ellipse décrite par la masse infiniment petite, pendant que $y_1 = l$, $y_2 = g - t$ définissent la position du périhélie de cette ellipse et celle de la masse sur son orbite.

Pour que F cessât d'être holomorphe, il faudrait que cette masse infiniment petite rencontrât une des deux autres masses;

or, si l'ellipse ne coupe pas la circonférence décrite par la seconde masse, comme il arrivera dans presque toutes les applications, cette rencontre ne pourra jamais se produire quelles que soient les valeurs réelles attribuées à t et à $g - t$.

Il en sera encore de même si nous prenons un plus grand nombre de degrés de liberté et si nous étudions le Problème des trois Corps dans toute sa généralité.

Alors les variables x_i définissent la forme des ellipses et l'inclinaison mutuelle de leurs plans, les variables y_i définissent la position des nœuds, des périhélies et des masses elles-mêmes. Il arrivera alors, dans la plupart des cas, que, si l'on donne aux variables x_i les valeurs x_i^0 qui correspondent à une solution périodique et à l'hypothèse limite $\mu = 0$, ces deux ellipses ne pourront se couper de quelque manière qu'on les tourne dans leur plan. La fonction F ne pourra donc cesser d'être holomorphe quelles que soient les valeurs réelles attribuées aux y_i.

Nous sommes ainsi conduit à supposer que, pour $x_i = x_i^0$, F est holomorphe pour toutes les valeurs réelles des y_i. Les cas où cela n'aurait pas lieu n'ont pas d'importance au point de vue des applications. C'est d'ailleurs l'hypothèse que nous avons toujours faite jusqu'ici.

Si alors on remplace dans F les x_i et les y_i par les expressions (22), F peut se développer suivant les puissances de α, de c_i et de c_i', et ce développement, dont les coefficients sont des fonctions de t et de w, reste convergent pour toutes les valeurs de t et de w. Les rayons de convergence tant par rapport à α qu'aux c_i et aux c_i' sont des fonctions continues de t et de w qui ne s'annulent pour aucune valeur réelle de ces variables.

Si l'on observe que les x_i, les θ_i, les u_i, les ξ_i, les v_i, $\dots$ sont liés entre eux par les relations

$$x_i = \varphi_i(t) + \alpha \xi_i, \qquad y_i = \psi_i(t) + \eta_i$$

et par les relations (15 *bis*), (17) et (22), on conclura que F et, par conséquent, Φ' sont développables suivant les puissances de α et des u_i, que les coefficients du développement et les rayons de convergence sont des fonctions continues de t et de w et que ces rayons de convergence ne s'annulent pour aucune valeur réelle de t et de w.

De ce fait, et de ce que nous savons déjà au sujet des fonctions V_i (qui ne sont autre chose que les dérivées de Φ_i), nous pouvons conclure ce qui suit :

On peut trouver deux nombres réels et positifs M et β, indépendants de t et de w assez grands pour que l'on ait (en posant pour abréger, $s = u_1 + u_2 + u_3 + u_4$)

$$V_i < M u^s = M w s \frac{M x r x^s}{1 - \frac{w}{\beta^2} - \frac{1}{\beta^s} x^s} \qquad (\arg x, u_1, u_2, u_3, u_4)$$

pour toutes les valeurs réelles de t et pour toutes les valeurs de w comprises entre o et une limite supérieure quelconque W. Cela aura lieu quelque grand que soit W ; mais les nombres M et β devront être choisis d'autant plus grands que W sera lui-même plus grand.

Lemme fondamental.

113. Établissons maintenant le lemme suivant :

Soient $\varphi(x, t, w)$, $\varphi'(x, t, w)$ deux fonctions de x, t et w qui soient développables suivant les puissances de x et telles que l'on ait pour toutes les valeurs de t et de w que l'on a à considérer

$$\varphi \ll \varphi' \qquad (\arg x).$$

Considérons les deux équations suivantes

$$(1) \qquad \frac{dt'}{dt} - xw\frac{dt'}{dw} = \varphi(x, t, w)$$

et

$$(1\ bis) \qquad \frac{dt'}{dt} - xw\frac{dt'}{dw} = \varphi'(x, t, w)$$

Considérons une solution particulière de chacune de ces deux équations, choisie de telle sorte que, pour $w = w_0$ (w_0 étant une valeur positive quelconque de w), on ait

$$|t'| \ll t'.$$

Je dis que, pour toutes les valeurs de w plus grandes que w_0, on aura encore

$$(2) \qquad |x| < x'.$$

Changeons de variables en posant

$$t = \frac{1}{2}\log w + \tau.$$

On aura alors, en représentant par des ∂ ronds les dérivées partielles prises par rapport aux variables τ et w

$$\frac{\partial x}{\partial w} = \frac{dx}{dw} + \frac{1}{2w}\frac{dx}{dt}.$$

Nos équations deviendront donc

$$2w\frac{\partial x}{\partial w} = \varphi, \qquad 2w\frac{\partial x'}{\partial w} = \varphi'.$$

si pour un certain système de valeurs des variables

$$w = w_1, \qquad \tau = \tau_1,$$

l'inégalité (2) est satisfaite; on aura également

$$|\varphi| < \varphi',$$
$$\left|\frac{\partial x}{\partial w}\right| < \frac{\partial x'}{\partial w}.$$

de sorte que l'inégalité (2) sera encore satisfaite pour

$$w = w_1 + dw, \qquad \tau = \tau_1,$$

puisque l'on aura

$$|x| < x' \qquad \left|\frac{\partial x}{\partial w}dw\right| < \frac{\partial x'}{\partial w}dw$$

et, par conséquent,

$$\left|x + \frac{\partial x}{\partial w}dw\right| < |x| + \left|\frac{\partial x}{\partial w}dw\right| < x' + \frac{\partial x'}{\partial w}dw,$$

Il suffit donc qu'elle le soit encore quand on a

$$w = w_0, \qquad \tau = \tau_1$$

pour qu'elle le soit quand on a

$$w \geq w_0, \quad \tau \geq \tau_1.$$

Mais nous avons supposé qu'elles le sont, quel que soit t et, par conséquent τ, pour $w = w_0$; elles le seront donc encore, quel que soit τ et, par conséquent t, pour $w \geq w_0$.   C. Q. F. D.

On démontrerait absolument de la même manière un lemme un peu plus général :

Soient $\varphi_1, \varphi_2, \ldots, \varphi_n, \varphi'_1, \varphi'_2, \ldots, \varphi'_n$ des fonctions de x_1, $x_2, \ldots, x_n, t$ et w, développables suivant les puissances des x et telles que l'on ait pour toutes les valeurs considérées de t et de w

$$\varphi_1 < \varphi'_1, \quad \varphi_2 < \varphi'_2, \quad \ldots, \quad \varphi_n < \varphi'_n \qquad (\arg x_1, x_2, \ldots, x_n).$$

Envisageons les équations

$$(3) \qquad \frac{dx_i}{dt} + w \frac{dx_i}{dw} = \varphi_i(x_1, x_2, \ldots, x_n, t, w)$$

et

$$(3 \text{ bis}) \qquad \frac{dx'_i}{dt} + w \frac{dx'_i}{dw} = \varphi'_i(x'_1, x'_2, \ldots, x'_n, t, w) \qquad (i = 1, 2, \ldots, n).$$

Supposons que l'on ait, quel que soit t, pour $w = w_0$,

$$|x_i| < x'_i;$$

cela aura lieu quel que soit t pour $w > w_0$.

Faisons maintenant des hypothèses plus particulières au sujet des fonctions φ_i et φ'_i.

Supposons :

1° Que ces fonctions sont périodiques par rapport à t et de période 2π;

2° Que pour les petites valeurs de w, elles sont développables suivant les puissances croissantes de w; cela peut d'ailleurs ne pas avoir lieu pour toutes les valeurs considérées de w : il suffit qu'il en soit ainsi pour les petites valeurs de cette variable;

3° Que ces fonctions sont développables suivant les puissances entières du paramètre z et sont divisibles par z : on doit d'ailleurs avoir

$$\varphi_i = \varpi_i \qquad (\arg x_1, x_2, \ldots, x_n, z).$$

4° Que si l'on appelle φ_i^0 et ϖ_i^0 ce que deviennent φ_i et ϖ_i quand on y annule tous les x, ces quantités φ_i^0 et ϖ_i^0 sont divisibles par n^2.

Si toutes ces hypothèses sont réalisées, les théories des numéros précédents nous font savoir qu'il existe des solutions particulières des équations (3) et (3 *bis*) de la forme suivante

$$(4) \qquad \begin{cases} x_i = n + A_{i,0}\,n^2 + \ldots + A_{i,q}\,n^q + \ldots, \\ x_i' = A_{i,0}'\,n^2 + \ldots + A_{i,q}'\,n^q + \ldots, \end{cases}$$

les $A_{i,q}$ et les $A_{i,q}'$ étant des fonctions de t et de z, périodiques par rapport à t et développables suivant les puissances croissantes de z.

Les équations (3) [ou (3 *bis*) qui sont de même forme] peuvent en effet se ramener à la forme des équations (2) du n° 104.

Reprenons, en effet, ces équations (2) du n° 104, elles s'écrivent

$$\frac{d\xi_i}{dt} = \Xi_i,$$

les Ξ_i, étant développables suivant les puissances des ξ_i et d'un paramètre très petit, sont de plus des fonctions de t : elles s'annulent avec les ξ_i.

Les ξ_i dépendent de t non seulement directement, mais par l'intermédiaire des exponentielles

$$A_1 e^{\alpha_1 t}, \quad A_2 e^{\alpha_2 t}, \quad \ldots, \quad A_n e^{\alpha_n t}.$$

Ici nous supposons que tous les coefficients A_1, A_2, ..., A_n sont nuls à l'exception de l'un d'entre eux ; nous n'aurons donc à nous occuper que d'une seule exponentielle $u = A\,e^{\alpha t}$. Les ξ_i dépendront alors de t d'abord directement, puis par l'intermédiaire de u. Si donc nous représentons les dérivées partielles par des ∂ et les dérivées totales par des d, il viendra

$$\frac{d\xi_i}{dt} = \frac{\partial \xi_i}{\partial t} + \alpha u \frac{d\xi_i}{du}.$$

et nos équations deviendront

$$(5) \qquad \frac{d\xi_i}{dt} - xw\frac{d\xi_i}{dw} = \Xi_i.$$

La seule différence de forme entre les équations (3) et les équations (5), c'est alors que les seconds membres des équations (3) dépendent de w et ne s'annulent pas pour

$$x_1 = x_2 = \ldots = x_n = 0.$$

Mais il est aisé de faire disparaître cette différence de forme. Il suffit pour cela d'adjoindre aux équations (3) l'équation suivante

$$\frac{dx_{n+1}}{dt} - xw\frac{dx_{n+1}}{dw} = xx_{n+1}$$

qui admet pour solution $x_{n+1} = w$, et de remplacer w par x_{n+1} dans les fonctions φ_i. Alors ces fonctions φ_i ne contiennent plus w et s'annulent pour

$$x_1 = x_2 = \ldots = x_{n+1} = 0.$$

Nous pouvons donc appliquer aux équations (3) et (3 bis) les résultats du n° 104 et conclure que ces équations admettent des solutions de la forme (4).

Le calcul des coefficients $A_{i,2}$, $A_{i,3}$, ... se fait très facilement par récurrence en appliquant les procédés du n° 104.

Supposons donc que l'on trouve ainsi

$$A_{i,2} < A_{i,3}$$

et cela quel que soit i.

Nous en conclurons que

$$\lim \frac{x_i}{w^2} < \lim \frac{x_i}{w^3} \qquad \text{(pour } w = 0\text{)}$$

et, par conséquent, qu'on peut trouver une valeur w_0 de w assez petite pour que l'on ait

$$|x_i| < x_i'$$

pour toutes les valeurs réelles de t et pour toutes les valeurs de w plus petites que w_0 et plus grandes que 0.

On aura alors, en vertu du lemme démontré plus haut,

$$|x_i| < x_i'$$

pour toutes les valeurs réelles de t et pour toutes les valeurs positives de w.

Analogie des séries du n° 108 avec celle de Stirling.

116. Appliquons le lemme précédent aux équations (21) que nous écrirons

$$(21) \qquad \frac{du}{dt} + x\omega\,\frac{du}{dw} = xU.$$

D'après ce que nous avons vu à la fin du n° 114, nous pouvons trouver deux nombres positifs M et β tels que, pour toutes les valeurs réelles de t et pour toutes les valeurs de w comprises entre o et W (et cela restera vrai quelque grand que soit W), on ait

$$U_i < u_i < Mw^2 + Mwx + \frac{Mx^2w^2}{1 - \beta x - \beta wx} \qquad (\text{arg } a,\ u_1,\ u_2,\ u_3,\ u_4).$$

$$x = u_1 + u_2 + u_3 + u_3.$$

Quant à l'indice k de u_k, il est égal à i pour $i = 1$ ou 2 et à 4 pour $i = 2$ ou 3. Posons alors

$$u_k = Mw^2 + Mwx + \frac{Mx^2w^2}{1 - \beta x - \beta wx} = \Phi(w,\ u_1,\ u_2,\ u_3,\ u_4)$$

et comparons aux équations (21) les équations

$$(21\ bis) \qquad \frac{du'}{dt} + x\omega\,\frac{du'}{dw} = x\Phi(w,\ u'_1,\ u'_2,\ u'_3,\ u'_4).$$

Parmi les solutions particulières des équations (21) et (21 bis), nous choisirons celles qui sont divisibles par w^2 (ce sont bien celles-là que nous avons appelées plus haut u_i).

Il est clair que nous pourrons toujours prendre M assez grand pour que

$$\left|\lim \frac{u_i}{w^2}\right| < \lim \frac{u'_i}{w^2}.$$

Nous en conclurons alors que

$$|u_i| < u_i'$$

pour

$$0 < w < W.$$

Cherchons maintenant à intégrer les équations (21 *bis*). J'observe d'abord que, Φ ne dépendant pas de t, les u_i' n'en dépendront pas non plus et qu'on aura

$$u_1' = u_2' = u_3' = u_4' = \frac{s'}{4},$$

$$w\frac{ds'}{dw} = \frac{s'}{4} + Mw^2 + M\alpha w + \frac{M\alpha w s'^2}{1 - 3s' - 3\alpha s'^2}.$$

Cette dernière équation admet une intégrale

$$s' = \varphi(w, \alpha)$$

développable suivant les puissances de w et de α, et divisible par w^2; quand α tend vers 0, s' tend manifestement vers l'intégrale de l'équation

$$w\frac{ds'}{dw} = \frac{s'}{4} + Mw^2 + M\alpha w.$$

Cette équation linéaire s'intègre très aisément, on trouve

$$\lim s' = M w^{\frac{1}{4}} e^{8w} \int_{-\infty}^{w} e^{-8w} w^{\frac{?}{4}} dw \quad (\text{pour } \alpha = 0).$$

De cette formule, je ne veux retenir qu'une chose, c'est que, si

$$0 < w < W,$$

s', et, par conséquent, u_1, u_2, u_3 et u_4 tendent vers une limite finie quand α tend vers 0.

Il résulte de là que la série

$$\theta_i^0 + \alpha\theta_i^1 + \alpha^2\theta_i^2 + \ldots$$

représente la fonction θ_i *asymptotiquement* (c'est-à-dire à la façon de la série de STIRLING) ou, en d'autres termes, que l'expression

$$\frac{\theta_i - \theta_i^0 - \alpha\theta_i^1 - \alpha^2\theta_i^2 - \ldots - \alpha^{p-1}\theta_i^{p-1}}{\alpha^{p-1}}$$

tend vers o avec z. En effet, cette expression est égale à

$$z(\theta_i^p - u_i)$$

et nous venons de voir que $\theta_i^p - u_i$ reste fini quand z tend vers o.

117. Mais ce n'est pas tout; je dis que $\dfrac{du_i}{dw}$ reste fini quand z tend vers o.

Nous avons en effet

$$\frac{d}{dt}\left(\frac{du_i}{dw}\right) - zw\,\frac{d}{dw}\left(\frac{du_i}{dw}\right) - z\left(\frac{du_i}{dw}\right) = z\sum_i \frac{dU_i}{du_i}\frac{du_i}{dw} - z\,\frac{dU_i}{dw}.$$

$\dfrac{dU_i}{du_i}$ et $\dfrac{dU_i}{dw}$ sont des fonctions de t, de w, de z et des u_i; mais, d'après ce que nous venons de voir, nous pouvons assigner aux u_i des limites supérieures; nous pourrons donc en assigner également aux $\dfrac{dU_i}{du_i}$ et aux $\dfrac{dU_i}{dw}$. Supposons, par exemple, que l'on ait

$$\left|\frac{dU_i}{du_i}\right| < A, \qquad \left|\frac{dU_i}{dw}\right| < B \quad (\text{pour } w < W),$$

A et B étant deux nombres positifs.

D'autre part, nous savons qu'on peut assigner une limite à $\dfrac{du_i}{dw}$ pour $w = w_1$, si w_1 est inférieur à la quantité que nous avons appelée w_0 à la fin du n° 112.

Supposons, par exemple, que l'on ait

$$\left|\frac{du_i}{dw}\right| < u_0' \quad \text{pour } w = w_1,$$

u_0' étant un nombre positif. Soit ensuite u' une fonction définie comme il suit

$$\frac{du'}{dt} - zw\,\frac{du'}{dw} = zu'(iA + W) - zB,$$

$$u' = u_0' \quad \text{pour} \quad w = w_1.$$

On aura manifestement

$$\left|\frac{du_i}{dw}\right| < u'.$$

Or on voit sans peine que x' ne dépend que de w et satisfait à l'équation

$$w \frac{du}{dw} = u(4A - W) - B.$$

Donc x' est fini; donc $\frac{du}{dw}$ reste finie quand x tend vers 0. Donc on a *asymptotiquement* (en entendant ce mot au même sens que plus haut)

$$\frac{d\theta_1}{dw} = \frac{d\theta_1^2}{dw} + x \frac{d\theta_1^3}{dw} + x^2 \frac{d\theta_1^2}{dw} + \ldots$$

On démontrerait de même que l'on a asymptotiquement

$$\frac{d\theta_1}{dt} = \frac{d\theta_1^2}{dt} + x \frac{d\theta_1^3}{dt} + x^2 \frac{d\theta_1^2}{dt} + \ldots$$

$$\frac{d^2\theta_1}{dw^2} = \frac{d^2\theta_1^2}{dw^2} + x \frac{d^2\theta_1^3}{dw^2} + x^2 \frac{d^2\theta_1^2}{dw^2} + \ldots$$

Voici donc la conclusion finale à laquelle nous parvenons :

Les séries

$$x_1^0 + \sqrt{\mu}\, x_1^1 + \mu\, x_1^2 + \ldots, \quad n_1 t - y_1^0 + \sqrt{\mu}\, y_1^1 + \mu\, y_1^2 + \ldots$$

définies dans ce paragraphe sont divergentes, mais elles jouissent de la même propriété que la série de Stirling, de telle sorte que l'on a asymptotiquement

$$x_1 = x_1^0 + \sqrt{\mu}\, x_1^1 + \mu\, x_1^2 + \ldots,$$
$$y_1 = n_1 t - y_1^0 + \sqrt{\mu}\, y_1^1 + \mu\, y_1^2 + \ldots$$

De plus, si D est un signe quelconque de différentiation, c'est-à-dire si l'on pose

$$Df = \frac{d^{n_0 + n_1 + \ldots + n_k} f}{dt^{n_0}\, dx_1^{n_1}\, dx_2^{n_2} \ldots dx_k^{n_k}}$$

on aura encore asymptotiquement

$$Dx_1 = Dx_1^0 + \sqrt{\mu}\, Dx_1^1 + \mu\, Dx_1^2 + \ldots,$$
$$Dy_1 = D(n_1 t - y_1^0) + \sqrt{\mu}\, Dy_1^1 + \mu\, Dy_1^2 + \ldots,$$

En ce qui concerne l'étude des séries analogues à celles de Stirling, je renverrai au § 4 d'un Mémoire que j'ai publié dans les *Acta mathematica* (t. VIII, p. 295).

Il est clair d'ailleurs que les mêmes raisonnements subsisteraient quand on aurait plus de 2 degrés de liberté et, par conséquent $n-1$ variables $x_1, x_2, \ldots, x_{n-1}$, au lieu d'une seule.

FIN DE TOME PREMIER.

TABLE DES MATIÈRES

DU TOME PREMIER.

CHAPITRE III.

SOLUTIONS PÉRIODIQUES.

CHAPITRE IV.

EXPOSANTS CARACTÉRISTIQUES.

CHAPITRE V.

NON-EXISTENCE DES INTÉGRALES UNIFORMES.

CHAPITRE VI.

DÉVELOPPEMENT APPROCHÉ DE LA FONCTION PERTURBATRICE.

CHAPITRE VII.

SOLUTIONS ASYMPTOTIQUES.

16107   Paris. — Imprimerie GAUTHIER-VILLARS ET FILS, quai des Grands-Augustins, 55.